高等学校专业教材

淀粉与淀粉制品工艺学

主　编　余　平　石彦忠
副主编　张浩东　李凤祥

中国轻工业出版社

图书在版编目（CIP）数据

淀粉与淀粉制品工艺学/余平，石彦忠主编．—北京：中国轻工业出版社，2022.1
高等学校专业教材
ISBN 978-7-5019-8263-9

Ⅰ.①淀… Ⅱ.①余… ②石… Ⅲ.①淀粉－生产工艺 Ⅳ.①TS234

中国版本图书馆 CIP 数据核字（2011）第 101580 号

责任编辑：秦　功　李亦兵　马　妍
策划编辑：秦　功　　责任终审：唐是雯　　封面设计：锋尚设计
版式设计：宋振全　　责任校对：晋　洁　　责任监印：张　可

出版发行：中国轻工业出版社（北京东长安街 6 号，邮编：100740）
印　　刷：北京君升印刷有限公司
经　　销：各地新华书店
版　　次：2022 年 1 月第 1 版第 6 次印刷
开　　本：787×1092　1/16　印张：18
字　　数：460 千字
书　　号：ISBN 978-7-5019-8263-9　定价：36.00 元
邮购电话：010－65241695
发行电话：010－85119835　传真：85113293
网　　址：http：//www.chlip.com.cn
Email：club@chlip.com.cn

211661J1C106ZBW

前　　言

随着人们对可再生资源利用的重视，近年来淀粉及其深加工行业发展极其迅速，其产品广泛应用于食品、医药、纺织、造纸、建筑、燃料、化工等行业，并且应用领域不断拓宽。

本教材是根据当前淀粉与淀粉深加工业的发展，结合目前我国应用型高等学校教学与科研的课程内容和体系改革的需要，并结合目前生产实际，由多年从事该专业教学与科研工作的专业教师与国内大型淀粉深加工骨干企业的工程技术人员共同编写而成。本书在内容选择、顺序安排、知识深浅度等方面遵循教学规律，可满足专业教学的需要。

淀粉制品种类繁多，应用范围极其广泛。根据多数企业产品结构特点和高校相关专业教学计划安排，本书共阐述了以下四部分内容：

第一部分为本书的第一章，比较详细地叙述了本教材后续课程中涉及的有关淀粉的基础理论知识，它是淀粉提取和淀粉深加工的技术基础。

第二部分为本书的第二章至第六章，论述了不同淀粉质原料的湿法淀粉提取技术以及淀粉副产物的综合利用技术。考虑到玉米是主要的淀粉资源，也是提取淀粉所需工艺最复杂的原料，因此玉米淀粉提取技术作为教材的重点。考虑到低脂玉米粉应用的发展潜力，增设了干法玉米粉提取技术相关内容。

第三部分为本书的第七章和第八章，介绍了淀粉糖生产的基本理论和各种淀粉糖生产的特点和关键技术。淀粉糖既是食品、制药、化工等行业的原料，也是微生物发酵的底物。利用微生物可将淀粉糖进一步转化为乙醇、多元醇、酮、有机酸、氨基酸、微生物多糖、酶制剂、单细胞蛋白、抗生素、激素等多种产品，相关技术可参阅有关专著。

第四部分为本书的第九章，阐述了各种变性淀粉的生产方法、性质及相关应用领域。

以上各部分所述内容，包括了各类产品生产的基本原理、工艺流程、典型设备和技术参数。

本书由李凤祥、刘长姣编写第一章并制作、校对全部插图，石彦忠、车丽娟编写第二、三、四、六章，陈宇飞编写第五章，余平、冷进松编写第七、八章，张浩东编写第九章。全书由余平、石彦忠统稿。

本书在编写过程中，得到了吉林工商学院领导和相关淀粉及深加工企业工程技术人员的大力支持和指导，有关学者和专家对本书提出了许多宝贵意见，在此一并致谢。

由于编者水平有限，书中缺陷与错误在所难免，恳切希望批评指正。

编者

目　录

绪　论

淀粉是仅次于纤维素的来源广泛的可再生资源，是植物能量贮存的形式之一，主要存在于植物的果实、种子、块根、块茎中，是空气中二氧化碳和水经光合作用合成的产物。尽管自然界中含淀粉的农作物和野生植物很多，但适合工业化生产淀粉的原料却较少，生产淀粉的原料要求具有淀粉含量高、产量高、价格低，易于储存和加工，副产品利用价值高等特点。

目前，淀粉生产中应用较多的原料主要有玉米、小麦、甘薯、马铃薯和木薯等，其次是大米、高粱、豆类等。世界各国淀粉生产的原料各不相同，美国用玉米，欧洲用马铃薯，中国和亚洲其它国家使用玉米和甘薯。从总趋势上看，采用玉米为原料生产淀粉及淀粉转化产品的越来越多，玉米淀粉占淀粉生产总量的80%以上。薯类淀粉的价格高于玉米淀粉，其用途为转化附加值较高的淀粉深加工产品。

淀粉的深加工主要指以淀粉或淀粉质为原料，利用生物酶制剂催化转化技术、微生物发酵技术等现代生物工程手段并辅以物理、化学方法进一步转化生成淀粉衍生物产品的过程。主要包括发酵制品（氨基酸、有机酸、酶制剂、酵母等）、淀粉糖（葡萄糖、麦芽糖、糊精、高果葡糖浆、功能性低聚糖等）、多元醇（山梨醇、麦芽糖醇、乙二醇、丙二醇等）、酒精类（食用酒精、工业酒精、燃料乙醇等）和各种功能各异的变性淀粉。目前研究的重点是以淀粉为原料转化环保材料、工程塑料和合成纤维等高科技产品。

淀粉及淀粉深加工制品广泛应用于食品、医药、化工、造纸、纺织、石油钻井等各个领域，在国民经济发展过程中发挥越来越大的作用。

一、淀粉资源与应用

商品淀粉可分为四类：第一类为谷类淀粉（玉米、小麦、高粱和大米）；第二类为块茎（马铃薯）、块根（木薯、葛根和甘薯）和髓（西米）淀粉；第三类为蜡质淀粉（蜡质玉米、蜡质高粱和蜡质大米）；第四类为豆类淀粉（绿豆、豌豆和蚕豆）。我国的商品淀粉主要品种有玉米淀粉、马铃薯淀粉、小麦淀粉和木薯淀粉。

1. 谷类淀粉

国际上成熟的玉米淀粉生产工艺有湿法和干法两种。目前主要以湿法加工为主，在分离淀粉的同时，还可以得到玉米胚芽、玉米蛋白、玉米纤维、浓缩玉米浆等经济价值较高的副产品。玉米淀粉占全部商品淀粉总量的80%以上。其价格低廉，应用广泛，可转化为葡萄糖、玉米糖浆、高果糖浆等高附加值产品，也是生产氨基酸、酒精、味精等发酵工业产品的重要原料。玉米淀粉的应用特性相对较差，需经化学改性后应用于食品、纺织、造纸、日用化工、石油、环保等领域。

小麦淀粉生产工艺主要是采用湿法分离技术，将小麦粉分为大颗粒淀粉、小颗粒淀粉和面筋蛋白。由于面筋蛋白具有较高的营养价值和功能特性，其商品价值较高。小麦淀粉可进一步转化为变性淀粉、淀粉糖、味精、柠檬酸等高附加值产品。由于在无碳复写纸中得以应用，近年来小麦淀粉的产量有所增加，但与玉米淀粉的产量相比，小麦淀粉属于小品种淀粉。

在提取大米淀粉的同时，还可以提取米蛋白，淀粉糟（饲料）等。大米淀粉与其它谷物淀粉相比，其颗粒小且分布均匀，具有独特的性能和用途。大米淀粉的颗粒和均质后的脂肪球具有几乎相同的尺寸，与脂肪有相似的质感，可以在某些食品中替代部分脂肪；具有良好的可消化性，消化率高达98%～100%，适用于婴儿食品和老年特殊食品；大米淀粉由于极小的颗粒直径和较大的表面积和良好的崩解度，可用于高档药品的成型和黏合。大米淀粉常用于多孔淀粉和抗性淀粉等功能性淀粉的生产。

2. 薯类淀粉

马铃薯淀粉产量占淀粉总产量的8%～10%，居第二位。马铃薯淀粉颗粒大，含有天然磷酸基团，具有糊化温度低、糊黏度高、弹性好等特点，其特殊的功能是其它淀粉不可替代的，被广泛应用于食品、纸张、纺织品、胶黏剂和钻井等工业领域。

木薯淀粉以泰国和巴西产量最高，近年来在我国南方部分地区产量有所上升。木薯淀粉是一种典型的根类淀粉，其性质明显区别于谷类淀粉，而与马铃薯淀粉相似，但没有马铃薯淀粉突出。作为马铃薯淀粉的替代品主要用于食品和胶黏剂的生产。

3. 蜡质玉米淀粉

蜡质玉米淀粉具有100%的支链淀粉，其相对分子质量比直链淀粉小10多倍，食用消化率比普通玉米淀粉高20%，具有较高的黏度、膨胀力和透明性，其凝沉性弱。这些优良的品质特性赋予蜡质玉米淀粉具有较特殊的功能和用途，现已成为生产变性淀粉的优质原料，作为增稠剂、乳化剂、黏着剂而广泛应用于调味品、香肠、汤羹罐头、冷冻食品和各类快餐方便食品中，在造纸工业、纺织工业和黏着剂工业中也有着良好的应用前景。

4. 豆类淀粉

豆类淀粉主要包括绿豆淀粉、豌豆淀粉和蚕豆淀粉。豆类淀粉含有较高的直链淀粉，淀粉凝胶强度较大。由于绿豆淀粉的价格较高，而豌豆淀粉的性质与绿豆淀粉的性质相似，其主要用途是替代绿豆制取粉丝。

二、世界淀粉深加工产业现状与发展趋势

美国淀粉资源深度开发利用水平是世界上最先进的。玉米是美国的主要农作物，其总产量、出口量、加工量和人均消费量均为世界第一。在淀粉深加工中，主要以玉米淀粉为原料。了解美国淀粉工业发展历史，分析和研究其发展趋势，对提高我国淀粉加工产业化水平，做大做强国内淀粉深加工业具有一定的借鉴作用。

（一）美国淀粉工业发展历史

美国淀粉工业发展大约经历了三个主要阶段：

1. 19世纪美国国内战争以后

1848年，ThomasKingsford首先建立了仅有70个雇员的玉米加工厂，到了1880年，在玉米加工业方面，它已成为世界上最大的玉米产品销售公司。该公司生产的“银光”牌玉米淀粉销售到整个美国和英国，公司发展到员工近千人，每天可生产玉米淀粉35t。ThomasKingsford的工厂之所以被认为是美国玉米加工业的起源，是因为当时它具备了规模化生产，并使用了广告手段，有大量的出口贸易。该公司在商业上的成功，吸引了人们对玉米加工业的投资，竞争开始出现，到1879年美国已出现了大约140家玉米淀粉工厂。

当时，玉米淀粉主要用于洗衣店和食品原料。19世纪末，以玉米淀粉为原料生产甜味

剂实现了商业化。它标志着玉米淀粉已从一种终端产品变成了中间产品，玉米糖浆以其低廉的价格在糖果、啤酒、酿造等其它工业部门打开了市场。巨大的利润导致了对玉米加工业投资的大量增加，其中包括对淀粉研究的投资。

2. 第二次世界大战前的玉米加工业

虽然第一次世界大战对西方文明和经济是一场可怕的灾难，但它却给美国商人带来了利益。蔗糖的短缺导致了对玉米甜味剂需求量的大增，制造商开始用玉米糖浆代替蔗糖用于糖果、面包和果酱的制作。战时的特殊条件刺激了美国玉米糖浆业的繁荣，给美国玉米淀粉和玉米葡萄糖制造商带来了可观的利益。然而，随着战争的结束，玉米加工业和其它工业一样很快便进入19世纪20年代的经济大萧条。直到1922年一些较大的工厂才重新扩大经营，并开始在国外建立贸易机构，少数大的公司开始在国外建厂。

第二次世界大战前的40多年期间，美国的玉米加工技术有了新的进展，一是玉米加工开始走综合利用的途径，如玉米胚油进入市场；二是利用糯玉米淀粉经化学改性生产一系列衍生物，用于食品等行业；三是在玉米糖浆的生产工艺方面Staley公司开发了用酸和淀粉酶相结合的专利技术生产玉米糖浆。与传统的酸水解相比，玉米糖浆在甜度、风味和黏稠度等方面的质量明显提高。

3. 20世纪40年代玉米加工业的繁荣

第二次世界大战以后，美国玉米产业迅速崛起，除了畜牧业消耗和原粮出口外，在食品、化学工业领域的应用达到了相当高的水平。

第二次世界大战又一次给美国玉米加工业带来了经济效益，吸取第一次世界大战后的教训，第二次世界大战后美国玉米加工业，并未出现上次战争后的生产过剩危机。这期间的技术进步，主要反映在玉米加工过程实现了自动控制。一些新的变性淀粉，如阳离子淀粉、羟乙基淀粉、交联淀粉在造纸和食品工业等领域打开了更大的市场。战争期间，玉米酒精作为替代能源用于汽油中。

（二）美国淀粉工业现状与发展趋势

美国之所以成为现代玉米深加工产业的开拓者和最发达国家，主要是因为具有多种优势条件。首先是其拥有占世界总产量40%的玉米原料资源，其次是美国拥有巨大的玉米深加工产品的消费市场，另外无论是基础理论研究，还是在实用技术的应用方面，美国都具有深度开发和利用玉米资源的技术手段。美国淀粉工业呈现如下特点：

1. 玉米资源由单一化开发利用转向综合化开发利用

玉米综合化开发利用途径完全覆盖了单一化开发利用路线。采用玉米综合化开发利用路线，可以有效突破传统的、只加工生产低附加值产品的玉米初加工业的局限和束缚，开拓加工生产包括醇、氨基酸、低聚糖和多糖、酶制剂、单细胞蛋白、抗生素等高附加值产品在内的现代玉米产业，从而提高到发展“玉米产业经济”的高度。

2. 由开放型短产业链转向封闭型长产业链

玉米资源利用采用“循环经济发展模式”。在玉米综合化开发利用路线下，传统的直线开放型短产业链即只能生产一种或两种产品的玉米加工业生产模式逐渐被淘汰，代之而兴起的是现代封闭型长产业链的玉米工业化加工模式。对玉米资源多次性开发利用，初加工后的副产物经过无害化处理又作为资源二次、三次乃至更多次被利用了，完成对资源的“减量化使用、无害化再使用和循环化使用”。如采用玉米湿磨生产工艺，利用玉米的多价值属性分别加工出多种产品。利用玉米胚芽生产高营养玉米油；利用玉米蛋白生产高蛋白饲料。另一方面生产出的淀粉通过延长产业链进一步加工出多种下游产品。玉米淀粉经过发酵制取乙醇外，还可以制作变性淀粉用于食品工业、纺织业、造纸业及黏结剂等；玉米酶法制取麦芽糊精和高果糖浆及一系列高纯度的葡萄糖下游产品，如氨基酸、维生素、柠檬酸和乳酸等。

3. 燃料乙醇生产由以玉米淀粉为主转向多种可替代淀粉的纤维原料

美国现代玉米深加工业发展新趋势体现在大力开发用玉米纤维和多种可替代淀粉原料生产燃料乙醇。研究开发者寻求把加工过程中产生的价值较低的玉米纤维，利用基因工程将玉米纤维高效率地转化成价值较高的乙醇，将玉米加工中的副产品就地利用。开发利用可替代淀粉转化生产燃料乙醇，研究用木薯淀粉、大麦淀粉、高粱淀粉、黑麦淀粉及甘薯淀粉等生产燃料酒精的替代原料。

4. 湿磨玉米淀粉新产品开发

利用湿磨玉米淀粉可以开发多种新产品。美国采用淀粉生产新工艺，把玉米淀粉转化为可生物降解聚合物，替代传统的石化塑料，用来制造注塑产品、塑料薄膜和履膜纸。

5. 由传统工艺技术转向现代新型工艺技术

美国在发展玉米深加工工业中不断进行科技创新，重点研发在节能、节水、提高产品质量、提高效率和效益、降低成本费用和减轻环境污染等方面的新技术、新工艺和新设备。

（1）乳酸和琥珀酸等有机酸生产采用膜分离与细菌连续发酵生物反应器耦合技术和双极膜电渗析分离技术，赖氨酸生产采用连续离子交换法进行分离提纯等。

（2）采用快脱纤维法和快脱胚芽法。采用这两种新方法，主要创新点在于把玉米湿磨系统中的某些优点融入干磨工艺中，提高加工效率，提升饲料副产品的价值。此外经过改造的研磨技术有效提高了发酵罐的实际产量。

（3）开发高浓度（VHG）发酵法。采用固形物含量高于30%新发酵法的技术要求是，通过加入酶制剂或通过双重磨碎实现浆液具有高糖浓度、低黏度。其特点是在理想发酵条件下可产生20%～30%的乙醇，用水量比常规发酵法减少，需要冷却的发酵物料和蒸馏物料量较少，因而降低了能源成本。

（4）减少能源消耗新加工技术。研究和开发出无需用蒸汽对淀粉进行液化就可以从淀粉中酶解出葡萄糖，开发高活性、高效益的淀粉转化酶等。

（5）玉米醇溶蛋白萃取法。从玉米干磨和湿磨中获取的玉米醇溶蛋白，是一种可生物降解的物质，在食品与化妆品领域极有应用价值。但是，采用从玉米中回收和提纯玉米醇溶蛋白的方法代价极高。现在开发一种玉米油和玉米蛋白萃取新工艺。

三、国内淀粉工业现状与发展趋势

（一）国内淀粉工业发展历程

我国是世界上玉米产量仅次于美国的第二大玉米生产国。近年来，玉米产量稳定在1.4亿t左右，占世界玉米总产量的18%。玉米的主要用途为食品、饲料和工业转化。玉米的工业转化虽然在玉米消费的数量上不及饲料加工和食品加工，但其加工产品种类多，功能独特，用途广泛，产品附加值高，因此被称为“黄金产业”，在一定程度上代表着玉米加工业的发展未来。

20世纪50年代前，我国仅有几家淀粉作坊，直到20世纪50年代中期从前苏联引进第一个现代化的淀粉生产线，才开始了我国的淀粉工业。进入21世纪之后，国内淀粉及淀粉制品加工业得到迅速发展，产品种类逐年增多。2001年工业转化玉米1250万t，到2009年已达到 4100 万 t 以上，增长速度年平均 25% 以上，而同期的玉米产量每年只增长不到 4.8%。

当前我国的结晶葡萄糖、味精、柠檬酸、赖氨酸和糖醇产量居世界第一位，淀粉糖总量居世界第二位。国家玉米深加工行业“十一五”规划发展目标确定为到 2010 年，味精产量达到 190 万 t，柠檬酸 100 万 t，酶制剂 75 万 t，酵母 25 万 t，淀粉糖 820 万 t，合计 1210 万 t，消耗玉米 2000 万 t。

在“十一五”期间，淀粉深加工业规模、产量、品种和生产技术水平都有了快速的发展，生产工艺和技术装备明显提升，酶工程技术、微生物技术、自动控制技术、高效精制和分离技术等高新技术推动了国内淀粉深加工业进入高科技时代。超微粉碎技术、模拟流动床分离技术、磁力搅拌高压加氢技术、三元催化剂应用技术、膜分离技术、连续结晶技术、薄板换热多效蒸发技术、连续离子交换技术及磁性催化剂分离技术的应用，使淀粉深加工进入了新的发展阶段。淀粉转化的高端产品——功能性低聚糖、玉米化工醇生产技术已达到世界先进水平。功能性异麦芽糖、结晶麦芽糖醇、山梨醇、甘露醇、多元醇等淀粉深加工品种的产量和生产技术、装备水平已经进入世界前列。近年来涌现出的长春大成集团、鲁洲集团、西王糖业、保龄宝集团等一大批世界级淀粉深加工企业，带动了功能食品、功能饮料、功能乳品等相关行业的快速发展。

由于淀粉深加工业的迅速崛起，到 2007 年工业转化消耗玉米已经接近 2000 万 t，玉米产量与工业转化玉米量过大的矛盾日益突出。国家相关部委为了降低食品安全风险，保证玉米深加工行业的健康发展，由国家发展和改革委员会在 2007 年年底出台了《关于促进玉米深加工业健康发展的指导意见》，进一步规范了行业中的不良竞争行为。意见要求到 2010 年，玉米深加工企业的原料利用率达到 97%，玉米消耗量比目前下降 8%，单位产值能耗降低 20%，单位工业增加值用水量降低 30%，主要污染物排放总量减少 15%。

在今后几年中，国家将严格控制玉米深加工项目盲目投资和低水平重复建设，通过合理布局，优化产品结构，重点发展淀粉糖、多元醇等国内供给不足的产品；稳定以玉米为原料的普通淀粉生产；控制发展味精等国内供需基本平衡和供大于求的产品；限制发展以玉米为原料的柠檬酸、赖氨酸等供大于求的出口导向型产品以及以玉米为原料的食用酒精和工业酒精的生产。

（二）国内淀粉工业发展趋势

1. 加快产业结构调整和战略布局，促进玉米深加工业良性发展

淘汰低水平、高消耗、污染严重的企业，发展玉米深加工大型骨干企业集团，提高产业的集中度和核心竞争力，加强科技研发，增强自主创新能力，不断提高产业整体的技术水平，促进玉米深加工业进入高科技、高产出、高效益的快速发展阶段。

2. 加强对玉米淀粉加工副产品综合利用的研究

在玉米湿法生产淀粉的过程中，不仅要关注 70% 的淀粉及转化产品，也应重视 30% 副产品的回收和综合利用。玉米中淀粉以外的副产品包括玉米皮、蛋白粉、胚芽等。玉米胚芽中的营养素如卵磷脂、胡萝卜素、谷胱甘肽、低聚糖等具有较大的应用价值；玉米麸质中的醇溶蛋白、谷蛋白等具有良好的应用前景；玉米皮可用于生产膳食纤维，丰富的木糖、阿拉伯糖属于功能性食品的基料；玉米浸泡液可转化高生物学价值的饲料酵母蛋白粉。开展玉米副产品深层次利用的研究，可以提高玉米的综合利用效率并转化增值空间，降低资源消耗，实现清洁生产，减少污染物排放的种类和数量，努力实现建设环境友好型玉米加工企业。

3. 积极开展玉米深加工新产品的开发

在玉米深加工与转化中，应大力应用生物技术、自动控制等高新技术。在淀粉转化产品的研制和生产中以酶工程技术、微生物工程技术为核心，发展酶制剂生产，筛选和培育具有新的转化功能的优良菌株，为研制新型淀粉转化产品创造条件。由于果糖的甜度是蔗糖的1.5倍，其能量却降低了36%～50%，F－90高纯度果糖浆及结晶果糖非常适用于糖尿病人和老年人；生物发酵产品如乙二醇、L－乳酸、1，4－丁二酸、1，3－丙二醇等淀粉化工产品也具有较广泛的应用领域。

4. 不断进行技术创新，提高玉米加工业产值和经济效益

加强淀粉深加工新技术、新工艺的研究，开展重点装备的研发，积极应用先进的生物酶技术、色谱分离技术、膜分离技术以及喷射、超微、自动化控制等技术，实现产业升级。近年来，膜分离技术、色谱分离技术在淀粉糖、糖醇、有机酸等生产中得以应用，山梨醇氢解制多元醇、结晶果糖、淀粉基可降解材料等先进技术的应用和新产品的研发，提高了产品的质量和产率，增加了淀粉深加工新产品的应用领域。目前正在开发和研究的包括低脂玉米粉生产及应用技术、如何提高纤维素酶、半纤维素酶制剂的性能和使用效果等，用于粗淀粉原料生产淀粉糖中，配合淀粉酶水解，既能减少糖渣的数量，又能增加可发酵糖的量，提高糖的产率及干物质的利用率，降低生产成本。

四、本教材重点内容

本教材从加工技术角度出发，详细地阐述了淀粉的基本理论，淀粉提取方法及物理、化学与酶法淀粉深加工转化技术。从原料和产品角度出发，详细地阐述了各种淀粉质原料的淀粉提取方法，淀粉糖生产的基本原理、方法与各种淀粉糖品生产的关键技术，各种变性淀粉的生产原理与生产技术、主要性能和应用领域。在淀粉转化和淀粉深加工领域推广应用的高新技术和新产品的生产方法也作了简要介绍，学生可以及时了解行业的最新发展动态。

关于淀粉的微生物发酵技术，由于涉及产品种类多、技术复杂并且独立形成体系，因此请参看其它有关专著。

通过本教材知识的学习，学生可以掌握淀粉提取与深加工技术的基础理论和生产方法，为淀粉生物转化技术的学习和淀粉深加工产品的开发奠定专业基础。

第一章　淀粉结构与性质

淀粉的结构包括化学结构、空间结构、分子构象和淀粉颗粒的微结晶结构。在淀粉分子结构中，化学结构是基本的结构，决定高级结构、空间结构和淀粉的性质。不同植物来源的淀粉分子因其结构的差异而具有不同的特性。只有掌握了淀粉的结构知识，才能对淀粉的特征和性能做出充分的解释。在工业生产中，淀粉的结构和性质是确定制取工艺的依据。同时，有关淀粉分子结构的理论也可为淀粉的深度加工以及在发酵工业中的应用提供理论依据。

第一节　淀粉的分子结构

一、淀粉分子的基本构成单位

淀粉是高分子碳水化合物，属同聚多糖，其基本构成单位为 α - D - 吡喃葡萄糖，分子式为 $C_6H_{12}O_6$。相邻葡萄糖分子之间脱去一个水分子形成糖苷键，将葡萄糖残基连接在一起即形成淀粉分子。

1. α - D - 吡喃葡萄糖

α - D - 吡喃葡萄糖的构型分 D 型和 L 型。与—CH_2OH 相邻的 C_5 上的羟基在碳原子右边者称为 D 型，左边者为 L 型。天然产物中的葡萄糖都为 D 型。

葡萄糖的链状结构不稳定，实际上在晶体状态或水溶液中的葡萄糖多数是以环状结构存在。葡萄糖链上的 C_4 或 C_5 上的羟基可与醛基形成环状半缩醛结构，分别形成五元环或六元环结构。C_1 与 C_5 成环为六元环，称为吡喃环；C_1 与 C_4 成环为五元环，称为呋喃环。淀粉中的葡萄糖单位是以吡喃环存在的。

环状结构的形成使醛基碳原子 C_1 成为手性碳原子，C_1 上的羟基可有两种不同的构型。在 D 型结构中，C_1 上的—OH 在右边的为 α 型，在左边的为 β 型。因此环状结构的 D - 葡萄糖就有 α - D 和 β - D 两种异构体存在。

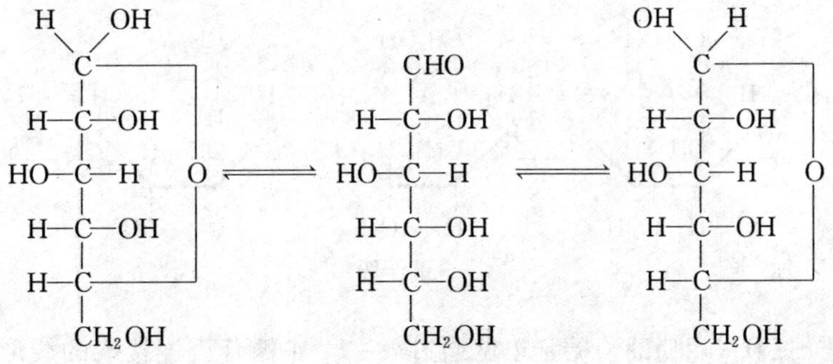

α-D-吡喃葡萄糖　　开链D-葡萄糖　　B-D-吡喃葡萄糖

上述葡萄糖环状结构是采用Fischer式表示法表示的。为了更准确地反映糖分子的立体构型，Haworth式将葡萄糖写成六角平面的环状结构，称为吡喃糖。葡萄糖写成五角平面形的环状结构，称为呋喃糖，此式可以更清晰准确地表示出各碳原子和基团之间的相对位置。

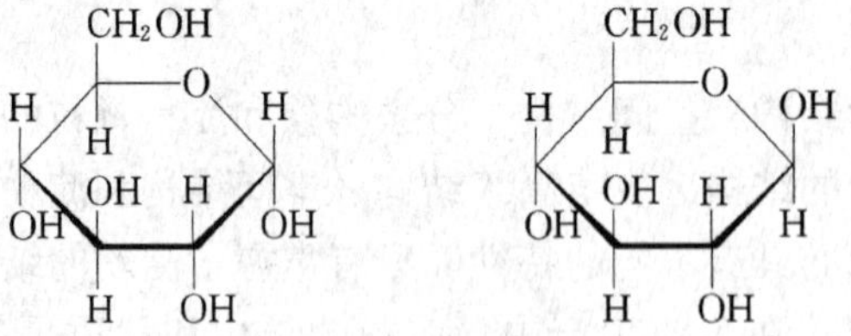

α-D-吡喃葡萄糖　　β-D-吡喃葡萄糖

Haworth式分子结构表示法

葡萄糖在水溶液中，链式和环式、吡喃型和呋喃型、α型和β型可以互相转变并同时存在，但以吡喃环状结构为主。

2. 淀粉分子的构成

对淀粉分子链构成的研究表明，淀粉分子分为直链分子和支链分子，分别称为直链淀粉和支链淀粉。

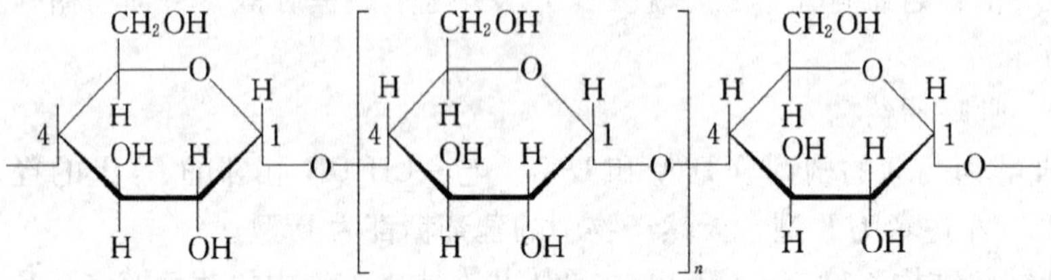

直链淀粉

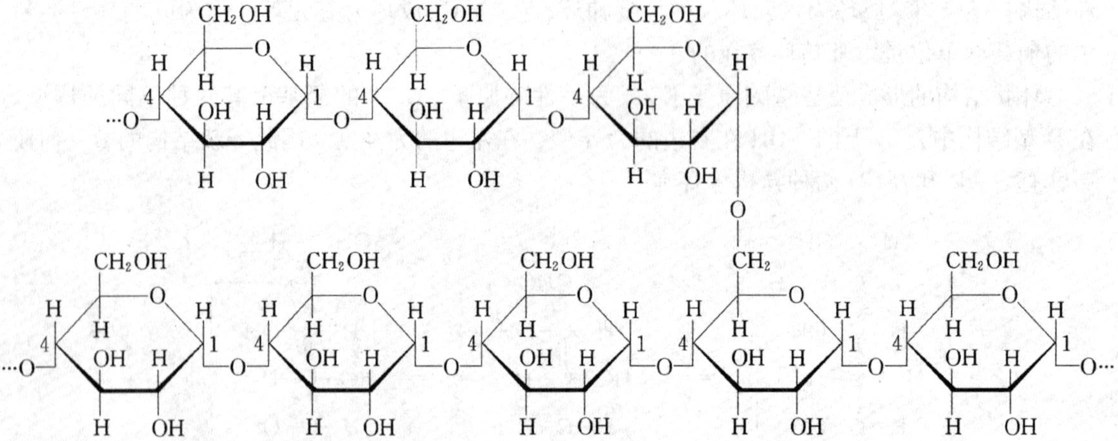

支链淀粉

直链淀粉是α-D-吡喃葡萄糖基单位通过α-1，4糖苷键连接成的线形聚合物；而支链淀粉是α-D-吡喃葡萄糖基单位通过α-1，4糖苷键连接成直链，再经由α-1，6糖苷键将直链接支到另一直链上，而形成的高支化聚合物。20世纪50年代后研究发现，淀粉还存在一个数量很少的中间级分，它由低度支化的支链淀粉和带有少量短支链的直链淀粉组成。玉米淀粉中的中间级分占4% ~9%。

在淀粉分子聚合链中，末端葡萄糖单位的 C_1 碳原子含有游离 α - 羟基，具有还原性，称为还原末端；不含有游离 α - 羟基的不具有还原性，称为非还原末端（图1 -1）。

直链淀粉分别含有一个还原末端基和一个非还原末端基。支链淀粉的结构比较复杂，图1 -2 是支链淀粉结构示意图，图中的C链是主链，它的一端为非还原末端基，另一端为还原末端基。A链和B链是侧链，只有非还原末端基。测定所含还原末端基和非还原末端基数量，对确定淀粉分子的聚合度、链长、链数具有重要意义。

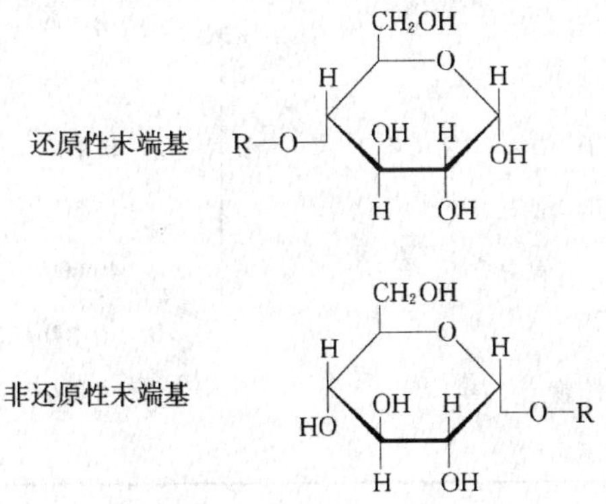

图1 -1　淀粉分子的还原性末端和非还原性末端

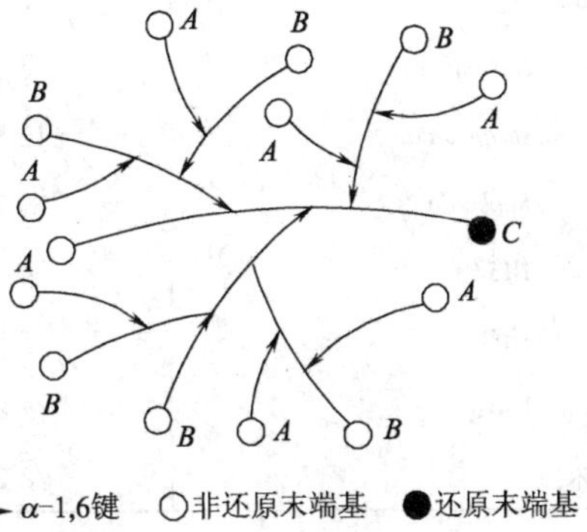

图1 -2　支链淀粉结构示意图

淀粉是由许多葡萄糖脱水而成，因此，其分子式可写成 $(C_6H_{10}O_5)_n$，n 为不定数。组成淀粉分子葡萄糖残基的数量称为淀粉分子的聚合度，用DP表示。

一般直链淀粉的相对分子质量为 5×10^4 ~ 2×10^5，平均聚合度为700 ~5 000。表1 -1列出了一些直链淀粉分子DP分布范围。

表1 -1　直链淀粉平均聚合度

淀　粉	DP_n	淀　粉	DP_n
大米　*sasanishiki*	1 100	西米　低黏度	2 500
hokkaido	1 100	高黏度	5 100
IR32	1 000	葛	1 500
IR36	900	木薯	2 600
IR42	1 000	甘薯	4 100
玉米	930	山药	1 200
高直链淀粉玉米	710	百合	3 300
小麦	1 300	马铃薯	4 900
栗子	1 700		

直链淀粉分子的大小随淀粉的来源和籽粒的成熟度不同相差较大。薯类淀粉普遍比谷类淀粉要大，谷类直链淀粉的DP约为1 000，马铃薯淀粉则高达4 900。即便是同一种天然淀

粉颗粒，其中所含的直链分子大小也不一致，而是由一系列聚合度不等的分子混在一起构成。此外由于测定方法和分离方法不同，不同文献对同一种淀粉中的直链淀粉聚合度测得值也有较大偏差，尤其对分子比较大的直链淀粉，常因分离过程中的降解作用，使测得值比实际值小。

支链淀粉分子巨大，已测得植物淀粉的支链淀粉平均 DP 为 4 000 ~ 40 000，大部分在 5 000 ~ 13 000，相对分子质量多在 2×10^5 ~ 6×10^6 范围内。支链淀粉平均 DP 列于表 1－2。

表 1－2　　支链淀粉平均聚合度

淀　粉	DP_n	淀　粉	DP_n
糯米	18 500	小麦	4 800
大米　*Koshihikari*	8 200	菱	12 600
sasanishiki	12 800	栗子	11 000
hokkaido	11 000	西米　低黏度	11 800
IR32	4 700	高黏度	40 000
IR36	5 400	山药	6 100
IR42	5 800	马铃薯	9 800
玉米	8 200		

糯米 DP 平均为 18 500，西米（高黏度）为 40 000，都是分子比较大的支链淀粉。小麦淀粉中的支链淀粉比较小，平均 DP 只有 4 800。支链淀粉的相对分子质量分布对淀粉的功能特性具有重要的意义。

二、直链淀粉的分子结构

1. 直链淀粉分子的分支结构

1940 年，K. H. Meyer 将天然淀粉完全分散于热水中，发现淀粉可分为两部分，把溶于水的部分称为直链淀粉，不溶于水的部分称为支链淀粉。进一步研究发现，直链淀粉实际上是两类分子的混合物，大部分是直链线状分子，少量是带有分支结构的线状分子，后者又称为轻度分支的直链淀粉。轻度分支直链淀粉占总直链淀粉的百分比随淀粉来源的不同，其值在 11% ~70% 之间变化，以 25% ~55% 者居多。轻度分支分子的链数为 4 ~ 20 个，总的直链淀粉的平均链数为 2 ~ 13，相当于每 1 000 个葡萄糖单位含有 2 ~4 条链。通常带分支的直链淀粉分子大小是直链线状分子的 1. 5 ~ 3. 0 倍。

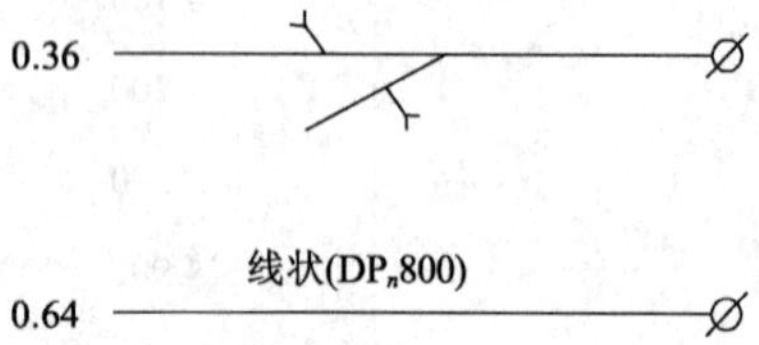

图 1－3　水稻直链淀粉的分支分子和线状分子

图 1－3 是稻米直链淀粉分子构造示意图。线状直链分子占 64%，带分支的直链淀粉分子占 36%；线状直链分子 DP 平均值为 800，带分支的直链分子 DP 为 1400。每个分支分子平均含 7 个短支侧链，平均链长 200 个葡萄糖残基。

不能把轻度分支直链淀粉视为支链淀粉，二者是有明显区别的。支链淀粉的相对分子质量要比轻度分支直链淀粉的大得多，前者的平均链数可达数百个，后者则只有几个或十几个。轻度分支直链淀粉因分支少、侧链短，其性质趋于直链淀粉。

2. 直链淀粉分子的螺旋结构

直链淀粉分子不是伸开的一条链，关于其空间结构的测定，与蛋白质和核酸相比有较大难度，至今尚未得到一个肯定的结果。通过 X 射线衍射技术或核磁共振技术对天然固态直链淀粉进行测定，有代表性的结论有以下两种：

（1）自然界淀粉存在 A、B、C 三种结晶形态。Marchessault 等（1969）测得 B 型直链淀粉的链构象为左手螺旋型（如图 1－4），每一螺旋周期包含 6 个 α－D－吡喃葡萄糖残基，每个 α－D－吡喃葡萄糖基单位呈椅式构象（如图 1－5），一个糖单元 C_2 位上的羟基和相邻的另一个糖单元的 C_3 上羟基之间形成氢键，使左手螺旋更加稳定。

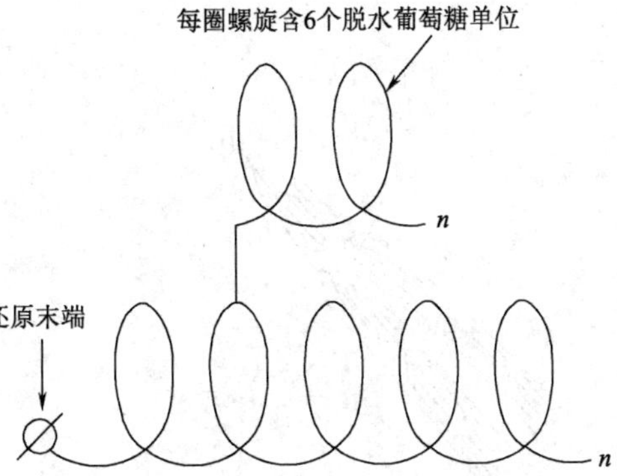

图 1－4　直链淀粉分子螺旋结构模型

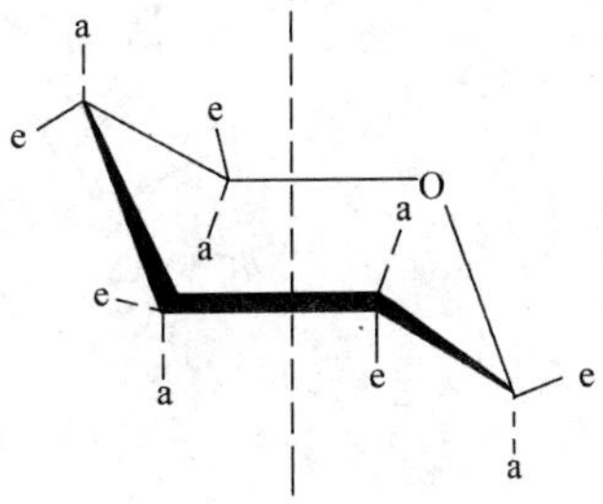

图 1－5　椅式构象

a—直立键　e—平伏键

（2）Kainuma 和 French（1972）、Sarko（1980）先后提出直链淀粉是双螺旋结构，构成双螺旋的链为平行右旋反方向排列，每股螺旋每圈有 6 个葡萄糖残基，螺距为 2.08×10^{-9}m。

在稀溶液中，直链淀粉的空间构象有三种形式，如图 1－6 所示。

① 无规线团形（ren－dora coil），呈随机的线团状态。

② 间断螺旋形（intermpted helix），螺旋段之间由曲线段连接。

③ 螺旋形（deforned helix），具有刚性棒状结构。

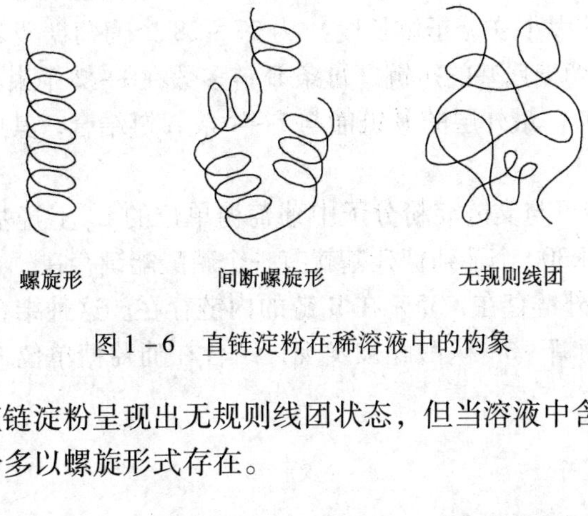

图 1－6　直链淀粉在稀溶液中的构象

在中性溶液中，直链淀粉呈现出无规则线团状态，但当溶液中含有与淀粉分子形成络合物的试剂时，直链淀粉多以螺旋形式存在。

关于淀粉空间结构的研究仍在继续，例如淀粉链究竟是左手还是右手螺旋；每圈螺旋有几个葡萄糖残基；是单股螺旋还是双股螺旋；螺旋之间堆积的方式是平行的还是反平行的等。

三、支链淀粉的分子结构

关于支链淀粉的分子结构，研究者先后提出过层叠式、鱼骨式、梳子型等模型，Meyer（1940）提出了树枝状模型。有代表性的是 French（1972）、Robin（1974）以及 Manners 和 Matheson（1981）等提出的“束簇”状结构模型。图 1－7 为 Meyer 的树枝状结构模型和 French 的“束簇”状结构模型。

用 β 淀粉酶和脱支酶对支链淀粉进行酶解，对酶解产物进行分析，结果表明 Manners 和 Matheson 的“束簇”模型更符合实际。

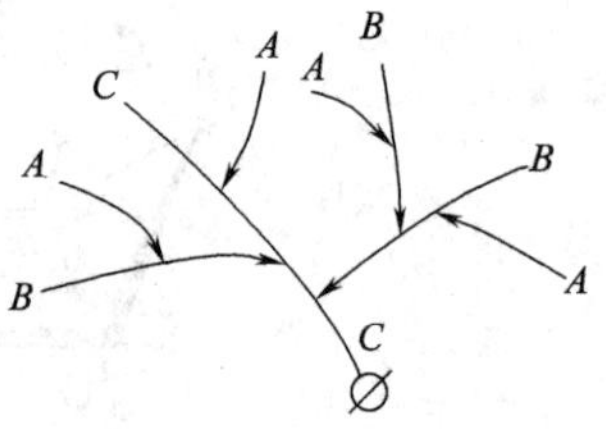

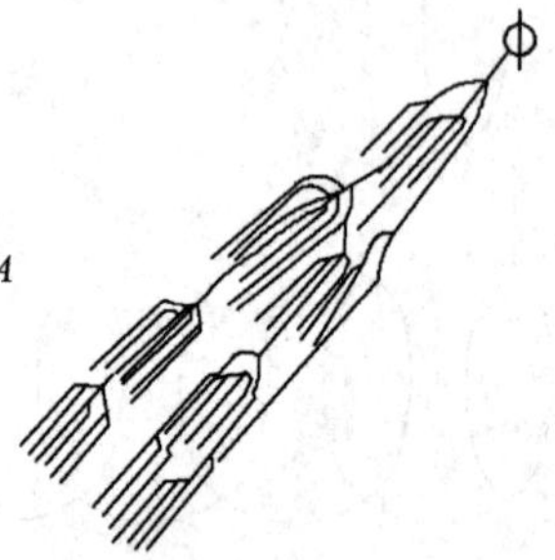

图 1－7　支链淀粉分子结构模型

从 Meyer 的树枝状结构模型可以清晰地看出，支链淀粉分子具有 A、B 和 C 三种链。A 链是不再接枝的侧链；B 链是上面接枝的侧链；C 链是具有还原末端的主链。B 链上连接 A 链的数目称为支链淀粉的分支化度，其值大小为淀粉分子中 A 链总数和 B 链总数的比值。

还有两个术语在叙述支链淀粉的结构时常常用到：

外链——从非还原末端到最近支叉位置的一段链；

内链——任意两个相邻的 α－1，6 糖苷键之间的一段链。

“束簇”状结构中，A 链和 B 链结合形成许多束，束中各链相互平行靠拢，借氢键结合成簇状结构。一般每束的大小（分子链长度）为 27～28 个葡萄糖残基。紧密结合成结晶部分的支链为 12～16 个葡萄糖残基的短链。每条 B 链多数在 1～2 个束群中存在，贯穿 3 个及以上束群的只占 1%～3%。最外层的 B 链能与 1～4 条 A 链结合，其中以 1 条 B 链结合 2 条 A 链的情况为多。

值得注意的是，磷酸可与支链淀粉分子中葡萄糖单位的 C_6 上羟基以酯化形式结合。马铃薯淀粉含磷量高，约每 300 个葡萄糖残基就有一个磷酸酯键存在。在支链淀粉中，这种磷酸 65% 在 A 链和 B 链的外链存在，35% 在 B 链的内链存在。这种结合酸不易除掉，在酸水解淀粉的产物中则有葡萄糖－6－磷酸酯被发现，结合在葡萄糖单位上的磷酸对马铃薯淀粉的物理性质有很大影响。

四、直链淀粉和支链淀粉结构、性质比较

直链淀粉和支链淀粉在分子形状、聚合度、立体结构、还原能力上都有很大差别，这些差异决定了它们在性质上的不同，集中表现在溶水性、碘呈色性、形成络合结构能力、晶体结构、凝沉性、糊黏度和乙酰衍生物成膜性等方面。有关性质内容将在本章第三节中详述，现将二者的比较列于表 1－3 中。

表 1－3　直链淀粉和支链淀粉结构、性质比较

结构、性质	直链淀粉	支链淀粉
分子形状	直链分子	支叉分子
聚合度	100～6 000	1 000～3 000 000
末端基	分子的一端为非还原末端基，另一端为还原末端基	分子具有一个还原末端基和许多非还原末端基
碘着色反应	深蓝色	紫红色
吸收碘量	19%～20%	<1%
凝沉性质	凝沉性强，溶液不稳定	凝沉性很弱，溶液稳定
络合结构	能与极性有机物和碘生成络合物	不能
X 光衍射分析	高度结晶结构	无定形结构
乙酰衍生物	能制成强度很高的纤维和薄膜	制成的薄膜很脆弱

第二节　淀 粉 颗 粒

淀粉分子在植物中是以颗粒的形式存在。淀粉颗粒是多个淀粉分子的集聚体，呈白色固体状。不同植物由于遗传和环境的影响，形成不同结构和性质的淀粉颗粒。淀粉颗粒结构的研究，对于淀粉深加工产品的生产，鉴别淀粉品种来源具有重要意义。

一、淀粉颗粒的形状

植物种类不同，淀粉颗粒的形状和大小也各不相同。一般含水量高、蛋白质少的植物淀粉颗粒比较大，形状比较整齐，多呈圆形和椭圆形，如马铃薯淀粉；相反则颗粒较小，形状大多呈多角形，如稻米淀粉。

几种常见的淀粉颗粒形状为：玉米的为圆形或多角形；稻米的呈不规则多角形；马铃薯的为卵圆形；木薯的为球形或金元宝形；小麦的为扁平圆形或椭圆形。

同一种植物的淀粉颗粒也不是固定不变的，其形状受生长部位和生长期的不同而异。如玉米淀粉颗粒，生长在籽粒上部的为圆形，长在胚芽两旁的为多角形；又如马铃薯淀粉随薯块成熟度的增大，淀粉含量提高，淀粉颗粒直径变大，卵圆形颗粒的相对密度也随之增高。

淀粉颗粒的大小用长轴的长度来表示。不同种类的淀粉大小存在很大差别，同一种淀粉颗粒的大小也不是均匀的。因此常用淀粉颗粒大小的极限范围或平均值来表示某种淀粉的颗粒大小。薯类淀粉比谷类淀粉颗粒大，其中马铃薯淀粉颗粒最大，15～100μm；稻米淀粉颗粒最小，3～8μm；小麦淀粉呈双峰分布，一组为 2～10μm，另一组为 20～30μm。

几种淀粉颗粒的形态特性列于表 1 -4 中。

表 1 -4　　淀粉颗粒的形态特性

主要性质	玉米淀粉	马铃薯淀粉	小麦淀粉	木薯淀粉	蜡质玉米淀粉
淀粉的类型	谷物种子	块茎	谷物种子	根	谷物种子
颗粒形状	圆形、多角形	椭圆形、球形	圆形、扁豆形	圆形、截头圆形	圆形、多角形
直径范围/μm	3 ~26	5 ~100	2 ~35	4 ~35	3 ~26
直径平均值/μm	15	33	15	20	15
比表面积/（m^2/kg）	300	110	500	200	300
密度/（g/cm^3）	1. 5	1. 5	1. 5	1. 5	1. 5
每 1g 淀粉颗粒数目（$\times 10^6$）	1 300	100	2 600	500	1 300

二、淀粉颗粒的轮纹结构

在显微镜下细心观察，可以看到有些淀粉颗粒表面呈若干环状细纹，称为轮纹结构（striations）。轮纹样式与树木年轮相似，马铃薯淀粉的轮纹最明显，呈螺壳形；木薯淀粉轮纹也较清晰；玉米淀粉、小麦淀粉和高粱淀粉等的轮纹则不易见到。

各轮纹层围绕的一点叫做“粒心”或“脐”（hilum）。禾谷类淀粉的粒心常在中央，称为“中心轮纹”；马铃薯淀粉的粒心常偏于一侧，称“偏心轮纹”。粒心的大小和显著程度随植物不同而异。不同淀粉颗粒根据粒心及轮纹情况可分为“单粒”、“复粒”、“半复粒”和“假复粒”（图 1 -8）。单粒只有一个粒心，马铃薯淀粉颗粒主要是单粒。在一个淀粉质体内包含有同时发育生成的多个淀粉颗粒称为复粒，稻米的淀粉颗粒以复粒为主。由两个或更多个原系独立的颗粒融合在一起，各有各的粒心和环层，但最外围的几个环轮则是共同的，是半复粒。有些淀粉颗粒，开始生长时是单个粒子，在发育中产生几个大裂缝，但仍然维持其整体性，这种团粒称为假复粒。豌豆淀粉就属于假复粒。

在同一个细胞中，所有的淀粉颗粒可以全为单粒，也可以同时存在几种不同的类型。如燕麦淀粉颗粒大部分为复粒，也夹有单粒存在；小麦淀粉颗粒，大多数为单粒，也夹有复粒存在；马铃薯淀粉颗粒以单粒为主，偶有复粒和半复粒存在。

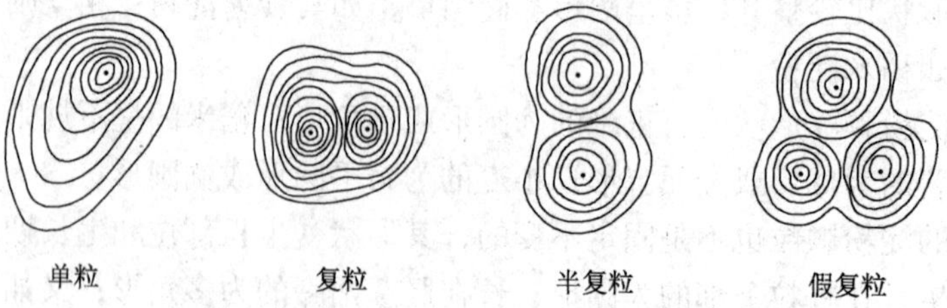

图 1 -8　淀粉粒轮纹示意图

用扫描电镜观察经酸、酶处理过的淀粉颗粒或受损伤的淀粉颗粒，也常会看到这种层状结构。轮纹结构是由于淀粉颗粒内部折射率之差或密度之差形成的。产生差别的原因可能是淀粉颗粒在形成过程中，由于昼夜光照的差别，造成葡萄糖供应数量不同，致使淀粉合成密度不同出现层状结构。不过有人将马铃薯在连续照射进行栽培，淀粉颗粒仍能形成层状结构，因此，对上述说法提出质疑。

三、淀粉颗粒的偏光十字

在偏光显微镜下观察，淀粉颗粒表面上呈现黑色的十字，将淀粉颗粒分成4个白色的区域，称为偏光十字。

偏光十字的产生源于球晶结构，球晶呈现双折射特性，产生偏振光。淀粉颗粒也是一种球晶，内部晶体结构具有一定方向性，因此可以产生偏光十字。

不同品种淀粉颗粒的偏光十字的位置、形状以及明显程度都有一定差别。例如马铃薯淀粉的偏光十字最明显，玉米、高粱和木薯淀粉次之，小麦淀粉则不明显。玉米淀粉颗粒中的十字交叉点是在接近颗粒中心，马铃薯淀粉颗粒则接近于颗粒一端。根据这些差别，通常能用偏光显微镜鉴别淀粉的种类。

当淀粉颗粒充分膨胀、受热干燥或受高压挤压时，分子排列变成无定形，晶体结构消失，偏光十字即行消失。

四、淀粉颗粒的微结晶结构

直链淀粉和支链淀粉分子在淀粉颗粒中是有秩序地结合在一起的。所有植物的淀粉颗粒都具有一个共同的性质，即具有结晶性，这种结晶性表现为具有一定的形态和一定程度的结晶化度。

1. 淀粉颗粒的微结晶结构

淀粉颗粒由结晶区和无定形区组成。关于结晶区的结构，有不同的研究结果。Nikuni（1957）提出淀粉颗粒具有球状微晶，如图1－9所示。微晶内规则地排列着分子链，进入和离开微晶的淀粉分子链构成淀粉颗粒的无定形部分，微晶边缘有一个介于结晶和无定形之间状态的过渡区，微晶大小为（1.0～1.5）$\times10^{-2}\mu m$。

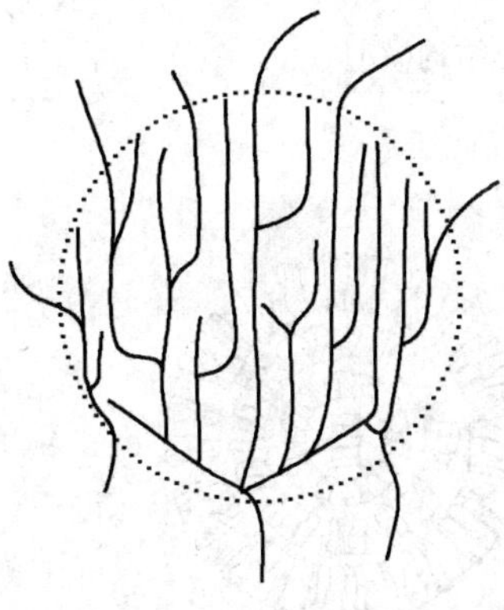

图1－9　球状微晶中淀粉链的排列

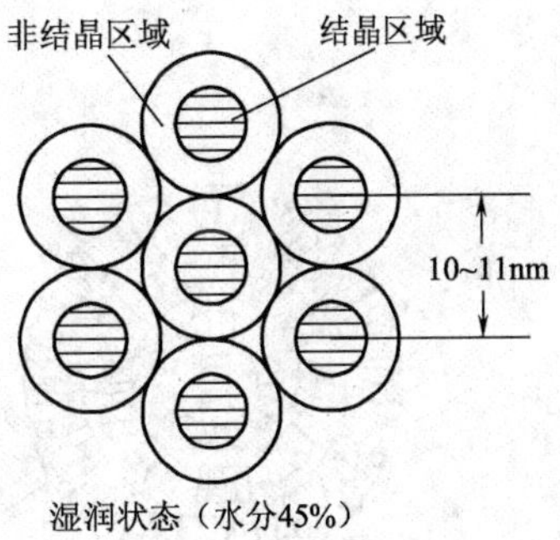

图1－10　淀粉微粒晶束结构

Sterling等（1960）观察到淀粉颗粒具有微晶束结构。微晶束结构模型如图1－10所示，其中7条微晶束绞合成缆状体，构成微纤维，每条微晶束中间为结晶部分，外围是非结晶部分，微晶束直径为（1.0～1.1）$\times10^{-2}\mu m$。淀粉颗粒表面常呈现多乳突纹理，每个乳突直径约为 2.0 × 10^{-2} μm，这可能是一条微纤维在表面上的终端。

综合其它研究成果证明支链淀粉分子在淀粉颗粒中一般是径向取向，构成微晶束的骨架；淀粉颗粒是由许多微晶束构成，各微晶束呈放射状排列，如图 1－11；微晶束中间为结晶区，外围是无定形区，结晶区经过一个亚结晶区的过渡转变为非结晶区（无定形区）。

在块茎和块根淀粉中，仅支链淀粉分子组成结晶区域，淀粉簇状葡萄糖链先端相互平行靠拢，靠氢键结合成结晶结构，而直链淀粉和支链淀粉分子中没有形成结晶的部分组成无定形区。在谷类淀粉中，支链淀粉是结晶性结构的主要成分，部分直链淀粉分子和脂质形成络合体，这些络合体形成弱结晶物质，被包含在淀粉颗粒的网状结晶中。

淀粉分子参加到微晶束构造中，并不是整个分子全部参加到同一个微晶束里，而是直链淀粉分子的不同链段或支链淀粉分子的各个分支分别参加到多个微晶束中，淀粉分子尚未参与到微晶束中的链段呈无定形状态，这也是淀粉颗粒具有弹性的原因。

淀粉颗粒的外层结晶程度较高，主要由支链淀粉分子的非还原性簇状末端构成（占90%），其抗酸、酶作用的能力较强，有保护淀粉颗粒完整性的作用。相反，淀粉颗粒中的无定形部分易被酸、酶作用。图 1－12 为用稀酸处理淀粉颗粒，使无定形区被水解而结晶区得以保留的模型。

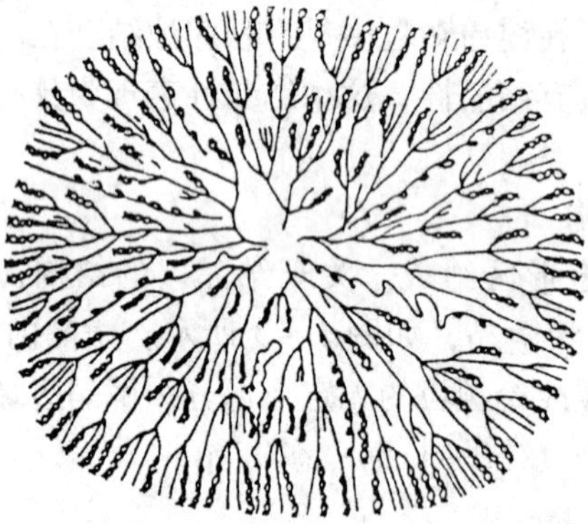

图 1－11　淀粉颗粒的晶体结构模型

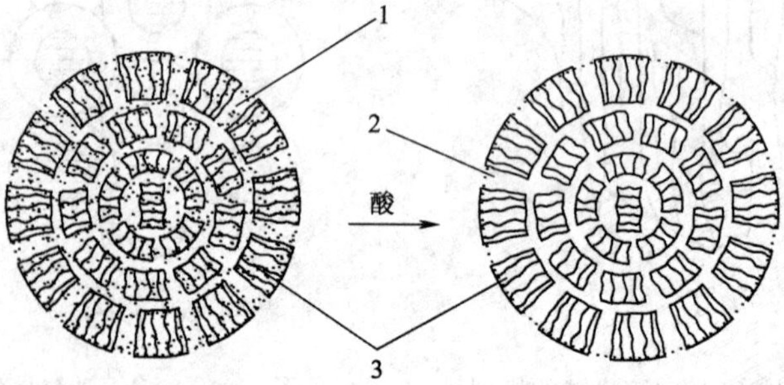

图 1－12　酸水解无定形区模型

1—胶体相　2—空间　3—微晶体

2. 淀粉颗粒的结晶化度

淀粉颗粒的构造可以分为紧密排列着的结晶态部分和不规则聚集成凝胶状的非晶态部

分，结晶态部分占整个颗粒的百分比称为结晶化度。

表1-5列出了不同植物淀粉的结晶化度。天然淀粉颗粒的结晶化度最高约为40%，多数在15%~35%，不含直链淀粉的糯玉米淀粉与含20%直链淀粉的普通玉米淀粉结晶化度基本相同，而高直链玉米淀粉结晶化度反而较低，这说明形成淀粉结晶部分不是依靠线状的直链淀粉分子，而主要是支链淀粉分子的“束簇”结构。直链淀粉在颗粒中难形成结晶的原因，是线状链过长难于平行取向的缘故，聚合度为10~20的短直链就易形成结晶。

表1-5　不同植物淀粉的结晶化度

淀粉种类	结晶化度/%	淀粉种类	结晶化度/%
小麦	36	高直链淀粉玉米	24
稻米	38	马铃薯	28
玉米	39	木薯	38
糯玉米	39	甘薯	37

第三节　淀粉的理化性质

针对开发淀粉及其深加工产品所进行的科学研究、生产和应用，都要依据淀粉的物理、化学性质来进行，因此研究和掌握淀粉的理化性质十分必要。

一、淀粉的吸附性质

淀粉可以吸附许多有机化合物和无机化合物，直链淀粉和支链淀粉因分子形态不同，所以具有不同的吸附性质。

1. 对极性有机溶剂的吸附

直链淀粉分子在溶液中分子伸展性好，很容易与一些极性有机化合物（如正丁醇、脂肪酸等）通过氢键相互缔合，形成结晶性复合体而沉淀，这种结晶性复合体呈螺旋状。支链淀粉分子因为呈树状结构，存在空间障碍，故不易与这些化合物形成复合体沉淀。可以利用直链淀粉支链淀粉吸附性质上的差异将二者进行分离。

螺旋状的直链淀粉分子可以与脂肪酸结合生成络合物（图1-13）。直链淀粉-脂类络合物对淀粉颗粒应用性质有一系列不利影响，如润胀能力差、糊化温度增高。谷类淀粉比薯类淀粉脂类化合物含量高，玉米淀粉含0.5%~0.7%，小麦淀粉约含0.5%，而薯类淀粉只含有0.1%。因此，谷类淀粉形成直链淀粉-脂类络合物较多，其淀粉糊化温度偏高，而薯类淀粉的品质基本不受影响。

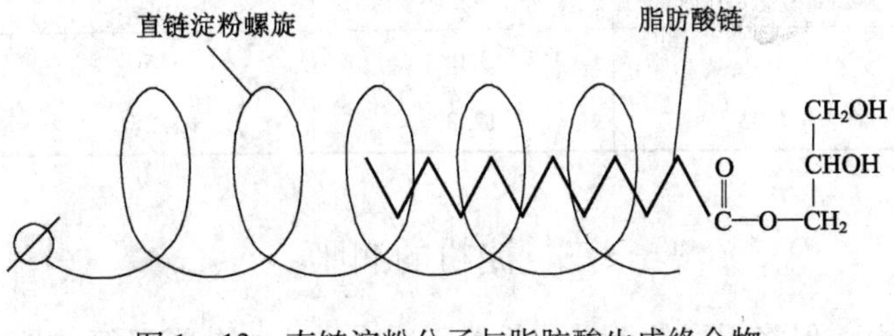

图1-13　直链淀粉分子与脂肪酸生成络合物

2. 对碘的吸附

淀粉遇碘的呈色反应，不是化学反应，而是物理吸附作用。

直链淀粉与支链淀粉对碘的吸附能力明显不同。呈螺旋结构的直链淀粉分子能够吸附碘形成络合物，每6个葡萄糖残基形成一个螺旋圈，恰好可容纳1个碘分子。每1g纯直链淀粉能吸附约200mg碘，即重量的20%。而支链淀粉吸收碘量很少，不到1%。根据这种性质用电位滴定法可测定样品中直链淀粉的含量。几种淀粉吸附碘的量如表1－6所示，每100g淀粉结合碘量多为4～5g，直链淀粉的为19～20g，支链淀粉的为0.5～1.0g。当直链淀粉与支链淀粉同时存在时，若碘的浓度很低，碘只能被直链淀粉吸附，当浓度升至10^{-4}mol/L时，支链淀粉才开始吸附碘。

吸附碘的直链淀粉分子随着聚合度的不同呈现不同颜色反应，聚合度12以下的短链遇碘不呈现颜色变化，聚合度12～15呈棕色、20～30呈红色、35～40呈紫色、45以上呈蓝色。支链淀粉与碘结合后呈现的颜色与分子分支化度和外链的链长有关，随着分支化度的提高和外链链长的变短，与碘结合后的颜色由紫红色转为红色最后呈碘本色（棕色）。

表1－6　每100g淀粉结合碘量　单位：g

淀粉品种	全淀粉	直链淀粉	支链淀粉
大　米	5.08	20.3	1.62
高直链玉米	9.31	19.4	3.6
玉　米	5.18	20.1	1.1
小　麦	4.86	19.5	0.98
木　薯	—	20	—
马铃薯	—	20.5	—

二、淀粉的溶解度

淀粉的溶解度是指在一定温度下，在水中加热30min后，淀粉样品分子的溶解质量分数。淀粉颗粒不溶于冷水，受损伤的淀粉或经过化学改性的淀粉可溶于冷水，但溶解后的润胀淀粉不可逆。随着温度的上升，淀粉的膨胀度增加，溶解度加大。由于淀粉颗粒结构的差异，不同品种淀粉的溶解度不同，马铃薯淀粉颗粒大，内部结构松散，而且含有较多亲水的磷酸根离子，所以溶解度较高。玉米淀粉颗粒小，内部结构紧密，并且含有较高的脂类化合物，会抑制淀粉颗粒的膨胀和溶解，所以溶解度较低（表1－7）。

表1－7　不同温度下淀粉颗粒的溶解度　单位：%

温度 淀粉品种	70℃	80℃	85℃	90℃
玉米淀粉	1.5	3.08	3.5	4.07
马铃薯淀粉	7.03	12.32	65.28	95.06

三、淀粉的润胀

淀粉不溶于冷水，但将干燥的天然淀粉置于冷水中，水分子可简单地进入淀粉颗粒的非结晶部分，与游离的亲水基结合，产生有限的膨胀，这种现象称为润胀。

淀粉润胀只有体积上的增大，经过干燥处理后仍可恢复原有状态，在偏光显微镜下观察，仍可看到偏光十字，说明淀粉颗粒内部晶体结构没有变化，是一种可逆的润胀。淀粉颗粒体积膨胀呈各向不均衡性，如将马铃薯淀粉浸于冷水中，淀粉颗粒长向增大47%，径向只增大29%。

受损伤的淀粉和某些经过改性的淀粉可溶于冷水，但吸水后的淀粉颗粒的晶体变成了无序的状态，经干燥处理后不能恢复原来的状态，这是一种不可逆的润胀。

四、淀粉的糊化

1. 糊化的概念

将淀粉悬浮液进行加热，淀粉颗粒开始吸水膨胀，达到一定温度后，淀粉颗粒突然迅速膨胀，继续升温，体积可达原来的几十倍甚至数百倍，悬浮液变成半透明的黏稠状胶体溶液，这种现象称为淀粉的糊化。

淀粉发生糊化现象的温度称为糊化温度。即使同一品种的淀粉，因为存在颗粒大小的差异，因此糊化难易程度也各不相同，所需糊化温度也不是一个固定值。

淀粉颗粒开始出现糊化的温度，称为糊化开始温度；待所有淀粉颗粒全部糊化后，所需的温度称糊化完成温度。糊化开始温度和糊化完成温度相差约10℃。可见，糊化温度不是一个确定的值，而是指从糊化开始到糊化完成的一个温度范围。

不同品种淀粉的糊化温度不同。玉米和小麦等谷物淀粉的糊化温度比马铃薯、木薯的高，蜡质玉米与普通玉米相同，而高直链玉米淀粉在沸水中也难糊化。几种淀粉的糊化温度见表1－8。

表1－8　几种淀粉的糊化温度

淀粉	糊化温度/℃	淀粉	糊化温度/℃	淀粉	糊化温度/℃
玉米淀粉	62～72	小麦淀粉	58～64	蜡质玉米淀粉	62～72
马铃薯淀粉	56～66	木薯淀粉	59～69		

2. 糊化过程和糊化实质

淀粉颗粒从原始的结晶状态糊化成完全支解的离散分子链，可分为三个阶段。第一是可逆润胀阶段，即在淀粉乳水温没有达到糊化温度前，水分子只是进到淀粉颗粒的无定形区，晶体结构没有发生改变，体积膨胀很小，干燥后可恢复原来性质。第二是有形溶胀阶段，即水温达到糊化温度后，淀粉颗粒大量吸水，体积迅速膨胀，黏度迅速增加，水分子进入结晶束，拆散了淀粉分子之间的缔合氢键，结晶结构被破坏，偏光十字消失。此阶段淀粉颗粒中的分子仍然维持着一个蓬松的网状整体，但有形膨胀达到了极限，这一过程为不可逆的溶胀。第三是颗粒支解成离散分子阶段，即溶胀后继续加热，膨胀到极限的淀粉颗粒开始破碎支解，最终变成胶体体系，糊黏度也升至最高值。

关于淀粉糊化实质，要从微观的分子结构水平加以理解，才能满足科学研究和生产的需要。可以说淀粉糊化的实质是在湿、热作用下，破坏了淀粉颗粒内淀粉分子间彼此缔合的氢键，晶体结构被拆开，分子链变成无序甚至离散的状态，成为胶体质点。在糊化过程中，热的作用是增加分子振动的能量，以便拆散晶体结构中的氢键；湿的作用是利用水分子代替另一条淀粉链形成氢键，大量吸水后呈糊化状态。

3. 淀粉糊化的测定方法

有关淀粉糊化参数的测定有多种方法，下面介绍两种有代表性的方法。

（1）偏光十字法　此法用来测定淀粉的糊化温度。其原理是淀粉糊化后，颗粒的偏光十字消失，测定偏光十字消失的温度即得糊化温度。所用测定设备为 Kofler 热台显微镜，它由一台偏光显微镜和一个电加热台组成。

测定时将淀粉调成 0.1% ~0.2% 浓度的乳，取一滴淀粉乳（含 100 ~ 200 个颗粒）置于载玻片上，再放到电加热台上进行加热（温度上升速度约为 2℃/min），跟踪观察淀粉颗粒偏光十字的变化情况。当有淀粉颗粒偏光十字开始消失时，对应的温度便是糊化开始温度。随着温度升高，当约 98% 颗粒偏光十字消失时的温度即为糊化完成温度。

表 1 –9 是利用 Kofler 热台测得的不同品种淀粉的糊化温度，每个品种所列的三个温度值分别是淀粉颗粒 5%、50%、95% 偏光十字消失的温度。

表 1 –9　　淀粉的糊化温度　　单位:℃

淀粉	糊化温度范围	淀粉	糊化温度范围
玉米	62 ~ 67 ~ 72	大米	68 ~ 74 ~ 78
马铃薯	56 ~ 62 ~ 67	黏高粱	68 ~ 70 ~ 74
小麦	58 ~ 61 ~ 64	西米	60 ~ 66 ~ 72
木薯	58 ~ 65 ~ 70	葛根	62 ~ 66 ~ 70
蜡质玉米	63 ~ 68 ~ 72	甘薯	58 ~ 65 ~ 72
高粱	68 ~ 74 ~ 78	高直链淀粉玉米	67 ~ 80 ~ 92

（2）黏度测定法　通过此法可以获得多项淀粉糊化参数，其测定原理是根据淀粉糊化程度与黏度存在着一定对应关系，通过测定淀粉糊化过程中黏度的变化，推测出淀粉的糊化参数。

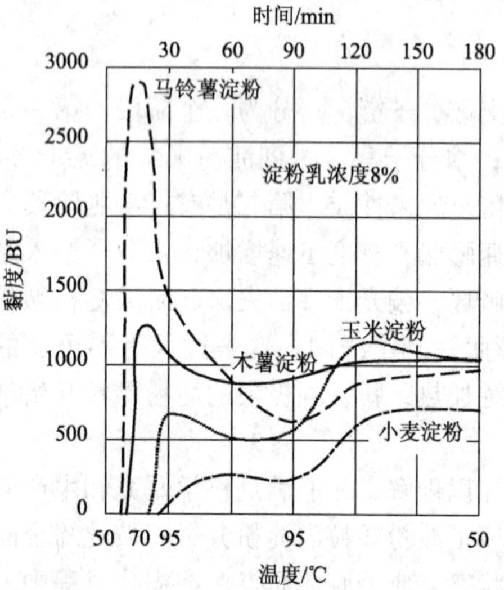

图 1 – 14　几种淀粉的黏度曲线

常用的测量设备是布拉班德黏度测量仪（Brabender Amylograph），它可以在加热状态下自动记录各种温度下淀粉糊的黏度值，并自动绘制出布拉班德黏度曲线（Brabender Viscoamylograph）。测定步骤是选用一定浓度的淀粉悬浮液，从室温开始以 1.5℃/min 的升温速率加热至 95℃，在 95℃ 下保持一定时间（30min），然后以同样速率降温至 50℃，再保持一定时间（30min）。测定过程中的温度由程序控制，黏度曲线图以时间或温度为横坐标，黏度为纵坐标，黏度单位为 BU（Brabender Unit）。每种淀粉都有其独具特征的布拉班德黏度曲线，依此曲线可以查取淀粉糊化参数，评价淀粉糊的黏度特性。

图 1 – 14 是几种淀粉的黏度曲线图，由图可见，块茎和块根类淀粉峰黏度比谷类淀粉的峰黏

度高，它们的峰黏度排序为马铃薯 > 木薯 > 玉米 > 小麦，这与玉米、小麦淀粉颗粒膨胀能力差有关。峰黏度是制备淀粉糊时可能达到的最高黏度，也是对淀粉增稠能力的评价依据。

通过布拉班德黏度曲线通常查取下列特征值（图 1 – 15）：

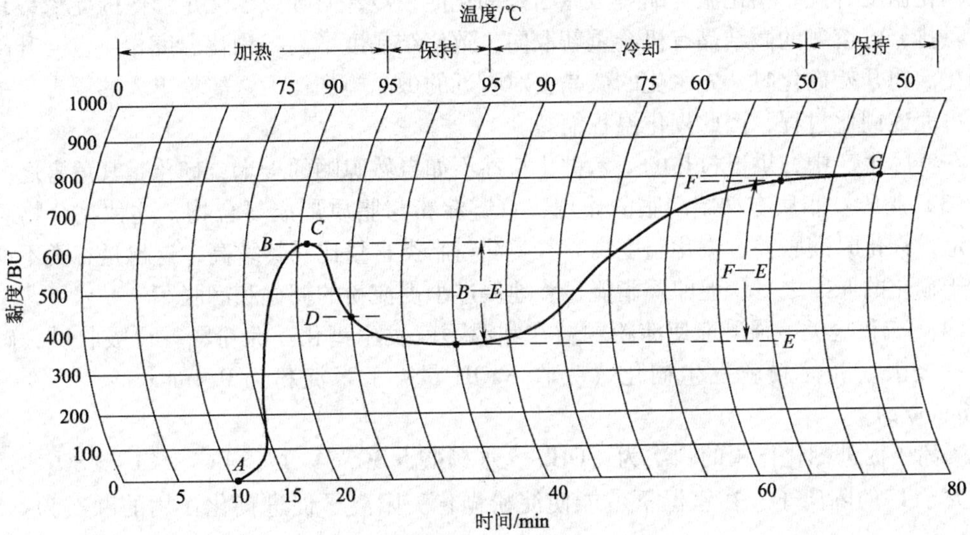

图 1 – 15　淀粉黏度曲线的特征值

A——起始糊化温度，一般定义为糊黏度达 20BU 时的温度，℃；

B——峰值黏度，糊化开始后出现的最高黏度，BU；

C——峰值温度，淀粉糊处于峰值黏度时的温度，也是糊化终止温度，℃；

D——升温到 95℃时糊的黏度，BU；

E——95℃保温 30min 后的黏度，BU；

F——糊从 95℃降至 50℃时的黏度，BU；

G——50℃保温 30min 后的黏度，BU。

根据以上特征值，可以推算以下淀粉糊特性参数：

B—E，称为降落值（breakdown），或称破损值，表示黏度的热稳定性，降落值越小，热稳定性越好；

F—E，称为稠度，（*F—E*）/*E* 值表示冷却过程中淀粉形成凝胶性的强弱；

F—G，称为回值，表示糊冷黏度稳定值；

（*F—B*）/*B* 值，表示淀粉糊凝沉性强弱。

通过以上数据可以判断淀粉的来源和糊的黏度稳定性。

4. 影响淀粉糊化的因素

（1）晶体结构　淀粉糊化与淀粉颗粒中淀粉分子间缔合程度有关。分子间缔合程度越大，分子排列越紧密，微晶束的大小及密度就越大，拆开分子间的聚合、拆散微晶束需要消耗更多的能量，淀粉颗粒就不易糊化，反之就易糊化。一般较小的淀粉颗粒比较大的淀粉颗粒内部结构紧密。糊化温度相对要高些，如玉米的糊化温度（67℃）高于马铃薯的糊化温度（63℃）；直链淀粉分子间的结合力比较强，含直链淀粉较高的淀粉颗粒糊化温度也高，如高直链玉米淀粉的糊化温度（80℃）高于普通玉米的糊化温度（67℃）。

（2）水分含量 水分含量低于30%时加热，淀粉颗粒不会糊化。当加热到较高温度时，部分微晶发生熔融，这个过程与糊化相比是较慢的，并且淀粉颗粒的膨胀是有限的，双折射性有所降低，但并不消失，把这种淀粉的湿热处理过程称为淀粉的韧化。天然淀粉的韧化将导致糊化温度升高，糊化温程缩短。原因是韧化淀粉冷却时导致了无定形区内淀粉链有机会进行重排，已熔融的微结晶有机会重新取向，致使结晶度增高，糊化温度相应也会升高。同时韧化淀粉开始糊化时，先水化的微晶会对附近的微晶施加比天然淀粉更大的压力，小幅升温就可完成糊化过程，因此糊化温程缩短。

在实际生产中，烘干过热的玉米糊化特性不如自然晾晒的玉米，韧化是其危害之一。

（3）脂质 脂质有抑制润胀的作用，直链淀粉与脂质形成复合物，这种复合物对热比较稳定，糊化时润胀差，糊化温度高。谷类淀粉脂类含量比马铃薯高，这也是谷类不如马铃薯易于糊化的原因之一。但卵磷脂能显著地促进小麦淀粉的糊化和润胀。

（4）碱和盐类 强碱能使淀粉颗粒在常温下就发生糊化。淀粉颗粒可吸收碱，碱吸收到某一极限量时淀粉就发生糊化（吸收 NaOH 量：玉米淀粉为 0.4mmol/g，马铃薯淀粉 0.32mmol/g）。

阴离子促进糊化作用的顺次为：$OH^- >$ 水杨酸 $> SCN^- > I^- > Br^- > Cl^- > SO_4^{2-}$，促进效果大于 I^- 的阴离子，在室温下就能使淀粉糊化。阳离子促进糊化作用的顺次为：$Li^+ > Na^+ > K^+$。

起破坏氢键作用的尿素（6mol/L）、盐酸胍（4mol/L）、二甲基亚砜（DMSO）等在室温情况下就能使淀粉糊化，其中二甲基亚砜可使淀粉颗粒在尚未润胀时就发生溶解，常被用作淀粉的溶剂。

（5）糖类 D－葡萄糖、D－果糖和蔗糖能抑制小麦淀粉颗粒溶胀。糊化温度随糖浓度加大而增高，对糊化温度的影响顺序为：蔗糖 > D－葡萄糖 > D－果糖。

五、淀粉的回生

1. 回生的概念与本质

糊化的淀粉在稀糊状态下放置一定时间后会逐渐变浑浊，最终产生不溶性的白色沉淀，而在浓糊状态下，可形成有弹性的胶体，这种现象称为淀粉的回生，也叫淀粉的老化或凝沉。

淀粉回生的实质是糊化的淀粉，分子链由无序状态重新平行取向，靠氢键结合在一起，形成不溶于水的晶体结构。

2. 回生机理

糊化的淀粉回生的机理是当糊化的淀粉溶液温度降低到一定程度之后，由于分子热运动能量的降低，分子链间借氢键吸引到一起，重新进行有序的排列形成结晶。结晶实质上是分子链间有序排列的结果。

直链淀粉分子与支链淀粉分子在回生过程中形成结晶的方式不同。由于直链淀粉分子的线性结构，在回生过程中便于平行取向，分子之间能靠得很紧，结合的氢键多，结晶化度高（可达65%），形成的晶体结构紧密（图1－16）。直链淀粉的回生是分子间联结形成结晶体，这不同于支链淀粉的分子内形成氢键组成结晶体。在稀溶液中结合的直链淀粉形成沉淀；在浓的分散液中，聚合的直链淀粉将水包裹在聚合体中，形成胶体，若要让回生淀粉重新糊化溶解，需要加热到 100 ~ 160℃。

支链淀粉与直链淀粉相比不易回生，因为支链淀粉分子的高度支叉结构，构成了分子链平行取向的障碍，导致链间氢键不易形成。只有在极端条件下，如浓度很高或冰点温度，支链淀粉才会重结晶，发生回生作用。支链淀粉的回生是在分子内侧链间进行，通过外层短支链（DP 在 15 左右）形成结晶构造（图 1 - 17）。支链淀粉分子结构模型中，A 链和 B 链的外链是支链链长分布中的短链部分，这些短链有利于形成晶体。分子质量与支化度对形成晶体无显著相关性，而短链的链长要至少在 10 个单位以上，才能形成结晶所需的双螺旋结构，9 个单位以下的短链不能回生，因而支链的长短和分布对回生有重要影响。

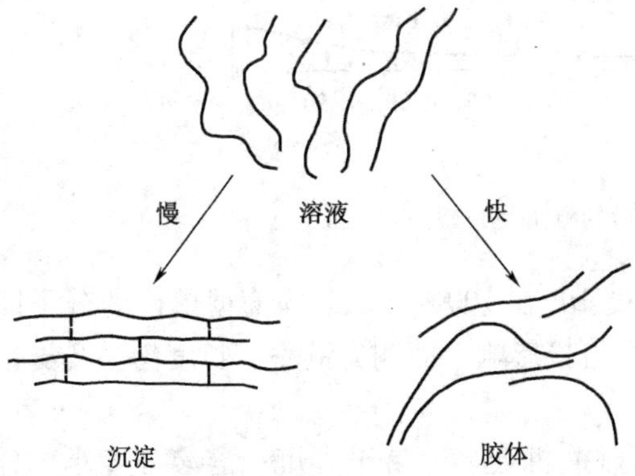

图 1 - 16　直链淀粉回生机理

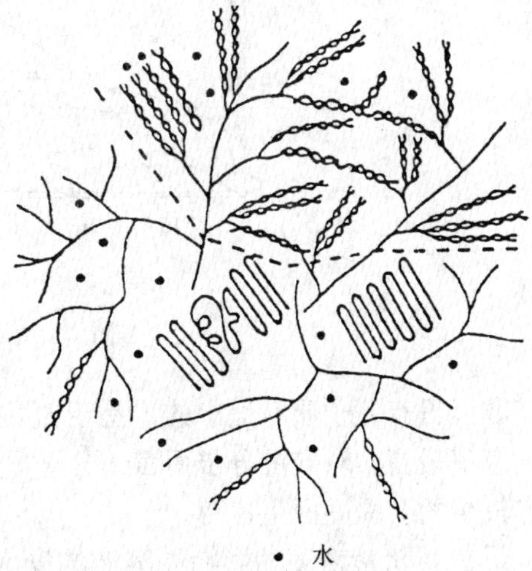

图 1 - 17　支链淀粉回生机理

直链分子的存在对支链淀粉回生有促进作用，这很可能是直链分子快速形成的结晶，为支链分子的结晶提供了晶种，而支链淀粉对直链淀粉的回生有一定抑制作用。

3. 各种淀粉的回生速率

淀粉的回生速率是通过淀粉糊从 95℃ 冷却至 50℃ 后黏度的增加来表示。普通谷类淀粉比块茎和根茎类淀粉回生快，蜡质玉米淀粉回生速率最慢（图 1 - 18）。玉米淀粉回生最快，原因是玉米淀粉的直链淀粉含量高（28%），DP 小（200 ~ 1200）和类脂体含量高（0.8%）。马铃薯淀粉回生速率居中，这是因为它的直链淀粉含量相对较低（21%），直链淀粉分子长度大（DP1000 ~ 6000），脂肪含量低（0.05%）。蜡质玉米（黏玉米）淀粉回生速率慢的原因是含有的淀粉全部为支链。

4. 影响淀粉回生的因素

淀粉的回生作用与淀粉的种类、直链和支链淀粉比例、分子大小、溶液的浓度、pH、温度以及盐类等因素有关。

（1）分子结构的影响　直链淀粉分子是线性分子，呈直链状结构，在溶液中空间障碍相对较小，易于取向，发生凝沉；支链淀粉分子呈树枝状构造，在溶液中空间障碍大，不易凝沉。

（2）分子大小的影响　对于直链淀粉，分子质量大的取向困难；分子质量小的，易于

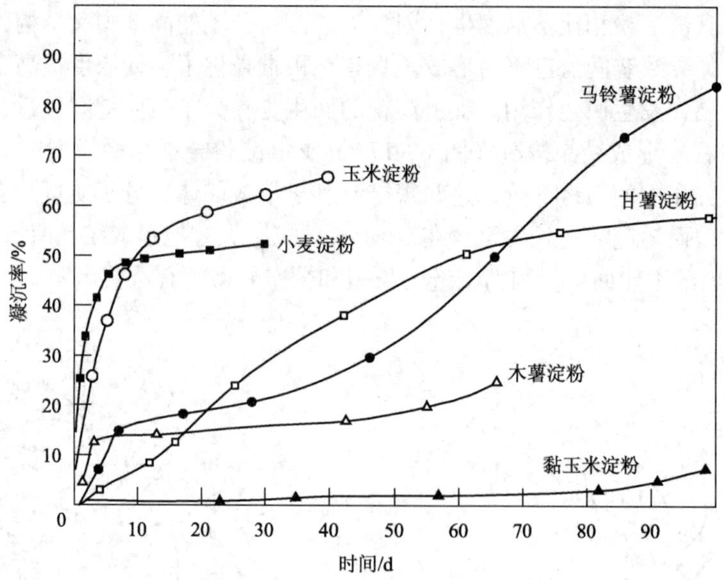

图 1－18　不同品种淀粉的凝沉性比较

扩散；只有分子质量适中的才易于凝沉。以聚合度 DP 在 100～200 个葡萄糖单位的分子回生速率最高。对支链分子而言，分子质量大小没有直接影响，而侧支链小、长度均一及支化点较少的会提高回生速率。

（3）溶液浓度的影响　溶液浓度大，分子间碰撞机会多，易于凝沉；溶液浓度小，分子碰撞机会少，不易凝沉。浓度为 30%～60% 溶液最易发生回生作用，水分在 10% 以下的干燥状态的淀粉难以回生。

（4）pH 及无机盐影响　回生速率在 pH 5～7 最快，过高和过低的 pH 都会降低回生速率，pH≥10 不发生回生现象，pH≤2 回生缓慢。

阴离子盐和阳离子盐都会降低淀粉回生作用。抑制回生的程度依下列顺序：

阴离子盐：$CNS^- > PO_4^{3-} > CO_3^{2-} > I^- > NO_3^- > Br^- > Cl^-$；

阳离子盐：$Ba^{2+} > Sr^{2+} > Ca^{2+} > K^+ > Na^+$。

通常用硝酸钙和尿素抑制淀粉的回生。

（5）温度的影响　温度对直链淀粉的回生特征影响显著。3.5mg/mL 直链淀粉水溶液，在 5～45℃随温度提高，回生速率降低；5℃保温 100d，大多数直链淀粉回生沉淀；45℃时只有较少的小分子回生并沉淀。温度下降速度对淀粉溶液的回生作用也有很大影响，缓慢冷却可以使淀粉分子有充分时间进行取向排列，故可加重回生程度；而迅速冷却，使淀粉分子来不及取向，可以减少回生程度。

（6）脂类对淀粉回生的影响　脂类包括脂肪酸、乳化剂与油脂，可与直链淀粉分子形成螺旋配合体，产生凝聚。但对支链淀粉与脂质是如何相互作用的，看法不一。

（7）糖类对淀粉回生的影响　糖类主要指单糖、双糖。单糖、双糖因其分子较小，在淀粉糊化过程中，可随水分渗透并进入淀粉颗粒内部，并与淀粉分子相互作用。果糖能显著地提高淀粉的老化速率，葡萄糖可轻微提高，蔗糖作用很弱。不同糖对回生的影响取决于糖分子与水分子间的相容性，相容性好，糖分子可起到类似水的作用，对分子链有一定的稀释作用，延缓分子链的迁移率，降低回生速率；相反若糖分子与水分子相容性不好，则会加速回生。

（8）淀粉变性对回生影响　化学方法可在淀粉分子上引进亲水性基团，能够减弱或阻止淀粉的回生，而酸解淀粉易回生。

六、淀粉颗粒的膨胀能力和临界浓度

1. 膨胀能力

加热淀粉乳，淀粉颗粒会膨胀。对于不同种类淀粉其颗粒膨胀能力不同。将淀粉乳样品在一定温度水浴中加热30min，然后离心，倾出上清液，将沉淀的颗粒称重，淀粉膨胀后沉淀颗粒的重量与原来干淀粉重量之比称为膨胀能力。在糊化温度范围内（50～90℃）淀粉颗粒膨胀能力的测定是每隔5℃取样测定，再绘制膨胀温度与膨胀能力对应的特性曲线。

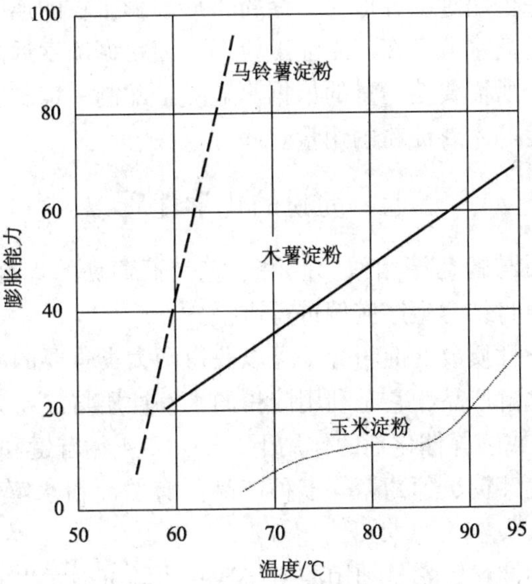

图1－19　淀粉颗粒膨胀能力特性曲线

由图1－19可见，玉米淀粉显示出相当慢的有限制的两段膨胀特性，说明在颗粒内有两部分不等的结合力。弱的在75℃以下，强的在85℃以上才松弛。玉米淀粉含有脂类化合物，与直链淀粉形成络合物，能抑制颗粒膨胀。马铃薯淀粉在相当低的温度就快速直线膨胀，表明内部结构均匀且结合力较弱。原因是在马铃薯淀粉颗粒中部分氢键是通过水桥形成的，而不是由淀粉分子直接缔合的。而磷酸酯基的存在，引起磷酸基间电荷相互排斥，促进膨胀，是马铃薯淀粉膨胀力高的另一个原因。

几种淀粉在95℃受热30min的颗粒膨胀能力列于表1－10中。表中数据显示，马铃薯淀粉的膨胀能力高达1153，远远超过其它淀粉。薯类淀粉与普通谷类淀粉相比，前者可在较低温度下膨胀，且其膨胀程度也高于后者，这表明薯类淀粉的联结程度比普通谷类淀粉差。直链淀粉含量影响膨胀能力，高直链玉米淀粉膨胀能力远低于普通玉米和蜡质玉米淀粉。由于蜡质玉米淀粉不含直链淀粉－类脂络合物组分，所以蜡质玉米淀粉比普通玉米淀粉容易膨胀。

表 1-10　淀粉颗粒膨胀能力与临界浓度

淀粉	膨胀能力（g 膨胀淀粉/g 干淀粉）	临界浓度（g 干淀粉/100mL 水）	淀粉	膨胀能力（g 膨胀淀粉/g 干淀粉）	临界浓度（g 干淀粉/100mL 水）
玉米	24	4.4	高粱	22	4.8
高直链玉米	6	20	马铃薯	1 153	0.1
蜡质玉米	64	1.6	木薯	71	1.4
小麦	21	5	甘薯	46	2.2
大米	19	5.6			

2. 临界浓度

淀粉的临界浓度是指淀粉在 95℃条件下膨胀后正好将 100mL 水全部吸收，无游离水遗留的干基重量。当淀粉浓度超过临界值时，淀粉将形成膨胀粒的连续相，全部自由水都被截留；低于临界值将会有游离水分存在。工业上应用的淀粉糊浓度远高于临界浓度，淀粉的临界浓度是配制一定黏度糊所需要淀粉量的依据。显然，配制一定黏度的淀粉糊，所需马铃薯淀粉量远低于玉米、小麦和木薯淀粉的用量。

七、淀粉的化学性质

淀粉的许多化学性质与葡萄糖相似，但由于它是葡萄糖的聚合体，又有自身独特的性质。关于淀粉的化学性质将结合生产实例进行讲授。

生产中应用淀粉化学性质改变淀粉分子可以获得两大类重要的淀粉深加工产品。

第一大类是淀粉的水解产品，它是利用淀粉的水解性质将淀粉分子进行降解所得到的不同 DP 的产品。淀粉在酸或酶等催化剂的作用下，$\alpha-1$，4 糖苷键和 $\alpha-1$，6 糖苷键被水解，可生成糊精、低聚糖、麦芽糖、葡萄糖等多种产品。有关淀粉水解性质与应用将在第七章、第八章中详述。

第二大类产品是变性淀粉，它是利用淀粉与某些化学试剂发生的化学反应而生成的。淀粉分子中葡萄糖残基中的 C_2、C_3 和 C_6 位醇羟基在一定条件下能发生氧化、酯化、醚化、烷基化、交联等化学反应，生成各种淀粉衍生物。有关淀粉羟基带来的化学性质与应用将在第九章中详述。

第四节　直链淀粉和支链淀粉的分离

一、原淀粉中直、支链淀粉含量

天然淀粉颗粒中一般同时含有直链淀粉和支链淀粉，而且两者的比例相当稳定，多数谷类淀粉含直链淀粉在 20%～30%，比根类淀粉要高，后者仅含 17%～20% 的直链淀粉。糯玉米、糯高粱和糯米等不含直链淀粉，全部是支链淀粉，虽然有的品种也含有少量的直链淀粉，但都在 1% 以下。天然淀粉很少有含直链淀粉很高的品种，一种皱皮豌豆含有 66% 的直链淀粉，人工培育的高直链玉米淀粉中直链淀粉可高达 80%。

文献上报道的淀粉中直、支链淀粉含量经常不一致，这是因为不同品种、不同成熟度和同一品种的不同检验方法造成的。一般水稻中的粳米要比籼米含直链淀粉高，而未成熟的玉米含有较小颗粒的淀粉较多，直链淀粉含量仅5%~7%。表1-11列出了不同品种淀粉中直链和支链淀粉含量。

表1-11 常见淀粉直、支链淀粉的含量 单位:%

淀粉种类	直链淀粉含量	支链淀粉含量	淀粉种类	直链淀粉含量	支链淀粉含量
玉米	26	74	大麦	22	78
蜡质玉米	<1	>99	高粱	27	73
马铃薯	20	80	甘薯	18	82
木薯	17	83	糯米	0	100
高直链玉米	50~80	20~50	豌豆（光滑）	35	65
小麦	25	75	豌豆（皱皮）	66	34
大米	19	81			

二、直链淀粉和支链淀粉的分离

在自然界中没有完全直链淀粉的植物品种，所以要获得纯直链淀粉就需要从全淀粉中进行分离。同时为了研究不同品种淀粉中直、支链淀粉的性质，也要用到直链淀粉和支链淀粉的分离技术。具体的分离方法有很多种，如水浸法、络合结晶法、分步沉淀法、凝沉法和液体动力学法等。

1. 水浸法

利用直链淀粉较易溶解于水的性质，用水将直链淀粉从糊化膨胀的淀粉颗粒浸出。但此法所得直链淀粉的纯度不高，提取率也不高。这是因为谷类淀粉中含有少量结合态脂肪物质，影响浸出效率，故应选用脱脂谷类淀粉为原料。

分离时，将脱脂玉米淀粉配成2.5%的淀粉乳，加热至高于糊化温度，使淀粉糊化、膨胀，不停地缓慢搅拌，使膨胀的淀粉颗粒悬浮，但不致破裂，1h后离心，收回清浸出液，其中含有浸出的直链淀粉和少量的支链淀粉，再对沉淀物用清水重复浸出3次，可浸出全部水溶性物质。将所得清浸出液混合，用乙醇沉淀，即为较纯的直链淀粉。用电位滴定法测定吸收碘量，计算纯度，结果见表1-12。

浸出温度升高，直链淀粉的产率较高，但纯度较低。90℃水浸直链淀粉产率为原料淀粉重的27.1%，纯度为65%，分离效率（浸出直链淀粉量占原来淀粉中直链淀粉含量的百分率）为63%。

表1-12 温度对水浸法抽提直链淀粉效果的影响

温度/℃	产率/%	纯度/%	分离效率/%
70	14.3	75	39
75	18.3	76	50
80	20.9	73	55
85	25.8	63	58
90	27.1	65	63

2. 醇络合结晶法

将淀粉置于含碱溶液中加热，使淀粉颗粒分散成溶液，碱液起促进溶解作用。冷却至室温，去不溶物，用酸调至中性。然后添加适量的丁醇、异戊醇等，沸水浴中加热搅拌至透明。再逐渐冷却至室温，放入冰箱内 2 ~ 4℃ 条件下过夜，直链淀粉与丁醇、戊醇等生成络合物结构晶体，易于沉淀分离。第一次沉淀为粗直链淀粉，对沉淀重复上述操作 5 次，可获得纯度较高的直链淀粉（图 1 - 20）。

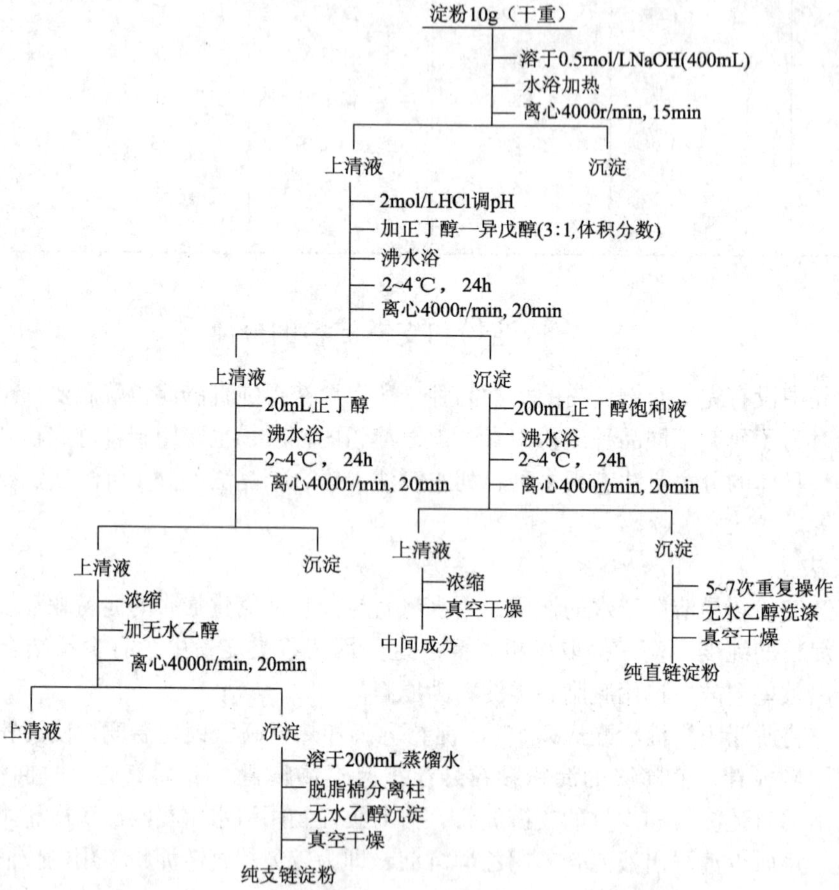

图 1 - 20　醇络合结晶法分离直链淀粉、支链淀粉步骤

支链淀粉存在于母液中，经减压浓缩，再用无水乙醇沉淀，可把支链淀粉分离出来，这是实验室中制备少量样品的常用方法。在用丁醇处理以前，把淀粉置于二甲基亚砜（DMSO）中，有助于淀粉在溶液中的分散。沉淀直链淀粉所用的有机化合物除可选择正丁醇外，还可用卤代烃、烃类、脂肪酸等。

3. 硫酸镁分步沉淀法

此法简称盐析法，该法利用直链和支链淀粉在不同硫酸镁溶液中的沉淀差异，分步沉淀分离。将淀粉溶解在硫酸镁的热溶液中，缓慢冷却，随温度下降，盐溶液的浓度也发生改变。

以马铃薯淀粉为例，10% ~13% 硫酸镁水溶液从 160℃ 降至 80℃ 时，直链淀粉可先行沉淀，用高速离心机分离，就能获得较纯的直链淀粉。离心后的母液再经冷却，支链淀粉即可沉淀析出。盐析法是工业上通常使用的方法。

思考题

1. 默写支链淀粉分子结构的一个片段，要求至少含有一个 α-1，6 糖苷键。解释聚合度的概念。
2. 简述淀粉的吸附性质，以及对生产的有用之处或不利影响。
3. 绘图表明淀粉颗粒中包含微结晶部分和无定形部分，并说明哪个部分易被酸、酶作用。
4. 分别说明淀粉润胀、糊化和回生的实质，用布拉班德黏度曲线可以查取哪些数据？

第二章　湿法玉米淀粉提取工艺

第一节　概　　述

一、玉米的分类与特性

1. 玉米资源

玉米又称玉蜀黍，俗称苞谷、苞米、棒子、珍珠米。玉米属禾本科，适应性强，从北纬58°到南纬42°都能栽种，为高产作物，良好条件下亩产可达千斤以上。

玉米是世界三大主要粮食作物之一，近年来全球玉米总产量已经超过小麦跃居首位，年总产量达6.5亿t左右，其产量如表2-1所示。

表2-1　　**世界三大粮食作物产量**　　单位：万t

品种＼年份	2001年	2002年	2003年	2004年	2005年	2006年	2007年
小麦	56684	56810	55634	62409	62810	59370	63130
稻谷	58559	57947	58912	60849	61853	41700	43600
玉米	59997	60220	63804	70529	69457	68880	70344

玉米产区主要集中在美国、中国、欧盟、巴西、墨西哥等国家和地区，其产量占世界玉米总产量的77%以上，如表2-2所示。其中美国玉米产量第一，占全球玉米总产量的38%，中国排行第二，占世界玉米总产量的20%。玉米主要进口国和地区依次为：日本、欧洲、韩国、墨西哥和埃及，占了全球玉米进口总量的近70%。

表2-2　　**主要生产国和地区的玉米产量**　　单位：万t

国家或地区＼年份	2001/2002年	2002/2003年	2003/2004年	2004/2005年	2005/2006年	2006/2007年
美国	24148	22880	25628	29992	28231	26760
中国	11408	12130	11580	12800	13937	14548
巴西	3550	4500	4200	3550	4170	5100
欧盟	3968	3945	3986	5335	6115	5465
墨西哥	2040	1928	2180	2200	1471	2200
世界总量	59872	60296	62371	70626	69636	70345

玉米是我国三大主要粮食品种之一，2007年种植面积达2760万hm^2，年产量1.47亿t，占全国粮食总产量的1/4以上。玉米产区主要集中在东北、华北，其中吉林、辽宁、黑龙江、山东、河北、河南、山西、内蒙古8个省区的玉米产量占全国玉米总产量的70%，长

江以南（含长江流域）的15省市区玉米总产量约占21%，西北五省区约占10%，如表2－3所示。

表2－3　中国主要生产区的玉米产量　　单位：万t

地区＼年份	2001年	2003年	2005年	2007年
河北	1060	1074	1193	1422
山西	310	477	616	340
内蒙古	757	889	1066	1155
辽宁	819	907	1136	1168
吉林	1328	1615	1801	1800
黑龙江	820	831	1042	1442
山东	1532	1441	1735	1816
河南	1151	766	1298	1583
陕西	353	373	460	494
甘肃	199	244	249	243
新疆	249	317	377	394
全国总量	11408	11580	13937	14700

玉米不仅是人们的口粮和“饲料之王”，也是重要工业原料，可转化成的工业产品达3500多种。玉米含有丰富的营养成分，可以制作成多种主食和爆米花、玉米片等风味食品；玉米用作能量饲料，实现粮食向肉、蛋、禽、奶转化，满足人类对蛋白食物的需求，我国每年消耗饲料粮近1亿t，约占玉米总消耗量的70%；以玉米为原料生产淀粉及淀粉深加工产品的工业化转化，附加值超过玉米原值几倍甚至几十倍，广泛用于造纸、食品、纺织、医药等行业。2007年我国玉米播种面积为2805万hm^2，产量1.48亿t，消费量1.417亿t，其中：食用消费740万t，占5.2%；饲料消费9350万t，占66.0%；工业消费3600万t，占25.4%；种子和损耗480万t，占3.4%。产销相抵结余650万t。“十五”规划以来我国玉米工业增长速度惊人，到2010年，我国玉米工业加工能力已达4 000万t。

虽然我国是玉米生产量较大的国家，但玉米供需结构正在发生巨大改变。如2005－2006年度，国内玉米产量为1.39亿t，而当年消费就达1.37亿t，因此库存连年减少，如不适度控制玉米工业加工能力的扩张速度，国内玉米就会由平衡有余转为供不应求，并在一定程度上影响人们的口粮消费和畜牧业发展，我国将由玉米的净出口国转变为进口国。

美国、日本等发达国家曾主要用甘薯、马铃薯作为淀粉的原料，后来逐步用玉米代替了薯类。目前世界淀粉总产量的80%以上为玉米淀粉。玉米作为淀粉的生产原料具有两大优势：一是可以常年储存，生产不受季节的限制；二是玉米籽粒各部分都有较高的经济价值，比薯类更利于综合利用。

2. 玉米的品种

玉米的品种不同，其结构组成和化学成分存在较大差异（如表2－4），对淀粉及其副产品的生产利用也有一定的影响。玉米的品种是按其性状不同进行分类的，主要包括粒形、颜色、胚乳质地、成熟期等，因此玉米的分类依据也有多种。

（1）根据胚乳性质分类　可将玉米分成6个常见类型。

硬粒玉米（flint corn）　籽粒顶部呈圆形或短方形，胚乳外周全是角质，籽粒外表透明，外皮具光泽、坚硬且多为黄色，不宜受虫害侵蚀。该玉米含蛋白质较多，含淀粉较少，提取淀粉收率低，但食味品质优良，适合作食品和饲料。该品种产量较低，在阿根廷种植较多，意大利、非洲和我国东北地区也有部分种植。

粉质玉米（flour corn）　籽粒形状与硬粒型相似，但胚乳全部为粉质，质地松软，淀粉含量高，籽粒呈蜡白色，无光泽，此种玉米产量低，在拉丁美洲、我国广西等地有少量种植，是生产淀粉和酿造工业的优质原料。

马齿型玉米（dent corn）　属于杂交型玉米，兼有硬粒和粉质玉米的特点。其籽粒长大扁平，两侧为角质胚乳，中央和顶部为粉质胚乳，成熟时顶部粉质部分失水干燥较快，籽粒顶端凹陷呈马齿状。马齿型玉米有较多的变种，主要区别在于粉质胚乳和角质胚乳在胚乳中分布的区域和比例不同，因而淀粉和蛋白质的含量也不同。主要生产地是北美洲和南美洲，我国东北三省、山东、河南和河北也是主产区。马齿型玉米产量高，淀粉含量丰富，是淀粉加工的主要原料。

甜玉米（sweet corn）　胚乳中含有较多的糖分及水分，成熟时因水分蒸发而种皮皱缩。甜玉米胚乳多为角质，质地坚硬呈半透明状，产量较低，是专门培育用作蔬菜或食品的品种。

爆裂玉米（popcorn）　籽粒小，呈圆形，顶端突出，胚乳几乎全为角质。遇热时淀粉内的水分形成蒸汽而使籽粒爆裂，常用作爆米花等风味小食品。

蜡质玉米（waxy corn）　又名糯玉米。蜡质玉米原产我国，籽粒中淀粉几乎全是支链淀粉，不透明，无光泽，质地蜡白如蜡状，淀粉黏性较大，故又称黏玉米。糯玉米具有较高的黏滞性及适口性，我国有用糯玉米代替黏稻米制作糕点的习惯。在工业方面，糯玉米淀粉可作为食品工业的增稠剂，化学变性后还可广泛用于胶带、黏合剂和造纸工业等。

表2-4　不同品种玉米化学成分比较　单位:%（干基）

品种	淀粉	蛋白质	脂肪	纤维素	戊聚糖	可溶性糖	灰分
粉质玉米	73.0	8.53	5.25	1.71	4.25	3.25	1.35
马齿型玉米	70.5	9.50	5.40	1.81	4.25	3.50	1.45
硬粒玉米	68.5	9.80	5.80	1.78	4.34	4.50	1.61

（2）根据生长期分类　玉米原产于热带高山地区，经人工杂交培育后适应了多种气候环境生长，玉米生长期比较短，按生长期分为早、中、晚熟三种类型。早熟品种春播80～100d成熟，夏播70～85d，增产潜力较小；晚熟品种春播120～150d成熟，夏播96d以上，增产潜力较大；中熟品种介于两者之间，为100～120d。

（3）根据用途分类　根据用途可将玉米分为饲料玉米、淀粉工业用玉米、鲜食玉米、青饲玉米、爆粒玉米等类型。近年来，随着生物育种工作研究的深入，已经开发出了许多品质特性更加突出的新型特种玉米品种，如高赖氨酸玉米、高油玉米、高直链淀粉玉米等。

高油玉米　普通玉米的含油量为4%～5%，而高油玉米籽粒含油量一般品种为6.5%～7%，有的品种最高达9%。高油玉米胚芽较大，脂肪含量多，蛋白质和赖氨酸含量也较高，是人、畜优质营养资源，也是高附加值的工业原料。高油玉米不必隔离种植，串粉还能提高普通玉米的籽粒含油量，是我国正在推广种植玉米的新品种。

高赖氨酸玉米　也称优质蛋白玉米，主要是籽粒中赖氨酸含量比普通玉米提高 70% 以上。赖氨酸属人类和动物的必需氨基酸，在食品或饲料中欠缺会造成营养不平衡，而影响到蛋白质的利用。高赖氨酸玉米营养价值高，发展前景广阔。

淀粉工业用玉米　有淀粉含量高的马齿型玉米、直链淀粉含量在 55% ~65% 的高直链淀粉玉米和所含淀粉全部为支链的蜡质玉米。

3. 玉米籽粒结构组成与化学成分

玉米籽粒由胚乳、胚芽、皮层和根冠 4 部分组成，如图 2－1。不同品种玉米的籽粒各部分的重量比不同，其中，皮层占籽粒重量（干基）的 5.2% ~6.4%，胚芽占 10.2% ~11.9%，胚乳占 81.9% ~83.5%，根冠占籽粒重量的 0.8% ~1.1%。

皮层（Pericarp）由果皮和种皮组成。果皮由坚硬而紧密的细胞组成；种皮由一层较薄的不具备细胞构造的半透明膜组成，它所含的色素决定了籽粒的颜色。皮层对玉米籽粒具有保护作用，可防止微生物、化学物质及害虫的腐蚀。

胚乳（Endosperm）由含有大量淀粉颗粒的厚壁细胞组成，其最外层是透明的大细胞组成的糊粉层，糊粉层占籽粒重量的 3%。虽然在结构上糊粉层属于胚乳，但在淀粉加工中它却与皮层、根冠同属于“纤维”部分成为糠麸。在糊粉层的下面有一层次糊粉层，其蛋白质含量高达 28%，约占全部胚乳重量的 5%，它含有很少的淀粉和较厚的蛋白质基质，对提纯淀粉造成困难。

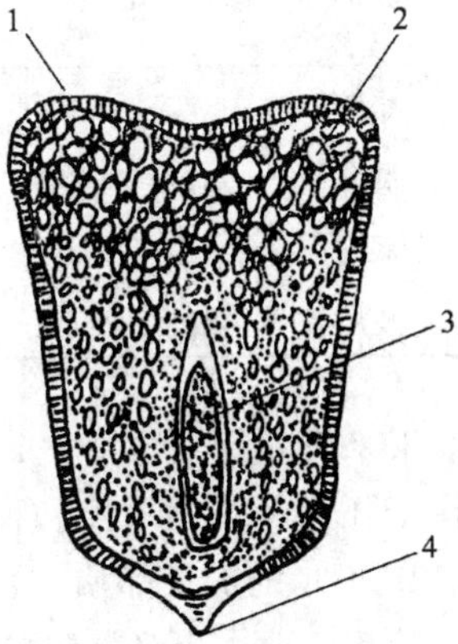

图 2－1　玉米籽粒结构

1—皮层　2—胚乳

3—胚芽　4—根冠

按质地胚乳可分为角质和粉质两类。角质胚乳结构紧密，细胞较小，淀粉颗粒小且呈多角形，硬度大，透明而有光泽，角质胚乳的蛋白质含量比粉质区多 1.5% ~2.0%；粉质胚乳结构相对疏松，质地呈蜡白色，细胞较大，淀粉颗粒既大且圆，淀粉颗粒之间充填蛋白质少，加工时淀粉容易被分离出来。

胚芽（Germ）位于玉米籽粒基部，它含有促使植物籽粒生长的遗传因子、酶、维生素和矿物质等成分，是籽粒活性成分集中的部位。胚芽富有弹性，不易破碎，加工时可完整的分离出来。

根冠（Tip cap）是玉米籽粒与玉米棒的连接组织，是玉米籽粒唯一未被皮层覆盖的部位。

玉米籽粒所含的化学成分主要为淀粉，占整粒干重的 67.8% ~74.0%，其次为蛋白质，占整粒干重的 8.1% ~11.5%，其它成分还包括脂肪 3.9% ~5.8%，灰分 1.4% ~1.5%，纤维与戊聚糖等 9.1% ~10.9%，可溶性糖 1.6% ~3.0%。玉米籽粒的化学组成随玉米品种的不同而有较大差异，粉质玉米的淀粉和脂肪含量较高，硬质玉米的蛋白质含量较高。

各种化学成分在玉米籽粒中各部位的分布是不同的，如表 2－5 所示，为不同品种玉米的化学成分含量平均值。表皮主要成分为纤维素和戊聚糖；胚乳中主要成分是淀粉和蛋白质，而纤维素和戊聚糖含量较少（分别为 0.5% 和 1.3%）。胚芽中脂肪、蛋白质的含量较高，也含有较多的纤维素（5.9%）和戊聚糖（4.3%）。

表 2-5　玉米籽粒各部分的化学成分含量　单位:%（干基）

籽粒部分	占粒重	淀粉	糖	蛋白质	脂肪	灰分	纤维及其它
胚乳	82.9	86.4	0.64	8.0	0.8	0.30	2.7
胚芽	11.1	8.2	10.80	18.4	33.2	10.10	8.8
皮层	5.3	7.3	0.34	3.7	1.0	0.84	86.7
根冠	0.8	5.3	1.61	9.1	3.8	1.64	78.6
整粒	100	72.4	1.94	9.5	4.4	1.43	9.8

从化学成分分布上分析，淀粉主要集中在胚乳中，是获取淀粉的主要部位；脂肪主要集中在胚芽中，占胚芽干物质的31%～35%，胚乳和种皮中脂肪含量较少；纤维性物质主要存在于玉米皮层和根冠中；蛋白质在籽粒各部分广泛存在，主要是醇溶蛋白、球蛋白和谷蛋白，其中以醇溶蛋白含量居多。蛋白质在籽粒中分布情况如表2-6所示。

表 2-6　籽粒中蛋白质含量分布　单位:%（干基）

籽粒部分	总蛋白质	球蛋白（盐或酸溶）	醇溶蛋白（乙醇溶解）	谷蛋白（碱溶）	不溶性蛋白
整粒	9.5	25	48	25	2
胚芽	18.4	37	5	51	7
胚乳	8.0	20	52	17	11
皮层	3.7	—	—	—	—

玉米籽粒除了含有表2-5所列化学成分外，还含有多种矿物质和维生素，矿物质主要存在于胚芽（80.3%）和种皮（16.1%）中，是玉米灰分的主要组成部分。

4. 玉米的加工品质

淀粉工业用玉米原料的选择，一方面是玉米品种的选择，另一方面是玉米品质的选择。对于普通淀粉的生产，粉质玉米和马齿型玉米是最适宜的，而高直链淀粉玉米和蜡质玉米可以满足特殊用途淀粉生产的需要。

玉米的品质直接关系到成品玉米淀粉及其副产品的质量和得率，是淀粉工业原料选择的重要依据。我国玉米淀粉生产执行GB/T8613—2006淀粉、发酵工业玉米质量指标，如表2-7所示。此标准规定：以淀粉含量为定等依据；淀粉生产用玉米以马齿型淀粉含量较高的玉米品种居多；低于三等的玉米、烘干过度或发热霉变的玉米不宜作为淀粉、发酵工业的原料。

表 2-7　淀粉、发酵工业用玉米质量指标（GB/T8613—2006）

等级	淀粉（干基）/%	杂质/%	水分/%	不完善粒/%		色泽、气味
				总量	其中：生霉粒	
1	≥75	≤1.0	≤14.0	≤5.0	≤1.0	正常
2	≥72					
3	≥69					

注：在收购时，水分含量大于本表规定的玉米按国家有关规定执行。

玉米含水量不仅影响安全储藏，也影响到玉米的加工性能。含水分量14%以内为玉米的安全储藏水分，高水分玉米提取淀粉时不易达到浸泡效果，因为玉米水分很快达到平衡，可溶性物质不易浸出。

玉米的干燥方式对玉米的品质有较大的影响。干燥温度过高（>60℃）会引淀粉糊化和蛋白质变性，使淀粉与蛋白质难以分离。淀粉发生韧化、糊化，胚芽变脆，从而淀粉和油脂收率降低，使淀粉纯度低和应用性质变差，皮渣等副产品残留在淀粉中较多，如表2-8所示。因此应最大限度降低玉米干燥温度，自然晾晒玉米品质最好。

表2-8　干燥温度对玉米品质的影响

干燥温度/℃	干燥时间	干后水分/%	淀粉收率（干基）/%	淀粉含蛋白质（干基）/%	粗渣含淀粉（干基）/%	细渣含淀粉（干基）/%
常温	30d	11.8	67.2	0.93	6.0	27.0
50	8h	11.6	64.2	1.10	13.0	31.6
80	2.5h	10.6	59.9	1.22	17.5	36.8

玉米发芽率是淀粉工业用玉米旧的质量标准中规定的指标，虽然新标准中取消了此项指标，但是玉米发芽率仍然是评定玉米品质的重要依据。玉米发芽率高表明玉米干燥、贮藏过程中品质特性保持良好，玉米粒未受损伤，湿磨提取淀粉出率高。丧失发芽能力的玉米受外部条件的影响，其内部发生了化学、生物化学和酶学等方面的变化，湿磨分离效率降低，淀粉产率和胚芽回收率也都降低。淀粉生产用玉米发芽率应控制在80%以上。

除了GB/T8613—2006规定的玉米质量指标外，玉米以下工艺品质对玉米淀粉加工也有重要影响。

粒度：玉米粒度差别较大，粒度范围长度在7~16mm，宽度5~12mm，厚度3~7mm。玉米粒度差别越大，玉米清理和破碎工艺操作难度也就越大，因此加工时要尽量减小粒度差。

体积质量、千粒重：体积质量（也称容重）指单位容积的重量，一般是以升为单位。在水分一定的情况下，体积质量愈大，质量愈高，玉米籽粒越饱满，虫蛀空壳的、瘪瘦的玉米粒愈少。国家商品玉米就是按体积质量定等的，一、二、三等玉米体积质量分别为710g/L、685 g/L和660 g/L。千粒重即1000粒玉米的重量，也能反映出玉米的成熟度。马齿型玉米千粒重为250~500g。

对于同一个品种的玉米，体积质量、千粒重越大的其成熟度就越好，产品出品率越高，加工性能越好。

二、玉米淀粉湿法提取工艺

玉米淀粉是与玉米粒中的蛋白质、脂肪、纤维素、无机盐等组分共存的，但淀粉在植物中是以颗粒的形式存在，因此只要把淀粉颗粒分离出来也就完成了淀粉的提取。提取淀粉的方法分为湿法和干法工艺，二者都是物理分离方法，区别在于组分分离时是否以水为媒介。干法工艺简单、清洁，但组分分离不彻底，产品纯度低，目前多用作快餐食品的原料，其生产技术将在第六章讲述。湿法工艺是利用淀粉颗粒不溶于冷水的性质，将玉米破碎后释放出的淀粉颗粒，再以水为媒介利用淀粉颗粒与其它成分的密度或溶解度不同完成分离。湿法分离效果好，所得淀粉品质和其它副产品纯度高，其中淀粉纯度高达99%以上，是目前世界各国普遍采用的淀粉提取方法。

湿磨法淀粉提取工艺流程设计的思路是：从玉米的化学组成出发，按由易到难的顺序将非淀粉成分逐一从淀粉中分离去除，最终得到纯净的淀粉。

尽管世界各国采用的湿法淀粉提取工艺和设备不尽相同，但基本工艺过程是一致的。玉米淀粉湿法提取工艺是按可溶性物质、胚芽、纤维和蛋白质的顺序将非淀粉成分分离除去，最后利用淀粉洗涤的精制工序对残留在淀粉中的非淀粉成分进行彻底清除，获得高纯度淀粉产品和各种副产品，其工艺流程如下：

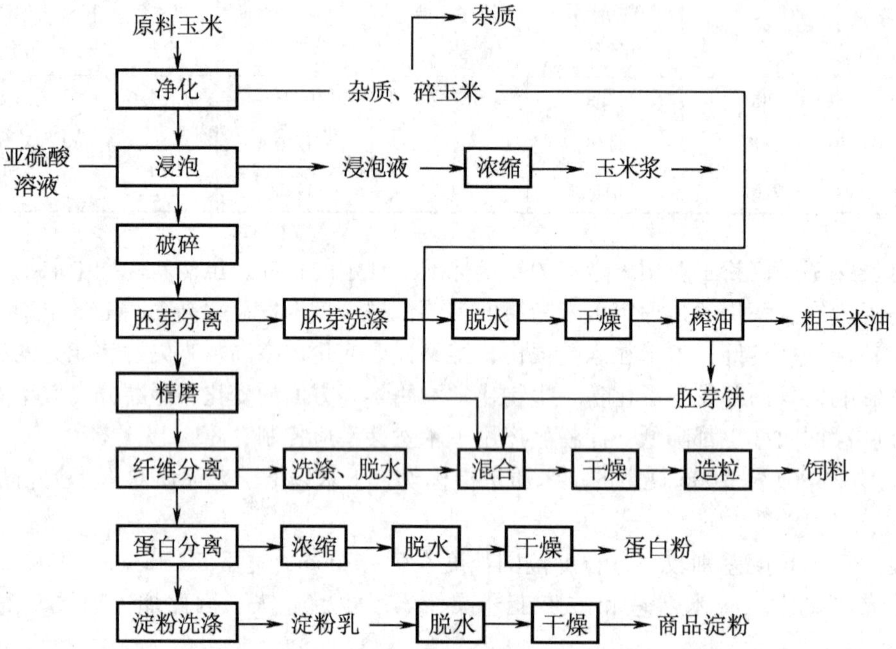

玉米通过上述湿法分离过程可以获得五种产物：浸泡液、胚芽、皮渣（纤维）、麸质（蛋白质）和淀粉。由于玉米籽粒化学成分中淀粉所占的比例最大，所以习惯上称淀粉为主产品，而将其余产物称为副产品。

淀粉和各种副产品收率之和称为湿法提取玉米淀粉的产品收率。产品收率关系到玉米资源的利用率和企业的经济效益，那些规模小、设备落后、产品得率较低的企业绝大多数被生产规模大、技术先进、产品得率高的企业所取代。近年来，我国涌现出一批技术装备先进的大型淀粉深加工企业，规模和效益接近或达到了国际先进水平。图2－2是国外技术先进企业100kg绝干玉米加工所得产物。

目前，玉米深加工企业都注重新产品开发和延长产业链，图2－2只是玉米深加工中产业链中的基础产品，生产出的淀粉可以部分或全部进一步转化为淀粉糖、变性淀粉或淀粉发酵产品等其它深加工产品，副产品也将进一步综合利用。

世界各国玉米湿法加工所用机械设备和生产流程存在一定差异，这是由于技术的演化在空间和时间上的不同所造成的。依据使用设备的不同，世界上玉米淀粉生产工艺大体分为两类，即美式工艺和欧洲工艺，分类情况如表2－9所示。

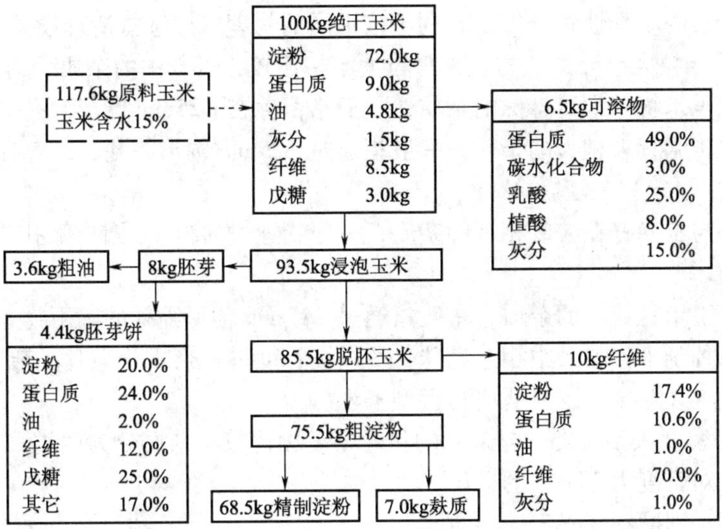

图 2－2　国外 100kg 绝干玉米加工所得产物

表 2－9　　世界上湿法提取玉米淀粉工艺类型

工艺类型	胚芽分离设备	纤维分离设备	蛋白分离与淀粉洗涤设备
美式工艺	旋流器	曲筛	离心机加旋流器
欧洲工艺	旋流器	锥形筛	全离心机

美式工艺设备的特点是采用曲筛分离纤维比锥形筛性能稳定，清洗方便，筛孔不易堵塞。用分离机加旋流器分离蛋白质比全分离机工作性能稳定，清洗方便，能耗低，占地面积小。因此，美式工艺节能、生产稳定性方面适合我国国情，是建厂的首选方案。欧洲工艺能耗高，操作稳定性也不占优势。

第二节　玉 米 清 理

一、玉米中杂质的分类与分离原理

玉米在种植、收割、干燥、贮藏、运输过程中，会混入多种杂质。如玉米受病虫害的感染和霉菌侵害造成的病变粒和虫食粒；晾晒、贮藏、运输过程中混入的泥土、砂石、金属物、绳头、鼠雀粪便、昆虫蛹卵、害虫尸体等。原料玉米的杂质含量一般为 1.0% ~1.5%。

玉米中杂质如果在加工过程中得不到及时清理，一方面会混入产品中影响产品的质量；另一方面秸秆、绳头等容易堵塞设备进出口和管道，砂石、金属等容易损坏运转的设备，将造成设备工作效率降低，甚至影响安全生产。因此，及时清除玉米中所含的各种杂质是非常必要的。

1. 杂质分类

合理地对玉米中杂质进行分类是实现杂质分离的前提。杂质的分类方法有很多种。按化学成分分类，玉米中的杂质可分为无机杂质（泥土，渣石、玻璃、金属物等）和有机杂质

（根、茎、叶、绳头、异种粮粒、鼠雀粪便、虫尸、病变粒等）两大类。生产中比较适用的分类方法是按杂质的物理性状分类，有利于按不同的物理特性选择清理设备。

（1）按杂质颗粒大小分类　与玉米籽粒大小相比较，玉米中的杂质分为四类。

大杂质：比玉米籽粒大得悬殊的杂质，一般指留存在 ϕ25mm 圆形筛孔的杂质。

中杂质：比玉米籽粒稍大的杂质，一般指通过 ϕ25mm 圆形筛孔，留存在 ϕ20mm 圆形筛孔的杂质。

并肩杂质：与玉米籽粒粒度相近的杂质，一般指通过 ϕ20mm 圆形筛孔，留存在 ϕ15mm 圆形筛孔的杂质。

小杂质：比玉米籽粒小的杂质，一般指通过 ϕ15mm 圆形筛孔的筛下物。

由于不同品种玉米籽粒大小相差悬殊，所以按粒度进行杂质分类时，杂质粒度范围要视玉米品种而定，上述粒度范围只适应马齿型玉米。

（2）按相对密度大小分类　与玉米的相对密度相比较，杂质分为两类。

重杂质：相对密度大于玉米的杂质。

轻杂质：相对密度小于玉米的杂质。

（3）按磁性分类　按杂质具有磁性的大小，玉米中杂质分为两类。

磁性杂质：能被永磁铁或电磁铁吸引的杂质，如铁、磁性矿石等。

非磁性杂质：不能被永磁铁或电磁铁吸引的杂质。

2. 杂质分离原理

玉米与杂质的分离是借助二者在物理特性方面的差异来完成的。玉米和杂质之间的物理特性有较大的差异，为了保证分离效率必须选择差异显著的特性作为分离依据。

玉米中杂质清理常依据的物理特性和对应的分离方法有四种：

依据空气动力学特性的不同——风选法；

依据颗粒大小的不同——筛选法；

依据相对密度（比重）的不同——干法或湿法比重分选法；

依据磁性的不同——磁选法。

由于玉米与杂质的物理特性差异显著，杂质比较容易取除，所以清理工艺流程比较简单，所用设备都是通用的除杂设备。

二、杂质清理设备与工艺流程

玉米杂质清理工艺流程中常用的工艺设备有筛选设备、比重分选设备和磁选设备，玉米经过这些设备处理后就能够达到杂质清理指标要求。

1. 筛选设备

筛选设备的种类较多，玉米清理常用的筛选设备主要有以下三种。

（1）初清筛　初清筛用于玉米原料接收入库前的初步清理，专门分离秸秆、绳头、砖石、泥块等大型杂质，防止堵塞管道、损坏机器等事故的发生，为下道工序创造有利条件。初清筛的特点是产量大（10～100t/h）、结构简单，以适应原料入库流量大、时间短的需求。

初清筛的种类较多，常用的是圆筒式初清筛。圆筒式初清筛筛面有冲孔筛面和编织筛面两种，筛面呈圆筒状，筛筒轴线与水平方向成1°～5°的倾角，筛筒绕轴线做旋转运动。

图2－3所示为冲孔圆筒初清筛的结构。它由筛筒、传动机构、进料装置和机架等部分组成。筛筒由冲孔薄钢板制成，规格有 $\phi630\times750$ 和 $\phi800\times950$ 等型号。玉米进入筛筒后，

依靠筛面的旋转运动向筛筒低端滑动，并穿过筛孔落至出粮口，大杂质存于筛面上并滑动到筛筒末端落到大杂质出口。为便于大杂质顺利排出，在筛筒末端设有导向螺旋。筛筒由带减速器的电机驱动，进料管从大杂质出口端伸入筛筒内。吸风的任务是保持机内处于负压状态，避免灰尘外逸污染环境，同时吸出部分轻杂质。

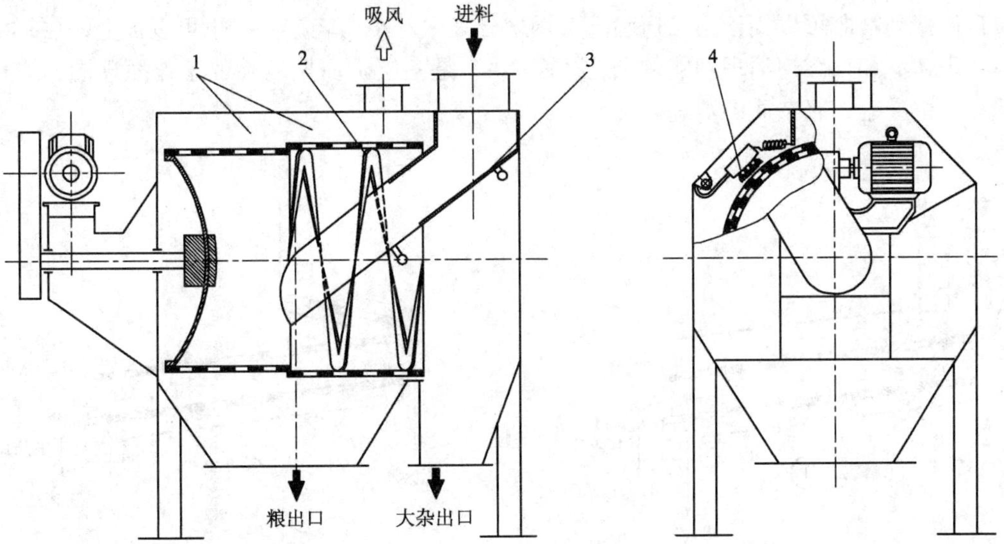

图 2－3　冲孔圆筒初清筛结构

1—筛筒　2—导料螺旋　3—进料管　4—清理刷

为了适应大型粮食加工企业需求，圆筒初清筛的结构和功能有了较大的改进。目前玉米淀粉企业比较普遍应用的圆筒初清筛的特点为：筛筒为双层圆柱形筛筒，内层为大筛孔、外层为小筛孔，可实现内层截留大杂质、外层筛除沙土等小杂质、两层之间获得净玉米的功能；筛筒倾角可调节，以满足不同物料的流动性需求；进料方式为筛筒高端进料，以适应产量大筛筒长的结构需要；筛孔形状为波纹形长孔或凹窝形圆孔，有利于玉米颗粒直立而顺利通过筛孔，提高筛理效率；筛筒结构为筛片与辐盘（或筛圈）组装式，便于拆卸更换；传动机构有中心轴传动和摩擦轮传动两种方式。圆筒初清筛不仅对干玉米清理效果好，对东北地区潮湿玉米也有较好的净化效果。

（2）平面回转筛　平面回转筛是风筛结合设备，主要用于第二道筛选，以进一步分离中、小、轻杂质。平面回转筛主要由筛体、吸风装置、传动机构和机架等部分组成。筛体用四组吊杆（藤条或钢丝绳）悬挂在机架上，其内装有两层倾斜的筛面，筛面上每一点都做平面圆周运动，物料相对于筛面做螺旋下滑运动。其工作原理如图 2－4 所示。

平面回转筛在进料端和出料端分别设有吸风道，吸风道与外部吸风管相连接，用以清除轻杂质。平面回转筛的传动是通过安装在筛体底部的带惯性重块的三角带轮传动，由惯性重块的惯性离心力使筛体做水平回转运动。

工作时，玉米从进料斗进入上层筛面，大杂质从上层筛面出口排出。玉米穿过上层筛面落入下层筛面继续筛理。小杂质穿过下层筛面落到底板上，由底板汇集到出口排出。玉米则从下层筛面上排出，玉米进出筛体分别经过前后吸风道吸走轻杂质。

（3）自衡振动筛　自衡振动筛也是风筛结合设备，它由筛体、吸风装置、传动机构和机架等部分组成。筛体通过四组弹簧减振装置安装在机架上，其内装有两层或三层（含初清筛面者）倾斜的筛面，筛面做往复振动。自衡振动筛在进料端和出料端设有前、后吸风道，但新型自衡振动筛需要在出料口另配循环风选器以清除轻杂质。自衡振动筛的传动是通过安装在筛体进料端的自衡振动器实现筛体振动的，新型自衡振动筛是在筛体两侧安装振动电机来实现筛面的往复振动。

自衡振动筛既可以用于第二道筛选，用来分离中、小、轻杂质，也可以加上一层初清筛面，实现初清和第二道清理功能的结合。图 2－5 是三层筛面振动筛的工作原理图，它可以实现大、中、小、轻杂质的清理。

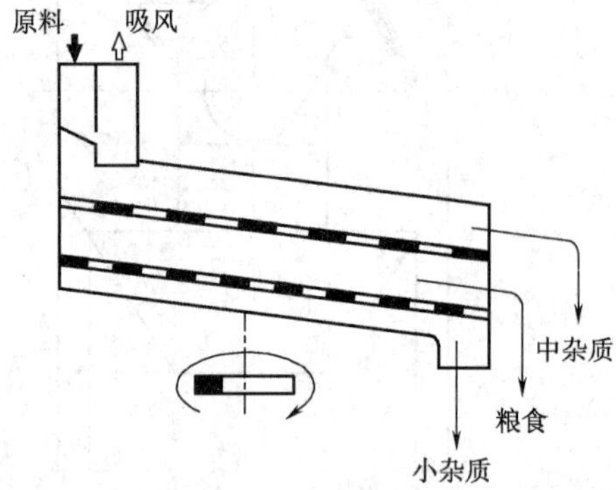

图 2－4　平面回转筛工作原理

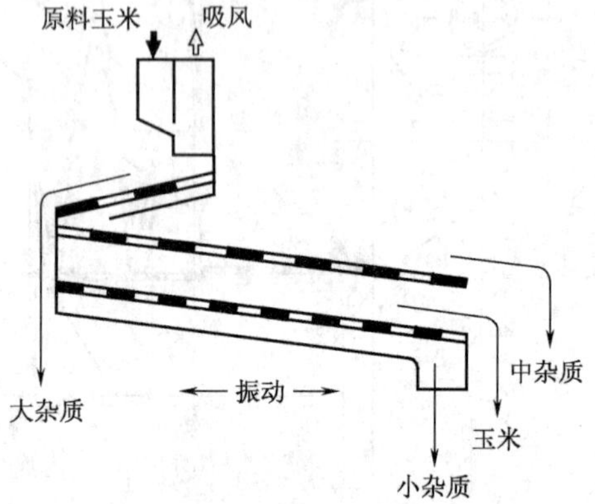

图 2－5　振动筛工作原理

2. 比重分选设备

比重分选设备有以风为媒介的干法比重分选设备和以水为媒介的湿法比重分选设备。比重去石机是干法比重分选设备，专门用于清除粒度和玉米粒相近的并肩石。湿法去石装置有旋流器式的砂石捕集器和带有阶梯隔板的去石槽，旋流砂石捕集器用于分离细小砂石，去石槽用于分离颗粒较大的砂石。旋流砂石捕集器结构原理将在其它章节中讲授，去石槽常与水力输料的接料器结合使用，结构简单。这里只介绍比重去石机的结构和工作原理。

比重去石机的主要部件是去石筛面，筛面形状如图 2－6 所示，筛板常用薄钢板冲压出鱼鳞形筛孔或用钢丝编织而成。去石筛面倾斜地安装于去石机的筛体内，比重去石机是借助风、去石筛面和往复振动来完成并肩石分离的，图 2－7 为比重去石机工作原理图。其中风的速度等于玉米的悬浮速度，以便保证玉米处于悬浮的流态化状态，而石子落在去石筛面上不会被吹起。去石筛面的鱼鳞凸起用来防止石子下滑。

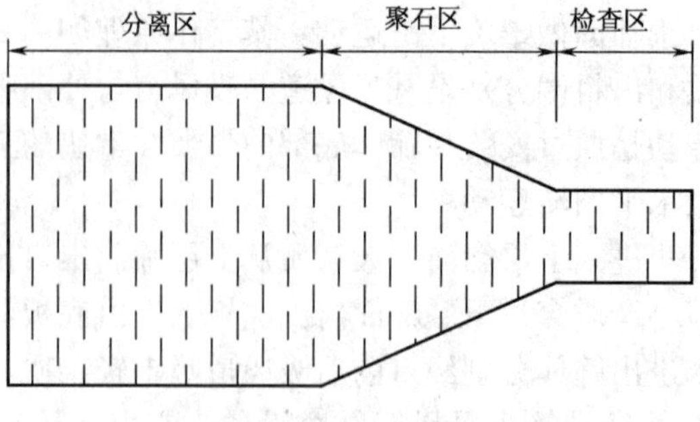

图 2－6　去石筛面

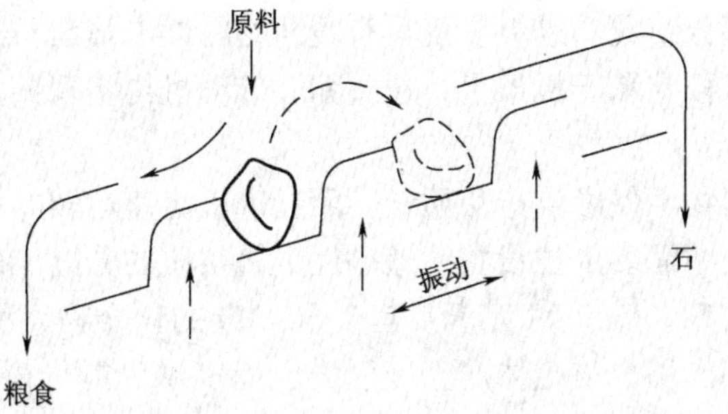

图 2-7　比重去石机工作原理

工作时，落到筛面上的玉米被风吹起处于悬浮状态，并沿倾斜的去石筛面向下方滑落出去，石子落在筛面上。此时筛面作往复振动，当筛面向上运动时，石子被鱼鳞突起孔卡住跟随筛面向上运动，当筛面向下运动时，石子在惯性力的作用下翻过鱼鳞凸起孔跳到上面一个鱼鳞凸起处。如此往复，石子被一步步推到筛面的上方并排出。

比重去石机需要安装在第二道筛选设备之后，防止大杂和小杂占据筛面或堵塞筛孔而影响玉米的悬浮。

按筛面进风方式不同，比重去石机分为吸式和吹式两种，吸式比重去石机因为没有粉尘外逸的缺点而被普遍采用，其结构如图 2-8 所示。它由进出料装置、吸风系统、筛体、偏

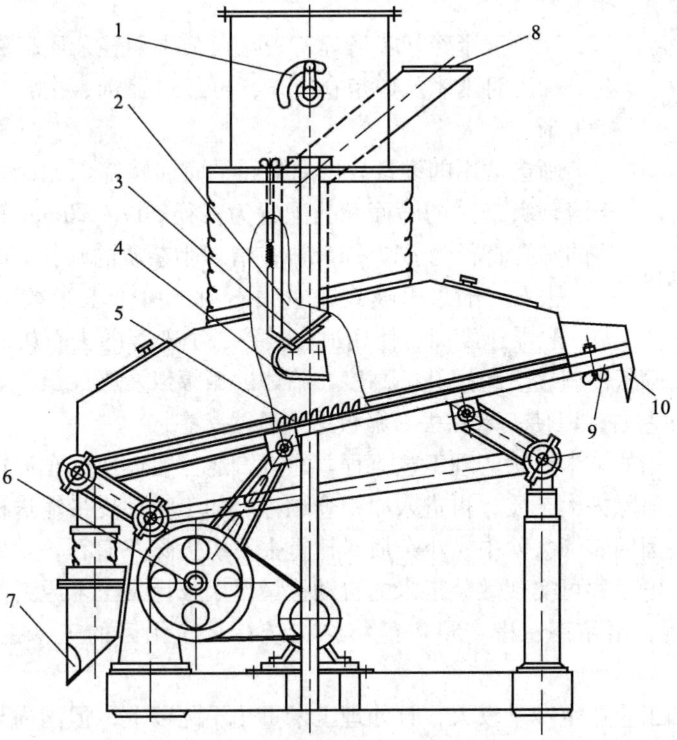

图 2-8　吸式比重去石机结构

1—风量调节装置　2—存料斗　3—压力门　4—缓冲槽　5—筛面
6—偏心传动机构　7—出料口　8—进料管　9—进风室　10—出石口

心传动机构及机架等部分组成。进料装置具有缓冲物料冲击筛面、沿筛面宽度均匀分配物料的作用。筛体由三个撑杆支承于机架上，通过偏心传动机构实现振动。

3. 磁选设备

混入原料中的金属物不仅影响产品质量，而且进入高速运转的设备，还会严重损坏机器部件，因此在清理工艺中需要单独设置一道磁性金属杂质的分离工序。

任何导磁性物质（Fe、Co、Ni 元素及其合金，Mn 的化合物、稀土元素及其合金等）在磁场内都会受到磁场的作用，与磁体产生吸引力，而玉米为非导磁性物质，不被磁体吸引，所以可以借助磁体将二者分离。

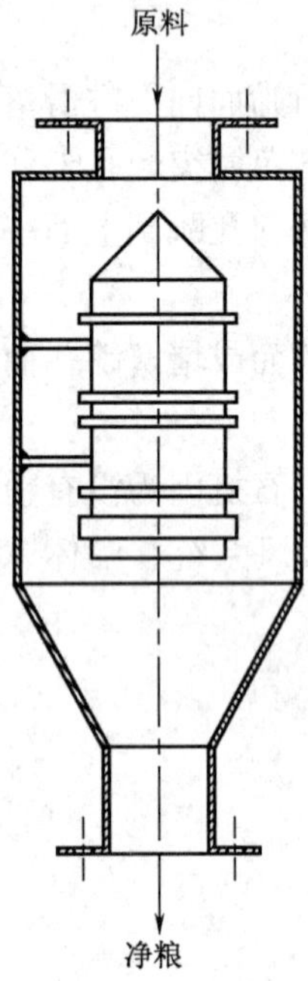

图 2－9　永磁筒结构

磁体有永久磁体和电磁铁，淀粉企业磁选设备多采用永久磁体。比较常用的磁选设备是永磁筒（图 2－9），其外壳为变径的圆筒，中心装有永磁体的磁芯，磁芯和外壳之间形成环形通道用于玉米通过，该设备可以方便地与垂直物料溜管连接，安装方便。物料通过永磁筒时磁性杂质被磁芯吸附，物料则顺利地从环形通道通过。定期打开永磁筒侧门，手工清除吸附在磁芯上的磁性杂质。

4. 玉米清理工艺流程

玉米杂质清理可以采用干法清理工艺，即通过筛选、去石、磁选和风选等方法，其基本工艺流程为：

原料玉米→初清筛→原粮仓→筛选、风选→去石机→永磁筒→净玉米

原料玉米经初步清理，去除大杂质和轻杂质，然后进入原粮仓暂存。加工时玉米从原粮仓出来，再经过筛选、去石、磁选，便可获得净玉米。

筛选常用的设备有振动筛和平面回转筛。无论哪种筛选设备，用于清理大杂质的筛面筛孔配置为直径 $\phi 17 \sim 20$mm 的圆孔；清理中杂质的筛孔直径为 $\phi 12 \sim 15$mm；清理小杂质的筛孔直径为 $\phi 2 \sim 4$mm。

去石一般采用吸式比重去石机。由于玉米粒大、扁平，流动性差，悬浮速度高，使用适合稻谷、小麦等的去石机时，技术参数要作调整，如增加去石筛板的斜度、鱼鳞孔的高度、筛体的振幅以及吸风量等。从鱼鳞孔穿过的风速应达到 14m/s 左右，以使玉米在去石筛板上呈悬浮状态。

图 2－10 是常用的玉米干法清理工艺流程。通过汽运、船运或火车运输进厂的玉米原料首先经过振动筛初清除去大杂质，再进入原粮仓贮存。加工时用皮带输送机和斗式提升机送到生产车间，经平面回转筛去除中、小杂质，比重去石机去除并肩石，永磁筒清除磁性杂质来完成杂质分离。电子秤可实现散装玉米的自动称量，用来计量玉米原料的投入量，以便于进行生产流量控制，出品率、班产量等经济指标统计。净化后的玉米由输送设备送至浸泡罐。

大型玉米深加工企业生产量较大，日处理玉米量达千吨以上，但国内与其相适应的大产能干法清理设备还不能满足实际生产的要求。因此，目前各大型玉米加工企业采用双层圆筒初清筛对玉米进行初清，分离出大杂质和碎杂尘土，再在水力输送过程中清除砂石、洗涤玉米。

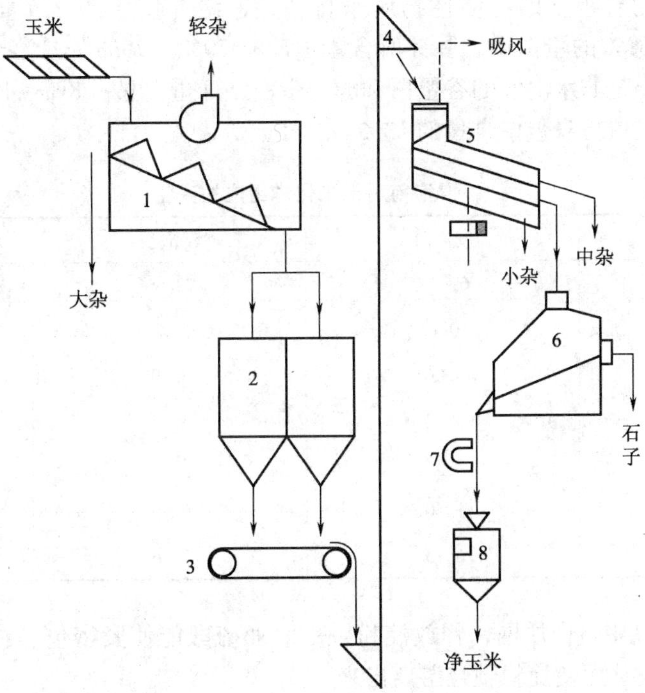

图 2－10　玉米干法清理工艺流程

1—振动筛　2—原粮仓　3—皮带输送机　4—斗式提升机

5—平面回转筛　6—去石机　7—磁选器　8—电子秤

第三节　玉米浸泡

一、浸泡作用与机理

1. 浸泡作用

浸泡是玉米淀粉湿法生产中的重要工序之一，浸泡效果的好坏直接影响到后道工序的碾磨和分离效果，最终影响淀粉产品的质量和出品率。

玉米浸泡主要起到五个方面的作用：

(1) 软化玉米，降低玉米籽粒的机械强度，减少破碎能耗。一方面是由于淀粉颗粒本身吸收水分润胀而软化，另一方面是由于淀粉颗粒与蛋白质之间吸水速度不同，膨胀速度不同产生内应力，削弱了玉米籽粒各部分之间的结合力。

(2) 改变玉米籽粒各部分的机械性能，便于皮层、胚芽和胚乳的分离。吸水后皮层和胚芽韧性增加，破碎过程中易于保持皮层和胚芽的完整，而胚乳强度降低易于粉碎，根据二者的差别可以利用破碎的方法将它们分离成性状和粒度不同的物料。

(3) 提取可溶性物质。浸泡工序溶出玉米籽粒中约 70% 的可溶性物质，占玉米干物质总量的 6% ~7%，其中包含 70% 的无机盐、42% 的可溶性碳水化合物和 16% 的可溶性蛋白质。浸泡前后玉米粒中淀粉、脂肪、纤维素、戊聚糖的绝对数量没有改变，浸泡前后玉米籽粒的化学组成的变化情况如表2－10所示。

在浸出物中约有半数的可溶性物质来自胚芽，约占胚芽自身重量的35%，其中包含85%的矿物质和60%的蛋白质。胚芽所含蛋白质有70%～75%为易溶于水的球蛋白，而胚乳所含蛋白质主要是非水溶性的谷蛋白和醇溶蛋白，球蛋白只占8%～10%，胚乳转移到浸泡液中的蛋白质只占自身蛋白含量的13%～14%。

表2－10　浸泡前后玉米化学组成的变化　单位:%（干基）

化学组成	浸泡前	浸泡后	增减量（占原来含量）
淀粉	69.37	73.86	6.47
蛋白质	10.22	8.74	－14.48
脂肪	5.06	5.40	6.72
戊聚糖	5.43	5.93	9.21
纤维素	2.32	2.37	2.11
灰分	1.40	0.59	－57.86
水溶性物质	6.15	3.16	－48.62

（4）破坏胚乳中蛋白质网，释放淀粉颗粒。亚硫酸能使紧密包裹在淀粉颗粒外的蛋白质网破散或溶解，从而使淀粉颗粒游离出来。

（5）抑制杂菌繁殖，起到防腐杀菌的作用。浸泡过程中加入的亚硫酸和浸泡过程中乳酸菌发酵产生的乳酸，能够使浸泡液始终保持较低的pH，从而抑制杂菌的生长。

2. 亚硫酸和乳酸的作用

（1）亚硫酸的作用　亚硫酸在浸泡过程中发挥多种作用，这是由于它兼有氧化和还原的性质所决定的。亚硫酸可作用于玉米的种皮，使半渗透性的表皮变成全渗透性表皮，可以加速可溶性物质的溶出；亚硫酸可拆开蛋白质分子之间的二硫键，将蛋白质网状结构破坏，有利于淀粉颗粒从包裹它的蛋白质网中释放出来；亚硫酸盐离子与蛋白质基团反应形成易溶于水的硫代硫酸盐，使部分蛋白质由不溶性转化为可溶性；亚硫酸还具有防腐作用，可以有效抑制霉菌、腐败菌等微生物的生长。

Cox，MacMasters和Hibert研究发现，在显微镜下观察，玉米粒中淀粉颗粒被蛋白质网紧紧地包裹，用SO_2水溶液在50℃温度下浸泡24h以上，玉米粒的蛋白质网逐渐膨胀、变成小球，最终分散溶解，没有分散的蛋白质网也变得松软，淀粉粒与网膜脱开，二者易于分离。

也有人用醋酸、盐酸、乳酸等试剂浸泡玉米，但是效果都不如亚硫酸。亚硫酸还具有制取工艺简单、价格便宜的特点。

（2）乳酸的作用　玉米本身带有乳酸菌，在亚硫酸浸泡环境中唯一不被抑制的微生物就是乳酸菌。随着浸泡过程的进行，玉米中可溶性物质逐渐溶解到浸泡液中，这些物质可作为乳酸菌发酵的营养源，同时浸泡的温度、pH等条件也适合乳酸菌生长，因此浸泡的过程也是乳酸菌发酵的过程，乳酸菌的数量和转化成的乳酸的浓度逐渐增加。浸泡好的浸泡液中乳酸含量可达干物质的1.0%～1.2%。

乳酸菌可以将溶解出来的糖转变成乳酸，乳酸具有抑制其它微生物繁殖的作用，一旦乳酸杆菌发酵旺盛，其它微生物生长就会受到抑制，但乳酸杆菌本身对乳酸也有一定耐受限制，其最大累积乳酸量为22%。乳酸的作用还体现在能促进玉米蛋白质软化和膨胀，有利于释放淀粉颗粒；乳酸不挥发，可保留在浓缩液中保持溶液中镁离子和钙离子处于溶解状态，从而减少蒸发设备结垢发生；随着浸泡过程的进行，亚硫酸被消耗，浓度降低，抑菌能力降低，而不断产生的乳酸，能维持浸泡液的 pH 在较低水平，补偿亚硫酸抑菌能力的降低。但过量的乳酸在能增加蛋白质溶解度的同时也会促进蛋白质变性，使淀粉和蛋白质的分离更加困难。乳酸和亚硫酸也会协同发生作用，使玉米淀粉结构发生变化，因此应当控制乳酸发酵在适当的程度，防止淀粉结构发生变化而影响产品质量。

浸泡罐中经常发现的是一种无鞭毛属、耐高温、嫌气性乳酸菌，菌体长度为5～10μm，发育适宜温度为48℃。乳酸菌发酵旺盛时，乳酸菌体变得粗壮，菌体较长，有二三个菌体首尾相连，每1mL浸泡液中乳酸菌可达6万～7万个；乳酸菌发酵不良，菌体细小，数量稀少，乳酸菌浓度比发酵旺盛时低数倍。浸泡接近结束时乳酸菌菌体断裂，菌体短小，数量增多。

镜检观察乳酸菌生长情况，可以推测乳酸菌发酵情况和浸泡效果。一般情况下，乳酸菌生长状态良好，乳酸发酵旺盛，乳酸产量就多，溶出的蛋白质也多。如表2－11所示，乳酸含量在12%以上，蛋白质溶出多，浸泡效果好。

表2－11　浸泡液中乳酸含量与蛋白质含量的关系　单位:%（干基）

乳酸含量	蛋白质含量	乳酸含量	蛋白质含量
7. 85	25. 05	12. 51	44. 37
8. 99	31. 21	13. 91	46. 65
10. 35	38. 25	18. 74	47. 80
12. 09	41. 12		

为了使乳酸菌处于良好的发酵状态，可以根据乳酸菌的生长特点，创造适合乳酸菌生长的条件，即温度为45～55℃、pH3. 9～4. 1、SO_2 浓度的在0. 05%以内。因此，在多罐串联浸泡流程中，新加入亚硫酸的罐和靠近新加酸的罐中乳酸菌生长不良，而浸泡流程中部的罐中乳酸菌生长良好。浸泡流程中乳酸菌的来源有两个渠道，一是由玉米带入，二是老浆带入。对于逆流循环的浸泡工艺，在浸泡快要结束的罐中加入新酸，新酸迅速被玉米消耗，SO_2 浓度降低，之后逐渐向新玉米罐倒入，SO_2 浓度继续降低，最后将老浆倒入新玉米罐，这样新加入浸泡系统的玉米，就能与 SO_2 浓度相适应的乳酸菌生长的浸泡液接触，使乳酸菌在最佳条件下较快繁殖。这是多罐逆流浸泡流程的优势之一。

多罐逆流浸泡流程中各罐浸泡液的各项指标测定结果如图2－11所示，该流程由10个浸泡罐组成。酸为新加入的酸；1号罐中玉米浸泡时间最长，也是加入新酸的罐；10号罐为新加玉米的罐，也是倒入老浆的罐；中间各罐中玉米浸泡时间由1到10依次递减，浸泡液倒灌顺序也是从1到10。

由图可见，新酸 SO_2 浓度为0. 13%，加入1号罐后 SO_2 浓度为0. 11%，以后随着倒灌的进行浓度逐渐下降，到10号罐 SO_2 浓度降到0. 01%。浸泡液中乳酸和干物质的含量逐罐增加，各罐中 pH 基本恒定，乳酸菌活性从5号罐开始显著增加。图2－11充分反映了多罐逆流浸泡流程中乳酸菌发酵的特征和浸泡过程各项指标的变化。

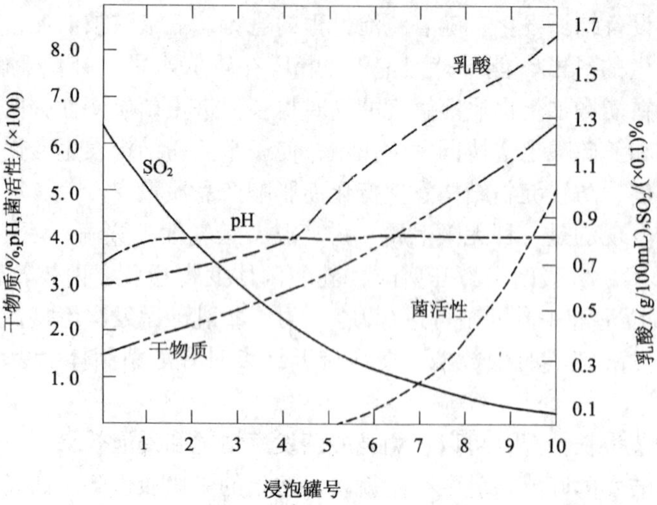

图 2－11　逆流浸泡各罐浸泡液的指标变化

二、浸泡效果影响因素

1. 浸泡温度

浸泡温度对玉米浸泡效果影响较大。温度增高，可使玉米粒的膨胀速度加快，缩短浸泡时间。但温度超过 55℃会抑制乳酸菌的生长；超过 60℃会引起蛋白质变性，不易与淀粉分开；超过 65℃会造成淀粉糊化，影响工艺操作性能，致使淀粉收率和质量下降。温度过低，浸泡效率低，杂菌易生长繁殖；浸泡最适温度为 48～52℃，最高不能超过 55℃。病变、霉变的或干燥过度的玉米，以及角质率较高的玉米应选择温度在 51～53℃条件下浸泡。浸泡过程中避免温度不稳定，若已经软化的玉米遇到冷水，会引起膨胀的玉米收缩，致使研磨效果下降。

2. 浸泡时间

浸泡时间的长短要综合考虑浸泡目的最大限度地实现，以及浸泡时间过长带来的不利影响。浸泡开始的 10～12h 可溶物从玉米中溶出最多，在这段时间浸出全部可溶物的 60%，以后的 30～40h 仅还能浸出 10%，其余残留的 30% 的可溶物，要在以后的其它工序中除去。矿物质主要在浸泡前段浸出；蛋白质在整个浸泡过程中均衡浸出；胚芽中含氮物质在浸泡后 24h 内浸出，以后骤然减少。

当玉米籽粒吸收的水分达到平衡时，吸水量达到最大值，再继续浸泡，吸水量不但不再增加，反而略有降低。这是因为随着浸泡时间的延长，蛋白质逐渐变性，减弱与水的亲和力，失去了结合的水分子。浸泡时间与玉米吸水量的变化规律见表 2－12。由表可见，不同品种玉米吸水量达到峰值时间不同，三种玉米达到吸水量峰值的时间分别是 24h、30h 和 36h；不同品种玉米吸水量的峰值不同，分别为 45.2%、49.5% 和 40.6%。因此，玉米的浸泡时间还受玉米品种影响。

表 2-12　浸泡时间与玉米吸水量的变化情况　单位:%

玉米品种	浸泡时间/h								
	6	12	18	24	30	36	42	48	100
马齿型玉米	35.36	41.60	44.70	45.20	45.20	44.20	44.00	43.90	42.70
粉质玉米	35.87	44.70	47.40	49.00	49.50	46.50	46.40	46.30	46.00
硬粒玉米	35.18	37.50	39.30	39.80	39.90	40.60	39.80	39.30	39.20

浸泡时间过长，细胞壁的纤维强度下降，玉米粒破碎过程中将产生大量细纤维渣，不利于纤维分离。浸泡时间过短，蛋白质网不能被充分破坏，可溶性物质不能充分浸出。

玉米浸泡时间一般控制在 48 ~ 50h，成熟度低的玉米或过于干燥的玉米为 55 ~ 60h，高水分玉米为 40 ~ 50h。各工厂的浸泡条件不完全一样，浸泡时间会有 2 ~ 5h 的差别变化，采用玉米浸泡新技术会使玉米的浸泡时间缩短至 36 ~ 48h。

3. 亚硫酸的浓度

亚硫酸的浓度（以 SO_2 含量计）对玉米浸泡效果至关重要，其浓度过高或过低都对浸泡产生不利影响。表 2-13 是亚硫酸浓度与蛋白质抽取率关系的实验数据。SO_2 浓度在 0.10% ~0.20% 时浸出蛋白质最多，提高或降低 SO_2 浓度，蛋白质浸出量都会降低。当 SO_2 的浓度提高到 0.35% 以上时，高酸性会抑制乳酸菌的繁殖，同时蛋白质也会分解成氨基酸和氨基肽，容易被淀粉吸附，造成洗涤困难而影响淀粉质量。

但 SO_2 的浓度低于 0.20% 时，浸泡过程会变得比较缓慢，淀粉抽提率偏低，如表 2-13 所示，玉米以 0.3% ~0.4% SO_2 浓度浸泡淀粉收率最高。实践证明 SO_2 的浓度还受玉米品种、浸泡设备密闭性、玉米烘干状况等因素影响，烘干玉米、黄玉米和设备密闭性差的工艺条件可以适当提高亚硫酸浓度。

综合考虑辅助消耗和工艺过程损失，生产过程中一般采用浓度为 0.20% ~0.30% 的亚硫酸浸泡玉米，保证蛋白质网分散适当，淀粉易于分离，使用 SO_2 浓度的最大范围是 0.12% ~0.35%。

表 2-13　H_2SO_3 浓度对蛋白质、淀粉抽取率的影响　单位:%

SO_2 含量	蛋白质抽提率	淀粉抽提率	SO_2 含量	蛋白质抽提率	淀粉抽提率
0.04	11.47	—	0.20	15.90	83
0.10	15.49	82	0.25	13.80	—
0.15	16.37	—	0.30	13.42	88
0.18	16.10	—	0.40	11.45	89

注：淀粉抽提率为成品淀粉对原料玉米淀粉含量的百分率,%（干基）。

4. 亚硫酸的用量

浸泡所用亚硫酸的浓度和亚硫酸的体积，决定亚硫酸量与玉米量的比例，也是亚硫酸对玉米浸泡效果影响的综合因素。亚硫酸用量一般为 100kg 绝干玉米消耗亚硫酸 180 ~ 210kg，国内企业用量会低于此指标。各工序亚硫酸参考用量见表 2-14。

表 2-14　各工序亚硫酸用量

生产流程	亚硫酸浓度/%	需 H_2SO_3 量/（kg/100kg 绝干玉米）
玉米浸泡	0.3	125
破碎脱胚	0.5	15
精磨筛分	0.5	45
胚芽洗涤	0.5	2
麸质处理	0.5	3
淀粉洗涤	0.5	3
合计		193

由表中数据可知，浸泡工序所用亚硫酸量占总用量的65%。而国内工厂浸泡工序用酸量占总用量的70%～80%，因为除了纤维洗涤外其他工序很少添加酸，国外有的企业在淀粉洗涤水中也加入亚硫酸。

三、浸泡方法与工艺流程

1. 浸泡方法

（1）静止浸泡法　也称单罐间歇浸泡法，即将玉米和亚硫酸放在一个浸泡罐内保持一定时间后即完成浸泡的方法，此法的进料、加酸、浸泡、出浆、洗涤、出料操作过程都在一个罐中完成。

这种方法在开始浸泡时浸泡水与玉米籽粒内的可溶物的浓度差最大，可溶物溶出速度最快，随着玉米中可溶物向水中的转移，玉米与浸泡水中可溶物的浓度差在逐渐减小，可溶性物质向浸泡水中转移速度越来越慢，最终可溶物溶出的速度和吸附的速度趋于动态平衡。

以上生产过程致使静止浸泡法具有三大缺点：浸泡结束时，玉米籽粒中还含有相当多的可溶性物质未能溶出；浸泡水中可溶性物质的浓度低，只有5%～6%，不便于浸泡水中干物质的回收利用；可溶性物质溶出速度慢。

这种方法目前在生产中已经不再采用，了解它只是为了更好地理解逆流浸泡法。

（2）逆流浸泡法　逆流浸泡是指在浸泡过程中，玉米中可溶性物质浓度降低的方向与浸泡液中可溶性物质浓度升高方向相反的浸泡过程，采用的方法有单罐连续浸泡工艺和多罐串联逆流浸泡工艺，目前多罐串联逆流浸泡工艺被生产企业普遍使用。

多罐串联逆流浸泡工艺一般是把8～12个浸泡罐用泵和管道串联起来，如图2-12所示（10个罐），各罐依次装有浸泡时间不等的玉米，玉米留在罐内不动，新亚硫酸在浸泡时间最长的罐中（玉米即将浸泡好的罐）加入，形成浸泡液后，再按照由浸泡时间最长的罐到浸泡时间最短的罐（新装玉米的罐）的方向，用泵将浸泡液依次倒入下一个罐，最终浓的浸泡液由新装玉米的罐中排出，浸泡好的玉米由加入新酸的罐中排出。

这种浸泡方法新水接触可溶性物质少的“干净”玉米，浓水接触可溶性物质多的新玉米，在每个浸泡罐中，使玉米和浸泡液中的可溶性物质始终保持最大的浓度差，有利于玉米中的可溶性物质向浸泡液中转移，最终保持浸泡液中可溶性物质的浓度较高。

逆流浸泡法具有以下优点：浸泡液中可溶性物质浓度高，可达到6%～8%，有利于减少浓缩时的蒸汽消耗；玉米中可溶性物质溶出多，减轻了淀粉洗涤工序的负担；可溶性物质

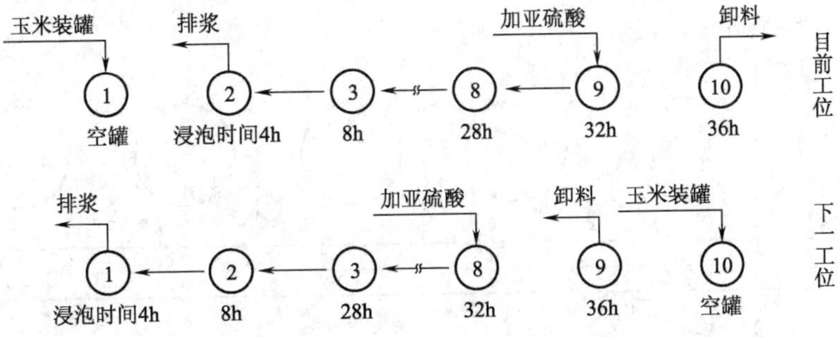

图 2-12　多罐串联逆流浸泡工艺流程

溶出速度快。浸泡过程中用泵倒浆，泵中的强制对流破坏了玉米表面的高浓度可溶性物质薄层，有利于加速可溶性物质溶出。在每个浸泡罐中使玉米和浸泡液中的可溶物始终保持最大的浓度差，便于玉米中可溶性物质溶出。

2. 浸泡工艺流程

目前工业化生产采用的都是逆流浸泡工艺流程，按照操作方式又分为半连续浸泡和连续浸泡。

（1）半连续浸泡流程　这是当今世界上普遍采用的浸泡流程，其流程基本过程与图 2-12 相同。

浸泡流程的中心设备是浸泡罐，浸泡罐体为有上圆盖的圆柱体，罐底为倒圆锥体，罐体的高与直径之比为 2∶1，如图 2-13 所示。上盖开有玉米进料口、加酸口、循环液进口、尾气排放口以及人孔；罐底锥尖部分为玉米出口，锥底侧面开有液体排出口，供浸泡液、洗涤水和循环浸泡水排出，液体出口设有挡料筛网，筛网形式有筛管式和筛板式。浸泡罐采用钢板焊接而成，内壁涂有环氧树脂等耐酸防腐层，外壁涂有沥青等保温隔热层。

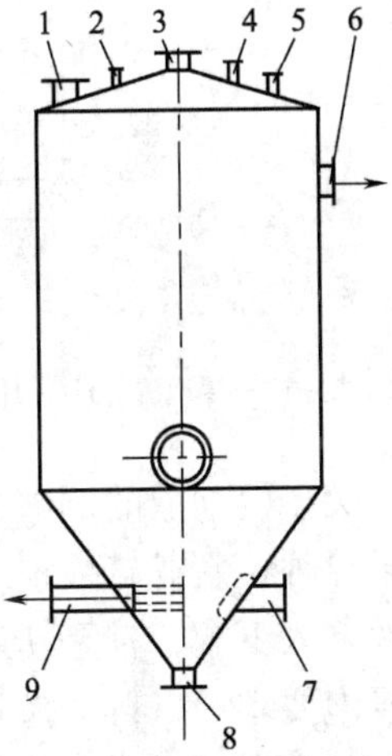

图 2-13　浸泡罐结构
1—人孔　2—排气孔
3—玉米入口　4—加酸口
5—循环液口　6—溢流口
7—筛板式排液口　8—玉米出口
9—筛管式排液口

图 2-14 是由 12 个浸泡罐组成的流程，这 12 个罐用泵和管道连接成环形，无头无尾，对每个罐来说，都依次经过装料、浸泡、排浆、卸料的循环过程。习惯上把装料罐称为头罐，卸料罐称为尾罐。

图 2-14 是选取生产中某一时刻不同浸泡罐的工作状态。此时，只有 9 个罐处于浸泡状态，其余 3 个罐分别处于出料、装料和洗涤状态。具体为：10 号罐在进料，11 号罐在出料，12 号罐在对浸泡好的玉米进行洗涤排酸，1～9 号罐处于自循环浸泡状态。其中 1 号罐新加入了亚硫酸，可溶物浓度最低，9 号罐为新加入的玉米，浸泡液可溶物浓度最高。自循环结束后，按 1 至 9 号罐的顺序对浸泡液进行倒罐，9 号罐的浸泡液排出系统。

倒罐结束后即完成一个操作周期，再进入下一工位操作，即按 2 至 10 号罐的顺序倒灌，并向 2 号罐加入新酸。此时，10 号罐从进料状态转入浸泡状态，11 号罐出料结束准备进料，12 号罐洗涤结束准备出料，1 号罐结束玉米浸泡进行洗涤。如此循环上述过程，就可以实现半连续的逆流浸泡操作。

每道工序操作周期长短，是由产量、罐体大小、浸泡时间等因素决定。浸泡完的玉米从尾罐排出后，送至破碎工序。

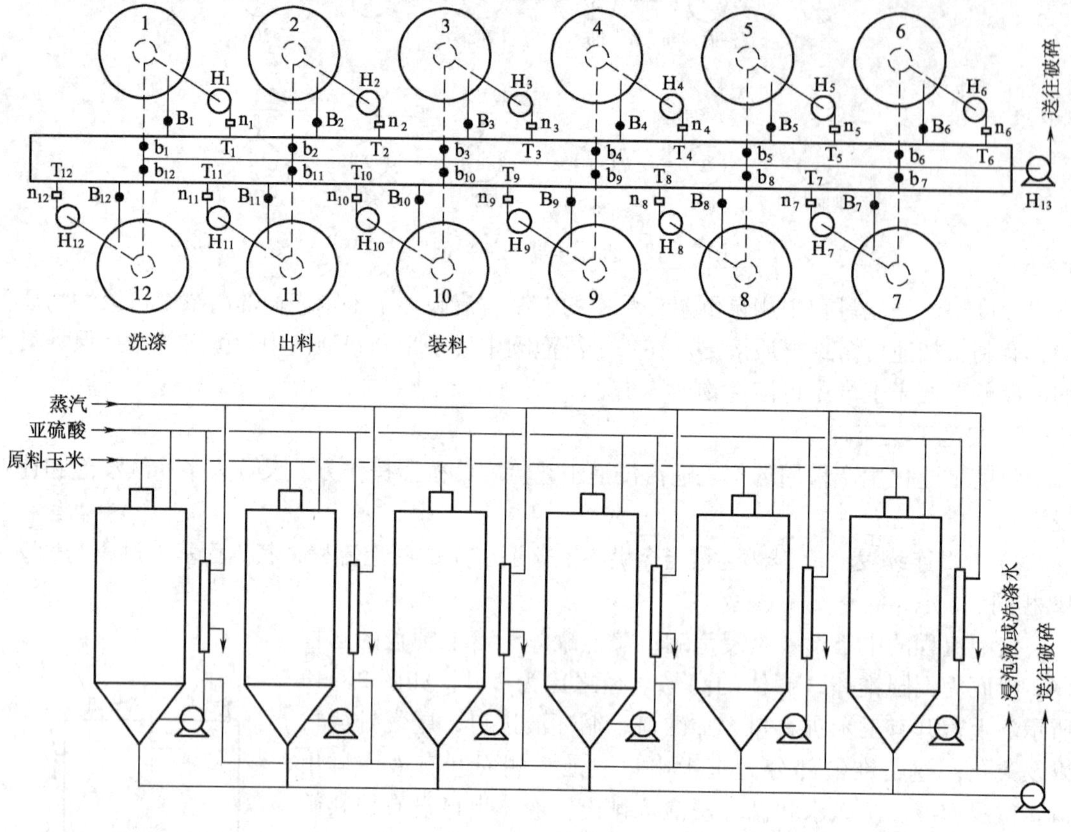

图 2-14　玉米逆流浸泡工艺流程

1~12—浸泡罐　H_1~H_{12}—循环泵　n_1~n_{12}—加热器　b_1~b_{12}—阀门　T_1~T_{12}—三通阀　B_1~B_{12}—阀门

关于浸泡液的倒灌方式，也有少数企业按以下方法操作：浸泡系统除了正在加料和卸料的罐除外，新亚硫酸连续加入玉米浸泡时间最长的罐，并由该罐底部不断倒出，按逆流方式依次倒入下罐，直至新玉米罐，最后由新玉米罐底部将浓浸泡液排出系统。当尾罐中玉米达到浸泡要求后，再切换到下一工位的浸泡罐加酸。此种循环方式没有罐内浸泡液的自循环，玉米是间歇加料和出料，浸泡液是连续进料和出料，浸泡液的流量和浓度需要精确控制。

浸泡操作还应注意，在向罐内装料之前应先向罐内加入罐容积 1/5 的浸泡水，以便保证玉米在罐内处于松散状态，避免浸泡时玉米膨胀而对罐壁产生过大压力。玉米装罐时不能过满，要留出 75~100cm 空间，浸泡水应高出玉米料位 50cm。浸泡过程中玉米料位会由于玉米的膨胀而升高，而浸泡液也会由于玉米吸水而下降，因此要定期检查水位。浸泡液可以通过循环泵引出罐外，通过换热器加热后再送入罐内，这样既可以维持浸泡温度恒定，又实现了强制对流，加速可溶性物质溶出。

（2）连续浸泡流程　分为单罐连续浸泡和多罐连续浸泡。

连续浸泡罐如图 2-15 所示，1987 年美国 ADM 公司发表了该技术的专利，并在 Decatur 工厂里安装了 6 台 2600m^3 的巨型浸泡罐，日处理量为 800t。

单罐连续浸泡所采用的设备是一台巨大的细高圆罐，玉米从罐顶连续加入，从罐底连续排出，浸泡时间为48h，在罐底排料口随玉米带出的浸泡水用泵送回浸泡水入口。在罐底安装有进水管，罐底没有排水口，浸泡水只能向罐的上方流动，与下降的玉米形成逆流。在玉米与浸泡水的逆流中，可溶性物质溶解出来，随浸泡水由罐顶的排液口流出。此种装置具有很多特殊的专利结构，操作控制难度大，目前在实际生产中还很少采用。

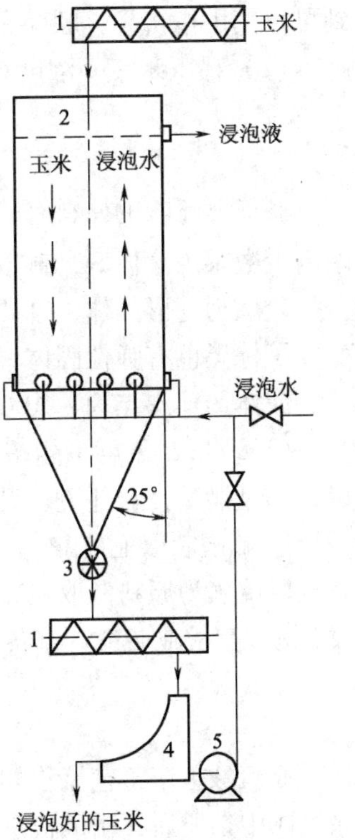

图 2－15　连续浸泡罐

1—螺旋输送器　2—罐体　3—关水器　4—脱水曲筛　5—高压泵

单罐连续浸泡具有以下优点：可以大幅度节省浸泡罐的占地面积；浸泡操作比较简单；连续化运转，易于管理。

多罐连续浸泡流程如图 2－16 所示，以 8 台罐的流程为例，玉米连续从①号罐加入，并经由②、③、④……罐不断向⑧号罐输送；洗水（过程水）连续从⑧号罐加入，洗涤后送到吸收塔制作亚硫酸，再以亚硫酸的形式送到⑦号罐作为浸泡液，此浸泡液与玉米逆流运行，经由⑥、⑤、④……罐送到①号罐。此系统中每个罐后都有一台空气升料器用于玉米和浸泡液混合物的输送，都有一台分水曲筛用于料水混合物的分离，分离出来的玉米向编号大的罐中输送，浸泡水向编号小的罐中输送。最后增浓的浸泡液从①号罐的分水筛中排出，浸泡好的玉米由⑧号罐的分水筛排出。

据报道，多罐连续浸泡法比半连续浸泡法生产能力提高30%，但系统比较复杂，设备投资高，目前生产尚未采用。

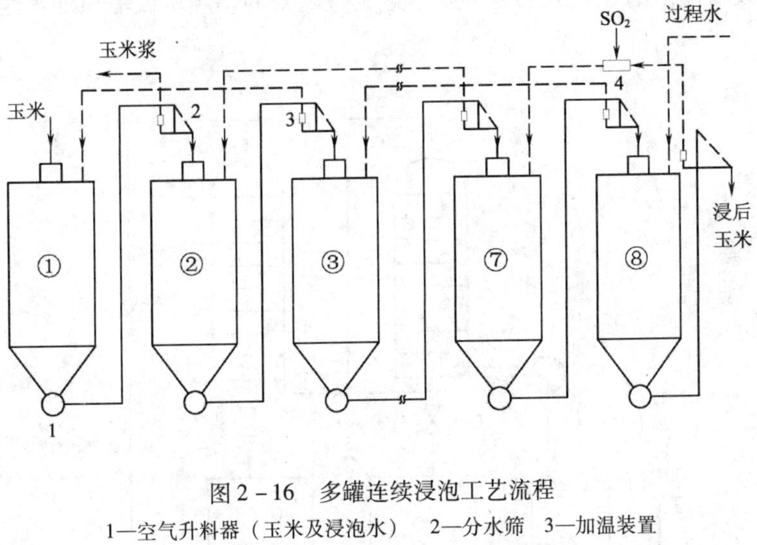

图 2－16　多罐连续浸泡工艺流程

1—空气升料器（玉米及浸泡水）　2—分水筛　3—加温装置　4—混合器（SO_2 和水）　①～⑧—浸泡罐

3. 浸泡工艺指标

（1）浸泡好的玉米　水分 43%～46%（湿基）；SO_2 含量 0.024%～0.04%；含有可溶性物质≤2.5%；酸度≤70mL（0.1mol/L NaOH 溶液滴定 100g 玉米干物所消耗的量）；软化

到可以用手指挤裂，胚芽完整脱出，不黏附胚乳或果皮。

（2）稀玉米浆　浓度6%～8%；SO_2含量<0.03%；pH 3.9～4.1。

四、亚硫酸制取方法

制取亚硫酸的原料有硫磺和液体SO_2，国内多数工厂采用硫磺制取亚硫酸，国外工厂及国内少数采用液体SO_2制取亚硫酸。

硫磺为菱形晶体，114℃为稀薄的黄色液体，升温到180℃之前黏度逐渐增加，到220℃变成了棕黑色有弹性固体，250℃开始燃烧，440℃呈棕色稀液，440.7℃开始沸腾产生蒸气。

液体SO_2沸点为-10℃，密度1425kg/m³，盛装液体SO_2的槽车和钢瓶承受压力应达到0.5～0.8MPa，温度不能超过40℃。因此，运输、贮存必须避热避光，承载设备必须严密可靠，一旦泄漏，对环境、设备腐蚀严重，危害极大。

1. 硫磺制取亚硫酸

以硫磺为原料制取亚硫酸，是在燃烧炉中燃烧硫磺生成SO_2气体，再在吸收塔中用水吸收SO_2，生成亚硫酸。制备原理反应式如下：

$$S + O_2 \rightarrow SO_2$$

$$SO_2 + H_2O \rightarrow H_2SO_3$$

亚硫酸生产工艺流程如图2-17所示。硫磺在燃烧炉中燃烧生成SO_2气体，经分离室去除气体中杂质后，由风机送入吸收塔底部，SO_2气体被塔内工艺水吸收生成亚硫酸，并流入亚硫酸贮罐，尾气排入大气。为了更充分地吸收SO_2，气体要经过两级吸收塔。第一级吸收塔得到浓度为0.45%～0.55%的亚硫酸，第二级吸收塔得到浓度为0.25%～0.30%的亚硫酸，二者可以混合使用或分开贮存使用，如第一塔的浓酸用于磨筛工段，第二塔的稀酸用于玉米浸泡。吸收塔流出的亚硫酸浓度可以通过调整硫磺的燃烧量或塔顶加水速度来控制。

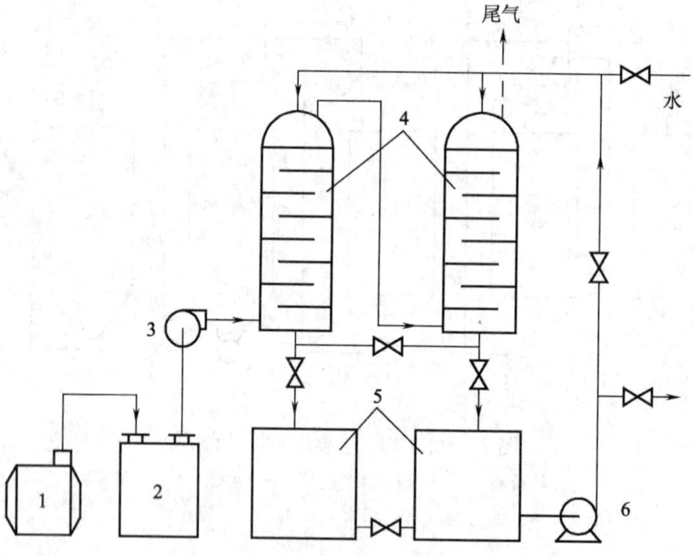

图2-17　亚硫酸生产工艺流程

1—硫磺燃烧炉　2—分离器　3—风机

4—吸收塔　5—贮酸罐　6—泵

硫磺燃烧炉有箱式炉、转炉和熔融式炉等。箱式炉可在一个空壳体式的燃烧室内直接加入硫磺燃烧，熔融式炉是在燃烧室外预热融化硫磺后再滴入燃烧室内燃烧。吸收塔常用的有填料塔、板式塔和喷淋塔。

硫磺制取亚硫酸的生产工艺参数：燃烧炉产生的气体中 SO_2 含量应在 10% ~12%；进入吸收塔气体的温度要降至 90 ~95℃；吸收塔水温度≤40℃；第二塔排出的尾气 SO_2 含量不得超过 0.3%。

用过程水制备亚硫酸可以节约用水，还可以提高浸泡液浓度 0.2% ~0.5%，但要注意过程水中悬浮物不得超过 0.08%，干物质总量最好控制在 0.3% 以内，绝对不能超过 0.5%，否则会造成堵塞吸收塔通道，影响浸泡时玉米可溶物的溶出。

2. 液体 SO_2 制取亚硫酸

液体 SO_2 制取亚硫酸虽然目前国内很少采用，但是今后发展方向，因为液态 SO_2 是某些冶金厂和化工厂的副产品，可以降低亚硫酸的生产成本，又可以综合利用 SO_2。

用液体 SO_2 制取亚硫酸工艺简单，一般采取管道内混合的办法，即将液体 SO_2 通过管道直接通入水管内，二者用流量计控制比例，在管道内混合后即获得所需浓度的亚硫酸。操作时注意控制 SO_2 压力略高于水的压力，防止水倒流进入 SO_2 管线中，一般压力应高于 0.01MPa。

五、玉米浸泡新技术

玉米浸泡是淀粉生产中的重要环节，对产品收率、产品质量影响较大，生产周期长，浸泡罐占地面积大，普通浸泡法浸泡时间长达 36 ~60h，进料、出料、循环等操作切换阀门复杂。因此，许多研究人员都在努力探索玉米浸泡的新技术和新方法，并取得了一些研究成果及相关专利技术，重点是浸泡试剂、浸泡设备和浸泡工艺的改进。

1. 浸泡新试剂

（1）亚硫酸盐　亚硫酸是迄今为止世界上玉米浸泡中应用最普遍、效果最好的浸泡试剂，但是由于 SO_2 的易挥发且腐蚀性强，对生产环境影响较大。因此开发了以亚硫酸氢盐代替亚硫酸浸泡玉米的新技术，减少了 SO_2 挥发量及对环境的影响程度。

亚硫酸盐有两种，即中性盐和酸性盐，生产中应用的是酸式盐 $NaHSO_3$，其生产方法是将 SO_2 通入 NaOH 溶液中，直至饱和，如果碱液过量，则得到正盐 Na_2SO_3，因此要注意控制碱液不得过量。

表 2 -15 为用亚硫酸氢盐和亚硫酸浸泡玉米的效果对比。所用亚硫酸氢盐浓度（以 SO_2 计）为 0.12%，加入量为 0.95m^3/t 玉米，浸泡温度为 50 ~52℃，浸泡时间 32 ~36h；对照工艺亚硫酸浓度（以 SO_2 计）为 0.25%，加入量为 1.1m^3/t 玉米，浸泡温度为 50 ~52℃，浸泡时间 48 ~52h。

表 2 -15　亚硫酸氢盐和亚硫酸浸泡效果对比　单位:%

浸泡后玉米指标	H_2SO_3 浸泡	$NaHSO_3$ 浸泡
水分含量	42.7	43.1
SO_2 含量	0.0343	0.0338
可溶物含量	2.85	2.78
可溶性蛋白质含量	1.14	1.05

亚硫酸氢盐浸泡玉米可缩短浸泡时间16h，浸泡玉米水分高，残留物少，效果好，并且产品白度高。但给系统带入了较多的钠离子，增加了灰分，增加了洗涤负担。系统中SO_2含量较低，在筛分、洗涤等系统需要适当补充亚硫酸，以免杂菌滋生。

（2）酶制剂　酶法浸泡的目的在于消除SO_2浸泡带来的污染问题，缩短浸泡时间，降低水和能源消耗。

报道较多的酶是酸性蛋白酶，常常与乳酸菌发酵结合应用，其工艺步骤和目的：第一步，在玉米浸泡液中加入乳酸菌发酵，以获得足够浓度的乳酸，使玉米籽粒吸水膨胀软化，细胞壁被破坏，便于玉米组织破碎分离；第二步，将初浸的玉米破碎成4~6瓣，分离胚芽，为乳酸及蛋白酶渗入胚乳创造更好的条件；第三步，在破碎的玉米胚乳浆料中加入蛋白酶，使蛋白质网降解，释放淀粉粒。此酶法浸泡工艺中，发酵获得的乳酸促进了玉米组织软化分离的效果；破碎后的胚乳与蛋白酶接触更直接，水解更迅速，可将浸泡时间缩短一半以上，总的生产成本及设备损耗降低25%以上。例如，有报道用嗜热乳酸菌发酵和菠萝蛋白酶综合应用，浸泡工艺条件为：浸泡温度（50±2）℃；嗜热乳酸菌接种量10%；发酵浸泡玉米时间12h，然后加入0.2%菠萝蛋白酶作用4h。此工艺不添加SO_2，浸泡时间从传统的48h缩短至16h。

也有直接用蛋白酶进行浸泡的实验研究，如蛋白酶添加量为1000U/g玉米，浸泡液pH3.4，浸泡温度50℃，浸泡时间为10h。此工艺在淀粉得率、淀粉膨润力、透光率、糊化特性和颗粒形态等性质方面，与传统工艺差异不显著，完全可以替代传统工艺。

（3）乳酸杆菌　乳酸杆菌发酵产生的乳酸，能使高分子质量的可溶蛋白质水解。如果这些蛋白质得不到降解，它们会产生稳定的泡沫，影响浸泡水的蒸发，还会沉积在加热器的表面上，影响加热器效率。有人将制备的乳酸杆菌活性培养物于浸泡罐中，结果浸泡水中的还原糖浓度、pH降低，而乳酸的浓度增高，浸泡水浓缩时没有发生影响蒸发操作的问题，并且浓缩的浸泡水用于生物培养基时，提高了青霉菌的收率。

有专利中称接种乳酸菌可将浸泡时间从40~60h缩短到25h。

2. 浸泡新工艺

（1）连续浸泡工艺　前面章节所述的单罐连续浸泡和多罐连续浸泡流程都是浸泡新工艺技术，连续浸泡比半连续浸泡提高了设备利用率、节省了切换工位的辅助工时，更利于自动控制，但是没有从根本上缩短浸泡时间、缩小浸泡设备。

（2）两级浸泡工艺　此法的理论依据是玉米胚芽和胚乳的膨胀速度和程度不同，胚芽膨胀2~4h，胚乳为10~14h，而且在浸泡初期玉米中的大部分可溶物能够进入浸泡液中，这就有可能分两个阶段进行浸泡。第一阶段浸泡的目的是为玉米破碎并分离胚芽做准备，所以浸泡时间可以短一些；第二阶段浸泡目的是使胚乳达到浸泡要求，由于碎胚乳没有表皮、胚等生物屏障保护，可以直接与亚硫酸接触，所以加快了浸泡效果的实现。具体方法是，首先用浓度为0.15% SO_2的亚硫酸，在温度48~50℃条件下浸泡5~7h，然后进行破碎并分离除去胚芽，再用0.1% SO_2的亚硫酸在同样温度条件下浸泡碎胚乳3~5h，玉米和亚硫酸的体积比为1∶(2.5~3.0)。两级浸泡时间总共约10h，比传统浸泡法可缩短浸泡时间3~5倍，并且浸泡效果达到了浸泡目的要求，淀粉收率、干物质总收率等主要指标不低于传统浸泡法，但两级浸泡工艺相对复杂。

（3）加压浸泡技术　加压浸泡法不使用亚硫酸，只是用水加压浸泡，此法可以大大缩短浸泡时间。

常压浸泡过程，玉米需要 12h 才能达到饱和含水量，而使用高压浸泡工艺，只需 0.5 ~ 2h。试验表明，不用亚硫酸，在压力 1.5MPa、温度 50℃情况下，浸泡 1h 玉米水分含量就可达到 40% ~50%。当然，要使胚乳中的蛋白质网得到充分的松解，使淀粉颗粒释放出来，还需进一步浸泡 2 ~ 3h。

加压浸泡提高了胚乳细胞的浸渍渗透性，从而使细胞母体松软，变得有弹性。甚至用很小的力就可以实现玉米机械脱胚和分离的要求。研究显示，在使用亚硫酸的 8h 加压（1.47MPa）浸泡后，蛋白总量的 16% 被溶解，但是不用亚硫酸，就只有 11% 的蛋白质被溶解，这比常压亚硫酸浸泡时溶解出蛋白质少，这意味着可以增加蛋白粉的收率。

1983 年德国公布了一项管道式加压浸泡装置专利，如图 2 – 18 所示。玉米粒在该管道内以 10 ~ 50MPa（最好 15MPa）的压力及 50 ~ 60℃的温度浸泡 2h 就可达到浸泡效果。该项技术浸泡水用量和浸泡时间大大减少，但玉米干物质溶出少，仅有约 0.5%。管道式加压浸泡法与常压浸泡法比较见表 2 – 16。

加压浸泡法的特点：不用亚硫酸，减少污染物排放；浸泡时间缩短 10 倍，大大提高设备效率，减小设备体积；蛋白质溶解少，麸质收率高；但是设备要求高，动力消耗增加 2 倍以上。

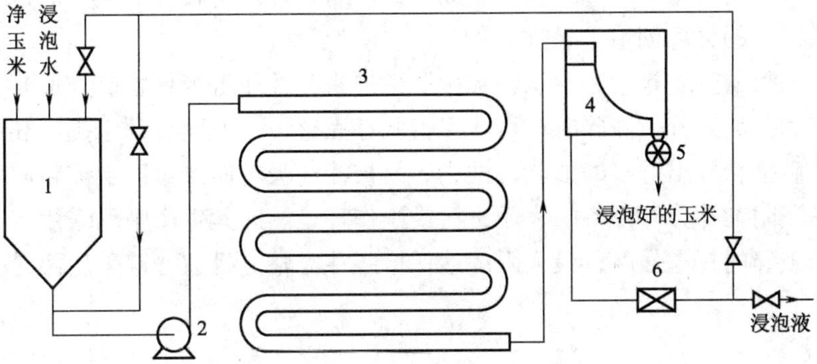

图 2 – 18　管式加压浸泡装置

1—容量　2—泵　3—浸泡管　4—曲筛　5—持压装置　6—减压装置

表 2 – 16　　管道式加压浸泡与常压法浸泡结果比较

项目	管道式加压浸泡	常压法浸泡
浸泡时间/h	2 ~ 3	30 ~ 50
浸泡装置容量/m^3	5 ~ 6	50 ~ 85
用水量/（m^3/t 玉米）	0.4 ~ 0.8	1.2 ~ 1.8
玉米干物转入浸泡液中/%	0.3 ~ 0.5	5 ~ 6
玉米浆蒸发装置容量/m^3	0.2 ~ 0.3	0.8 ~ 1.3
废水量/（m^3/t 玉米）	0.1 ~ 0.5	9.8 ~ 13
废水 BOD/（mg/L）	300 ~ 500	1000 ~ 2000
淀粉得率（干物质量）/%	70 ~ 72	69 ~ 71
浸泡及浸泡液蒸发耗能/%	50 ~ 70	100

除了上述浸泡新技术外，还有机械振荡、裂化玉米、添加硫酸试剂等浸泡新技术的研究报道。

第四节　玉米破碎与胚芽分离

玉米达到浸泡要求后，进入淀粉乳的提取工序。其作用是将玉米籽粒各组成部分分开，分离出胚芽和纤维皮渣，获得淀粉乳。工艺过程包括破碎脱胚、精磨分离纤维。其原理是利用玉米籽粒各部分机械强度不同，通过机械作用予以分开，再按照粒度、密度等物理特性的差别进行分离。所采用的单元操作主要为粉碎和筛分，整个工序又称为磨筛工序。所述内容包括第四节和第五节，整个工艺过程为淀粉乳的提取。

一、玉 米 破 碎

1. 破碎的目的

玉米经过浸泡后，胚芽、种皮和胚乳之间的结合强度变弱，浸泡后的玉米胚芽含水分60%左右，具有较强的韧性，破碎时容易与玉米的其它部分分离。胚乳的主要成分是淀粉，抗压强度低，浸泡后更易于破碎。皮层坚韧，破碎时可以保持较大的张片。这些特性为实现玉米破碎后各组分的分离创造了条件。

玉米破碎的目的主要是使胚芽从籽粒中脱落出来，并使玉米籽粒破碎成8~12瓣，以便保证胚芽完整和分离充分。破碎时尽可能保持胚芽完整，一方面有利于提高胚芽收率，另一方面防止胚芽破损释放出过多的油脂，油脂容易被淀粉吸收而严重影响淀粉质量和应用，同时油脂也容易吸附在筛分等设备的表面，污染工作环境。因此生产中均采用多道轻打破碎工艺，以便降低破碎的打击强度，最大限度地保持胚芽完整。目前普遍采用两道破碎、两道筛分工艺。

2. 破碎设备

玉米破碎设备的种类较多，目前采用的打击式破碎机（凸齿磨）是湿法玉米淀粉生产的通用粗破碎设备，其结构如图2-19所示。这种破碎机是由进料斗、破碎室、机座、传动机构和电机等部分组成。在轴承座上安装着主轴，在主轴的悬臂端安装着带有三排凸齿的转盘，凸齿用夹持盘固定，构成转子。在破碎室的盖门内侧，另一夹持盘将三排凸齿牢固地固定在机盖上，构成定盘。定盘上的凸齿与转子上的凸齿彼此同心、异半径地排列着，主轴经弹性联轴器与电机连接，带动转子转动。

破碎机的工作原理是浸泡好的玉米连同水一起从进料斗进入破碎室，落到转子螺帽上的拨料片上，在离心力的作用下被抛向破碎室中的凸齿间，经过转动凸齿与固定凸齿的多次打击，玉米被破碎，在离心力和水流带动下从出料口排出。

破碎机对进入设备的物料料水比有严格的要求，固液之比应约为1:3。含水过多时物料会迅速通过破碎机，破碎不充分；如果水量不足，物料在破碎机内停留时间过长，导致部分胚芽破碎。要特别注意的是玉米在进入破碎机前，应分离出其中的矿物杂质，因为矿物杂质会加大破碎机凸齿的磨损，使其寿命大大缩短，一般仅为3~4个月，而如果没有矿物杂质，其寿命可延长2~3倍。具体做法是在玉米浸泡前用去石机或沉降槽除石一次，在浸泡后用砂石捕集器再除石一次。

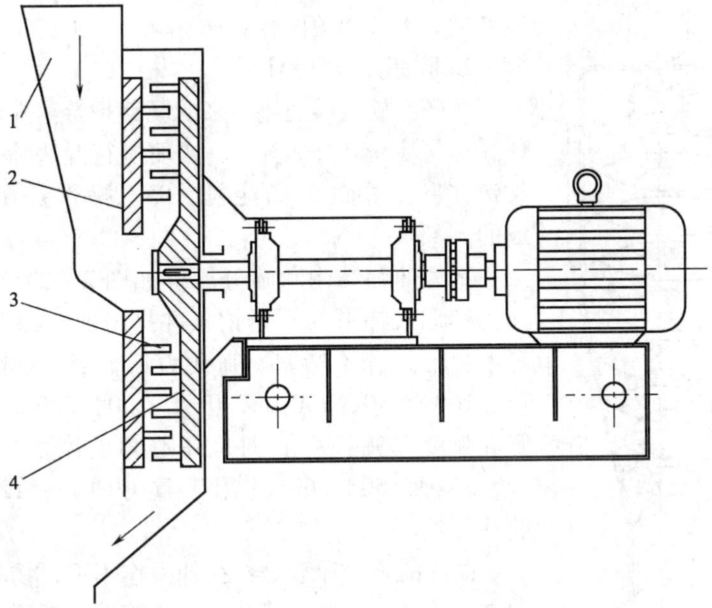

图 2 - 19　凸齿磨结构

1—进料斗　2—固定接料盘　3—凸齿　4—转动接料盘

二、胚 芽 分 离

玉米破碎后，几乎全部胚芽都与胚乳分离而呈游离状态，但是胚芽还混合在皮渣、胚乳块、淀粉乳组成的磨下物中。要想把胚芽从混合物中提取出来，需要经过两个步骤：

第一步，将胚芽与皮渣、胚乳块等大颗粒物料分离开来，分离的原理是胚芽的密度比其它组分的小，利用离心分离设备或气浮槽分离，但是所获得的胚芽是悬浮在淀粉乳中的。

第二步，将胚芽与淀粉乳分离，分离的原理是淀粉乳是由淀粉颗粒、麸质颗粒和水溶性物质组成，胚芽粒度要比它们大得多，利用筛分的方法予以分离。

1. 胚芽离心分离设备

分离胚芽所用的离心分离设备是旋液分离器，用于胚芽分离时也称胚芽旋流器。其工作原理是利用物料中各组分密度不同借助离心力来分离。旋流器是由进料管、圆柱室、锥体室、溢流（轻质）出料管、底流（重质）出料管组成，如图 2 - 20 所示。在溢流管和底流管出口安装有球阀，用于调节流量。目前常用胚芽旋流器有 6″和 9″两种规格。

工作时，破碎的玉米混合物料浆用泵在 0.25 ~ 0.5MPa 压力下泵入旋流器，物料在压力和离心力作用下沿着内壁做螺旋下滑运动。胚乳块、皮渣等重质颗粒较快沉积内壁，沿着内壁流向底流出口。胚芽密度较小，来不及下沉到底层，而被集中在设备的中心部位，经顶部溢流口排出。为了保证物料在旋流器内产生足够的离心力，提高胚芽分离效果，除了满足所需的进料压力外，还要保持进入旋流器的料浆具有适当的稠度。通常需要两道胚芽旋流器分离才能把磨下物中的胚芽彻底分离，第一道胚芽旋流器的进料稠度应为 11% ~13%，第二道应为 13% ~15%。

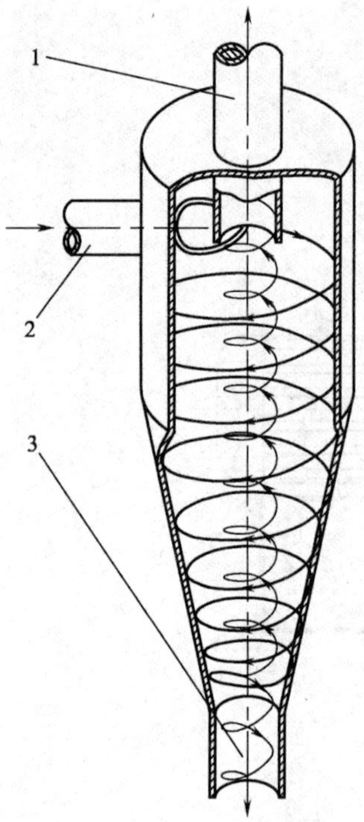

图 2－20　胚芽旋流器工作原理

1—轻物料排出管　2—进料管

3—重物料排出管

气浮槽为重力分离设备，分离效率低，因此大型淀粉生产企业已不再使用。胚芽分离用的气浮槽，其结构和工作原理参见第七节相关内容。

2. 胚芽筛分分离设备

从胚芽旋流器溢流出来的胚芽是游离在淀粉乳中的，要使胚芽与淀粉乳分离开来，需要进行湿法筛分，并用水清洗夹带在胚芽中的游离淀粉，以上操作是在重力曲筛上完成的。

重力曲筛结构和筛分原理如图 2－21 所示。筛面由截面为楔形或梯形的不锈钢条并排组成，梯形或楔形截面的筛条保证筛孔不堵塞。筛孔为长窄缝，筛隙宽度分为 50，75，100，150，200μm，0.7，2.0，3.0mm 等多种规格；筛面弧度（筛面弧长对应中心角的度数）有 50°、60°和 120°三种，50°、60°的用于重力曲筛，120°的用于压力曲筛。

曲筛的筛分原理是：在外力作用下，物料沿筛面切线方向进入筛面，并向下滑动，由于筛面为弧形，所以物料沿筛面运动时产生离心力，在离心力作用下微小的颗粒或浆料穿过筛缝，成为筛下物，较大的物料被截留在筛面上，并沿筛面下滑到粗粒卸料口。

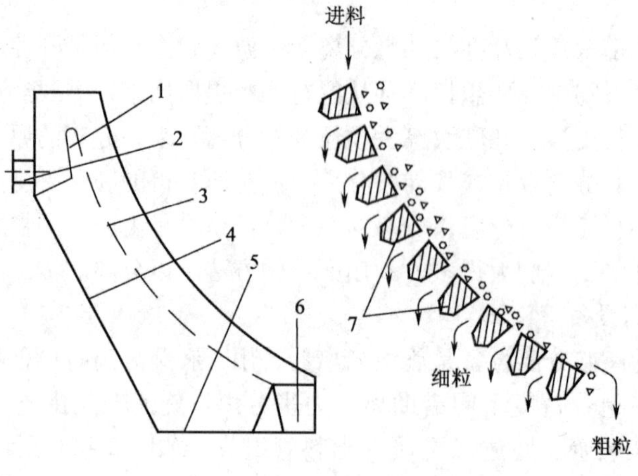

图 2－21　重力曲筛结构和筛分原理

1—溢流挡板　2—进料口　3—筛面　4—机壳

5—细粒浆料接料斗　6—粗物料接料斗　7—楔形筛条

根据进料时外力来源的不同，曲筛分为重力曲筛和压力曲筛，它们的中心工作部件是弧形筛面。重力曲筛进料外力是依靠物料本身高度差所产生的重力，产生的加速度较小，形成的离心力也小，适合流动性好的物料分离，如玉米脱水或胚芽的筛分；压力曲筛的进料是依靠泵所产生的压力，这种方式产生的离心力比重力方式大得多，适合流动性差的物料，如纤维与淀粉乳的分离。关于压力曲筛的结构将在第五节中讲述。

如图 2－21 所示，重力曲筛由进料管、原料接收斗、筛面、粗细料接料斗等部分组成。工作时料浆由进料管进入接料斗，再越过溢流挡板均匀地分布到整个筛面上，经过筛面的筛分作用将物料分离成稀浆和粗粒。重力曲筛用于玉米脱水时，筛缝间隙为 3.0mm，用于胚芽筛分时，筛缝间隙为 0.7～1.2 mm。表 2－17 是重力曲筛的技术参数。

表 2－17　重力曲筛主要规格及技术参数

技术参数	BZQW40	DZQW60	DZQW100	DZQW120
筛面弧度/（°）	50	50	50	50
筛面宽度/mm	400	600	1 000	1 200
筛面长度/mm	800	800	800	800
筛理面积/m^2	0.32	0.48	0.8	0.96
曲率半径/mm	917	917	917	917
溢流高度/mm	520	520	520	520

三、玉米破碎与胚芽分离工艺流程

为了保证最大限度地把玉米中的胚芽完整、高提取率地分离出来，玉米破碎与胚芽分离采用二次破碎、二道胚芽分离的工艺流程。具体工艺流程如图 2－22 所示。

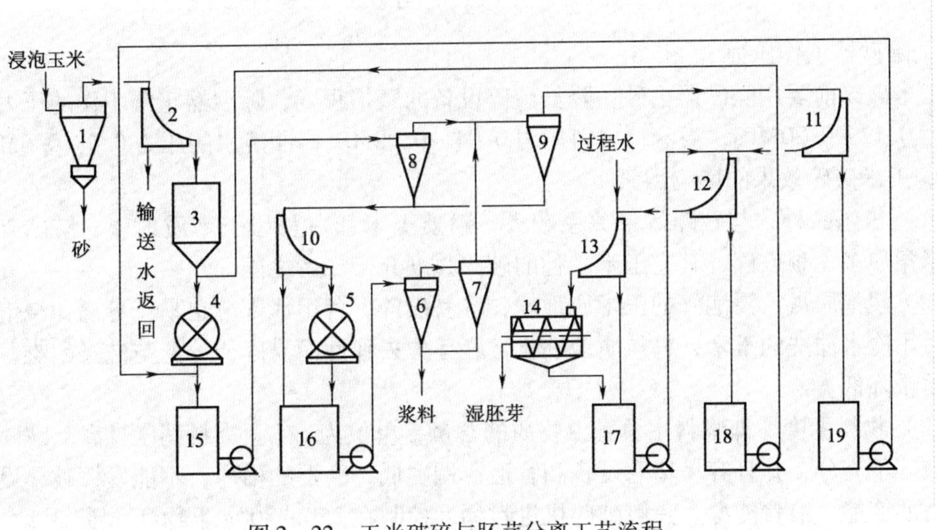

图 2－22　玉米破碎与胚芽分离工艺流程

1—除砂器　2—脱水筛　3—料仓　4，5—破碎机　6～9—旋流器

10～13—曲筛　14—挤压脱水机　15～19—贮料罐

浸泡后的玉米，利用工艺水将其送到破碎工序，通过除砂器除去砂石，再送入重力曲筛 2 脱水，入暂存罐 3 以备送往破碎机，分出的输送水回到输送水贮罐。

破碎时暂存罐内的玉米与胚芽洗涤水合并后进入头道破碎机，玉米粒被分成 4～6 瓣后流入贮罐 15。破碎后物料含整粒玉米量不应超过 1%，同时释放出 75%～85% 的胚芽和 20%～25% 的淀粉。

破碎后物料被从胚芽筛11分离出来的淀粉乳稀释，再用泵送入头道胚芽分离系统8、9。头道胚芽分离系统采用两级分离，以保证胚芽提取的纯度和提取率，从旋流器8的溢流得到的是浓聚的胚芽，旋流器9的溢流得到的是纯胚芽。

利用脱水筛10，在筛缝为1.0～2.0mm的筛面上滤出未达到破碎要求的整粒玉米或大碎粒，筛上物送入二道破碎机。其作用是对头道破碎的物料进一步破碎，彻底释放与胚乳相连接的胚芽。经过二道破碎后，玉米被破碎成8～12瓣，浆料中不应含有整粒玉米，联结的胚芽不应超过0.3%。

二道破碎后的物料与脱水筛10的滤液合并进入贮罐16，再经泵输送入二道胚芽分离系统6、7。二道胚芽分离系统也是采用两级胚芽旋流器，但旋流器6和7都是用来浓聚胚芽的，因为二道破碎后物料中胚芽浓度较低，得不到纯胚芽，它们的溢流要送到头道胚芽分离系统提纯胚芽。

二道胚芽分离系统6、7的底流得到的淀粉悬浮液的浓度为12%～15%，胚芽含量不应超过0.5%，将经过两次破碎后的物料送入下道精磨工序。

旋流器9的溢流是胚芽与淀粉乳的混合物，需要进入重力曲筛11筛分回收淀粉乳。11筛上胚芽夹带有淀粉颗粒，继续进入重力曲筛12和13进行两道洗涤。胚芽洗涤也是在曲筛上进行，洗水从末道筛13进入，而从二道筛12离开，胚芽从头道筛11进入而从末道筛13离开，采用逆流洗涤。洗涤回收的淀粉由罐18送到破碎工序，用来调整头道破碎机入机物料的料水比，洗后的胚芽进入挤压脱水机脱水。

四、玉米破碎与胚芽分离效果的影响因素

1. 除砂器工作压力

玉米破碎前要用除砂器去砂，降低破碎设备的磨损程度，除砂器正常工作的压力为：进口压力0.12～0.20MPa；溢流口出料压力0.04～0.08MPa；冲洗水的压力0.5～0.6MPa。

2. 玉米破碎效果的影响因素

（1）玉米品种　与破碎效果关系较大，粉质玉米和白马齿玉米质地软、易破碎，硬粒黄玉米角质多、难破碎，其它玉米品种的破碎强度介于二者之间。

（2）浸泡质量　浸泡好的玉米质地软，容易破碎，各组成部分也易于分离；浸泡不好或浸泡后用冷水冲洗的玉米，籽粒质地硬化，胚芽失去弹性而易碎，分离与洗涤困难，产品收率和质量降低。

（3）物料稠度　即浆料中总悬浮物质的含量，单位为g/L。进料稠度过高，破碎缓冲力大，破碎不充分，并且容易堵塞设备和管道；稠度低，磨下物稀薄，不能发挥破碎设备和后续设备的产能，浪费能源。一般破碎机进料稠度控制在250～300g干物/L料浆。

破碎机工艺指标为：头道破碎程度为4～6瓣，整粒率<1%，浓度7～9°Bé，干物质含量250～300g/L，游离胚芽≥85%，释放淀粉率20%～25%，联结胚芽≤2.5%；二道破碎程度为8～12瓣，不含整粒玉米，浓度7.5～9.5°Bé，游离胚芽≥95%，释放淀粉率10%～15%，破碎胚芽≤1.5%，联结胚芽≤0.3%。

3. 胚芽分离效果的影响因素

（1）料浆稠度　进料稠度过低有利于胚芽分离，但会造成设备产能浪费；稠度过高，物料黏稠，轻重质分层不清，胚芽分离困难，提取率低。一级胚芽旋流器进料稠度一般控制在6～9°Bé。

（2）进料压力　影响到物料在旋流器内旋流速度，压力太小，达不到离心分离效果；压力太大，浪费能源。一般第一级旋流器进料压力控制在 0.25 ~ 0.5MPa；第二级控制在 0.12 ~ 0.20MPa。

（3）溢流底流流量比　流量比可以通过调整溢流出口和底流出口的阀门实现。浆料在旋流器内受离心力作用分成了重质的底层、轻质的上层和互混的中间过渡层，而旋流器只有上下两个出口，因此，一台设备无法将轻重质物料截然分开。调整溢流底流流量比，就是控制中间层的流向。溢流流量放大，则中间层向上流动，胚芽纯度降低，底流获得较纯的重质；反之，底流流量放大，溢流流量变小，中间层向下流动，溢流得到较纯的胚芽，底流纯度降低。此流量比的控制视具体流程而定。

胚芽分离工艺指标为：胚芽洗涤水 SO_2 含量 0.025% ~ 0.03%；料浆温度 35℃左右；提胚率≥98%；胚芽洗涤后游离淀粉含量≤1.0%。

第五节　玉米精磨与纤维分离

一、精　　磨

1. 精磨目的

玉米经过破碎和胚芽分离之后，所得浆料中含有皮渣、胚乳碎块、细胞壁、淀粉颗粒和麸质，其中皮渣、细胞壁和胚乳碎块中的淀粉颗粒仍然包裹在蛋白质网和纤维组织内。精磨目的就是将蛋白质网和纤维组织中包裹的淀粉颗粒释放出来，为进一步提纯淀粉创造条件。

2. 精磨设备

目前应用最为普遍的是冲击磨，常用形式为立式针型冲击磨。

图 2－23 为立式针型冲击磨的结构示意图，它主要由主轴、动盘（甩盘）、动针、定盘、定针、机壳、传动机构等组成。动盘固定在处于垂直的主轴下端，沿着动盘圆周周边固定有动盘针；主轴通过滚动轴承支撑在轴承座上，冲击磨配有供油站，供主轴轴承强制润滑；机壳上盖内安装有定盘，在定盘上沿动盘外围安装有 84 根定针。

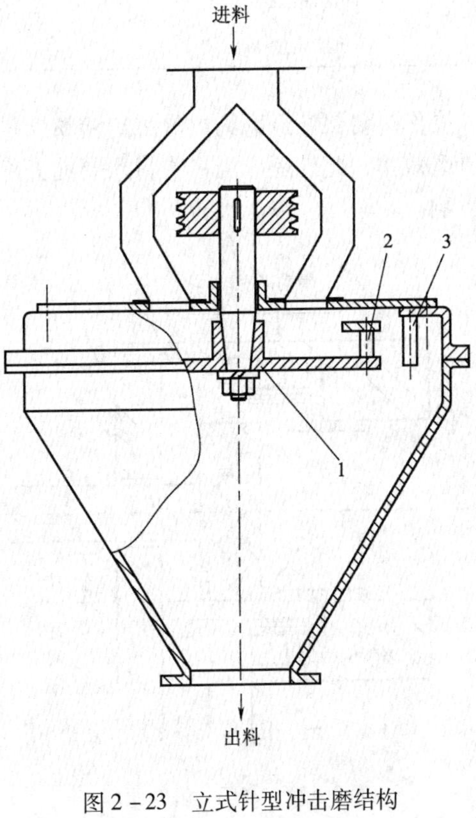

图 2－23　立式针型冲击磨结构
1—动盘　2—动针　3—定针

工作时，物料由立轴两侧的进料口落入高速旋转的动盘中心，在强大的离心力作用下，物料快速向四周分散，并受高速旋转的甩盘上的动针和固定的定针反复强烈地撞击，绝大多数淀粉颗粒从联结的蛋白质网、纤维组织中脱落出来。

冲击磨具有以下特点：作用力主要为正压

力，而剪切力较小，因此碎纤维少，皮渣更多地保留为薄片状，有利于曲筛的筛分，降低筛下物淀粉中的细纤维含量，麸质蛋白也易从皮渣中分离出来，有效控制了产品灰分，提高产品质量；该设备利用离心力冲击原理，使纤维中联结的淀粉颗粒最大限度完整地松脱出来，分离出的淀粉质量好、收率高；此外该设备具有结构紧凑、运行可靠、操作简便、生产能力大、占地面积小等特点。

LZM685 系列立式针型冲击磨主要技术参数见表 2－18。要求控制进机物料的稠度为 300～350g/L，游离淀粉含量≤10%，干物质含量＞30%。

表 2－18　LZM685 系列冲击磨主要技术参数

工艺参数	N 型	NA 型	NB 型
生产能力（商品玉米）/（t/h）	3～5	3～5	3～5
动盘直径/mm	690	690	690
转速/（r/min）	3750	3750	4100
动盘外圆线速度/（m/s）	135.5	135.5	148.1
磨后物料粗细渣比	≥2.5∶1	≥2.5∶1	≥2.5∶1
磨后纤维渣联结淀粉含量/%	≤15	≤15	≤15
主电机功率/kW	55	55	75
油泵电机功率/kW	1.1	1.1	1.1
润滑油压/MPa	0.05～0.10	0.05～0.10	0.05～0.10
机器质量/kg	2360	2360	2400

操作时要保证进磨物料的游离淀粉含量低，否则游离淀粉会起到缓冲打击力的作用，降低研磨效率；此外还应当在物料入磨前去除金属杂质，均匀进料，重视浸泡效果对精磨质量的影响。

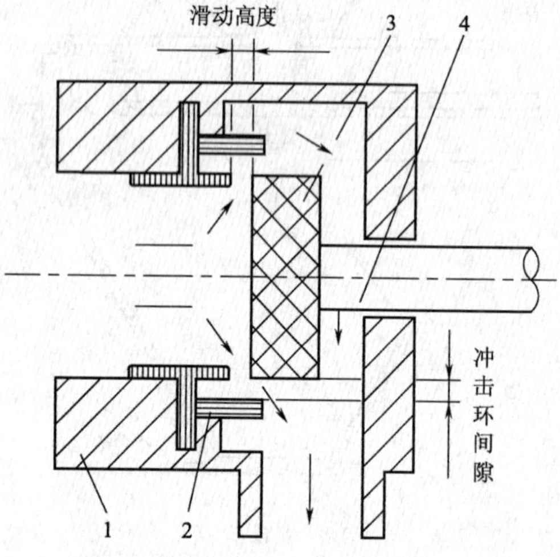

图 2－24　高压分解阀原理
1—阀座　2—冲击环　3—阀芯　4—轴

3. 高压微破碎技术

高压微破碎技术（又称高压分解技术，简称 HD 技术）是一项新兴的细磨技术。它的原理类似于高压均质器，首先用泵将初破碎并分离了胚芽的物料在高压下通过一个特别的分离阀（见图2－24），物料通过此阀时在很小的缝隙中喷出，压力突然骤减而形成很高的速度，物料受到强力的剪切和碰撞，细胞被强烈地破碎，从而使淀粉颗粒与纤维、蛋白质分离。

这种高压分解技术与常规的冲击磨相比，淀粉颗粒得到了同样的释放，纤维碎片保留得更完整，通过筛分时更易与淀粉分离。

在德国和奥地利进行的工厂中间试验（10t/h 玉米）表明，经过四级高压微破碎，纤维收率占总玉米量的6.2%，残留淀粉含量占总淀粉的1.1%。但常规工艺纤维收率为8%，残留淀粉含量占总淀粉的1.4%，并且最难分解的角质玉米，使用HD技术也能得到满意的分解。研究者还通过扫描电镜对淀粉颗粒的图像及淀粉的糊化温度等进行了观察。结果表明，高压处理常常使淀粉颗粒易于损伤，但完整的淀粉颗粒仍占多数。高压分解技术生产的淀粉具有较高的糊化温度和较低的冷黏度。从应用的角度来讲，高压分解工艺生产的淀粉，与常规方法生产的产品相比没有明显区别。

这种工艺的特点还表现为它的灵活性，特别适合于同时加工多种原料的工厂。应用高压分解技术加工马铃薯和木薯淀粉的试验厂（15～20t/h）已在荷兰和泰国投入使用。

采用高压分解技术加工玉米淀粉时，常需与加压浸泡技术相配合。这种工艺的关键设备加压浸泡罐和高压分解阀的结构和材质还需进一步优化，此技术的应用将导致淀粉制取工艺的深刻变革，对于玉米淀粉和小麦淀粉生产尤其重要。

二、纤 维 分 离

1. 纤维分离的目的和原理

精磨后浆料中含有游离的淀粉颗粒、麸质微粒、纤维（粗、细皮渣）和可溶性物质，除了纤维皮渣外，其它组分在水中呈乳状悬浮液，故称淀粉乳。纤维分离的目的就是把纤维与淀粉乳中其它组分分离开来，从而使淀粉乳得到进一步的提纯。

纤维分离是根据纤维和淀粉乳中其它组分粒度差异，采用筛分的方法进行分离的。淀粉和麸质颗粒粒度分别为3～30μm和1～2μm，筛分时通过筛网成为筛下物，而纤维细渣颗粒在65μm之上，能够被细筛截留。纤维分离操作分为两个步骤：首先是从淀粉乳中筛分出纤维；其次是对筛分出的纤维进行洗涤，除去其中夹带的淀粉。

2. 纤维分离设备

纤维分离设备主要有压力曲筛和锥形离心筛。目前只有欧式流程用锥形离心筛，锥形离心筛的结构和工作原理参见第四章第二节薯类淀粉部分，下面只介绍压力曲筛。

压力曲筛与重力曲筛结构相近，如图2－25，由壳体、给料器、筛条、淀粉乳接收斗、皮渣接收斗组成。筛面弧度为120°，筛条横截面为楔形，有利于精确筛分和不易堵塞。压力曲筛依靠泵的压力使物料沿筛面向下流动。

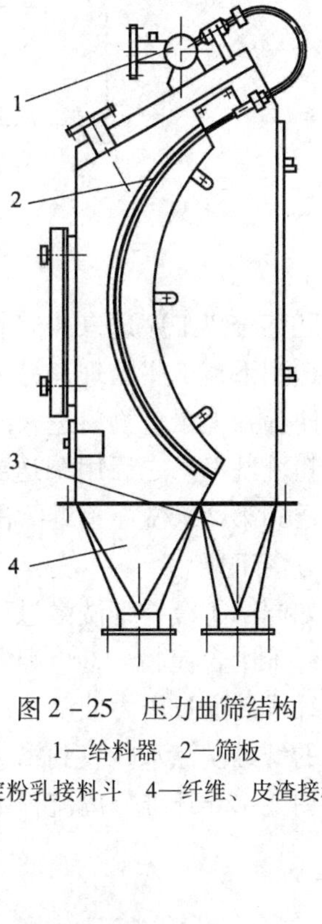

图2－25　压力曲筛结构

1—给料器　2—筛板

3—淀粉乳接料斗　4—纤维、皮渣接料斗

工作时，料浆用泵送入给料器，给料器是由分配管将泵输送来的物料分配到多个喷嘴中的装置，料浆从喷嘴以0.2～0.4MPa压力高速喷出，并沿切线方向进入筛面，沿弧形筛面高速下滑，产生巨大离心力，淀粉乳在离心力作用下穿过筛缝成为筛下物，而纤维皮渣被筛面截留滑到筛上物出口。

由于物料通过筛缝时，是沿筛面切向做抛物线运动，而非垂直穿过筛面，所以压力曲筛分级粒度不完全依赖筛缝的大小，而与其它条件有很大的关系，筛下物的粒度大致只有筛缝尺寸的1/2，即排入筛下的颗粒粒度比筛缝尺寸要小得多，从而减少筛面堵塞的机会。通常采用的筛缝宽度为50，75，100，150μm。

压力曲筛的产量取决于工作压力和筛面宽度，工作压力越大、筛面越宽，曲筛产量越大；筛分效果取决于工作压力和筛面长度，筛面越长、工作压力越大，筛分就越充分。

三、精磨与纤维分离工艺流程

精磨与纤维分离工艺流程经历了钢磨与平筛、石磨与转筒筛、锤碎机加金刚砂磨与离心筛等不同工艺配备的发展阶段，随着淀粉加工装备的改进和更新，现代冲击磨与压力曲筛流程成为国内外大中型淀粉企业普遍采用的生产技术。此流程的特点是设备效率高、台数少、占地面积小，一道冲击磨就可以完成纤维与淀粉的分离，一道压力曲筛就可以提取出以前多道精选筛才能提取出的淀粉乳，而且淀粉乳含细渣少，纯度高，无需经其他筛分设备就可以直接送到下道工序。

图2－26为常用的精磨与纤维分离工艺流程，它由1次精磨、6道纤维洗涤工序组成。

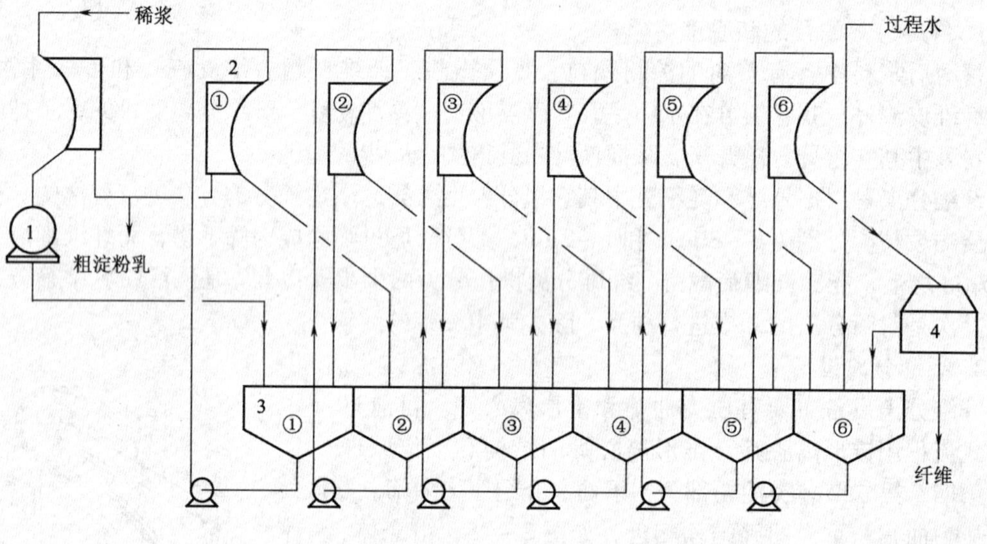

图2－26　纤维分离和洗涤工艺流程

1—细磨　2—压力曲筛　3—洗涤槽　4—离心筛

胚芽分离工序送来的浆料，先经纤维分离曲筛分离出粗淀粉乳，一方面提取出了淀粉乳，送到下道工序处理，另一方面，保证进入精磨设备的物料具有足够的稠度，保持精磨效率。曲筛筛上粗渣物料进入冲击磨精磨，然后进入第①级纤维洗涤槽，用第②级曲筛送来的稀淀粉乳洗涤，之后用泵送到第①级压力曲筛，分出淀粉乳和纤维。筛上的纤维还需要洗涤，送到第②级洗涤槽继续洗涤，筛下的淀粉乳与先前分离出的粗淀粉乳合并，送到下道蛋白质分离工序。

如同第①级纤维洗涤过程，纤维逐级进入第②、③……⑥级洗涤槽进行洗涤，经6次洗涤后纤维中含淀粉较少，从第⑥级曲筛上排出。洗涤水（工艺水）从第⑥级洗涤槽加入，洗涤纤维后通过压力曲筛分离出来，按⑤、④……①的顺序逐级向前级洗涤槽输送，作为前一级的纤维洗涤水，直到第①级曲筛分出淀粉乳。

图2－26纤维分离流程中，纤维按从小到大的编号顺序逐级变清洁，洗水按从大到小的

编号顺序逐渐变浓，即清水与较净纤维接触、浓浆与稠料接触，这种逆流洗涤工艺可以节约洗涤用水，最大限度地提出淀粉、洗净皮渣。

四、精磨与纤维分离效果影响因素

1. 影响精磨效果的主要因素

（1）物料稠度　精磨设备进料稠度以高为好，过低会引起甩盘振动、电流增加。一般要求进料稠度不低于30%，最好能达到50%，因此在精磨设备前要加一台曲筛，分离除去大部分淀粉乳。

（2）浸泡效果　精磨后纤维中残留的结合淀粉的多少，除了取决于精磨设备的工作效率外，还与玉米的浸泡程度有关。浸泡好的玉米，淀粉颗粒与蛋白质和纤维联结松弛，容易脱离。

（3）砂石含量　精磨设备为高速旋转设备，如果物料中含有砂石、金属杂质等，势必增加设备磨损，甚至损坏设备，因此在精磨设备前要增加一道除砂器。

2. 影响洗涤筛分的因素

（1）洗水温度　纤维洗涤使用的是过程水，要求洗水中悬浮物不超过0.08%。热水洗涤效果好，在皮渣洗涤过程中，浆料温度应保持在40～45℃。

（2）亚硫酸浓度　纤维洗涤用水要保持0.05% SO_2 的亚硫酸浓度，一是为了防腐，二是防止蛋白质沉淀。蛋白质等电点为5.3，如果酸度不够，可溶性蛋白质会达到等电点而沉淀，沉淀在筛网上会堵塞筛孔，降低效率。但是等电点也不能太低，否则会影响淀粉质量。筛洗系统一般用0.45%～0.50% SO_2 浓度的亚硫酸，调整淀粉乳pH为4.3～4.5。

（3）筛网规格　适宜的筛孔尺寸是保证筛分效果的关键，筛孔大小视物料特性和操作压力等条件而定。一般冲击磨前的曲筛和第1级洗涤曲筛筛缝为50μm，后5级洗涤曲筛的筛缝为75μm。

精磨与纤维分离工艺指标：精磨设备前的淀粉乳分离曲筛供料压力为0.25～0.30MPa，进料浓度13～17°Bé，滤液浓度5.5～7.5°Bé；纤维洗涤曲筛供料压力为0.15～0.30MPa，获得的粗淀粉乳含干物质应为10%～14%，纤维细渣含量<0.1%；皮渣中游离淀粉含量不应超过4.5%，总淀粉含量≤10%，最高≤18%。

第六节　麸质分离与淀粉洗涤

一、粗淀粉乳的化学组成与精制原理

玉米经过纤维分离后获得的淀粉乳，其干物质中除淀粉外还有许多的非淀粉类物质，这种淀粉乳习惯上称为粗淀粉乳。与之对应，将清除非淀粉类物质后的淀粉乳称为精制淀粉乳。

分离纤维后的粗淀粉乳相对密度为1.04～1.05，干物质含量10%～13%，pH 3.8～4.2，酸度为165～210mL［中和酸消耗0.1mol/L NaOH溶液的体积（mL）］。粗淀粉乳化学成分如表2-19所示，由表可见，蛋白质含量在非淀粉类杂质中占主要部分，蛋白质的组成多数为非水溶性蛋白。淀粉乳的精制分为两个步骤：首先要尽可能多的除去非水溶性蛋白质，在生产工艺上称为麸质（蛋白质及其吸附物）分离；然后去除其它杂质，在生产工艺上称为

淀粉洗涤。

表 2 – 19　　粗淀粉乳中干物质化学组成（干基）　　单位：%

项　目	含　量	项　目	含　量
淀粉	88 ~ 92	可溶性物质	2.4 ~ 4.5
蛋白质	6 ~ 8	二氧化硫	0.03 ~ 0.04
脂肪	0.5 ~ 1.0	细渣及痕量细砂	0.05 ~ 0.1
灰分	0.2 ~ 0.4		

淀粉与其它杂质的分离原理，依据淀粉乳中不同组分在物理性质上的差异，具体包括两个方面：

第一，根据不溶性杂质与淀粉颗粒的密度、粒度不同，依靠重力或离心沉降方法分离。淀粉颗粒粒度为 3 ~ 30μm，麸质 1 ~ 2μm，而麸质微粒在水中悬浮时容易相互聚积，形成 100 ~ 170μm 的团粒，使蛋白质的粒度超越淀粉颗粒很多倍。淀粉颗粒密度为 1610kg/m^3，细渣密度 1300kg/m^3，麸质密度 1180kg/m^3，细砂密度 1950 ~ 2500kg/m^3。由于粒度和密度是影响物质沉降速度的两个重要因素，淀粉乳中各组分的粒度和密度的差异，导致沉降速度有明显的差别，通过沉降分离可以产生较好的分离效果。

第二，根据溶解度不同，依据淀粉颗粒不溶于水的性质，利用洗涤方法将可溶性物质分离除去。采用逆流浸泡时，浸泡后的玉米中还残留有总量 30% 左右水溶性物质，这些可溶物需要在洗涤过程中进一步去除。

二、麸 质 分 离

麸质分离的目的是将粗淀粉乳中的非水溶性蛋白质分离出去，主要是根据淀粉颗粒和蛋白质微粒的密度不同进行分离。

传统的淀粉与麸质分离采用的是重力沉降法，沉降槽为长方形槽体，设备简单，但占地面积大，同时由于淀粉和蛋白质微粒粒度过小，沉降速度小，分离效率低，淀粉流失多，达总量的 2.5% ~4.5%，因此，大型企业不再将沉降槽用于主流程中，而在过程水澄清、玉米浆蒸发前的澄清等辅助流程中还有使用。目前麸质分离主要采用离心分离法，其生产效率大大提高，又便于自动化连续生产。离心分离法常用的设备有碟式离心机和旋流器两种。

1. 碟式离心机

碟式离心机的结构如图 2 – 27 所示，主要由转鼓、润滑系统、转速测量单元、机壳、机座和驱动系统等组成。转鼓为离心机的中心工作部件，用于实现物料的分离；润滑系统由带有流量控制和自动报警功能的油路系统组成，用于润滑离心机所有轴承；转速测量单元用于监测转鼓转速，防止转数丢失；振动测量单元可以在设备出现过度振动的情况下保护设备，当振动超过预设值时，装置触发报警，并启动保护程序；驱动系统由电机、皮带传动机构等组成，用于提供转鼓旋转动力。

图 2 – 28 为碟式离心机转鼓工作原理图。转鼓内有一组不锈钢制成的圆锥形碟片，碟片均匀上下叠放，碟片数为 25 ~ 125 片，两层碟片间距 0.42 ~ 1.0mm，每两个碟片之间的间隙为一个相对独立的分离空间。转鼓外缘均匀分布着多个碳化钨喷嘴，喷嘴数量一般为 8 ~ 12 个，孔径 0.63 ~ 2.54mm。

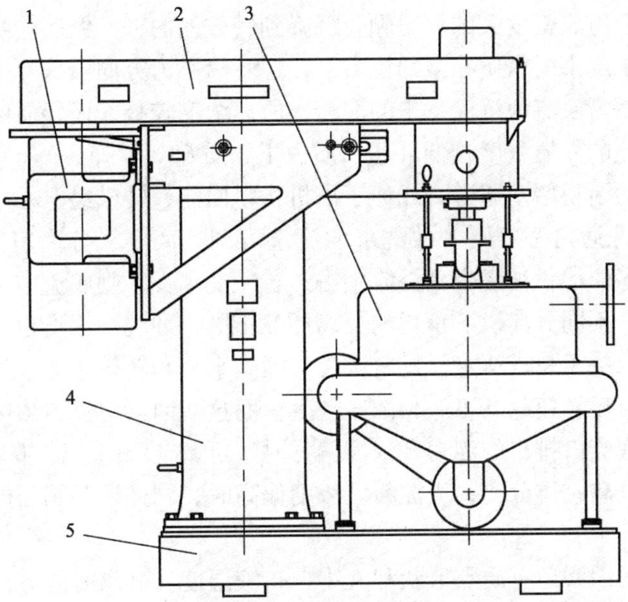

图 2-27　碟式离心机结构

1—电机　2—传动装置　3—转鼓　4—支架　5—底座

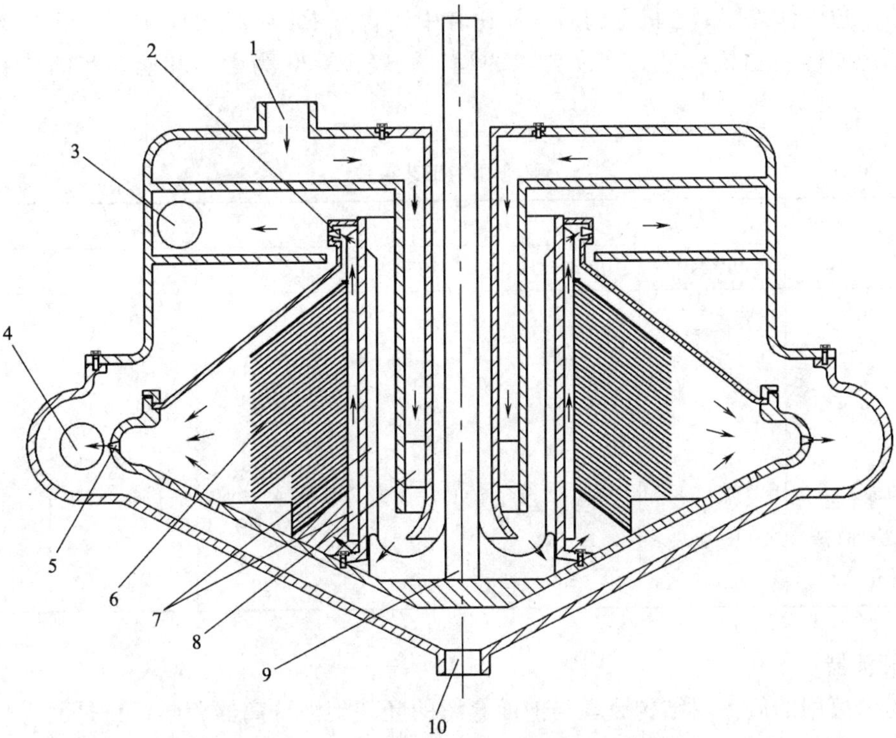

图 2-28　碟式离心机转鼓工作原理

1—混合料进口　2，5—喷嘴　3—轻质出口　4—重质出口　6—碟片

7—栅板　8—导块　9—轴　10—反冲水入口

工作时，含有麸质的淀粉乳由离心机上部的进料口送入转鼓，高速旋转的转鼓带动物料旋转产生较大的离心力。密度大的淀粉颗粒沉降到转鼓的内壁，经底流喷嘴喷出，经浓缩相收集区排出机外；密度小的麸质在泵的压力下，逆着离心力方向沿碟片上行向中心移动，最后从溢流口排出。因为底流为沉淀下来的淀粉，所以浓度较稠，而轻质的麸质和大量的水从溢流排出，所以溢流的麸质浓度较低（蛋白质占干物质68% ~75%）。

为了防止沉积的淀粉堵塞通道，或便于出机物料回流，转鼓经空心主轴底部通入冲洗水（或回流），连续冲洗通道和喷嘴。冲洗水的流量可调节离心机分离室内液体的流动状态。若冲洗水量大，较多的淀粉被裹带到溢流中去；若冲洗水少，则底流中沉降下来的蛋白质增多。在分离机组中，不同分离机所承担的分离任务不同，冲洗水用量也不一致。

底流物料浓度取决于总进料量、进料浓度、喷嘴直径和转鼓转速，喷嘴直径越小，总进料量、进料浓度和转鼓转速越高，底物浓度越大。而这些因素中进料浓度是工艺操作中可以调整的因素。当从底流口排出的淀粉乳浓度偏低时，可调节阀门，使部分淀粉乳通过回流管从分离机底部进入分离室再分离；当淀粉乳浓度偏高时，同样调节阀门放入过程水或清水来降低浓度。

影响分离效果的因素还有质点形状和大小、料液温度、分离时间等。质点越大，沉降速度越快，粒形越规则光滑，沉降速度越大。在用泵输送物料时会将蛋白质团粒打碎，从而降低其沉降速度，而淀粉颗粒比麸质微粒形状规则光滑，沉降速度较大。保持适当料温有利于降低液体黏度，有利于提高沉降速度。当分离效果不好时，适当减少流量，增加沉降时间，可以改善离心分离效果。

经过一道液体黏度离心机分离后，淀粉乳中还含有1% ~2%的蛋白质，一般须再经过几次分离才能使蛋白质降低到产品要求的程度。表2－20为中国和瑞典产的离心机工艺参数。

表2－20　　离心机的工艺参数

型号 / 工艺参数	中国			瑞典		
	DPX445	DPF445/11	DPF350/7	TX－212	SX－212	QX－312
转鼓直径/mm	445	445	350	610	610	610
碟片数目/个	70	80	—	67	66	65
转鼓转速/（r/min）	4410	4450	4600	3500	4600	4750
喷嘴数/个	8	—	12	12	16	—
喷嘴直径/mm	1.1 ~1.8	0.8 ~2.6	1.2 ~2.0	6 ~2.5	1.6 ~2.5	1.6 ~2
处理量/（m^3/h）	15 ~30	15 ~30	10	70	70	85
电机功率/kW	30	30	15	44	44	44

2. 旋流器

淀粉分离用的旋流器结构原理与前面介绍的胚芽旋液分离器相同，只是因为麸质颗粒比胚芽小得多，所以需要采用工作压力更高、临界直径更小的旋流管（微型旋液分离器）。它利用离心力使颗粒大小与密度不同的悬浮粒子得到分离，可以分离4μm以上的颗粒。

旋流管是一个具有切向进口的圆锥体（图2－29），圆锥体的底部和顶部各有一个小出料管。淀粉乳在压力作用下从切向进口进入圆锥体的上部，并高速向下旋转，产生离心力，重质颗粒随旋流沉降至旋流管底部，并从底出口排出，称为底流；轻质的麸质随澄清液体由内层旋转上升，由顶部溢流口排出。

由于旋流管直径只有 ϕ10～15mm，单个产量极低，所以生产中是将十几个至上百个旋流管并联在一起组合成旋流器。

在旋流器中旋流管在空间上并联方式有许多种，尽管壳体外形各不相同，但内部结构基本一致。从20世纪80年代起，我国先后从美国引进多套淀粉洗涤用旋流器，开始为C（哈壳）型，后来为TM型。按旋流管轴线处于水平还是铅垂位置，旋流器有卧式和立式之分。图2－30为卧式哈壳型旋流器结构示意图，它是在一个封闭的圆柱形壳体内，用两块带圆孔的钢板分隔成三个空间，圆孔用来固定旋流管，三个空间之间密闭不通。旋流管装在中间区域，即其两端（溢流口端、底流口端）分别安插在两块钢板的圆孔中。两块钢板之间为进料区，其余两个空间分别是溢流汇集区和底流汇集区，各室区均有压力表和取样口。

工作时，淀粉乳用泵压入进料区，并同时进入并联的旋流管中离心分离，重质的淀粉乳从各管底部出口汇集到底流室排出，轻质的麸质水从各旋流管溢流口汇集到溢流室排出。

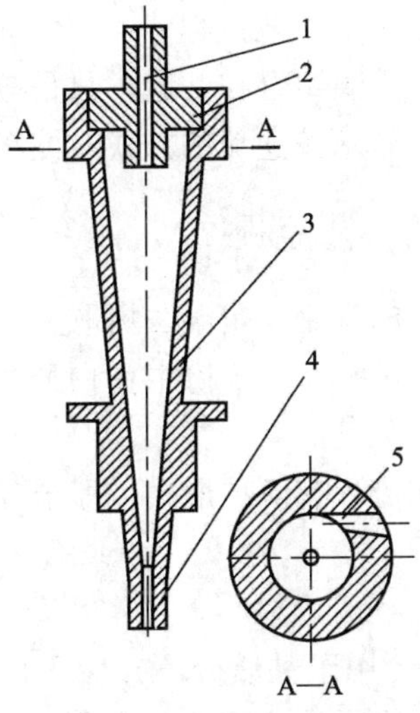

图2－29　旋流管结构

1—溢流口　2—顶盖　3—锥体

4—底流口　5—进料口

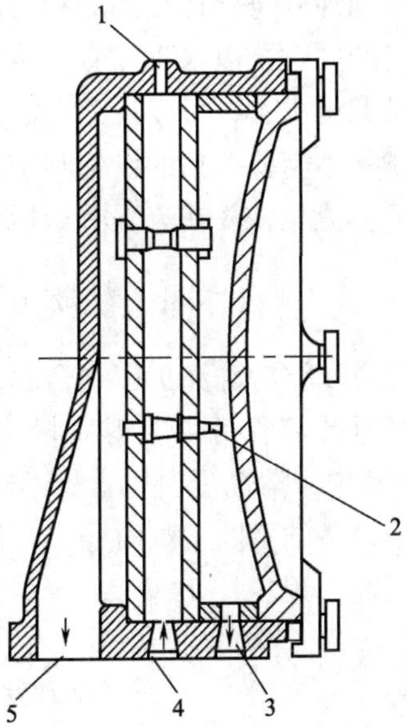

图2－30　卧式哈壳型旋流器结构

1—压力表安装孔　2—旋流管

3—底流口　4—进料口　5—溢流口

旋流器使用时一般是采用9～12级串联使用，其先决条件是进入第1级旋流器的淀粉乳中蛋白质含量小于2.5%，才能具有较高的分离效果。一般情况下，粗淀粉乳中蛋白质含量在6%～8%，因此，生产中分离纤维后的粗淀粉乳必须首先经过一台离心机分离出去大部分蛋白质，才能进入旋流器进行分离。

几种旋流器的主要技术参数见表2－21。

表 2-21　　　　旋流器技术参数

技术参数	XLQ-72	XLQ-99	XLQ-165	XLQ-225
每级内旋流管数量/个	72	99	165	225
工作压力/MPa	≥0.6	≥0.6	≥0.6	≥0.6
配泵功率/kW	7.5	15	18.5	22
进口与溢流压力差/MPa	0.45~0.6	0.45~0.6	0.45~0.6	0.45~0.6
旋流管直径/mm	10	10	10	10
每管处理量/（L/min）	6	6	6	6

用旋流器去除淀粉乳中可溶与不可溶性的蛋白质、细纤维渣、糖分等成分的分离效率高，便于自动控制和调节，产品质量好，与碟式离心机相比，具有设备结构简单，运行可靠，维护方便，设备成本低等优点。

三、淀粉洗涤

麸质分离后，淀粉乳中还残留0.2%~0.3%的水溶性蛋白质、无机盐、酸、可溶性糖等可溶性物质，以及少量麸质、细纤维渣、细砂等不溶性物质。淀粉洗涤的目的就是把这些杂质去除，得到纯度符合标准的淀粉产品。

淀粉洗涤的原理是以水为媒介，将水溶性物质呈溶解状态冲洗出去，将密度小于淀粉的细纤维和麸质漂洗出去，可以说淀粉洗涤是淀粉精制的主要工艺过程。

淀粉洗涤并不需要单独的设备和工艺，而是与麸质分离组合在一起。只是按麸质分离的方法加长了工艺流程，并在流程的最后阶段加入新水，新水按逆流的方式对淀粉进行洗涤。

四、麸质分离与淀粉洗涤工艺流程

将麸质分离和淀粉洗涤工序组合起来，完成粗淀粉的精制，是湿法提取玉米淀粉的最后一道工序，经过此流程可以获得质量达到国家标准的淀粉乳，淀粉中蛋白质含量（干基）小于0.3%，其中水溶性蛋白质含量不超过0.02%。

根据使用设备的不同，麸质分离与淀粉洗涤的工艺流程有两种形式，即全分离机流程和分离机加旋流器流程。

1. 全分离机流程

这种流程一般采用4~5台分离机串联使用，第1台用于麸质分离，后3台用于淀粉的三级洗涤，增设的第5台离心机起辅助作用，用于中间物料的浓缩。有些中小企业采用此种流程，特点是机型相同，维修方便。

图2-31是4台分离机工艺流程。工作时，粗淀粉乳经过除砂器、过滤器除去细砂和细长纤维后，送入第一级分离机①进行分离，溢流为分离出来的麸质水（黄浆），送往麸质浓缩工序（设备5、6、7，将在本章第七节中阐述）回收麸质，底流是浓稠的淀粉乳，尚含有2%左右蛋白质和其它杂质，需要继续分离。

分离机①的底流依次进入分离机②、③、④，经过三次洗涤、分离，除去淀粉乳中可溶物和轻杂质，最后从第四级分离机④底流获得纯净的淀粉乳。

净水从最后一级分离机④进入，漂洗出轻杂质和可溶性物质后，从分离机④溢流出来送往前一级分离机③，作为洗涤水继续漂洗淀粉。依此类推，分离机③的洗出水进入②继续洗涤。分离机②的溢流已经获得较稠的洗出物，包括麸质、细纤维、可溶物和夹带的少量淀粉，考虑到中间物料同质合并的原则和第一级分离机①处理粗淀粉乳流量大的情况，分离机②的溢流不直接进入分离机①，而是单独用一台分离机④辅助分离，分出大量的麸质水（含麸质、细纤维和可溶物）后，再将少量浓缩的淀粉乳送入分离机①继续精制。分离机④的底流为回收的浓缩淀粉乳，溢流为澄清的麸质水，麸质水被送往浓缩工序。

分离机进料浓度对分离效果影响较大，各分离机适宜的进料浓度如表 2－22 所示。

表 2－22　分离机适宜的进料浓度

分离阶段	悬浮液浓度/%		
	进料	溢流	底流
第一级	10～20	1.2～1.5	20～24
第二级	12～14	2～4	22～26
第三级	14～16	3～5	28～32
第四级	16～18	4～6	33～35

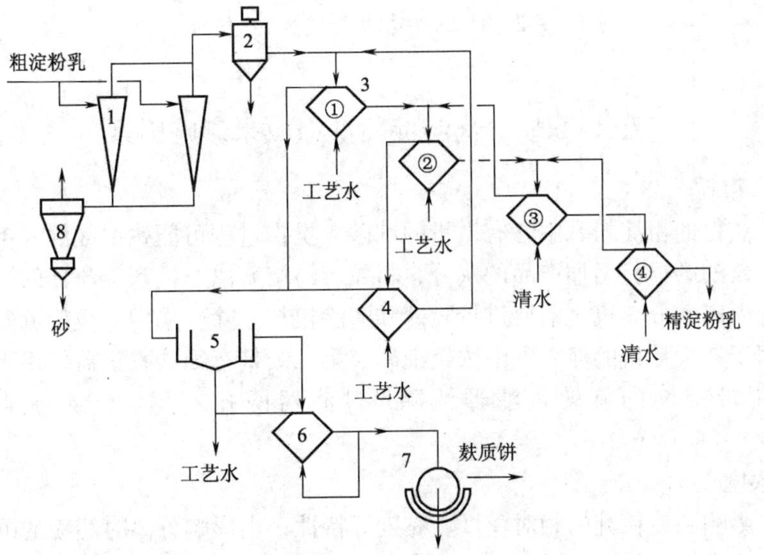

图 2－31　全离心机工艺流程

1—旋流器　2—过滤器　3—分离机　4—中间浓缩机　5—气浮槽
6—浓缩机　7—真空转鼓过滤机　8—除砂器

2. 分离机加旋流器流程

为了克服分离机能耗高的缺点，在 20 世纪 70 年代美国开发出了分离机加旋流器的麸质分离和淀粉洗涤工艺流程，效果良好，使能耗大大降低。这种流程的特点是先用分离机分离出淀粉乳中大部分麸质，使蛋白质含量降到 2% 以下，再用旋流器洗涤去除淀粉乳中剩余杂质，工艺流程如图 2－32 所示，目前这种流程在国内大型淀粉企业、外资企业中广泛使用。

流程中通常采用1台离心机加上6～13级旋流器。工作时，纤维分离后的粗淀粉乳进入第1台分离机分离出去大部分麸质，然后底流淀粉乳依次进入①、②、③……级旋流器，经过n次的洗涤获得纯净的淀粉乳。净水从最后一级旋流器n加入，漂洗出轻杂质和可溶物后从溢流口排出，作为前一级旋流器$n-1$的洗涤水。依此类推，洗涤水与淀粉呈逆流方向流动，最后从第1级旋流器①的溢流口排出，此时洗水较浓，其中含有可溶物、麸质、细粒纤维和部分淀粉颗粒，此溢流物亦称“次粉乳”。次粉乳含有约2%不溶物和0.5%可溶物，其干物质约85%为淀粉，约10%为蛋白质，这部分物料经中间浓缩分离机分离出大量的麸质水（含麸质、细纤维和可溶物），再将浓缩的少量淀粉乳送入分离机1重新精制。

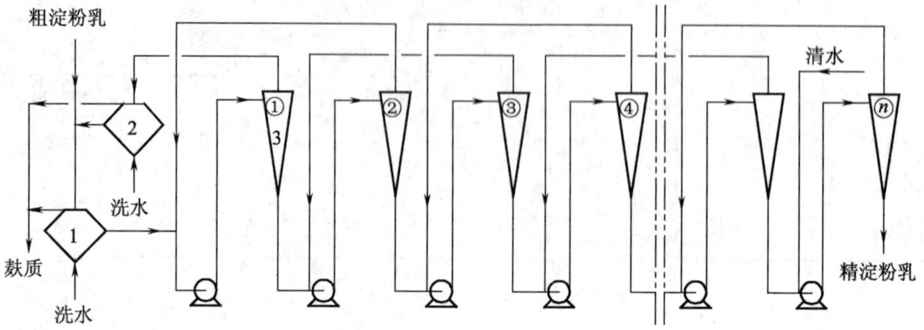

图2-32　分离机加旋流器工艺流程

1—分离机　2—中浓机　3—旋流器

五、麸质分离与淀粉洗涤效果影响因素

1. 细砂与粗粒

精磨工序获得的粗淀粉乳中含有微量的细砂，操作过程可能残留或混入粗粒，细砂会加重对离心机转鼓的磨损，增加产品的灰分，粗粒容易堵塞离心机和旋流器的微孔通道，因此粗淀粉乳在进入离心分离机之前要进行除砂和清除粗粒。除砂采用二级旋流器法，第一级为多台并联，用于从大量目的淀粉乳中浓聚细砂，第二级带有细砂收集器，用于精制少量的物料。粗粒采用带筛网的旋转过滤器清除，过滤器网孔不得大于旋流器进口的1/3，即0.8mm。

2. 进料浓度

物料浓度影响到淀粉乳的相对密度、黏度等特性，也影响分离时淀粉的沉积厚度，从而影响麸质分离效果。进料浓度过高时，淀粉沉淀层变厚，离心机底流喷嘴排料能力不够，会增加溢流淀粉流失量；进料浓度过低时，淀粉沉淀层变薄，离心机底流喷嘴排料能力充裕，会增加底流淀粉中蛋白质残留量。因此麸质分离时要保持适当的物料浓度。

一般纤维分离工序获得的粗淀粉乳浓度偏低，为6～9°Bé，不适合主离心机进料浓度10～13°Bé的要求。粗淀粉乳进入主分离机之前，需要经过一道预浓缩离心机去除部分清液。预浓缩离心机底流喷嘴较大，麸质与淀粉可以一同从底流排出，溢流为澄清液体，可以作为过程水直接用于浸泡系统。

3. 物料温度

淀粉乳温度对离心机和旋流器的分离操作影响较大，适当提高温度可以保证淀粉乳低黏度、高分离效率。但温度过高会使淀粉颗粒膨胀，甚至糊化，严重影响沉降分离效率。分离机和旋流器适宜的进料温度为40℃。

4. 洗水

最适宜的洗水量为每1t绝干淀粉3.0t左右。水量增加，增加生产设备和污水处理负担，降低生产能力；水量减少，达不到洗涤效果。洗涤水应该用软水，硬度要求不高于4°d（1.427mmol/L），只有用软化后的净水洗涤淀粉，才能保证淀粉的质量，防止金属离子在旋流管结垢。洗水温度保持40~43℃。为了防止生产设备和管道被腐蚀，整个生产过程应该保持SO_2浓度为0.03%~0.04%，在洗水中也可以添加少量亚硫酸，但以保证产品SO_2含量不超标为限。

麸质分离与淀粉洗涤工艺指标参考如下：

预浓缩离心机：进料量110~140m^3/h；进料中SO_2含量0.024%~0.040%；进料浓度6~9°Bé；底流浓度10~14°Bé；溢流干物质≤1.5%。

主离心机：进料量90~110m^3/h，进料浓度10~13°Bé；底流浓度16~19°Bé，底流淀粉乳蛋白质含量1.5%~2.5%；溢流麸质水干物质含量1%~2%，蛋白质大于60%，淀粉少于20%；洗水量15~17m^3/h（约为进料量的1/6）；分离机回流量约30%。

中间浓缩离心机：浓缩第一级旋流器的溢流时，进料浓度3~5°Bé，底流浓度12~14°Bé。

旋流器系统：进料量57~67m^3/h；进料浓度16~18.5°Bé；洗水量41~43m^3/h；出料量32~37m^3/h；进料口与溢流口之间压力降0.45~0.63MPa，第一级进料压力0.7~0.9MPa。

第七节　产品脱水与干燥

一、淀粉脱水与干燥

精制后的淀粉乳如不作为后续的生产原料，还必须进行脱水和干燥，才能成为商品淀粉。在现代玉米深加工企业中，精制淀粉乳的处理有两个方式：一是直接送往淀粉糖、变性淀粉、发酵制品等车间作为原料继续转化深加工产品；二是进行脱水、干燥、筛检、包装，有的还需要漂白，最终成为商品淀粉。下文仅就商品淀粉生产的脱水、干燥技术进行介绍。

精制后的淀粉乳浓度为21.5~22.5°Bé。为了便于贮存和运输，需要将淀粉乳转变成符合安全贮存水分要求的干淀粉。去除水分的方法分为两步：第一步是用比较经济的机械脱水去除湿淀粉中大部分游离水分，但水分降低程度有一定的限度；第二步是用加热干燥的方法去除残余的水分，使淀粉含水量符合产品质量标准。

1. 淀粉乳的脱水

采用机械方法进行淀粉乳的脱水，可以获得含水量40%以下的淀粉滤饼，常用设备为卧式刮刀卸料离心机，该设备属于过滤式离心机。

WG-D型卧式刮刀卸料离心机为淀粉脱水专用设备，图2-33为其结构示意图，主要由转鼓、刮刀卸料装置、转动部件、机座、电机等组成。转鼓为ϕ（800~1600）×500mm的圆柱体过滤式转鼓，轴呈水平放置，内表面铺有滤布。

工作时，精制淀粉乳由进料管送入高速旋转的转鼓内，在离心力作用下，液相穿过滤布并由壳体汇集到排液口排出，而淀粉沉积到滤布上形成滤饼。随着淀粉乳的不断加入，转鼓内淀粉沉积愈来愈厚，达到一定程度后，控制系统停止加料，刮刀上升刮除淀粉滤饼，并落入卸料斗内排出。

在自动控制系统操作下，周而复始地重复以上操作。每24h对滤布清洗一次。在淀粉乳浓度为36%～37%情况下，离心机平均工作周期为2～3min，脱水后淀粉含水约为38%。

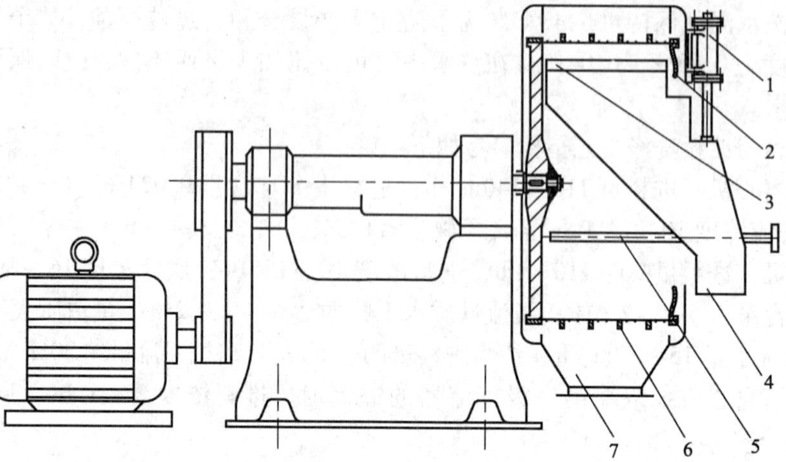

图2－33　卧式刮刀卸料离心机结构

1—液压缸　2—挡液板　3—刮刀　4—卸料斗　5—进料管　6—转鼓　7—滤液出口

目前大型淀粉企业多采用虹吸卧式刮刀卸料离心机，该机设有同心套装的内外两个转鼓，其中外转鼓盲孔。工作时，主电机带动套装的内外转鼓全速旋转，物料由进料管引入内转鼓，在离心力作用下，液相物穿过滤布和内转鼓壁孔，排到内外转鼓间的间隙内，再由虹吸装置抽走排出机外。固相在内转鼓内形成环形滤饼层。进料达到预定容积后停止进料，进一步进行洗涤、分离、刮刀卸料等操作。

虹吸卧式刮刀卸料离心机能在全速运转下自动实现进料、分离、洗涤、脱水、排液、卸料、洗网等操作。该机利用虹吸原理增加了过滤推动力，生产效率高，比普通型离心机生产能力提高50%左右，且滤饼含湿量更低；该机配有反冲洗装置，可在需要时向虹吸室内加入反冲洗水，冲洗内外转鼓器壁和滤布，使过滤介质恢复过滤性能。

2. 淀粉干燥

淀粉经机械脱水后还含有33%～36%的水分，尚不能满足产品质量要求，需要通过加热干燥将其中的水分进一步降低。目前国内、外普遍采用一级负压气流干燥器进行淀粉的干燥，其装置如图2－34所示。主要由空气过滤器、空气加热器、供料绞龙、扬升机、干燥管、旋风分离器、风机、闭风器等组成。

工作时，湿淀粉经过进料绞龙定量输送，再经扬升器离散到干燥管中，与被加热的空气混合，并被气流带动，边输送边进行传热传质过程，到达旋风分离器入口时淀粉被完成干燥，再进入旋风分离器，将淀粉从气流中分离，尾气进入尾粉捕集器，经喷淋水捕集粉尘后排入大气。

淀粉干燥受许多因素影响。呈散粒状的淀粉颗粒比团块状水分扩散面积大、扩散层厚度小，有利于干燥，因此在淀粉干燥后需增加一道成品检验筛，筛除颗粒大的没有被充分干燥的粗粒；气流温度直接影响到干燥的速度，温度越高，干燥过程进行得越快，但超过一定限

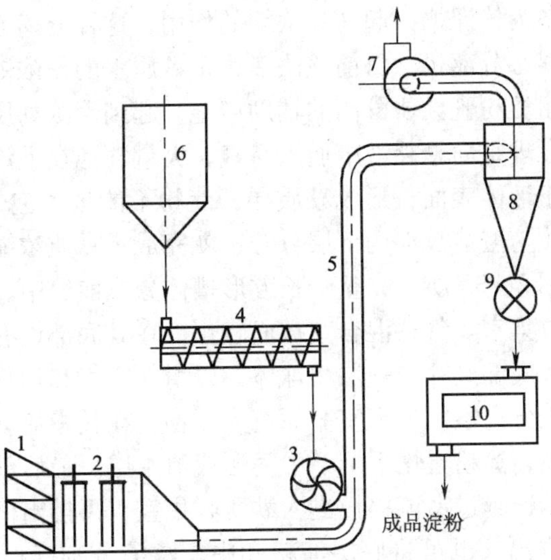

图 2－34　一级负压气流干燥装置

1—过滤器　2—加热器　3—扬升机　4—闭风螺旋输送器　5—干燥管
6—供料器　7—风机　8—旋风分离器　9—闭风器　10—粉筛

度时，会引起淀粉糊化，一般控制热空气温度在 130～150℃；干燥后淀粉温度与含水量有一定关系，例如出料温度为 48～50℃时淀粉含水量为 12.5%～13%，温度提高到 68℃时淀粉含水量为 7.5%，一般干燥控制的最终水分为淀粉的平衡水分 13%，水分过低，在储藏时淀粉还会吸附水分达到平衡，因此过度干燥是不经济的。

负压气流干燥器干燥管内为负压，避免了正压气流干燥器干燥管内气流正压导致的粉尘外溢现象。为了适应原料含水量大的情况，气流干燥可以设计成二级干燥；为了提高干燥时的热效率，干燥管可以设计成直径变化的脉冲式管道。

二、副产品脱水与干燥

在玉米湿法提取淀粉的同时，也分离出了浸泡液、湿胚芽、湿纤维、麸质水四种副产物，除了浸泡液主要含水溶性物质外，其它三种副产物所含成分均为固体。只有将副产物中固形物脱水干燥，才便于储存和利用。本节阐述胚芽、纤维、麸质三种固态固形物回收干燥的方法，浸泡液中液态固形物的回收利用将在第三章中阐述。

固态副产物回收需要经过脱水、干燥两个步骤。麸质脱水采用离心机和过滤机等，纤维、胚芽的脱水主要用挤压脱水机。纤维、胚芽和麸质的干燥则常用管束式干燥机。

1. 麸质的脱水

从分离机排出的麸质水浓度为 1%～2%，为了便于贮存和利用，需要去除绝大部分水分，获得麸质干粉。而脱水是获得干粉最经济、高效、保质的首要措施。

要将麸质水中悬浮的麸质微粒回收变成滤饼，需要经过麸质水的浓缩和麸质脱水两道工序，如图 2－31 中 5、6、7 设备的组合为其工艺流程。

（1）麸质浓缩　麸质浓缩的目的是将主离心机分离出的麸质水中干物质浓度从 1%～2% 浓缩至 12%～15%，为麸质过滤脱水做准备，提高过滤设备工作效率。

麸质浓缩的方法有浮选分离法和离心沉降法。

浮选分离法所用设备为气浮槽，起初步浓缩的作用，这种分离方法所用设备属于气浮分离设备，分离效率低于离心分离机。目前该法多用于麸质水的预浓缩，以减轻浓缩离心机的工作负荷。有时也用于粗淀粉乳麸质分离的辅助措施，起到聚浓麸质的作用。

气浮槽浓缩麸质的原理是向悬浮液中通入空气，大量气泡在上浮过程中被麸质吸附，麸质被气泡带动向上漂浮于液体表面，形成麸质层，淀粉不能被气泡带动而和清液沉在下层，这样将漂浮于上层的麸质与澄清沉淀的下层分开，就完成了麸质浓缩。

气浮槽工作原理如图 2－35 所示，整个长方形槽体分成前、中、后三部分，分别为气料混合室、分离室和麸质收集室。气料混合室截面较小，在其底部设有麸质水和压缩空气混合口，混合的气料在混合室底部又穿越一层小球体，以增加空气和物料的接触面积，形成的泡水混合料越过溢流板进入分离室。分离室截面宽大，物料在其中流动速度较慢，在向出口流动过程中，麸质慢慢上漂，淀粉慢慢下沉，中间形成清水层。最后麸质全部漂浮于上层，并随料流漂流到分离室末端，越过溢流挡板进入麸质收集室，再排出槽外。底层浓稠的淀粉乳和中层清液从槽底出口排出，也可将底层淀粉和中层清液分别开口排出，以适应不同工艺需求。

气浮的气泡大小以 2mm 左右为好，能有效发挥气浮分离作用。与离心分离机不同，浮选法分离效果对悬浮液浓度的变化并不敏感，浓度提高两倍，例如干物质从 10% 增加到 30%，对麸质分离效果也没有明显的影响。

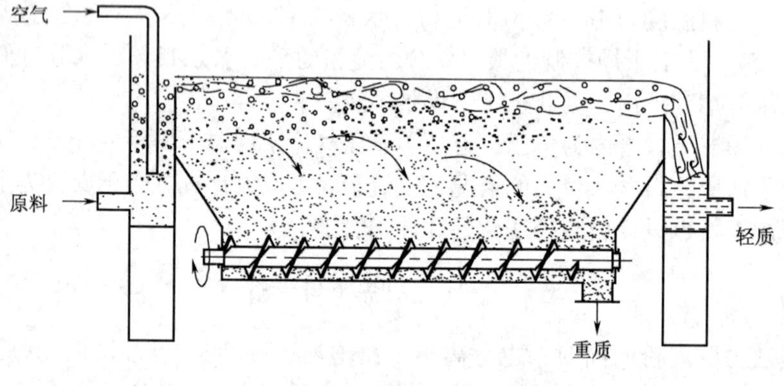

图 2－35　气浮槽工作原理

离心沉降法所用设备为麸质浓缩机，与淀粉麸质分离机一样，也是碟片式喷嘴型离心机。但因麸质密度低、颗粒小，沉降困难，因此麸质浓缩机转鼓直径较大、转速较高，以适应麸质分离需要。

工作时，麸质水进入麸质浓缩机，在离心力的作用下，悬浮的麸质颗粒沉淀在转鼓内壁，经底流喷嘴排出。溢流为含少量可溶物的澄清液，干物含量≤1.5%，可作为工艺水重新返回生产系统。

麸质浓缩机设有底流回流管，用来调节浓缩后麸质浓度。浓缩机底流浓度应限制在 10%～15%，浓度过高会引起浓缩机堵塞，浓度过低则达不到真空转鼓吸滤机要求的进料浓度。

近年来在淀粉麸质分离工序有一种新型分离机——三相分离机，它一改目前普遍使用的将粗淀粉乳分为底流、溢流的两相分离方式，而是将粗淀粉乳分为溢流、底流和中间相三项。底流是浓稠的淀粉乳，溢流是澄清的工艺水，中间相是浓度为5% ~7%的麸质。此分离机获得的麸质浓度是两相分离机（1% ~2%）的3~5倍，而浓度正是沉降离心机的理想进料浓度。若使用沉降离心机进行麸质脱水，可省去目前常用的麸质浓缩离心机，从而达到简化工艺、降低生产成本的目的。

（2）麸质脱水　麸质脱水的目的是将浓缩后的湿麸质进一步去除水分，以便获得水分低于70%的滤饼，为干燥作准备。麸质的脱水可采用板框压滤机和真空转鼓过滤机，小型工厂多采用板框压滤机，大型工厂多采用真空转鼓过滤机。

如图2－36为真空转鼓过滤机工作原理。其中心工作部件为圆筒状转鼓，转鼓的圆柱表面由金属网构成骨架，外面罩有滤布（200目尼龙滤布），圆筒内用金属板沿径向分隔成12~32个空间（工作室），每个空间独立封闭，只能通过分配头与外界的真空泵或压缩空气相通。

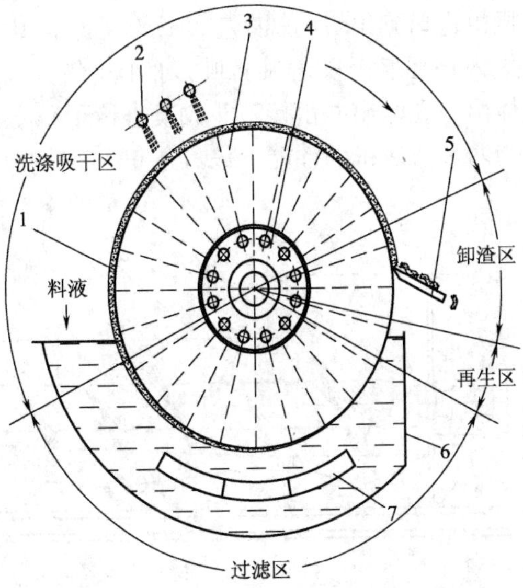

图2－36　真空转鼓过滤机工作原理

1—转鼓　2—洗涤液喷嘴　3—过滤室　4—分配阀

5—刮刀　6—料液槽　7—摇摆式搅拌器

工作时，转鼓下部分浸入麸质悬浮液槽中，槽内有搅拌装置防止悬浮液分层，转鼓以约1r/min的速度顺时针转动。工作室转到液面以下时，对应的分配头使工作室与真空系统相通，借助室内真空（0.04~0.08MPa）作用，将滤液（干物质含量≤2%）吸入室内并沿真空管道排走，麸质被吸附在转鼓的滤布表面，形成厚度为1.5~2.0cm的滤饼层，这一区域称为过滤区。

随着转鼓的旋转，工作室升出麸质水液面，这时工作室仍然与真空系统相通，依次经过喷水清洗区、辊压挤水区、吸干脱水区，使麸质逐渐变得清洁干爽，滤饼含水量降至60% ~64%，而洗水穿过滤饼进入转鼓，经由真空管道排走。

转鼓继续旋转至卸料区，工作室与真空系统隔绝，而又与压缩空气相通，压缩空气由内向外吹松滤饼，使滤饼容易从滤布上脱落下来，经螺旋输送机械送去干燥。

目前大型淀粉企业普遍使用折带式真空转鼓过滤机，该机与上述过滤机工作原理基本相同，不同点在于卸料方式和滤布再生方式上。卸料方式采用三辊折带装置，将带状滤布在卸料处折成S形，利用滤布为挠性、滤饼偏刚性的特点，在滤布以小曲率半径转弯时滤饼刚性断裂而脱落。滤布再生为两道清洗管，其位置设在折带卸料区后，使滤布清洗后再进入过滤区。

2. 胚芽与纤维的脱水

胚芽洗涤和纤维洗涤工序获得的胚芽和纤维含水量都在85% ~95%，无论作为饲料还是油料继续加工，都需要将它们制成干制品，采用机械方法进行脱水是获得干胚芽和干麸质最经济的首要措施。纤维和胚芽的脱水设备有过滤式离心机和挤压脱水机。挤压脱水机具有结构紧凑、设备体积小、运转平稳、操作维修简便等特点，因此大型企业普遍采用，通过此设备可以脱水20% ~30%。

卧式螺旋挤压脱水机是纤维脱水的常用设备，它由带减速器的传动机构、挤压螺旋轴、筛筒（榨笼）、机体、出料口、进料斗和接液槽等部分组成，如图2-37所示。主轴上的螺旋叶片外轮廓呈圆锥形，螺距由进料口到出料口逐渐变小，筛筒是由筛条组成有缝隙的轻微锥度的圆柱体，因此挤压机由进口到出口的螺距空间逐渐缩小，其中的物料逐步被挤压。

工作时，物料从料斗进入挤压膛，随着旋转叶片的向前输送，容纳物料的空间越来越小，使物料受到挤压，液体由筛孔流出并由接液斗收集，挤干后的物料由主轴与外壳之间的环形出口排出。表2-23为两种挤压机的性能参数。

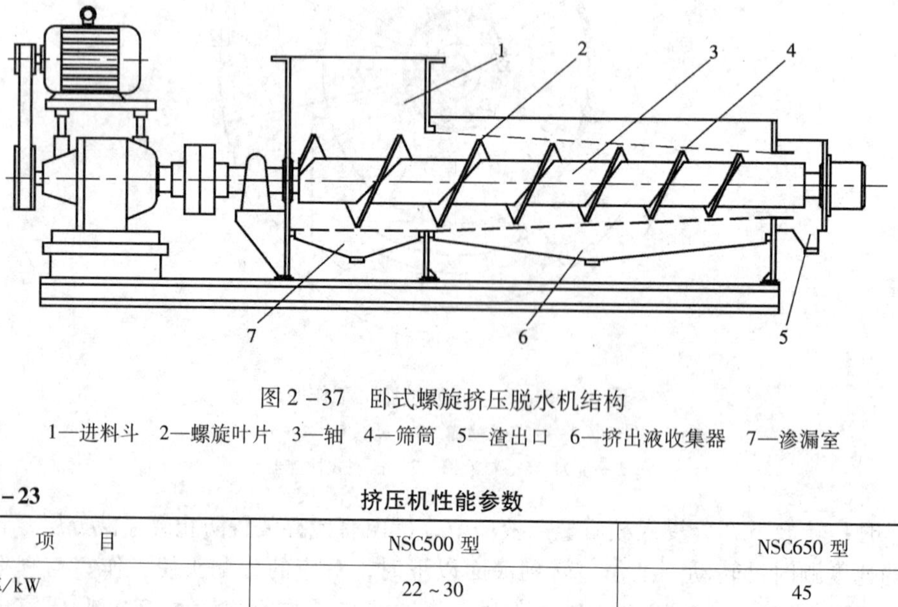

图2-37　卧式螺旋挤压脱水机结构

1—进料斗　2—螺旋叶片　3—轴　4—筛筒　5—渣出口　6—挤出液收集器　7—渗漏室

表2-23　挤压机性能参数

项　目	NSC500型	NSC650型
电机功率/kW	22 ~ 30	45
主轴转速/（r/min）	8 ~ 14	8 ~ 12
进机含水量/%	85 ~ 95	85 ~ 95
出机含水量/%	55 ~ 65	55 ~ 65
进料量（湿料，最大量）/（t/h）	13	20
设备尺寸/mm	5380 × 1350 × 1570	6660 × 1580 × 1750
设备重量/t	5	8

3. 固态副产品的干燥

由于胚芽、纤维和麸质的粒度比淀粉粒度大得多，干燥比较困难，因此需要使用干燥强度比较大的管束干燥机。

管束干燥机中心工作部件是管束和抄板，此外还有机盖、机架、进料绞龙、物料进出口和蒸汽进出口等，如图2-38所示。管束干燥机以热传导加热方式为主。

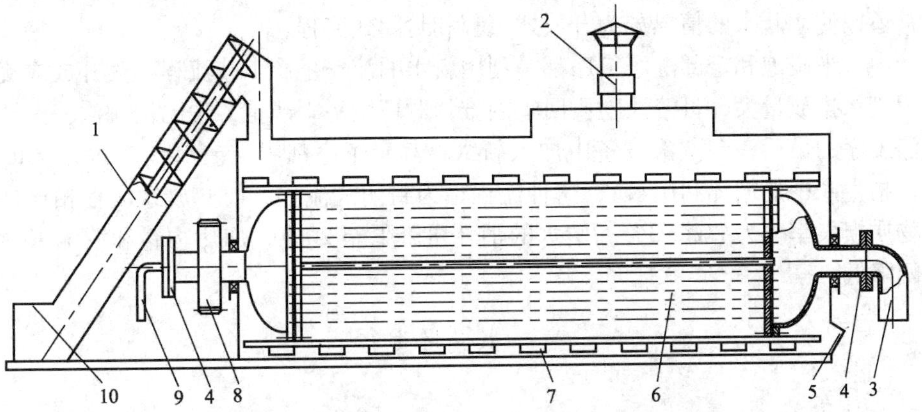

图2-38 管束干燥机结构

1—进料绞龙 2—水气排出口 3—蒸汽入口 4—动密封 5—干物料出口
6—管束 7—抄板 8—传动齿轮 9—冷凝水排出口 10—物料进口

工作时，管束以5~8r/min旋转，高温蒸汽通入管束内，需要干燥的物料被管束上的抄板抄起，再撒落到管束之间，使湿物料与高温管束接触，得以干燥。蒸发出的水分通过吸风机排出。抄板的安装与轴向有倾斜一定的角度，在它把物料抄起的同时，具有将物料向前推进的作用。这样湿物料一边向前推进一边被干燥，最后从出料口排出。管束干燥机蒸汽压力为0.30~0.65MPa，对于不同的物料具有不同的干燥强度，具体见表2-24。

表2-24 几种物料的干燥强度

物料名称	干燥强度/［kg水/（h·m^2）］
胚芽	2.5~3.0
纤维	4.5~4.8
麸质	4.5~4.7

胚芽通过挤压脱水后，水分含量55%~58%，管束干燥后水分3%~8%；纤维脱水后水分含量65%~70%，干燥后水分含量≤10%；麸质脱水后水分含量60%~64%，干燥后水分含量10%~12%。

管束干燥机具有热耗低，降水幅度大，适应物料范围广和操作简单等特点。物料在机内停留时间可以通过调节抄板角度来控制。蒸发1kg水分大约需要1.4kg蒸汽，热效率高。物料与蒸汽可以顺流干燥，也可以逆流干燥。干燥过程中，为了防止物料黏附干燥管束，常将部分干料作为回粉，与湿料混合后进入干燥机。玉米浆过剩时，也常混入皮渣中一起干燥做饲料。

第八节　湿法玉米淀粉生产工艺典型实例

一、工艺流程的分类与特点

玉米淀粉湿法生产工艺流程，除了以前所述的按使用设备情况分为美式流程和欧式流程外，通常还按使用新水的情况分为开放式流程和封闭式流程。

生产中玉米浸泡和全部洗涤工序都是利用新水的淀粉生产工艺流程称为开放式流程。开放式流程废水排放量大，可溶性物质回收困难，对环境污染严重，现已被淘汰。生产中仅在淀粉洗涤工序的最后一台洗涤设备中加入新水，其余工序都用工艺水（process water，又称过程水，指生产中的循环利用水），这种流程称为封闭式流程。与开放式流程相比，封闭式流程干物质损失率仅为2% ~3%，清水的消耗量降低至20%，加热物料和浓缩玉米浆的能耗也大幅降低。

二、水循环途径

1. 工艺用水

在封闭式湿法玉米淀粉生产工艺中，为了提高水的利用率，加入系统的新水并不是利用一次就排出系统，而是循环利用多次，最后随产品带出。水的循环途径是指进入工艺流程的净水按照一定线路循环，完成其水媒介的作用，最后随不同的物料排出系统的过程。图2－39为玉米淀粉湿法生产水循环过程。

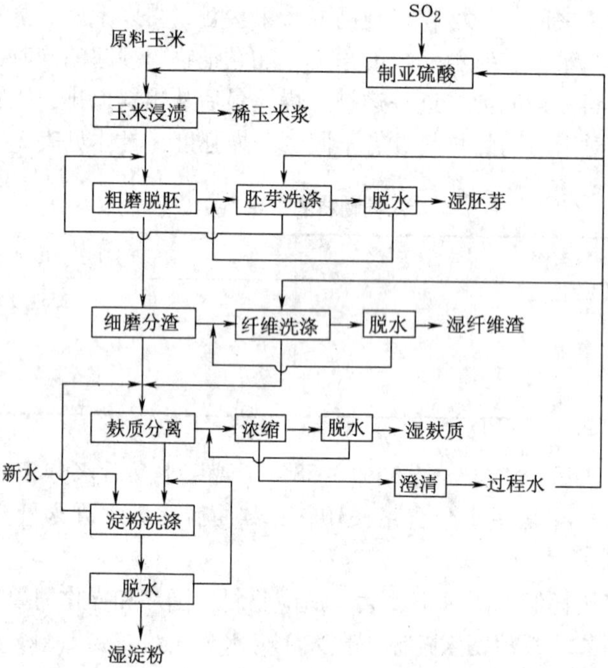

图2－39　玉米淀粉湿法生产水循环过程

在此流程中新水只从淀粉最后一个洗涤设备中加入，而工艺水在多数工序中循环使用。产生工艺水的主要工位有粗淀粉乳预浓缩离心机和麸质浓缩机排出的上清液；使用工艺水的工位有 H_2SO_3 制备、胚芽洗涤、纤维洗涤、除砂器精选室、麸质过滤机滤布洗涤等。工艺水中尚含有少量的可溶物和悬浮物，一般要求悬浮物含量不超过0.08%，为了达到防腐杀菌的目的，循环水中 SO_2 浓度要保持不低于0.03%。

流程中的水最后由浸泡液、湿胚芽、湿纤维、湿麸质和湿淀粉带出系统，在干燥或蒸发浓缩工序中排入大气，或者变成冷凝水再回收利用。

2. 辅助用水

玉米淀粉湿磨法生产过程中，除生产用水外还有辅助用水，并且辅助用水循环量大于生产用水。如玉米输送水按1∶3计算，则每100t玉米需要玉米输送水300t。玉米浆蒸发用冷却水量也非常大，蒸发7t浸泡液才能制得1t干物质含量40%的玉米浆，蒸发出的6t水蒸气需要用冷水冷却为冷凝水。其它辅助用水包括清洗滤布用水、开停车用水和洗刷设备用水等。

节约辅助用水和辅助用水循环利用非常重要。考虑到玉米入罐时用水输送兼有清洗泥沙的作用，可以用净水输送，但不要仅使用一次就排放掉，而可以将返回的输送水进行简单的澄清处理，之后再次循环使用。玉米浆蒸发浓缩回收的冷凝液，因为带有蛋白质泡沫、呈酸性等问题，回收利用困难大，可以考虑用于玉米装罐输送，但要把温度降到35℃以下，否则造成玉米干物质溶出而损失。浸泡好的玉米用过程水输送，完成输送的过程水可以并入主流程再利用。

三、工艺用水的平衡计算

通过对玉米湿磨工艺系统用水的平衡计算，可以获得生产过程中需要新水的量以及各工序所需过程水的量，这些数据是生产工艺中所用输送设备、换热设备参数计算和选型的重要依据。

图2-40是玉米湿磨工艺系统水平衡计算原理，其水的衡算式为：

玉米带进水分+补充新水=产品带出水分+系统损失水分

根据此式，结合具体工艺流程的技术指标，就可以进行水平衡计算，从而获得系统需要补充新水的量。

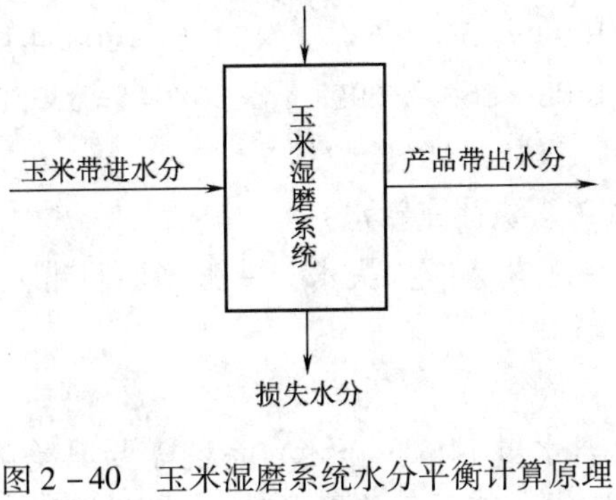

图2-40　玉米湿磨系统水分平衡计算原理

以下用实例说明水平衡计算的方法。

1. 工艺技术指标

设某工艺流程技术指标如表2－25、表2－26、表2－27所示，这些指标是水平衡计算的基础数据。

表2－25　　产品收率指标　　单位:%（干基）

名称	收率	名称	收率
淀粉	69	纤维渣	11
浸泡液	6	总干物质	99
胚芽	7	损失	1
麸质粉	6	合计	100

表2－26　　湿产品干物质含量指标　　单位:%（湿基）

名称	干物质含量	名称	干物质含量
玉米	86	湿胚芽	40
湿淀粉	64	湿麸质	35
浸泡液	6	湿纤维	35

表2－27　　工艺用水技术指标

用水工序	处理1t玉米用水量/t	用水工序	处理1t玉米用水量/t
玉米输送	3	胚芽洗涤	1.2
玉米浸泡	1.2	纤维洗涤	1.9

2. 水平衡计算

以处理1t玉米为基准进行水平衡计算。

（1）玉米带进系统水分　1000kg×14%＝140.0kg

（2）湿磨系统产品带出水分　1504.0 kg

其中：湿胚芽带出水分　（1000×86%×7%）×60/40＝90.3 kg

湿纤维带出水分　（1000×86%×11%）×65/35＝175.7 kg

湿麸质带出水分　（1000×86%×6%）×65/35＝95.8 kg

浸泡液带出水分　（1000×86%×6%）×94/6＝808.4 kg

湿淀粉带出水分　（1000×86%×69%）×36/64＝333.8 kg

（3）生产过程损失水分　114kg（经验数据）

（4）淀粉洗涤所需净水（系统补充新水）

＝湿产品带出水分＋工艺系统损失水分－玉米原料带入水分

＝1504.0＋114－140.0

＝1478.0kg

以上结果说明每加工1t含水量14%的玉米，系统需要消耗新水的理论数据为1.478t。

过程水是生产中的循环用水，其循环总量是各个工序过程水量的和。生产中同时使用过程水的主要工序有：亚硫酸制备（玉米浸泡）、胚芽洗涤和纤维洗涤，根据表2－27数据，对这些工序进行过程水用量的平衡计算，结果列于表2－28中。对于除砂器、滤布洗涤等过程用水，在理论计算基础上给予适当余量。

表2－28　过程水用量平衡计算

用过程水工序	过程水用量/（kg水/t商品玉米）	用过程水工序	过程水用量/（kg水/t商品玉米）
制取亚硫酸（玉米浸泡）	1200	胚芽洗涤	1200
纤维洗涤	1900	系统损失	114
过程水总量（麸质浓缩产生）	4414		

淀粉湿磨系统水循环的理想情况是完全实现污水零排放，即加入湿磨系统中的净水，除极少部分被主、副产品带走，大部分在产品干燥或蒸发浓缩过程中变成水蒸气排入大气，或变成冷凝水进行生产再利用。

四、典型实例

不同玉米淀粉湿法生产工艺流程的主要过程基本相同，但是随着工艺技术水平的提高，加工设备的更新换代，不同的工艺流程有其自身的特点。各个国家不同企业根据自身所用的原料、生产规模、产品结构的要求，选择合适的工艺流程。

美国淀粉生产工艺流程如图2－41所示，该流程设备使用特点是麸质分离与淀粉洗涤工序采用离心机加旋流器，国内大型企业普遍采用的流程与此相似。

浸泡后的玉米经脱水曲筛与水分离后，进入破碎与胚芽分离工序。此工序设两道破碎、两道胚芽分离，每道胚芽分离又分为两级。第一次破碎后的玉米进入第一道第一级胚芽分离器分离出纯度较高的胚芽乳，第二级胚芽分离器浓聚第一级遗漏的胚芽并回流。第二道磨用来破碎第一道磨未充分破碎的玉米，以释放残留的胚芽，磨前用压力曲筛分出大部分淀粉乳，以提高破碎效率。由于第二次破碎后料浆中胚芽含量较少，不利于提纯，因此第二道磨后用两级胚芽分离器浓聚胚芽，并回流到第一道胚芽分离器提纯。胚芽乳经三道重力曲筛的筛分和洗涤，除去淀粉，获得纯净湿胚芽。第二道第二级胚芽分离器的底流为分离完胚芽的粗渣料浆。

粗渣料浆经压力曲筛分离出的淀粉乳，再送入精磨与纤维分离工序。精磨后的物料通过六道曲筛－洗涤槽逆流洗涤，洗净纤维，回收淀粉。洗净的纤维送往脱水干燥工序，回收的淀粉乳与精磨前筛出的淀粉乳合并为粗淀粉乳，送到麸质分离与淀粉洗涤工序。

粗淀粉乳经过除砂后进入主离心机，分离出的麸质水（溢流）经麸质浓缩离心机分离出过程水，再经真空转鼓过滤机脱水后获得麸质饼。主离心机底流经气浮槽漂出少量浓聚麸质的淀粉乳（回流到主离心机）后，再进入最后一道工序——淀粉洗涤。

淀粉乳经9～12级旋流器逆流洗涤，从最后一级旋流器底流获得精制淀粉乳。洗涤后的洗水从第1级旋流器溢出，内含洗涤出来的可溶物、麸质、细纤维和损伤淀粉颗粒，同时含有大量完好的淀粉颗粒，该浆料经过一台澄清离心机浓缩，分离出部分过程水后回流到纤维洗涤工序收集淀粉。

美国典型湿法流程具有工艺简单，设备运转平稳，操作维护方便，动力消耗低等特点，目前在世界各大型玉米湿法加工企业得到普遍应用。

此外，还有全旋流器流程，即麸质分离与淀粉洗涤设备全部采用旋流器，无须使用离心机，整个系统采用2~3级初级旋流器，进行可溶物和麸质分离，随后采用9~10级旋流器进行淀粉洗涤，初级分离段需要使用比洗涤段高的压力差。该系统进料浓度可以使用淀粉乳浓度为7.5~8.5°Bé，无须进行预浓缩，分离后获得含蛋白质70%以上的麸质和含蛋白质0.3%以下的淀粉，其设备投资和运行费用均低于目前的工艺流程。

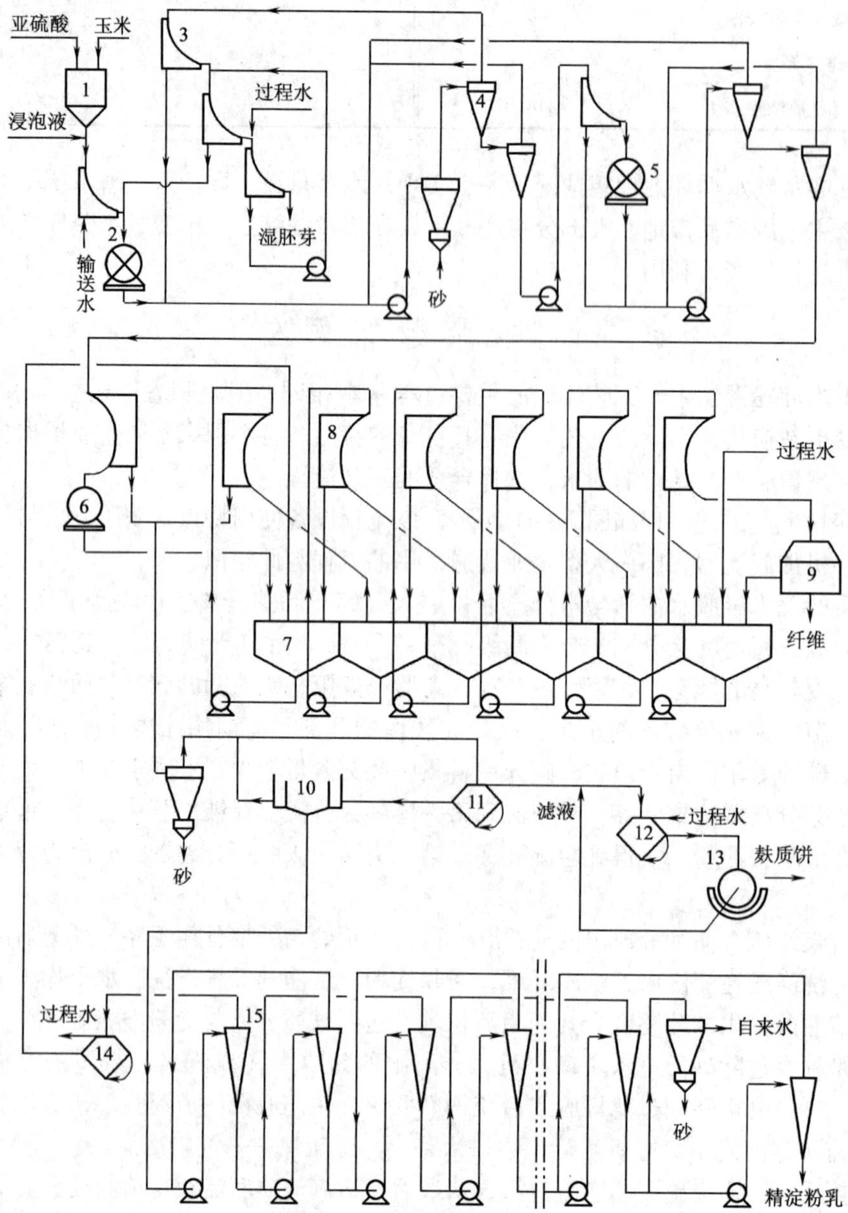

图2-41　美式淀粉生产工艺流程

1—浸泡罐　2—一次破碎机　3—重力曲筛　4—旋液分离器　5—二次破碎机　6—细磨
7—纤维洗涤槽　8—压力曲筛　9—离心脱水筛　10—气浮槽　11—蛋白分离机
12—麸质浓缩机　13—真空转鼓过滤机　14—中间分离机　15—旋流器

五、生产过程管理与自动控制

生产过程管理涉及安全、环保、生产效率、经济效益等许多方面，是一项综合管理工作，既包括人员要素又包括技术装备。湿法淀粉生产过程存在许多影响安全、环保的因素，如 SO_2、微生物、污水污染问题，粉尘爆炸、酸碱腐蚀、水电气的安全使用问题等，这一切要依据相应法规和操作规程加以控制。生产过程中操作指标的控制直接影响到产品质量、生产效率、经济效益等方面，生产指标的控制既需要完善的管理规程又需要先进的技术装备。

1. 生产过程控制需要注意的几个问题

淀粉生产是在湿热环境中进行，由于物料中含有丰富的营养物质，为微生物的生长、繁殖创造了有利条件。如果工艺条件控制不当，一些微生物如霉菌、腐败菌和其它杂菌就能快速地生长繁殖，污染生产环境，影响产品质量。

微生物污染的部位或物料主要有：各中间产品贮罐的上方；淀粉洗涤用新水贮罐和工艺水罐沉积罐底的物料；跑、冒、滴、漏料后没能及时处理的散料；停车后设备、管线、贮罐残存的物料。

为了保持生产过程的防腐和清洁卫生，循环水的 SO_2 浓度不得低于0.03%。工艺操作必须严格执行工艺标准，达到相关的卫生要求，对工艺系统进行定期的消毒和灭菌。停车前，采用一定浓度的次氯酸钠、碱液或亚硫酸对全部设备、工艺管线和贮罐进行冲洗消毒，也可将双氧水按一定比例加入物料中，达到抑菌效果。

目前，规模化的玉米淀粉企业都装配了现代化的计算机操作控制中心（简称 OCC 控制台），完成对生产全过程的监控，同时 OCC 控制台也是生产的指挥中心。控制系统可执行常规控制系统的全部标准化控制功能，还具有程序优化操作功能，减少能源消耗，保证产品质量，减少劳动力及停车时间。

计算机控制系统主要功能：对工艺过程的流量、压力、温度、液位、密度等参数实行自动控制；为整个生产过程提供准确顺序的开、停车；故障报警和设备工作状况的模拟监视。控制系统可以把工厂的某一点、某一区域甚至整个工厂连同操作的时间、信息都显示在荧光屏上。计算机还可提供系统管理资料，包括生产报告、能源利用、质量控制报告、装运和存盘记录，并由打印机把警报和紧急事件全部记录下来。计算机是生产系统的心脏，操作人员必须严格按操作规程进行操作。

2. 主要经济技术指标计算方法

（1）淀粉收率　淀粉收率属于技术指标，代表企业生产技术和管理水平，计算以干基为基准，行业认同的计算公式为

$$\text{淀粉收率}=\frac{\text{本期淀粉生产量}\times(1-\text{淀粉水分含量})}{\text{本期玉米加工量}\times(1-\text{玉米水分含量}-\text{玉米杂质含量})}\times100\%$$

由于玉米淀粉企业生产规模大、生产周期长，当日投入的原料需要2d左右才能转化为产品，并且生产为连续化，无法定量确定哪些产品是哪些原料生产出来的。因此计算产品收率就以同一时间段内的投料量和产出量为基准，一个时间段称为一期。每期可以是年、月、旬等，计时要精确到每期起始与结束的时刻。

（2）淀粉电耗　生产淀粉时要耗用水、电、气、玉米原料和辅料等，这些资源消耗的多少关系到淀粉的生产成本。淀粉单耗就是指每吨商品淀粉消耗每种资源的量，是淀粉生产的经济指标。以玉米原料单耗计算为例，计算公式如下

$$玉米单耗 = \frac{本期加工商品玉米量（t）}{本期商品淀粉含量（t）}$$

其它资源单耗计算方法相同，只是单位发生变化，如水、电、气单耗单位为 t 水 / t 商品淀粉、(kW·h) / t 商品淀粉、t 气 / t 商品淀粉。

（3）副产品收率　副产品包括玉米浆、玉米油、胚芽饼、麸质粉、纤维渣，它们的收率也以干基为基准，计算方法与淀粉收率相同。如玉米浆收率计算公式如下

$$玉米浆收率 = \frac{本期玉米浆产量 \times 玉米浆干物质含量}{本期玉米加工量 \times （1 - 玉米水分含量 - 玉米杂质含量）} \times 100\%$$

（4）总干物质收率

$$总干物质收率 = \frac{本期淀粉干物量 + 本期副产品总干物量}{本期玉米加工量 \times （1 - 玉米水分含量 - 玉米杂质含量）} \times 100\%$$

上式实际为淀粉收率与五项副产品收率之和。

（5）淀粉抽提率

$$淀粉抽提率 = \frac{本期淀粉总干物质 \times 淀粉纯度（\%）}{本期玉米总干物质 \times 玉米淀粉含量（\%）} \times 100\%$$

第九节　产品包装与储藏

一、产品包装

产品包装涉及包装前的筛检、降温处理、淀粉的输送、包装规格、包装设备的选择、包装现场除尘防爆等问题。

淀粉干燥后还含有粗粒，同时温度也较高，需要进一步处理后才能够包装贮存。

去除淀粉中的粗粒可采用旋振筛或挑担筛。挑担筛结构类似于高方筛，可参见第六章。淀粉旋振筛由直立式电机作激振源，电机上、下两端安装有偏心重锤，将电机的旋转运动转变为水平、垂直和倾斜的三次元运动，再把这个运动传递给筛面。调节电机上、下两端的相位角，可以改变物料在筛面上的运动轨迹。淀粉旋振筛具有以下特点：密闭性能好，全封闭结构粉尘不飞扬，筛分效率高；拆装方便，内外部易清理，无卫生死角；耗能低，噪声低。

淀粉的降温是在筛理和输送过程中完成的。筛检后的淀粉到打包车间的输送多采用气力输送，输送设备有气流输送泵和罗茨鼓风机，由于罗茨鼓风机具有设备简单、不需要辅助设备、效果好等特点，近年来应用较多。气力输送具有设备密闭，输送空间灵活，占地少，输送与冷却兼顾等优点。

淀粉的包装可用纸袋、布袋、尼龙编织袋等，包装规格分为小包装和大包装，小包装每袋 500g 或 1000g，大包装每袋为 25，50，80，100kg，药用淀粉需内衬塑料袋。

包装设备一般都与自动秤联用，是集电子、机械、气动于一体，可自动计量、自动振袋、自动记录、自动传输、操作过程均可实现程序控制。

二、产品贮存

淀粉贮存有散装贮存和包装贮存两种。包装贮存可以按 30t 一垛堆放，垛间留有通道，以备检查和通风，大型企业由堆垛机完成堆垛。包装贮存占地面积大，大批量使用时装拆袋不方便。

散装贮存是将淀粉贮存在大型圆筒仓内，使用时再行打包或散装运送。散装贮存适合长期贮存，便于实现自动化装卸料。散装贮存仓可用钢筋混凝土或钢板制成，仓底为圆锥形，锥底出料口设有振动装置，协助淀粉顺利出仓，容量为230m^3 的圆筒仓可以贮存商品淀粉约120t。

淀粉是颗粒小、密度轻、易飞扬的产品，在输送、称量、装袋、打包过程中，容易分散到空气中，如不进行控制或及时清除弥散的粉尘，一是污染生产环境、造成产品浪费，二是粉尘可能发生爆炸，影响安全生产，因此包装车间、成品仓库除尘防爆十分重要。淀粉在空气中爆炸极限浓度为7mg/L，达到或超过了此浓度，含尘空气遇到明火就会发生爆炸。

控制粉尘浓度和粉尘爆炸有以下主要措施：①在工艺设计上，尽量选择密闭性好的设备和工艺，在易发生爆炸的车间选择防爆设备，防止火花的产生。②在扬尘点加装空气吸尘罩或控制设备内为负压，控制粉尘外逸。③不能忽视产尘和除尘设备内的防爆措施，因在产尘、除尘系统内粉尘浓度基本都在爆炸极限内。在产尘或除尘系统内，应侧重消除引火点，采用防爆风机和防爆电机，在系统内采用阻燃和防静电材料，设有良好的接地线。同时注意提高风速，削减粉尘浓度，生产设备启动前10min启动除尘系统，生产设备停止工作10min后再停止除尘系统工作。④清除积尘，加强车间的清扫，对于粉尘爆炸积尘状态比悬浮更危险，其爆炸压力上升速度最快，造成的破坏力也最大。清除积尘方式最好采取负压吸附法，可避免粉尘“搬家”。

思考题

1. 说明玉米籽粒各部分主要化学成分特点，及其与加工淀粉的关系。
2. 说明湿法提取玉米淀粉的工艺设计原理，通过此工艺可以将玉米转化成哪些产品？
3. 玉米浸泡的目的是什么？生产中为何普遍采用逆流浸泡法？
4. 说明粗淀粉乳的干物质组成及其精制原理。
5. 为何用旋流器对粗淀粉乳进行精制时，旋流器前要加一台离心机？
6. 叙述图2-41的玉米淀粉提取工艺过程。

第三章　玉米淀粉生产副产品的综合利用

湿法提取玉米淀粉的同时可获得了浸泡液、胚芽、麸质和皮渣四种副产品，这些副产品成分各具特色，包括蛋白质、脂肪、纤维素、可溶性糖等营养成分，具有很高的应用价值。玉米淀粉副产品总量约占玉米干基重量的32%，对这些副产物进行综合利用，可以减少三废排放，并开发经济价值高的产品，有着良好的经济效益和社会效益。由于玉米淀粉副产品所含营养物质多，所以开发应用的渠道也比较广泛，本章将对目前应用比较成熟的产品和技术以及开发研究方向进行阐述。

第一节　浸泡液的综合利用

玉米浸泡液是玉米浸泡后携带玉米中可溶性物质的稀浆，其浓度、营养物质组成等与玉米品种、收储方式、浸泡操作条件有很大关系。人工干燥的玉米因蛋白质变性导致可溶物收率低，逆流浸泡方式、浸泡温度、亚硫酸浓度、乳酸发酵状况等浸泡条件对浸泡液质量影响也非常大。玉米浸泡液中干物质包括多种可溶性成分，主要为水溶性蛋白质及其降解物（肽类、氨基酸），约占干物质的50%，此外还含有乳酸、植酸、可溶性糖、矿物质、维生素等。玉米浸泡液的化学成分参见表3－1。由表可见，浸泡液中营养成分极其丰富，浓缩至干物质40%以上，可作抗生素、味精、酵母、酶制剂等发酵制品的培养基料；制成干粉可用作蛋白饲料；玉米浸泡液也是生产单细胞蛋白、提取乳酸、制取植酸和肌醇的原料。

表3－1　　玉米浸泡液化学成分参考值　　单位:%（干基）

项目	含量	项目	含量
悬浮固体	<10	还原糖	1.9
可溶固体	>80	维生素	1.2
其中:		SO_2	0.2
蛋白质	41.9	总灰分	21.2
氨基酸	4.0	总磷	3.6
乳酸	12.1	溶磷	1.5
酸度（按HCl计算）	10.9	铁	0.05

一、玉米浆制备

由于浸泡液浓度较低，仅有6%～8%，不便于利用，需要进行浓缩。浓缩的玉米浸泡液称为玉米浆。玉米浆质量的主控指标为干物质含量，其余指标受原料和浸泡工艺影响较大，表3－2为国内外玉米浆质量参考标准。

表 3-2 玉米浆质量标准

项目	前苏联标准	美国参考标准	国内通用标准
外观	黄色至暗褐色，浓稠液体，有玉米浸泡液固有气味		
干物质/%	≥48	50	≥40
蛋白质/%（干基）	≥50	46~52	≥40
酸度/%（对 HCl）	14 以内		≤14
乳酸/%（干基）		26	
碳水化合物/%		2.5	
植酸/%（干基）		7.5	
灰分/%（干基）	≤24	≤18	
钾/%		4.5	
镁/%		2.0	
磷/%		3.3	
SO_2/%（干基）	≤0.5		≤0.3

1. 加热浓缩法

玉米浆制取常规的方法是加热蒸发浓缩法。浸泡液中含有许多热敏性成分，为了防止玉米浆中蛋白质变性和其它化学反应的发生，浓缩需要在真空条件下进行，以便降低汽化温度。为了充分利用二次蒸汽，节约能源，多数采用多效蒸发工艺。

蒸发装置有多种，图 3-1 为普通的三效真空蒸发工艺流程，其加热室与分离室分开，因为蒸发结垢主要在加热室内，这样可以方便开启加热室除垢。操作时，浸泡液经过预热后进入一效加热器，被新蒸汽加热至沸腾温度，再进入气液分离器，在真空作用下大量水分汽化并被分离出去，成为二次蒸汽，浸泡液得到一次浓缩，一效浓缩的浸泡液再依次进入二效、三效蒸发器进一步被浓缩。由于二效的真空度高于一效，故其中水的沸点比一效低，所以可用一效的二次蒸汽作为热源加热二效的浆料。同理，二效汽化的蒸汽作为三效加热器热源。三效汽化的蒸汽则进入冷凝器冷凝后排出。

蒸发器在真空条件下运行，系统真空度从一效至三效逐级增加，水的沸点从一效至三效逐渐降低，其工艺参数为：一效温度为 93~95℃，真空度（1.33~1.596）$\times 10^4$Pa；二效温度 78~80℃，真空度（5.32~5.58）$\times 10^4$Pa；三效温度 55~60℃，真空度（8.65~8.78）$\times 10^4$Pa。

一般要求用于制玉米浆的浸泡液干物质含量为 5%~8%，乳酸含量 0.7%~1.2%。玉米浆的浓度视用途而定，用作饲料的玉米浆，可浓缩至干物质含量为 33%~40%，生产抗生素的玉米浆，应浓缩至干物质含量不低于 48%。玉米浆采用装桶运输和销售，或与脱水后的纤维混合，干燥后生产饲料。

浸泡液在送入蒸发系统之前需要静止沉淀 3~4h，一方面是因为玉米浆中除了含有可溶物外，尚有少量悬浮物，会影响蒸发操作和玉米浆质量，另一方面浸泡液在沉淀罐贮存的同时，亦可产生更多的乳酸，降低 pH，起到抑制蒸发器加热管结垢的作用。在三效蒸发器中，一效蒸发器经常出现钙镁等无机盐硬质积垢，为了保证高效率传热，除应使液面高于加热管 150~200mm 外，还应经常采取机械法或化学法除垢。机械除垢时，开启加热器的顶盖，向列管内通蒸汽，使积垢加热后胀裂松散，关汽，用钢丝刷清除列管上的积垢；化学除垢时，

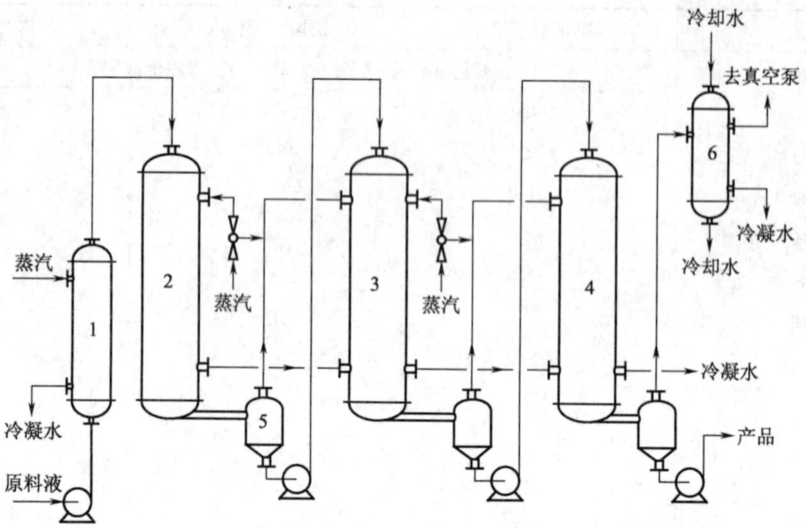

图3-1　三效真空蒸发浓缩工艺流程

1—预热器　2—一效蒸发器　3—二效蒸发器　4—三效蒸发器　5—气液分离器　6—冷凝器

用0.7%~0.8%的盐酸注入蒸发器，加热蒸煮。第三效蒸发器产生的积垢，一般为软质橡皮状，主要是蛋白质，可用2%~2.5% NaOH蒸煮除去。

关于加热蒸发浓缩的工艺和设备，多年来一直在不断改进。为了提高热量的利用率，原料预热可利用废气，也有将进料改在四效进行预热之后进入一效浓缩，达到一定浓度后送入三效，然后送入二效浓缩至需要的浓度。关于高效蒸发设备，近年来开发应用了带喷射热泵的三效降膜蒸发器、带热泵的四效高效浓缩装置、旋转薄膜蒸发器等。例如四效薄膜蒸发工艺的热耗可降低至71.2~117.2kJ/kg水，利用热泵可再降低75%，生产效益大大提高。

浸泡液蒸汽冷凝水含有有机挥发成分，pH很低（3.0左右）、温度较高，需要处理后再利用或排放。

2. 膜分离法

由于浸泡液加热蒸发浓缩所需能耗较高，相当于淀粉生产能耗的1/3~1/2。同时，浸泡液蒸发浓缩时，会发生糖与氨基酸的美拉德反应，植酸与蛋白质、高价金属离子生成沉淀，这些都使浸泡液中可溶物的利用价值降低。由于以上原因，近年来科研人员研究了用膜分离技术浓缩玉米浆，既克服了上述缺点，又可以在完成浓缩的同时实现大小分子成分分级。浓缩常用的膜分离技术有超滤、反渗透和电渗析。

（1）超滤（UF）　属于分子过滤，利用孔径为1~20nm的膜，将相对分子质量为500以上的大分子和胶体颗粒截留，小分子溶液通过膜，从而实现分离的操作。超滤过滤推动力为压力差。超滤可用于大小分子物质的分离、分级和浓缩。例如，水分子有效直径为0.2nm，可以畅通无阻地通过所有超滤膜，葡萄糖分子为0.5nm，也可以通过大多数膜，蛋白质和其它大分子一般被阻止。

（2）反渗透（RO）　是利用反渗透膜只透过溶剂（通常是水）的性质，使溶剂通过反渗透膜，溶质被截留的操作。反渗透以高于溶液渗透压的压力差为推动力，可用于溶剂的回收或溶质的浓缩，如盐溶液中离子的浓缩。

（3）电渗析　是利用离子交换膜对带电粒子具有选择通透性的性质，在直流电场的作用下，溶液中带电离子选择性地透过离子交换膜的分离操作。电渗析以电位差为推动力，可用于溶液中电解质的分离或浓缩，如玉米浸泡液中植酸的提取。

利用膜分离法浓缩玉米浆常需要几种膜分离技术配合使用。据报道，将超滤和反渗透联用可实现玉米浸泡液浓缩和再生工艺用水。1985 年以来，日本开发利用膜分离技术分离浸泡液中植酸和乳酸，用超滤将浸泡液分离成相对分子质量小于 5000 和大于 5000 的两部分液体，将高分子液体用于浓缩蛋白饲料（蛋白含量 67.8%），用反渗透膜从低分子液中浓缩植酸和乳酸，并回收高纯度生产用水。

利用膜分离技术浓缩玉米浆具有以下优点：膜分离无需热源，浸泡液中可溶物不发生反应，无焦化、结垢现象，产品颜色浅、质量高；较大分子物质浓缩的同时进行植酸、乳酸的分离纯化，便于获得高纯度产品和综合利用；浓缩物料能耗低，反渗透能耗约 37kJ/kgH_2O，而蒸发能耗在 230kJ/kgH_2O 以上。

目前，我国淀粉生产企业尚未采用膜分离技术浓缩玉米浸泡液。随着膜分离技术的不断改进，开发膜分离技术在玉米湿法加工领域中的应用具有良好的应用前景。

二、植酸的提取

植酸化学名称肌醇六磷酸酯，分子式 $C_6H_{18}O_{24}P_6$，易与金属离子形成复合盐，在玉米浆中占干物质重量约 6%。植酸具有抗氧化，去除金属杂质，改善食品品质等作用。在食品工业中可用植酸去除酒类和食醋中的金属盐类；抑制酶的活性，防止酶导致的食品变性；防止海产品中磷酸铵镁盐的结晶和硫化物引起的色变；防止食品氧化变色和油脂变性等多方面的作用。

植酸与钙、镁离子形成的复合盐称植酸钙镁，简称植酸钙，又称菲汀，化学名称为肌醇六磷酸钙镁，分子式为 $C_6H_6Ca_5MgO_{24}P_6$。菲汀水解可获得肌醇。

肌醇、植酸和菲汀的分子结构式如图 3－2 所示。植酸、菲汀和肌醇在食品、医药、化工等方面有着广泛的应用，生产中利用肌醇、植酸、菲汀间的化学转换关系来生产所需产品。

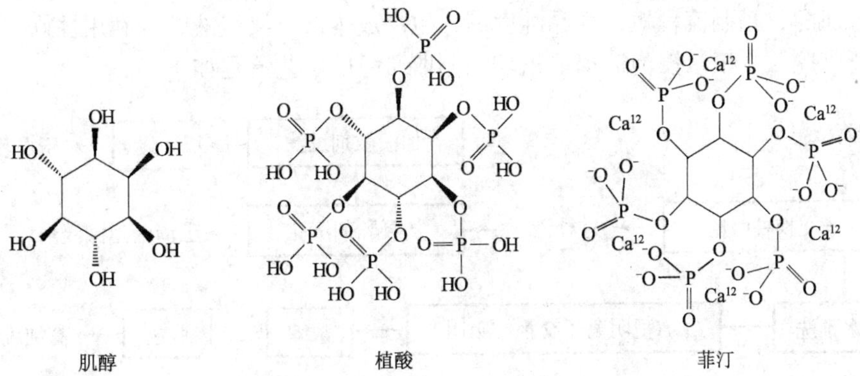

图 3－2　肌醇、植酸和菲汀的分子结构

目前从浸泡液中提取植酸制取菲汀和肌醇的工艺有三种。

1. 中和沉淀法提取植酸

中和沉淀法是传统的植酸提取方法，其工艺流程又分为两个阶段。

第一段工艺流程，从浸泡液中提取菲汀：

玉米浆→沉淀预处理→加入石灰水调 pH→沉淀→过滤（去滤液）→菲汀粗制品→精制→脱水干燥→粉碎→精制菲汀

玉米浆使用前先静止数小时，除去沉淀底物。石灰加水制取石灰乳，再用 80 目筛网过滤获得 $Ca(OH)_2$ 浓度为 10% 的石灰水，然后加入玉米浆中，不断搅拌，调整 pH 为 5.3 ~ 5.4，放置沉淀 3 ~ 5h。经板框压滤机过滤，沉淀物变成含水更少的滤饼，于 80℃ 干燥，即得菲汀粗制品。精制过程为用 2% 的稀盐酸将粗菲汀重新溶解，添加 1% 的活性炭，搅拌 10 ~ 15min 后过滤，脱色后的滤液加 10% 的 NaOH 调 pH 至 6.5，使植酸钙沉淀，过滤获得滤饼，干燥后即为菲汀精制品。

相对密度为 1.02 的玉米浸泡液，菲汀粗制品的收率一般为 1%，精制品对粗制品的收率为 75%。

第二段工艺流程，菲汀酸解制植酸：

粗制菲汀→稀盐酸溶解→活性炭脱色→离子交换→浓缩→植酸成品

根据菲汀在酸性溶液中能离解成易溶于水的植酸和金属离子的原理，确定菲汀酸解制取植酸的工艺流程。将粗制菲汀加入盐酸溶解，用 1% 的活性炭脱色，再送入强酸型（H 型）阳离子树脂柱除去钙镁等金属离子，然后再送入阴离子树脂柱除去氯根或硫酸根等阴离子，所得溶液为纯度较高的植酸溶液，经真空浓缩获得浓度为 50% 的植酸成品。

中和沉淀法存在以下问题：菲汀沉淀的 pH 接近蛋白质的等电点，在菲汀沉淀的同时大量蛋白质随之析出，在以后的菲汀水解和肌醇精制过程中，蛋白质很难被分离出去，并会产生糊状结晶物，在水解锅壁结成硬块，因此导致无法获得高纯度肌醇产品，肌醇产品收率低、成本高，不具有市场竞争力。为此科技人员研究开发出了以下两种新工艺。

2. 离子吸脱法提取植酸和肌醇

离子吸脱法就是对浸泡液不进行植酸钙沉淀，而是利用阴离子交换树脂对植酸的吸附作用，将浸泡液直接送入阴离子交换柱，植酸被吸附，蛋白质、糖等其它成分通过柱，然后再用碱液洗脱柱上的植酸，获得植酸盐。这种方法获得的植酸盐含蛋白质等杂质微量，利用它制取植酸或肌醇，精制流程短，产品纯度高，生产成本低，浸泡液综合利用性好。

用离子吸脱法从玉米浸泡液提取植酸和制取肌醇的工艺流程如下：

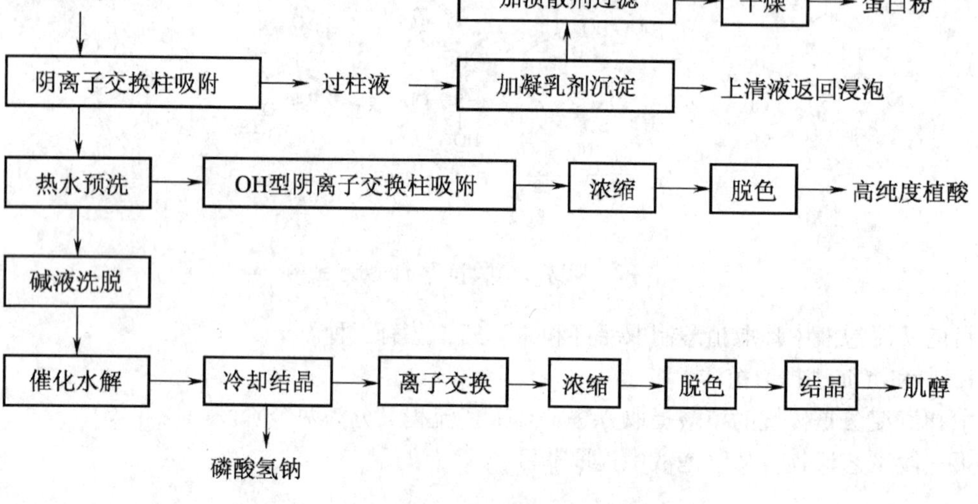

吸附植酸可采用的阴离子交换树脂有 CH_3COO^- 型、SO_3^{2-} 型和 OH^- 型等。离子交换工艺参数依选用的树脂不同而异，一般温度为5～20℃，pH为1～5，含植酸溶液浓度1%～20%时上柱速率 S_v（每小时流进树脂的液量/树脂的体积）为0.5～20。

吸附植酸后，先用30～85℃热水预洗离子交换树脂，除去附着的浸泡液，再用碱液洗脱植酸。洗脱可用的碱有氢氧化钠、氢氧化钾、氢氧化铵及其混合物，洗脱条件随着所用碱的种类和浓度、离子交换树脂种类不同而异，一般温度范围为从室温至70℃，S_v 为0.5～10，所得洗脱液的pH为9～12。洗脱液中植酸以其钠盐、钾盐或铵盐形式存在。

将碱洗脱液用 OH^- 型离子交换树脂除去钠、钾或铵离子，再经浓缩、脱色工序，即得高纯度植酸产品。将碱洗脱液在碳酸钠催化下加压水解，可以将植酸盐水解成肌醇和磷酸氢钠，冷却分离出结晶的磷酸氢钠，再经过离子交换树脂脱盐、浓缩、脱色、结晶，即获得高纯度的肌醇产品。该工艺肌醇得率比中和沉淀法高2%～5%。

3. 电渗析法提取植酸

一般电渗析器两电极间交替排列多组阴、阳离子交换膜。在电场的作用下，阳离子交换膜显示负电场，溶液中阴离子受排斥，而阳离子在电场力推动下透过阳离子交换膜向负极方向移动。相反，阴离子交换膜显示了正电场，阴离子可在外电场作用下透过膜向正极方向移动。这样就使溶液中的阴、阳离子与非电解质成分分开了。

前苏联科学家首先将电渗析法用于从玉米浸泡液中提取植酸。因为只需从浸泡液中分离出植酸阴离子，故采用了单一的阴离子交换膜组装成电渗析器，植酸阴离子被汇集于正电极区。

在间歇式电渗析系统中，当电流密度大于800 A/m^2 时，会引起蛋白质透过阴离子交换膜，使植酸的纯度下降。当电流密度小于550 A/m^2 时，透析时间过长，植酸得率下降。最佳电渗析条件为电流密度600～620 A/m^2，透析时间40～120s。

经电渗析分离出植酸后的浸泡液加入凝沉剂，分离出蛋白质，经干燥得饲用蛋白粉。电渗析法与离子吸脱法相比，加工时间短，运行费用低，但设备投资大，且需要高性能的离子交换膜。

三、其它综合利用

玉米浸泡液的干物质浓度一般为6%～7%，年产20万t淀粉厂，玉米浸泡液的量为15万～16万t。近年来玉米淀粉生产增长较快，玉米浆供大于求。目前将浸泡液蒸发浓缩成玉米浆，其能耗高，售价低，销路不畅，不易储存，且生产中存在糖和氨基酸及蛋白质反应、焦化、结垢等问题。如果将浸泡液直接排放，会造成严重环境污染。

利用玉米浸泡水生产酵母单细胞蛋白，可以很好解决上述问题，即降低玉米浸泡水对环境的污染指标，又具有较好的经济效益。

采用玉米浸泡液为原料生产单细胞蛋白，由于碳、氮、无机盐等营养成分的含量能满足假丝酵母生长繁殖的需要，除用一些消泡剂和少量微量元素外，不需添加其它辅料。单细胞蛋白生产工艺流程如下：

浸泡液→调质（加营养盐，调pH）→热杀菌→接菌发酵→蒸发浓缩→喷雾干燥→酵母蛋白粉

玉米浸泡液经酵母菌发酵后，菌体容易用沉淀法浓聚收集，再经板式蒸发器浓缩至干物质浓度为20%，然后用喷雾干燥机干燥成酵母粉。

玉米浸泡液非常适合NCTC3576酵母菌的生长，可只用玉米浸泡液作为原料，甚至不需调整pH值，生产流程简单。单细胞蛋白的生产从接种到收获，二十多小时就可完成，生产周期与传统的粮食生产相比，具有明显的优越性，极有可能是未来生产蛋白性食品和饲料的重要途径。

用离子吸脱法分离植酸后的浸泡液，经灭菌、接种产朊假丝酵母发酵，干菌得率为10.2g/L，菌体蛋白质含量达45%。若将玉米湿皮渣进行糖化，与其混合，调节合理的碳氮比，发酵液干菌体得率可提高到14.8g/L，其蛋白质的含量也提高到56%。通过发酵处理，浸泡液的化学耗氧量（COD）降低80%，生物耗氧量（BOD）降低90%，大大降低了对环境的污染。

浓缩的玉米浆也是医药工业微生物发酵的重要氮源，如青霉素、土霉素、四环素、金霉素等抗生素生产，维生素B_{12}的发酵生产，用量都很大。食品工业和饲料工业多种发酵产品也大量需要玉米浆，如赖氨酸发酵、谷氨酸发酵、有机酸发酵等。玉米浆也是高蛋白饲料，浓缩的玉米浆混入玉米纤维一起干燥成粉，其蛋白质含量可达到18%~21%。

第二节　玉米蛋白的综合利用

一、玉米蛋白的特性

1. 玉米蛋白的种类

玉米中的蛋白质主要有四种，其一为球蛋白，约占总蛋白质的25%，球蛋白属于盐溶和酸溶性蛋白质，在玉米浸泡过程中大部分转入了玉米浸泡液，成为玉米浆的主要成分；其二为醇溶蛋白，约占总蛋白质的48%，这种蛋白质主要从麸质分离工序提出，干燥后成为麸质粉；还有碱溶性谷蛋白和不溶性蛋白质，谷蛋白占总蛋白质的25%，不溶性蛋白占总蛋白质的2%，此两种蛋白质分别分布于麸质粉、胚芽饼和纤维渣中。

本节只讲述醇溶蛋白和麸质粉的综合利用，其余蛋白质的利用已在其它副产品中讲述。麸质粉也称为玉米蛋白粉，其主要化学成分见表3-3。

表3-3　　麸质粉主要化学成分

成分	水分	蛋白质	脂肪及色素	淀粉	纤维	灰分
含量/%	≤12.0	35~70	5~10	≤20	≤3	1

由表可见，麸质粉中主要成分为蛋白质，其次为淀粉、脂肪、纤维和矿物质，此外含有丰富的维生素A、胡萝卜素、胆碱等维生素。麸质粉中蛋白质含量随着淀粉制取工艺的不同而有较大的差异，使用现代分离机技术获得的麸质粉蛋白质含量可达60%以上，而操作不当或设备落后的工艺提取的麸质粉中蛋白质含量仅为35%~50%。

2. 醇溶蛋白特性

麸质粉蛋白质组成主要为醇溶蛋白（47%~60%）和谷蛋白（30%~39%），只有4%左右的白蛋白和球蛋白。

（1）醇溶蛋白的溶解性　玉米醇溶蛋白又称玉米朊，是玉米中蛋白质的主要存在形式，约占玉米总蛋白含量的40%。玉米醇溶蛋白分子中存在着大量的疏水性氨基酸，缺乏带电荷的酸性、碱性和极性基团的氨基酸，但含有较多的含硫氨基酸，这就是玉米醇溶蛋白需要在高 pH 时才能溶于含水的醇溶液中，以及它在低浓度盐溶液中就有沉淀的原因。

玉米醇溶蛋白能溶解于含有羟基、氨基、酰胺基及羧基的有机溶剂中，不溶于水，也不溶于无水醇类，但可以溶解于体积分数 60% ~95% 的醇类水溶液中，并随着温度的升高或醇浓度增加，溶解度增加。玉米醇溶蛋白在无机溶剂中也有相当的溶解性能，如能溶解在浓度为 0.03 ~0.14mol/L 的氨水中，也能溶于 1.97% 的 KOH 和 1.4% 的 NaOH 水溶液，还能溶于 10 ~12mol/L 的 HCl 中。

（2）醇溶蛋白的变性　玉米醇溶蛋白的变性是指蛋白质失去部分成胶性，而不易甚至不能溶解在原来可以溶解的溶剂中的现象。未干燥的玉米醇溶蛋白容易变性，完全干燥后的玉米醇溶蛋白，即使在100℃下加热数小时，其性质也无显著变化。玉米醇溶蛋白在有机溶剂中久置，将发生不同程度的变性。对无机溶剂来说，一般玉米醇溶蛋白呈碱性时易分解，呈酸性时易变性。

用新鲜的黄浆作原料提取玉米醇溶蛋白，产率可高达 32.6%。若将新鲜黄浆经低温迅速干燥后放置 3 天，玉米醇溶蛋白产率仅为 14.2%。如果新鲜黄浆经高温较长时间干燥，玉米醇溶蛋白产率仅为 6.3% ~10%。由此可知，玉米醇溶蛋白的产率，与黄浆提取操作条件有关，干燥温度越低，时间越短，变性越小，因而产率也越高。

麸质粉的开发利用主要是围绕其蛋白质和色素成分进行，可开发的产品很多，目前我国麸质粉主要用作蛋白饲料，如果从中提取性质优良的醇溶蛋白和天然色素等，将有更大的经济效益和社会效益。

二、醇溶蛋白的提取

用麸质粉提取玉米醇溶蛋白，需要经过以下三个工艺过程：

（1）将麸质粉用体积分数 85% 的乙醇（用质量分数 10% 的 NaOH 溶液调至 pH8 ~9）在 50 ~60℃循环萃取 2 ~3h，此时麸质粉中的玉米油、玉米黄色素与叶黄素和玉米朊一起溶于乙醇溶液内。

（2）将乙醇萃取液与轻油按 1∶1.2 的体积比，在分液填充塔内进行液 - 液萃取，油脂与色素溶于轻油，乙醇层含玉米朊。

（3）高速搅拌含玉米朊的乙醇溶液，并加入 10 倍量冷水，使玉米朊絮凝成纤维粒状。过滤后，在 60℃温度下热风干燥，成品产率 32.6%。

轻油萃取液可进行蒸馏回收轻油，残液为黄色玉米油，产率约 17.6%。稀乙醇溶液再精馏成 85% 浓度的乙醇，重复用于萃取。

也有用氯化钠盐析代替轻油萃取来回收乙醇萃取液中玉米朊的，即将乙醇萃取液与质量分数 1% NaCl 溶液按 1∶1 混合，静置盐析 12h 后，离心分离获得湿玉米醇溶蛋白。

玉米醇溶蛋白在许多领域都有广泛的应用途径，现把代表性的应用途径分列如下：

（1）人造纤维　玉米朊可单纺成纤维，具有强大的韧性与弹性，遇酸较稳定，可耐水洗，亦可与其它纤维混纺。玉米朊做成的纤维为金黄色，不蛀不霉，耐热性强，但耐光性差，染色性同羊毛。玉米朊与六次甲基已胺和甲酸反应，可制得和天然丝同样性能的纺丝。

（2）薄膜　将玉米朊溶于 90% 乙醇中，溶剂蒸发后，生成透明度好、光泽度和强度高的薄膜。该膜耐油性强，对微生物有较强的抵抗力。加入增塑剂，如大分子的二醇、脂肪酸、甘油酯等，可改善膜的脆性。该膜可用作水果保鲜薄膜，使桃子保鲜期达五周以上。若将玉米朊掺入部分羊毛脂，其光泽与韧性更优，可用于化妆品或皮衣等的上光剂。也可将粉状玉米朊部分代替乳酪素掺入热固性塑料中压模成型，尤其适用于胶布压膜。

(3) 胶黏剂　用玉米朊制造层压板，产品质量较尿醛、乳酪素、豆蛋白等原料为佳。可将玉米朊薄片直接在155℃压板5min。其干应力为2754×10^4Pa，湿应力为1470×10^4Pa。玉米朊还可将软木胶黏成型。

(4) 涂料　玉米朊的乙醇溶液，能制得虫胶代用品，可作为上光剂。若掺入部分醇溶性酚醛树脂，其光泽与硬度更优，是一种良好的醇溶性涂料，可用于家具、工艺品等的上光剂。

(5) 其它　玉米朊在医药上代替明胶作为药物胶囊，因其有一定抗水性，药丸不易潮解。又因其在酸性环境下不易溶解，而在碱性环境易于溶解的特点，故可作为肠用药外衣，借胆汁溶于肠内。

用玉米朊为原料较易制得结晶麸酸钠，制成不同相对密度的饲料，在鱼塘中选择性喂养，如制成在水面下1~3m处浮沉的粒状虾饲料。另外，玉米朊还可应用于各种水溶性印刷墨、防油布、洗涤剂、发泡剂、乳化剂、口香糖胶基、食品等方面。

三、玉米黄色素的提取

玉米黄色素主要为类胡萝卜素。玉米中含有丰富的类胡萝卜素，它主要存在于角质胚乳中，在湿法生产玉米淀粉的过程中随蛋白质进入到黄浆水中。玉米中的类胡萝卜素主要是黄体素（3，3′-二羟基-α-胡萝卜素）和玉米黄素（3，3′-二羟基-β-胡萝卜素）。此外，还含有隐黄素（3-羟基-β-胡萝卜素）、α-胡萝卜素、β-胡萝卜素、新黄素和金莲花黄素等成分。在玉米籽粒中总类胡萝卜素的含量为0.1~9.0μg/g，玉米蛋白粉中的含量为200~400μg/g。

黄体素和玉米黄素都属于叶黄素类，二者为同分异构体。20世纪90年代以来，大量的流行病学研究表明，黄体素和玉米黄素具有抗氧化、清除自由基、抗癌、减少心血管疾病发病率和视觉保护等很多生理功能。玉米蛋白粉中黄体素和玉米黄素的含量较高，价格低廉，是开发黄体素和玉米黄素很好的原料。同时玉米黄色素在生理上可作为维生素A的来源，因此说它具有许多天然色素所没有的营养价值，可以广泛应用于食品、医药、日化等工业中。

玉米黄色素为脂溶性色素，可以利用氯仿、苯、石油醚、乙醚、环已烷、已烷、丙酮、乙醇、乙酸乙酯等溶剂从麸质粉中浸提出来，滤渣为纯度更高的蛋白粉，具体工艺流程如下：

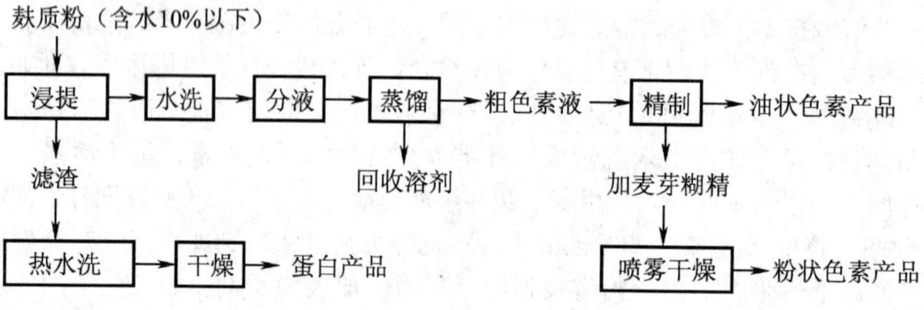

研究表明，以混合溶剂提取产品得率最高，可达15.5%（干基）。工艺中，用混合溶剂提取出粗色素，提取液经水洗、分液进一步分离出水溶性杂质，之后蒸馏回收溶剂，获得油状粗色素液，再经精制后得油状色素产品，若精制产品加入麦芽糊精再经喷雾干燥，则得水溶性粉末状色素产品。所得产品耐光性、热稳定性、耐酸碱性、耐氧化性、耐还原性均好于姜黄素。

提取色素后的残渣还可用于提取玉米朊（收率约18%），也可将其用热水洗涤后，干燥制得食用玉米蛋白粉。

四、其它综合利用

可以用麸质粉中的蛋白质制取蛋白发泡粉。玉米蛋白发泡粉是麸质粉中的蛋白质经不完全水解得到的可溶性蛋白胨、肽及氨基酸的混合物。其溶于水后，可形成一定黏度的胶体溶液，当胶体受到快速搅拌时，大量气体混入，溶液中的蛋白胨、肽及氨基酸等分子被吸附到水-空气界面上来，由于它们具有很强的亲水基团COO^-、OH^-、CO和疏水基团烃基，因此降低了界面的表面张力，通过肽键间的相互作用可形成一个平面的保护网，使界面得以加强，促进了泡沫的形成和稳定。

蛋白发泡粉广泛地应用于糕点、糖果、冷饮、面包等食品行业中，有发泡、酥松、增白、乳化等作用。过去食品添加剂蛋白发泡粉是以鸡蛋为原料，10kg鸡蛋才能生产1kg蛋白发泡粉，成本较高，而以植物蛋白为原料生产的发泡粉成本低，且性能优良。

用麸质粉生产玉米蛋白发泡粉主要以碱水解蛋白工艺为主，该方法简单易行，其工艺包括以下三个步骤：

第一步，淀粉液化。将玉米麸质粉与水以1∶2比例调浆，加入α-淀粉酶与适量$CaCl_2$，在pH6.2～6.5，85～90℃条件下液化约1h，碘试至碘本色（棕黄色）后过滤。滤液为液化的糖浆，可作微生物发酵的碳源，滤饼为蛋白质，含量达70%以上，洗涤后备用。

第二步，蛋白质水解。将滤饼与水1∶2混合，用石灰乳（生石灰∶水=1∶3）调pH 9～13，装入压力水解釜，在压力15kPa、温度110℃条件下水解2h。之后进行压滤，滤液为水解的蛋白发泡剂，用酸调pH至中性。

第三步，脱色、脱臭。水解液真空浓缩至10～12°Bé，加入3%活性炭及0.5%氧化铁，在70～80℃下保温0.5h，趁热过滤除去活性炭及沉淀，再将浓缩液喷雾干燥，即可得到蛋白发泡粉。

采用超滤技术进行蛋白发泡剂的分离浓缩，可进一步提高玉米蛋白发泡粉的蛋白质纯度与得率，蛋白质纯度可达93.6%，得率83.4%，并且持泡性、溶解度、速溶性和色泽较好。

麸质粉除上述应用外，通过水解还可以用来生产L-谷氨酸、新型调味品、制备具有类似超氧化物歧化酶（SOD）活性的玉米功能短肽等。

第三节　玉米胚芽的综合利用

一、玉米胚芽的成分

玉米提胚工艺有两种，一是干法提胚，二是湿法提胚。

干法提胚工艺见第六章，可得玉米重8%～12%的胚芽，其所得胚芽含淀粉及种皮杂质较多，纯度低，含油率为20% ~25%。胚芽的利用首先需要经过提取油脂，将胚芽分成玉米油和胚芽饼，胚芽中的营养成分也转移到了相应的产品中。制油时干法胚芽需要用筛分办法进行除杂预处理，否则淀粉杂质在压榨、浸出过程中会减少油流面积，堵塞油路，吸收油脂，降低出油率；在蒸炒、压榨、脱溶过程中会煳化结焦，影响成品油和粕的质量。

湿法分离的胚芽纯度高，胚的完整性好，干基含油高达44% ~55%。如此高的含油量是因为在浸泡过程中胚芽中可溶性蛋白质、糖类、矿物质等溶解到溶液中。所制得的湿胚芽需要立即脱水干燥，否则，解脂酶易被活化而分解油脂，造成油脂酸败，酸值升高，增加精炼损耗。

玉米湿法加工可得玉米重6% ~8%（干基）的胚芽，另外混有胚芽自身重量10% ~12%的皮屑。玉米胚芽主要含有脂肪、蛋白质、淀粉、戊糖、纤维和无机盐。湿法提取的胚芽化学组成如表3－4所示，可见脂肪是湿法胚芽中的主要成分，其次为蛋白质、纤维和戊聚糖等，由于胚芽中可溶性蛋白在浸泡过程中大部分已经转移到浸泡液中，湿法胚芽中的蛋白含量较干法胚芽有所减少。玉米胚芽是优质的油料资源和蛋白资源。

表3－4　湿法分离的胚芽成分　单位:%（干基）

成分	含量	成分	含量
脂肪	46 ~55	纤维和戊聚糖	15 ~18
蛋白质	12 ~19	灰分	0.7 ~1.2
淀粉	8 ~12	其它	2 ~3

二、玉米胚芽制油工艺

玉米油以甘油脂肪酸为主，占98.6%，不皂化物仅1.4%（其中胆固醇1.0%）。玉米油含有很高的不饱和脂肪酸，因此具有较高的营养价值。脂肪酸中不饱和脂肪酸总量高达86%，其中亚油酸占56%，油酸占30%，亚麻酸占0.7%，此外含有卵磷脂1.0% ~1.5%和维生素A、维生素D、维生素E、谷固醇等，长期食用有利尿、降血压、预防脑血管疾病及降低胆固醇等作用。

玉米油可用来生产食用色拉油、烹调油和人造奶油。玉米油精制时，碱炼得到的皂脚可用于提取亚油酸和油酸，水洗得到的油脚可用于制取磷脂。玉米油的工业用途也很广，直接应用的主要有做发酵工业的消泡剂，纺织工业的润滑剂，橡胶制品的充填剂，化学工业的乳化剂；转化应用的有制取亚油酸、亚油酸乙酯、油漆、颜料、制肥皂等。

玉米胚芽制油工艺有压榨法、浸出法和预榨浸出法。压榨法是靠机械压力提取油脂，工艺简单，但出油率低，中小规模的玉米加工企业常采用；浸出法靠溶剂萃取油脂，出油率高，浸后胚芽粕含油在1%左右，但工艺复杂、辅助设施多、溶剂易燃易爆，大型规模的玉米加工企业适合采用；预榨浸出工艺是压榨、浸出工艺的结合，工艺也比较复杂，但具有两种工艺的优点，所以一些大型企业也常采用。

1. 压榨法制油工艺

湿法提取的玉米胚较完整，含淀粉少，含油高，适合于压榨法制油。干法提取的玉米胚含淀粉多，所以需要先清理淀粉再压榨，玉米油的质量才能达到标准。综合考虑出油率和胚芽蛋白受热变性问题，压榨温度和压力不易过高，因此常采用二次压榨法的玉米胚制油工艺，这样可以降低每次的压榨压力和温度。以下为湿胚芽的二次压榨法制油工艺流程：

湿玉米胚芽→脱水烘干→压碎→蒸炒→一次压榨（分离毛油）→胚饼粉碎→蒸炒→二次压榨（分离胚饼）→毛油

①脱水烘干：湿法获得的胚芽含水约95%，用螺旋挤压脱水机脱水后，胚芽含水仍为55%左右。因此需要用沸腾干燥器或管束式干燥机将胚芽水分烘干至1.5% ~2.5%，最高不超过5%。

②压碎：由于脂肪在胚芽中是以球状微粒存在于细胞壁中，压碎目的就是破坏细胞壁，使胚芽组织内油路畅通，油滴会聚，便于压榨出油。压碎设备常用辊筒式压碎机，机器配有三辊或五辊，辊筒长1m，直径0.4m，转速150r/min。压碎粒度为通过1mm孔的占50%，通过1.5 ~1.6mm的占40%，1.6mm以上的占10%，压碎粒度太细不利于压榨时油路畅通。

③蒸炒：蒸炒目的是通过湿热作用，一是增加料胚的可塑性，使料胚在压榨过程中具有韧性而不易粉碎，利于油路畅通，二是保证入机物料温度，降低油脂黏度，利于油脂流出。蒸炒润湿要适度，润湿过多会造成淀粉糊化，油脂酸败，过低则达不到改善料胚韧性目的，蒸炒最适水分含量为2.5% ~3%。压榨适宜温度为100 ~105℃，温度过高则料胚焦化，色素分解，油色加深，温度过低则油脂黏度增大，蛋白质凝固不充分，油色不正，发白起泡，出油减少。

蒸炒设备为三节或五节炒锅。料胚通过蒸炒，可塑性增加，蛋白质充分变性凝固，油滴凝集，黏度降低，对压榨出油的有力，因此经蒸炒后的料胚要立即入榨，以确保压榨出油效果。

④压榨：压榨设备为螺旋榨油机，常用机型为带有蒸炒设备的200型螺旋榨油机，该榨油机入口上方安装有三节炒锅，蒸炒后的料胚直接进入压榨机榨油，要求压榨车间室温需保持30 ~40℃。

压榨法饼粕中的残油率为5% ~6%，对干玉米产油率为2.5% ~3.0%。从压榨机获得的玉米油，俗称“毛油”，其水分及挥发性物质≤0.2%，不溶性杂质≤0.2%，酸价≤6mgKOH/g油，过氧化值≤7.5mmol/kg油，沉淀物≤5%，该油色泽深，味辛辣，需进一步精制才能食用。

2. 预榨浸出法制油工艺

这种工艺是压榨出油和溶剂浸油结合的方法，工艺中不仅预榨毛油质量好，而且油粕最终残油率可降低到1% ~2%，适合于含油高的湿胚芽制油，其工艺流程如下：

玉米胚芽→脱水烘干→压碎→蒸炒→压榨（分出毛油）→胚饼→溶剂浸出（分出饼渣）→混合油蒸馏（分出溶剂）→毛油

该工艺中压榨阶段操作与二次压榨工艺中第一次压榨相同。预榨后的胚饼，残油为15% ~25%，水分含量控制在5% ~6%，粒度12mm左右，便可直接送入浸出车间，浸出常用的溶剂为工业己烷或轻汽油（又称6号汽油）。

该工艺预压榨的温度和压力都可控制在较低水平，这样设备生产能力可以提高，得到的毛油杂质少、色泽浅、质量高，同时胚芽颗粒密度增加，易于浸出，所以预榨浸出的产量也比直接浸出高，浸出时间少。该法避免了压榨法胚饼蛋白质变性大，油色泽深等问题。

预榨浸出制油流程，对于干法胚芽，毛油得率占玉米3.5% ~4.0%，湿法胚芽的毛油得率占玉米4.0% ~4.5%。

3. 粗制玉米油的精制

粗制玉米油含有部分游离脂肪酸、色素、胶质、蜡质和其它杂质，同时带有辛辣味和酸臭味，需除去非油杂质和臭味才能食用。玉米油精制工艺通常包括碱炼、水化、脱色、脱臭、脱蜡等工序。

（1）碱炼　粗油中含有少量的游离脂肪酸和磷脂酸，碱炼可以使粗玉米油中的游离脂肪酸皂化，形成带阴电荷的皂粒，与油中带阳电荷的色素微粒中和而沉降除去，使玉米油的酸价和颜色下降。

碱液可以用氢氧化钠，碱液浓度根据粗油酸价而定，粗油酸价高碱液浓度可以适当加大，其参考值如表 3－5 所示。

表 3－5　粗油酸价与碱液浓度对应值

粗油酸价/（mgKOH/g 油）	NaOH 溶液浓度/%
3	12～14
5	14～16
10	16～18

碱的用量也要根据粗玉米油的酸价而定。加碱量可用下式计算：

$$加碱量 = 酸价 \times 40 \div 56 \times K \quad (g\ NaOH/kg\ 粗油)$$

其中 K 为加碱系数，可取 1.05～1.35。

碱炼是在碱炼锅中进行的。操作时将粗油加热到 30～35℃，慢慢加入配好的碱液，同时搅拌 30min，缓缓升温至 60℃，促进皂化完成。之后停止加热及搅拌，使皂粒凝聚沉淀，沉淀时间一般为 8～12h。分出的皂脚可制肥皂，碱炼后油的酸价降低到 1mgKOH/g 油以下。

（2）水化　分出皂脚的清油，升温到 80℃左右，用略高于油温的热水（用量为油量的 10%），边搅拌边均匀的喷入油面，使水溶性杂质溶于热水中，沉淀 2h 后放出水层。水洗一般进行 2～3 次，水化实际是脱胶和部分脱臭过程，洗涤后的玉米油酸价为 0.10～0.15mgKOH/g 油。

（3）脱色　利用真空脱色锅的真空度将水化后的油吸入，在搅拌的条件下，以 2℃/min 的速度升温到 90℃，保温 30min，以便把油中水分脱除。之后利用真空管吸入油量 4%～5% 的活性漂土，继续搅拌，维持 30min，然后冷却到 70℃进行过滤。

（4）脱臭　经脱色后的玉米油除其原有的玉米味外，还有在碱炼过程中带来的“肥皂”味，脱色过程中漂土带来的“土腥”味等，因此必须进行真空脱臭处理。通常将要脱色的油在真空脱臭锅内加热至 80℃，通入直接蒸汽约 1h，水蒸气由真空系统抽出，臭味也随之带走。

（5）脱蜡　蜡质是由高级脂肪酸和高级一元醇所构成的酯，其熔点为 78～82℃，粗油中有少量的蜡质，低温放置时会析出使油脂变混浊。脱蜡操作是在冷却器中 4.4℃保持 24h，油中低熔点物质就会呈絮状析出，再进行过滤，得到在低温贮存时仍能保持清澈透明的油脂。如果对油脂品质要求低，可以在温度 15℃下进行脱蜡操作。

粗玉米油经过碱炼、水化、脱色、脱臭、脱蜡等处理后，其质量达到了食用玉米油的国家标准。

三、玉米胚芽饼的利用

胚芽饼的营养成分也很丰富，如表 3－6。

表 3－6　　胚芽饼成分　　单位：%（干基）

成分	含量	成分	含量
水分	7（湿基）	可溶性糖	5～10
蛋白质	24～30	戊糖	10～16
脂肪	7～12（浸出法 1～2）	灰分	1.2～2.5
淀粉	16～23	其他	2～4
纤维	15～22	—	

胚芽饼除了具有较高的蛋白营养价值外，还含有丰富的矿物质和维生素，是优良的蛋白饲料，而利用浸出法制得的胚芽粕，经脱臭处理后，还是营养价值较高的食品加工原料，可添加在糕点、饼干、面包等食品中。胚芽饼还可以用来提取植酸。

第四节　玉米皮渣的综合利用

玉米皮渣是淀粉湿磨工艺中纤维分离工序中产生的副产品，成分如表 3－7 所示，其主要成分为纤维素、半纤维素和淀粉，因此对其开发利用也主要围绕纤维成分进行。

表 3－7　　玉米皮渣的成分　　单位：%（干基）

化学成分	含量	化学成分	含量
淀粉	25～40	纤维素	20～25
粗蛋白	3～6	半纤维素质	35～40
脂肪	3～9	木质素和果胶	5～7

一、玉米皮渣用于制饲料

制饲料是玉米皮渣目前用量最大、效益最明显的途径。由于皮渣量大，遇到夏季等温高季节，湿皮渣容易发酵变臭，因此都是将皮渣干燥后利用。目前干皮渣利用方法有两种：一是皮渣直接干燥后作为产品销售，这种方法只控制水分，不控制蛋白质含量，一般水分控制在 12% 以内；另一种是湿皮渣与玉米浆或麸质粉一起干燥做麸质饲料，这种饲料最为常用，它要控制蛋白质含量指标，但各个企业指标不同，要以质论价。国际通用的麸质饲料标准为（干基）：蛋白质≥21%，脂肪≥1%，纤维≤10%。

二、其它综合利用

皮渣在其它方面的综合利用主要包括用作发酵工业原料和提纯化学物质两方面。

关于皮渣在发酵工业的应用有很多研究报道，例如利用玉米皮渣固体法酿造食醋、白酒，发酵制柠檬酸等，然后再将发酵湿渣干燥作饲料，这种饲料中蛋白质含量高、适口性好，也有将湿皮渣水解后再进行发酵直接作饲料的。

玉米皮渣可用于生产玉米膳食纤维，其方法有多种。例如，以蒸煮后的玉米皮渣为原料，采用药用真菌灵芝固体发酵可获取优质膳食纤维，膳食纤维是不被人体消化吸收的高分子糖类，具有预防消化道癌、结肠癌，降低血压，调节血脂，抑制血糖上升的作用。用皮渣制取食用纤维最简单的方法是，对皮渣进行多次筛洗、中和，去除 SO_2，干燥磨细后就可以加到许多食品中应用了。

玉米皮渣也可以用来提取纤维素、木质素、戊聚糖、玉米黄色素等食品工业和日用化工的基础原料。

第五节　生产污水处理

一、污水排放标准与淀粉工业废水

为贯彻《中华人民共和国环境保护法》、《中华人民共和国水污染防治法》和《中华人民共和国海洋环境保护法》，控制水污染，保护江河、湖泊、运河、渠道、水库和海洋等地面水以及地下水水质的良好状态，保障人体健康，维护生态平衡，国家制定了工业污水排放标准。目前淀粉工业执行的污水排放标准为《淀粉工业水污染物排放标准》GB25461—2010，标准要求，自 2010 年 10 月 1 日起，新建企业执行表 3 - 8 规定的水污染物排放限值。在国土开发密度高、环境承受能力开始减弱，或水环境容量较小、生态环境脆弱，容易发生严重水环境污染问题而需要采取特别保护措施地区，执行更严格的排放标准，其水污染物排放限值执行表 3 - 8 的括号中数值。

表 3 - 8　　新建企业水污染物排放浓度限值及单位产品基准排水量　　单位：mg/L（pH 除外）

污染物项目	限值		污染物排放监控位置
	直接排放	间接排放	
pH	6 ~ 9	6 ~ 9	企业废水总排放口
悬浮物	30（10）	70（30）	
五日生化需氧量 BOD_{55}	20（10）	70（20）	
化学需氧量 COD_{Cr}	100（50）	300（100）	
氨氮	15（5）	35（15）	
总氮	30（10）	55（30）	
总磷	1（0.5）	5（1.0）	
总氰化物（以木薯为原料）	0.5（0.1）	0.5（0.1）	
单位产品基准排水量/（m^3/t 淀粉）	3（以玉米、小麦为原料） 8（以薯类为原料）		排水量计量位置与污染物排放监控位置一致

玉米湿法淀粉加工过程中会产生大量的工业废水，大体将其分为三大类：一是高浓度的有机废水；二是浸泡液蒸发出的冷凝水；三是生活废水。有机废水一般 pH3 ~ 6，COD12000 ~

15000mg/L，$BOD_5$4000～6000mg/L，氨氮≤500mg/L，排水量为0.4～0.5t/t玉米；浸泡液蒸发冷凝水一般pH3～5，COD≤3000mg/L，BOD_5≤150mg/L，排水量为1～1.2t/t玉米；生活废水一般pH5～8，COD≤950mg/L，BOD_5≤300mg/L。可见，淀粉工业废水各项指标都严重超出了国家规定的废水排放要求，必须经过处理才能排放，减少对环境的污染。

二、污水处理工艺流程

高浓度的玉米淀粉有机废水，一般需要经过预处理、厌氧处理和好氧处理三个工艺过程。

预处理目的是使废水首先经过初沉淀，使其中蛋白质、淀粉等悬浮颗粒沉降下来，脱水回收作饲料，同时降低了废水的COD值，减轻后序工序处理负荷。

其次是进行厌氧处理。玉米淀粉生产废水属于高浓度有机废水，若直接进入好氧处理池，不但会增大好氧池的体积，加大企业投资费用，而且处理效果欠佳，厌氧生物处理技术具有能耗低、污泥产量少的特点，因此废水经预处理之后需先进入厌氧阶段。厌氧系统的COD去除率一般可达80%，同时产生沼气，1kg的COD可以产生0.6m^3的沼气，沼气甲烷含量达60%～70%，沼气可用于居民炊食或工厂发电。

通过厌氧处理之后，难以生物降解的有机物被降解，而且伴随着有机氮转化为无机氮，废水中氨氮浓度增大，因此好氧处理部分应该选择脱氮效果好的工艺。一般常用两级A/O活性污泥法，通过厌氧和好氧串联交替运行，但是具体工艺可根据具体条件（如水量、场地面积等客观因素）进行选择。

典型的淀粉废水处理工艺流程如下：

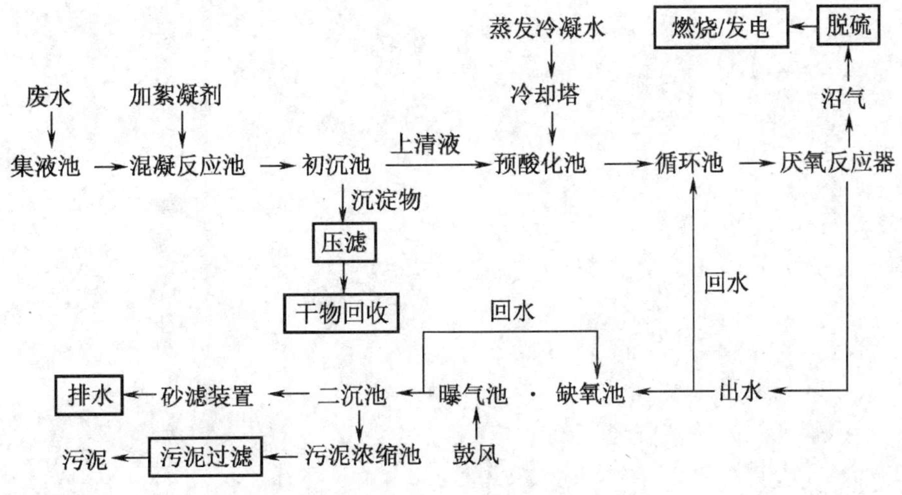

高浓度淀粉工业废水首先进入集水池，处理时泵入混凝反应池，加入絮凝剂促进悬浮物絮凝，再送入初沉池进行充分沉淀，沉淀物用泵抽出经板框压滤机脱水获得固体饲料，上清液与浸泡液蒸发冷凝水合并进入预酸化池。预酸化池利用酸化菌将有机污染物初步酸化成挥发性脂肪酸，预酸化度控制在30%左右，同时控制废水的pH和温度，使之适应厌氧反应器进料要求。

循环池是新废水和厌氧反应器回流水的混合池，用来精确控制进入厌氧反应器废水的pH和温度。厌氧反应器是废水处理的核心设备，淀粉工业常用的是EGSB（膨胀颗粒污泥床）和 UASB（上流式厌氧污泥床）厌氧反应器，主要通过颗粒污泥吸附有机物，再利用水解酸化菌的胞外分泌物将截留下来的有机物进行水解，变为无机物或沼气。沼气中 H_2S 含量较高，最大值可达 $8g/m^3$，通过脱硫处理，供电厂、锅炉或居民作为燃料，多余部分进入沼气柜贮存或放空燃烧。

经厌氧反应器后，COD 去除率为 80% 左右，污水还达不到排放标准，工艺上一部分回流到厌氧反应器继续厌氧处理，另一部分通过两级 A/O 活性污泥处理。缺氧池用于脱除氮氨，然后进入曝氧池进行曝气充氧，在足够的氧气条件下，厌氧转化后的无机物和有机物被活性污泥吸附消耗。COD 和 BOD 降低到排放标准时，排入第二个沉池，活性污泥靠重力沉淀分离，清水溢流到砂滤池进一步过滤后即可排放，沉泥排入浓缩池，再经过带式过滤机脱水后用作肥料。

采用厌氧 - 好氧工艺处理玉米淀粉废水，对 COD 的去除率可达 98% 以上，处理后废水优于国家二级排放标准，同时获得沼气燃料。

思考题

1. 玉米浸泡液的干物质化学组成怎样？它有哪些利用途径？
2. 玉米浆浓缩的方法有几种？各有什么特点？
3. 简述利用麸质粉提取玉米醇溶蛋白的工艺过程。
4. 简述玉米黄色素的化学成分、生理功能和提取方法。
5. 调研目前玉米淀粉生产企业副产品应用途径及其经济效益。

第四章　薯类淀粉提取工艺

第一节　概　　述

一、薯类原料

薯类是生产淀粉的重要资源，薯类淀粉在淀粉产品中占有重要地位，其产品在世界淀粉总产量中排名第二，排在第一位的是玉米淀粉，约占80%，而马铃薯淀粉约占10%，木薯淀粉约占8%。薯类品种较多，世界各地人工种植的品种有马铃薯、木薯、甘薯、芭蕉芋和菊芋等，它们大部分是适应力很强的高产作物，在我国以种植马铃薯、木薯和甘薯为主。

1. 马铃薯

马铃薯在全世界粮食作物的产量中居第四位，仅次于小麦、水稻和玉米。在我国，马铃薯种植以黑龙江、甘肃、内蒙古、山西等省或区为主，吉林、河北、辽宁、四川、陕西、安徽、云南等省种植也不少。全国马铃薯的种植面积为466.62万 hm^2，居世界第二位。

马铃薯淀粉拥有黏度高、糊化温度低、生产的薄膜透明柔软等特点。马铃薯淀粉的口感温和，不具有玉米、小麦淀粉那样的谷物味，它的直链淀粉由于分子质量大及磷酸基的取代作用，不易出现凝胶和老化现象，因此马铃薯淀粉的价格虽高，却有很大的市场。

（1）块茎结构　马铃薯为植物的块茎，形状通常呈椭圆形，表面带有芽眼。其结构是由皮层（周皮、外皮层、内皮层）、维管束环、外髓、内髓等部分组成，如图4－1所示。

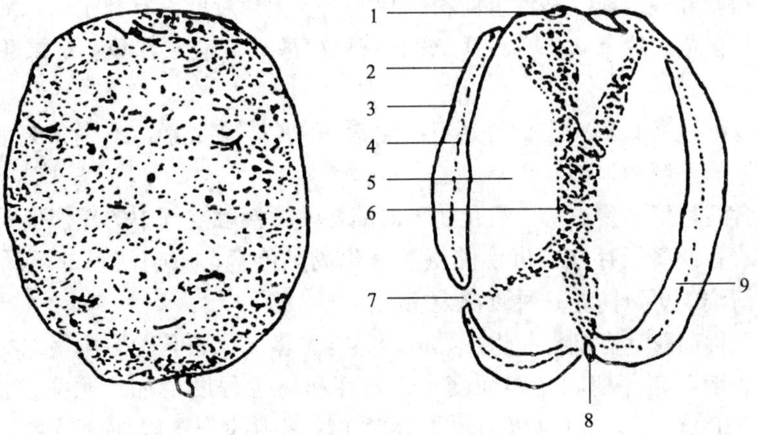

图4－1　马铃薯块茎结构

1—顶端芽　2—表皮　3—皮质　4—维管束环　5—外髓　6—内髓　7—侧芽眼　8—脐　9—脉管贮存薄壁组织

（2）化学组成　马铃薯的化学成分组成随品种、土壤、气候条件和贮存条件等因素不同而有很大变化。新收获的马铃薯成分平均水平如表4－1所示。

表4-1　马铃薯和木薯成分　单位:%

化学成分	马铃薯	木薯
水分	75.8	65
淀粉	19.9	21.45
糖分	0.4	5.13
含氮物质	2.8	1.12
脂类	0.2	0.41
纤维	1.1	4
灰分	0.92	0.54

碳水化合物：马铃薯所含碳水化合物主要为淀粉，此外还有纤维素、单糖、双糖和果胶等。鲜马铃薯干物质含量为20%~30%，其中淀粉占干物质约80%。淀粉含量随品种不同差异较大，一般在9%~25%。在马铃薯块茎中，淀粉含量以维管束环附近最多，皮层比外髓多，外髓比内髓多。马铃薯淀粉中的支链淀粉占总淀粉量约80%，直链淀粉聚合度比大多数其它淀粉高得多；马铃薯块茎的纤维素含量为0.2%~3.5%，大部分分布在皮层中，也是构成块茎细胞壁的主要物质；马铃薯块茎还含有蔗糖、葡萄糖和果糖，它们占总糖量的1.5%左右，新收获的块茎含糖量少，经过一段时间的贮藏糖分增多，这些糖是块茎汁的组成部分，在淀粉生产中随细胞液一起排出；所含的果胶主要是原果胶，大部分含在表皮层里，不溶于水，平均含量为0.7%左右，在淀粉生产中随渣排出。

含氮化合物：包括蛋白质和游离氨基酸，其中以蛋白质为主，占40%~70%，主要由盐溶性球蛋白和水溶性蛋白组成，其中球蛋白约占2/3。淀粉含量低的块茎和不成熟块茎含氮化合物多，用这样的马铃薯加工淀粉，料液黏度大，泡沫多，不利于淀粉提纯。

脂肪：马铃薯块茎中脂肪含量为0.04%~0.94%，主要由甘油三酯、棕榈酸、豆蔻酸及少量亚油酸和亚麻酸组成。马铃薯淀粉中脂类化合物含量低，有利于保障淀粉的质量。

有机酸：其含量占块茎0.09%~0.3%，有柠檬酸、草酸、乳酸、苹果酸等，其中以柠檬酸为主。

维生素：以维生素C最多，此外还有维生素A、B族维生素、维生素K和维生素D等，主要分布在块茎的外层和顶部。

酶类：包含淀粉酶、蛋白酶、氧化酶等。酪氨酸酶接触空气中的氧能生成有色物质，使薯汁呈红色。若有铁离子存在，可使酪氨酸氧化成黑色素，影响淀粉的色泽。在制作淀粉时，用 SO_2 水清洗，可以防止这种现象发生。

龙葵素：又称茄碱，有剧毒，未成熟的块茎含量多。成熟马铃薯块茎龙葵素含量一般为2~10mg/100g，随着储存期间光照而变青、发芽和腐烂程度增加，龙葵素含量急剧增加，可达35~40mg/100g，甚至50倍以上。龙葵素在块茎中的分布以外皮最多，髓部最少，幼芽及芽基部、发青和腐烂部分的含量较集中。

龙葵素有溶血作用，还可麻痹呼吸中枢，刺激胃黏膜。当食入龙葵素0.2~0.4g时，就能发生严重中毒，出现舌、咽麻痒，胃部灼痛及胃肠炎症状。重病者抽搐、意识丧失，甚至死亡。食用轻度变青、发芽和腐烂的鲜薯时，可剔除芽基部、青烂部，切块后在冷水中浸0.5h以上，还可利用龙葵素具有弱碱性的特点，在烧制时加入适量米醋来分解之。用含龙葵素高的马铃薯生产淀粉，会影响淀粉质量和副产品的利用。

灰分：占块茎中干物质总量的0.4%～1.9%。天然马铃薯淀粉因为存在磷酸盐基团，灰分比谷物淀粉要高出1～2倍。灰分的主要成分是磷酸钾、铜、钙和镁盐，磷含量与淀粉黏度有关，含磷越多，黏度越大。

适合于提取淀粉的马铃薯为块茎大、皮薄、淀粉含量高、表面光滑者，并且芽眼不深、不多为好。

(3) 贮藏特性　马铃薯水分含量高，因此，贮运过程中容易腐烂、黑斑及发芽。当温度在10℃以上时，腐坏较快，温度低时也会缓慢腐坏。

马铃薯在贮存过程中，淀粉会不断转变为还原糖，而糖分也会重新转变为淀粉，所有这些过程都是在复杂的酶系统作用下进行的。淀粉加工用马铃薯宜贮存在阴凉干燥处，最适宜的贮存温度为3～5℃。通常可采用化学试剂或辐照技术对块茎进行处理，以防止发芽。马铃薯在以上条件下可存放4个月以上。

2. 木薯

木薯原产南非，约100年前传入我国。目前全世界有70多个国家种植木薯。据统计，1999年世界木薯种植面积1658万hm^2，鲜木薯总产量1.66亿t。世界上木薯产量最大的国家是尼日利亚，其次为巴西、泰国、印度尼西亚、刚果（金）。我国种植木薯的省份主要有广东、广西、海南、福建和云南省区。2001年全国木薯种植面积43.7万hm^2，鲜木薯产量591万t，约占世界木薯总产量的3.5%。

木薯是半灌木多年生植物，植株高2～4m，如图4－2。木薯的产量和块根的大小随品种不同差异很大，块根一般长30～120cm，直径4～8cm，质量1～8kg。木薯的块根由外皮层、内皮层、肉质和薯心四部分组成，淀粉主要储藏于肉质部分，仅少量储藏于内皮层。外皮层包括木栓细胞层和木栓形成层，占块根重的0.5%～2%，在加工中可被刷洗除去；内皮层由栓内层和韧皮组成，占块根重8%～15%，其质地坚硬，不易加工，但含有10%的淀粉，所以大型企业保留此层，与中心部分一同用于提取淀粉。

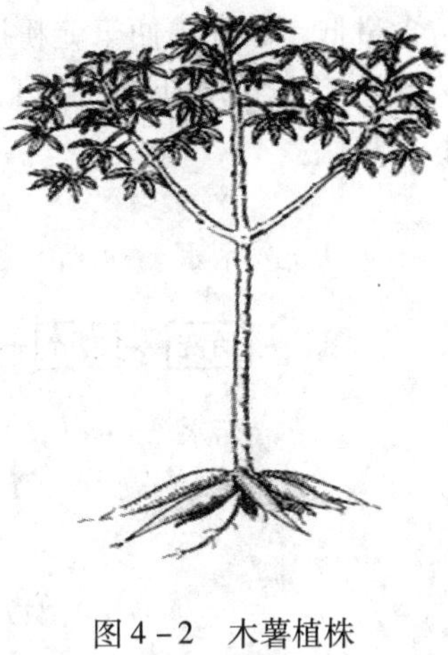
图4－2　木薯植株

木薯块根的化学成分因品种、土壤、气候以及根的年龄而异，木薯的化学成分组成平均值见表4－1。生长期低于10个月的嫩根淀粉含量低，超过24个月的老根木质化程度高，难于加工，适宜收获的生长期为12～20个月。

木薯含有一种有毒物——氰配糖体，在酶作用下，它可水解成丙酮氰酸，进一步分解成有剧毒的氢氰酸。氰配糖体与水中铁离子可结成蓝色的亚铁氰化物，使淀粉着色。因此，在分离淀粉时应避免使用铁制设备。木薯一般分为甜木薯和苦木薯，前者氢氰酸含量为50mg/kg鲜薯以下，后者含量达250mg/kg鲜薯甚至更高。甜木薯适合做食品原料，苦木薯淀粉含量高，适合用于淀粉生产。木薯收获后要求24h内进入加工车间。

木薯干也是淀粉的提取原料，其化学成分一般为：淀粉68%、纤维素8%、蛋白质3%、水分13%、其它8%。木薯干片应干爽、不霉变、无虫蛀。木薯淀粉在生产变性淀粉等方面具有独特的性能，同时它在许多方面可代替马铃薯淀粉使用，因此木薯淀粉具有独立的市场空间。

3. 甘薯

甘薯又名红薯、地瓜、番薯等。在我国除了青藏高原外，其余各省、自治区均有种植，其中以黄淮平原、四川和东南沿海各省山丘地带较为集中。我国的甘薯种植面积和总产量均为世界第一。

甘薯为植物的根茎，其形状和大小随品种、土壤和气候不同而有很大差异。其形状一般呈橄榄形，表面长有细根。其结构由表皮层、外部果肉和内部果肉组成。

不同地区不同品种的甘薯的化学成分变化很大。鲜根茎含水量高达60%～80%，干物质20%～40%。干物质中淀粉占70%～80%，糖类3%，纤维4%，含氮化合物8%，脂肪1%，灰分4%，其它物质6%。在含氮化合物中，水溶性的占3/4。纤维主要存在于表皮层中，约占总纤维的85%。

此外，甘薯中还含有一些不利于淀粉加工的物质，如酚类物质，受到氧化酶作用时形成黑色素；果胶等胶体物质，能影响淀粉颗粒与纤维、蛋白质的分离；淀粉酶，能使淀粉转化为糖，从而影响收率。

二、薯类淀粉提取工艺

马铃薯、木薯和甘薯具有相似的组织结构和化学组成，因此，淀粉生产的基本过程也是一致的。薯类淀粉生产的基本原理与湿法玉米淀粉生产原理相似，都是以水为媒介，利用淀粉颗粒与非淀粉成分在水溶性和密度上的差异，使淀粉与纤维、可溶性物质等分开的。由于薯类根块、块茎结构和化学组成与玉米相比，水分含量高，没有胚芽，非水溶性蛋白质少，脂肪含量低，因此更便于淀粉提取，其淀粉生产工艺比玉米的简单许多。

薯类淀粉生产中若以薯干为原料，在清洗工序前增加浸泡工序。一般生产工艺流程如下：

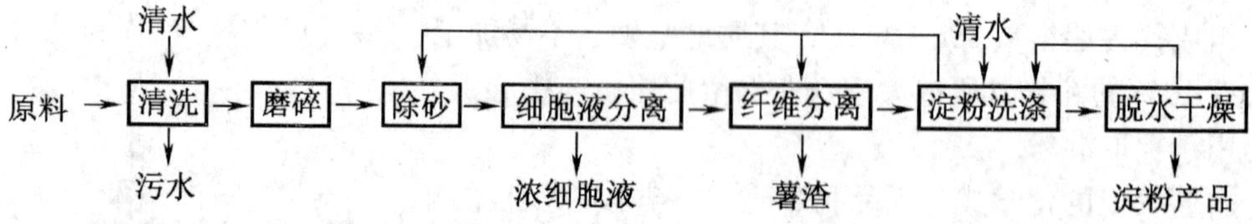

第二节　薯类淀粉生产设备

由于薯类原料和玉米原料物理特征相差很多，因此薯类淀粉生产设备与玉米淀粉的相比，既大体相同，又有独特之处。

一、原料输送设备

鲜薯的输送一般采用皮带输送机或流水槽两种方法。皮带输送机可完成水平输送或倾斜输送，流水槽常用于水平输送。木薯、甘薯的形状较长，适合选用皮带输送机，马铃薯形状趋于球形，两种输送方式都适用。

流水槽输送物料的同时可完成部分清洗工作，因此鲜马铃薯输送一般采用此法。流水输送槽截面一般呈U形，由钢板或聚乙烯板制成，具有一定倾斜度。槽宽23～27cm，深30～33cm，槽底倾斜度为1%～2%，输送途中可除去约80%的泥沙。

二、鲜薯洗涤设备

薯类由于生长在土壤中的特点，表面粘附有很多泥沙。鲜薯洗涤的目的是清除表面的泥沙，同时去除部分外皮，这样既降低了砂石对后序加工设备的磨损和保证产品质量，又减轻了纤维分离工序的负担。鲜薯洗涤一般采用鼠笼式清洗机或螺旋式清洗机。

鼠笼清洗机结构如图4－3所示，由鼠笼式滚筒、传动机构和洗涤槽三部分组成。圆柱形鼠笼滚筒由扁钢或圆钢条焊接而成，钢条间距为2～3cm，滚筒一般长2～4m，直径0.6～0.8m，滚筒内壁有由扁钢带制成的螺旋导板，螺距20～25cm，鼠笼滚筒通过轮毂安装在轴承座上。

工作时，鼠笼直径的1/3浸在洗涤槽中，薯块由鼠笼一端喂入，落入鼠笼底部浸泡水中，并在旋转鼠笼的带动下，一边沿圆周向翻滚，一边在螺旋导板的推动下沿轴向运动，此过程在洗水的伴随下，发生薯块与钢条之间、薯块与薯块之间的碰撞与摩擦，从而洗去泥沙和部分外皮。洗水由出料端喷入，污水从排污口排除。

螺旋式清洗机有水平式和倾斜式两种形式，它们可以在完成输送物料的同时完成清洗任务。图4－4是倾斜式螺旋清洗机，主要由螺旋输送器和清洗槽两部分组成。螺旋输送器倾斜地安置在清洗槽中，浸在清洗槽内的部分，输送器外壳底部开有筛孔，用于泥沙的漏出分离。

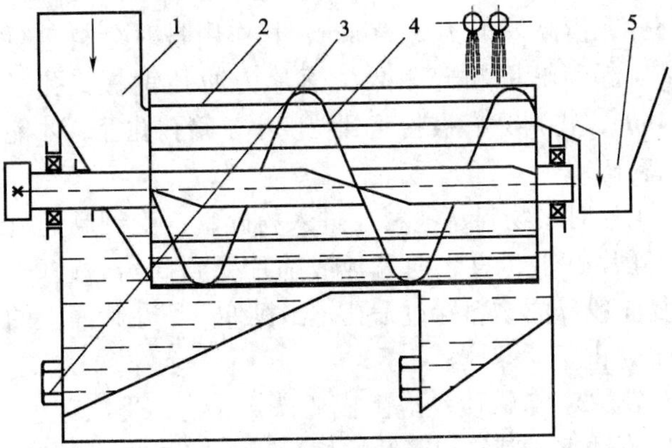

图4－3　鼠笼清洗机结构

1—进料口　2—滚筒　3—排污口

4—螺旋导板　5—出料口

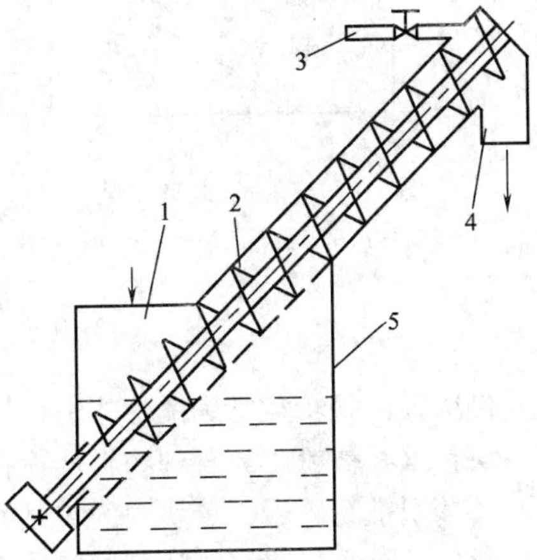

图4－4　倾斜式螺旋清洗机结构

1—进料口　2—螺旋输送器　3—进水管

4—出料口　5—清洗槽

工作时，薯块由清洗槽上方加入到螺旋输送器内，螺旋叶片一边搅拌一边向斜上方输送薯块。洗水由输送器顶端喷入，沿输送器向下冲洗脱落下来的泥沙。物料与冲洗水呈逆流方向运动，故能清洗得更干净。

在清洗工序，常常将鼠笼清洗机和螺旋清洗机结合使用，获得更好的工艺效果。

三、破碎设备

鲜薯或浸泡好的薯干通过破碎使细胞组织破裂，释放出淀粉颗粒。适当的破碎程度是保证破碎效果的关键，如果薯块破碎不充分，则淀粉不能充分游离出来，降低淀粉得率；薯块破碎过度，则纤维研磨过细，会增加淀粉与纤维的分离难度。近年来国外开始使用针磨破碎薯块，其破碎效果很好，纤维不易过碎，我国目前常用锤式粉碎机或锉磨机。

1. 锤式粉碎机

这是一种利用高速旋转的锤片来打击物料，实现粉碎目的的设备。该设备具有通用性强、粉碎程度控制方便、使用维修方便、破碎效果好等优点，但动力消耗、振动和噪声都较大。

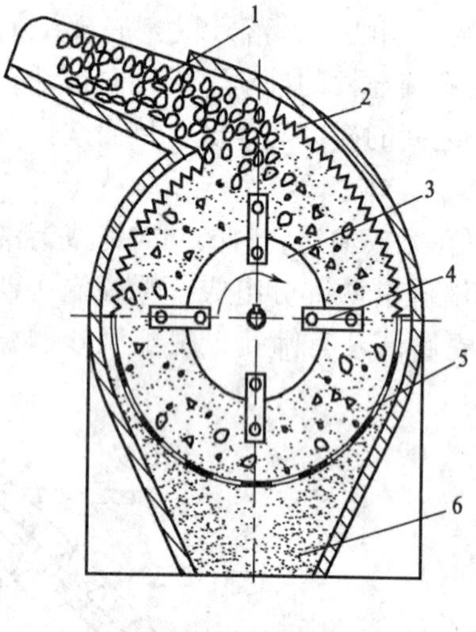

图4－5　锤片式粉碎机结构

1—进料口　2—齿板　3—转盘　4—锤片　5—筛片　6—出料口

薯类淀粉生产常用的粉碎设备为切向进料锤式粉碎机，其结构见图4－5，它由锤片转盘、粉碎室、机壳和传动机构组成。锤片转盘是粉碎操作的中心工作部件，转盘由两块圆盘相对放置，通过四根柱销连接在一起构成，每个柱销上穿挂有多排锤片，转盘轴支承在机壳上。机壳内上部安装有圆弧形齿板，下部安装有圆弧形筛片，齿板和筛片构成圆柱形粉碎室，包围着锤片转盘。

锤片是粉碎设备的主要工作部件，也是易损件。其形状和在转盘上的排列形式都有多种，以适应不同物料、不同破碎效果需要。齿板是带有方齿的白口铸铁部件，齿高一般为3～6mm，其作用是对物料进行磋磨，起到辅助粉碎效果。筛片为冲孔钢板，孔径3～4mm，物料只有被粉碎到粒度小于筛孔孔径，才能排出粉碎室。

工作时，物料从喂料斗进入粉碎室，受到高速旋转的锤片打击，再飞向齿板或筛片受到撞击、磋磨，并再次弹回到转盘受到锤片打击，如此往复。粉碎的物料穿过筛孔排出机外，留在筛面上的大块料继续被粉碎，直到物料从筛孔中漏出为止。

薯块被粉碎后，薯块中的氢氰酸被释放出来，与铁质反应生成亚铁氰化物，呈淡蓝色。因此，凡是与料浆接触的机械部件都应该用不锈钢或其它耐腐蚀的材料制成。此外，细胞中的氧化酶释出，在空气中氧的作用下，一些物质发生氧化反应，导致淀粉色泽发暗，解决方法是在粉碎时或粉碎后立即向料浆中加入亚硫酸，以抑制氧化酶的作用。

2. 锉磨机

锉磨机广泛应用于薯类淀粉加工行业，用于薯类物料破碎。锉磨机主要由转子、主轴、齿条、阻刀、筛板、机壳、进料口、机座和驱动系统组成，该机壳体和破碎物料部件全部采用不锈钢制作，结构见图4－6。

转子是圆柱形的钢辊，钢辊表面沿母线安装了上百条长条状齿条，齿条厚度1.25mm、间距10mm、凸出高度不大于1.5mm。齿条装夹于转子表面的凹槽内，便于快速更换。

工作时，薯块由进料口落到高速旋转（转子外缘线速约100m/s）的带有齿条的转子上，

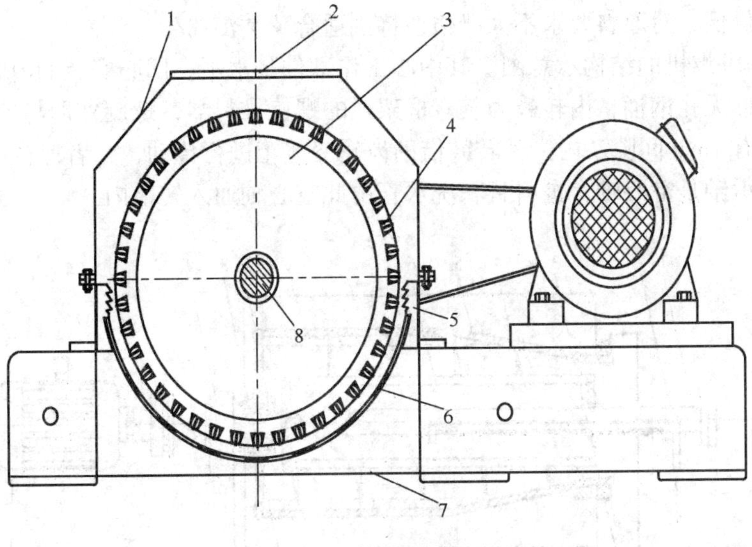

图4-6　锉磨机结构

1—机壳　2—进料口　3—转子　4—齿条　5—阻刀　6—筛板　7—出料口　8—主轴

并被带入与定块阻刀的间隙中，在转子齿条与定块阻刀的锉磨下，磨碎的糊状物穿过筛孔落入料槽，而大块物料继续留在机内锉磨。

该机结构紧凑，物料锉磨精细，颗粒均匀，淀粉游离率高，能耗更低，齿条更换方便，被它粉碎的薯末在显微镜下呈丝状，有利于纤维的分离，其缺点是磨齿磨损快。表4-2为几种型号的锉磨机技术参数。

表4-2　锉磨机技术参数

型号	TRS300	TRS400	TRS500
主轴转速/（r/min）	2100	2100	2100
转子宽度/mm	300	400	500
电机功率/kW	90～110	132～160	160～200
物料处理量/（t/h）	18	25	32
机器质量/kg	2500	2600	3500
外形尺寸/mm	2170×1090×1190	2170×1190×1190	2170×1290×1190

四、细胞液分离设备

鲜薯破碎后，淀粉和细胞液同时从细胞中释放出来。细胞液是细胞内可溶性物质的水溶液，含干物质4.5%～7.0%，包括蛋白质、氨基酸、矿物质、维生素和糖分等，细胞液约占薯块干物质总量的20%。

薯块被粉碎后应立即进行细胞液分离，这样可以降低后道工序中泡沫的形成，有利于提高设备工作效率；减少洗涤水用量，提高过程水质量，降低废水的排放量；降低细胞液中易氧化物质对淀粉质量的影响。

细胞液分离所用的设备有卧式螺旋卸料沉降离心机（简称卧螺机）、锥形离心筛和曲筛。卧螺机造价低，对原料要求不太严格，特别适合薯类淀粉生产。

图4－7是卧螺机的结构示意图。其中心工作部件是水平、同心安装的内转鼓与外转鼓。外转鼓为圆锥形无孔钢桶，内转鼓为装有框架式的螺旋推料器，螺旋外形与外转鼓内壁形状相同，两者间有1mm间隙。内、外转鼓借助齿轮变速箱进行传动，二者保持一定的转速差。转鼓小头的支承轴是空心轴，进料管和洗水管由此空心轴通入转鼓内。

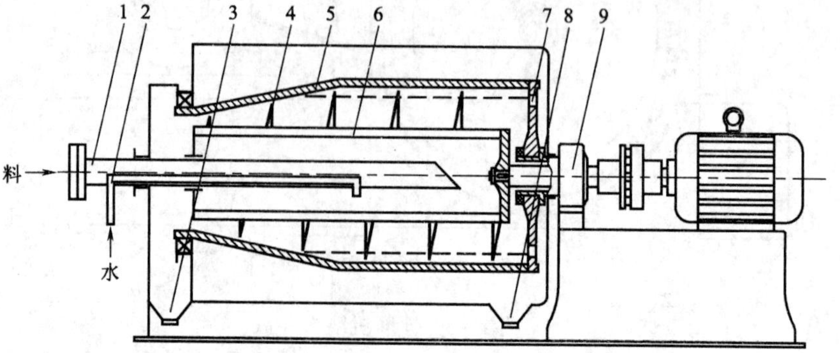

图4－7　螺旋卸料沉降离心机结构

1—进料管　2—洗水管　3—淀粉出口　4—螺旋片　5—外转鼓　6—内转鼓

7—溢流孔　8—分离液出口　9—齿轮变速器

工作时，浆料通过进料管进入转鼓。在离心力的作用下，沿外转鼓内壁形成环状层。浆料中的淀粉、纤维等固态物料沉积在外转鼓的内壁上，而细胞液浮于表层。表层的细胞液由外转鼓大头端溢流口排出；固态物料由螺旋推料器推向转鼓小头端，由外转鼓出料端口排出。分离细胞液后的沉淀物含水量为66%～68%。为了保证分离效率，通常把破碎的薯浆与工艺水按1∶(1～2）的比例稀释，然后再进行离心分离。该机供料要由漏斗供给，目的是保证供料量均匀和泡沫被截留。

五、纤维的分离与洗涤设备

薯类淀粉与纤维的分离与玉米纤维分离方法相同，都是利用淀粉颗粒和纤维微粒粒度大小的不同，借助筛分设备进行分离。薯类纤维分离常用的设备有锥形离心筛和曲筛，此外三足式离心机也常用于辅助分离。

离心筛主体全部用不锈钢制作，图4－8是喷淋式锥形离心筛结构示意图，它由不锈钢机体、进料导管、冲水组件、锥形筛体、主轴、驱动系统、集粉室、集渣室等组成。

锥形筛体安装在水平主轴上，浆料通过进料管输送到筛体小径端。在离心力作用下，浆料均匀地分布在筛面上，并逐渐向锥形筛体的大径端移动。在此过程中，淀粉悬浮液穿过筛网进入集浆室，再由出浆口排出。纤维被截留在筛面上并沿筛面向筛体大径端移动，此过程中被喷淋器不断喷水，以便冲洗出纤维中的游离淀粉，最后被抛入集渣室，由出渣口排出。

离心筛具有筛分效率高，密封性好，占地面积小，更换筛网方便等优点。但耗电量大，维修工作量大，设备有振动、物料贴壁、存料等现象发生。离心筛在国内中、小型淀粉厂使用较多，大型企业多用压力曲筛（见第二章第五节）。

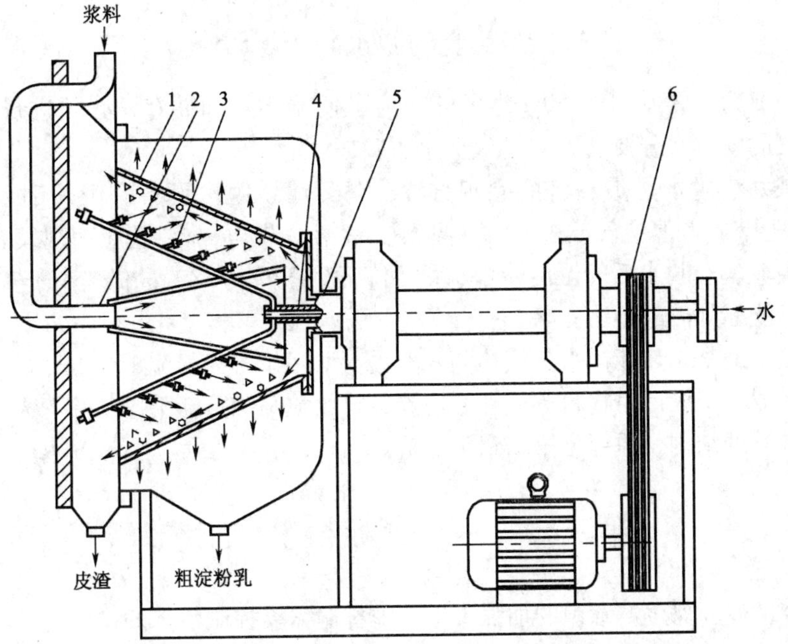

图4－8　喷淋式锥形离心筛结构

1—转鼓筛　2—进料管路　3—喷水器　4—喷水器轴　5—转鼓筛轴　6—V带传动

六、淀粉洗涤设备

淀粉洗涤的目的和原理与玉米淀粉洗涤相同，即利用淀粉与杂质的密度和水溶性不同，以水为媒介将它们分开。鲜薯浆分离纤维后，还含有细砂、细纤维和少量水溶性物质，占干物质重量2%～3%，需要利用淀粉洗涤设备去除。淀粉洗涤所用离心机和旋流器见第二章第六节，这里不再赘述。

细砂的分离所用设备为除砂器，其结构如图4－9所示，它由分离室、精选室和集砂室三部分组成。分离室就是普通的旋液分离器，淀粉乳经过此室后细砂从底流排出，淀粉乳从溢流排出，但由于细砂数量非常少，淀粉充斥底流排料空间，为阻止淀粉由底流沉降出去，设置了精选室。

精选室也是旋液分离器，上出口与分离室相连，下出口与集砂室相连，而进水口有两个。工作时，进水压力要足够，以确保在分离室底流管处有一个持续向上的水流，水的流速大于淀粉颗粒悬浮速度，小于细砂悬浮速度，这样在分离室底流口处就只有细砂能够进入精选室。进入精选室的细砂直接沉降到集砂室，集砂室底出口平时是关闭的，定期打开排放掉积存的细砂。

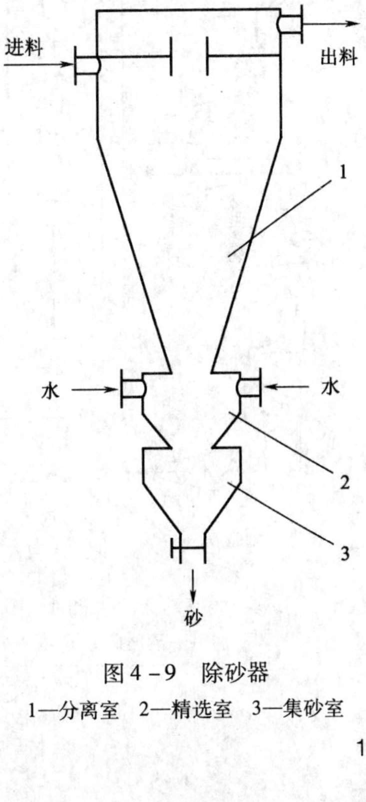

图4－9　除砂器

1—分离室　2—精选室　3—集砂室

目前除砂器也有将精选室空间做大点，然后取消集砂室的。

七、淀粉乳的脱水与干燥设备

精制后的淀粉乳含水量为50%～60%，为了便于运输和储存，必须进行脱水、干燥，以便达到贮藏的安全水分要求。

采用机械办法脱水是最经济的除水方法，薯类淀粉脱水设备有卧式刮刀卸料离心机（见第二章第七节）和真空转鼓过滤机（见第二章第七节），前者适应大规模企业，后者适合中小规模企业。经脱水后的湿淀粉含水量可降低到37%～38%，仍然高于安全贮藏水分，残余的水分只能靠加热的办法去除。

淀粉加热干燥是靠热能使水分汽化蒸发除去，所用设备为气流干燥器，常用设备为一级负压气流干燥器，干燥后对物料进行筛分检验，将粗粒筛除重新干燥，筛下为合格的淀粉产品。气流干燥器的结构、原理见第二章第七节。

第三节　马铃薯淀粉生产工艺

由于当今世界环保生产意识的加强，生产中普遍需要控制污水的排放量，因此规模化的马铃薯淀粉生产企业，都采用节水型的封闭式工艺流程，既有利于节约用水和能源，又有利于废水中蛋白质等物质的回收利用。典型的马铃薯淀粉生产工艺有以下三种。

一、离心筛法

图4－10为目前常用的马铃薯淀粉离心筛法生产工艺流程。首先马铃薯经过清理与洗

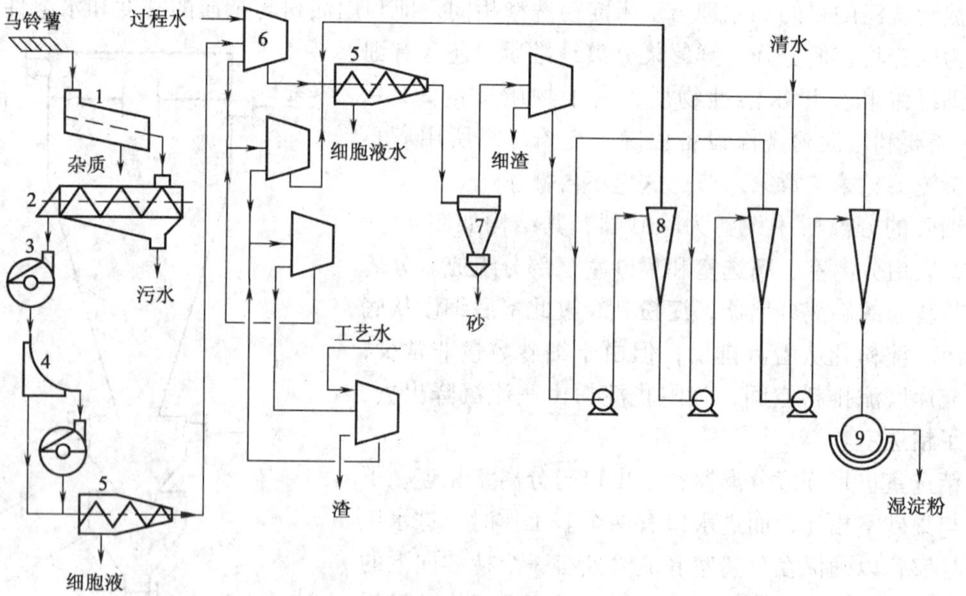

图4－10　离心筛法马铃薯淀粉生产工艺流程

1—清理筛　2—洗涤机　3—磨碎机　4—曲筛　5—沉降离心机　6—离心筛　7—除砂器　8—旋流器　9—真空转鼓过滤机

涤，去除原料中的杂草、泥沙等杂质，然后经过第一道磨碎机将薯块磨碎，磨下物过筛后筛出淀粉乳，筛上粉渣继续进入第二道磨碎机磨碎，以便充分释放淀粉颗粒。两道磨下物最终合并进入沉降离心机，分离出去细胞液，所得淀粉与纤维混合料渣经五台离心筛分离，分离出去纤维渣，获得粗淀粉乳。

此流程中第一台离心筛为粗渣分离筛，选用筛孔较宽，为125～250μm，筛上粗渣进入逆流洗涤的三级离心筛，用于回收其中的淀粉，洗涤用水为过程水。筛下含细渣的淀粉乳与三级离心筛回收的淀粉乳、旋流器洗涤出的溢流物合并，送入沉降离心机分离出部分细胞液水（过程水），以便提高料浆浓度、减轻后续工序可溶物洗涤负担，再经除砂器除砂，送至孔宽为60～80μm的细渣分离筛。这种粗、细渣分开分离的流程，可以减少粗、细渣带走的附着淀粉量，同时可提高浆料的过滤速度。

细渣分离筛的筛下物为粗淀粉乳，尚含少量可溶物和细纤维等，进入旋流器经三级逆流洗涤，从最后一级底流获得精制的淀粉乳，精制淀粉乳用真空吸滤机脱水，再经气流干燥器干燥，获得淀粉成品。第一级旋流器溢流排出的是洗出的混杂成分与淀粉的混合物，需要送到沉降离心机回收淀粉。

二、曲　筛　法

曲筛法生产工艺流程如图4－11所示，此工艺适合大规模生产企业。洗净的薯块经磨碎机磨碎，磨下浆料经卧螺机分离出细胞液，淀粉渣进入贮罐①用过程水稀释，之后泵入纤维分离洗涤系统。

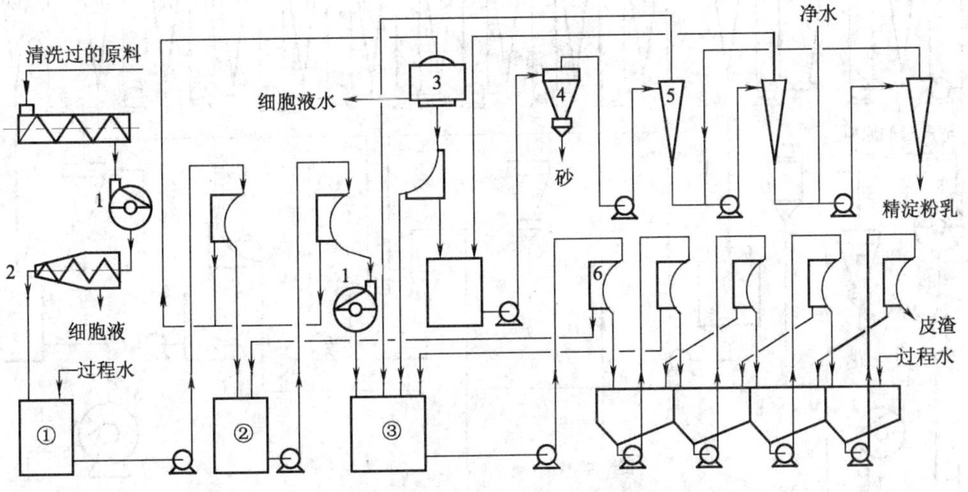

图4－11　曲筛法马铃薯淀粉生产工艺流程

1—破碎机　2—沉降离心机　3—三足离心机　4—除砂器　5—旋流器　6—压力曲筛

纤维分离洗涤共有7道曲筛。头2道曲筛为粗分筛，用于将淀粉乳和纤维初步分离，因此所用筛孔较大，穿过筛面的是含少量细纤维的粗淀粉乳，送到淀粉精制工序；筛上物是粗纤维和没有破碎的细胞，需经第二道磨碎机再次磨碎，然后送至纤维洗涤工序。

头2道曲筛分离出来的粗淀粉乳，经三足式离心机分离出部分细胞液水（过程水），再经筛孔更密的曲筛筛出细皮渣，细皮渣送回纤维洗涤工序，淀粉乳除砂后送入淀粉洗涤工序。淀粉洗涤由三级旋流器完成，洗涤获得的精制淀粉乳，含杂质在0.5%以下（干基），干物质浓度34%～40%，精制淀粉乳再经脱水干燥后获得成品，而三级旋流器洗涤出的混杂物由第一级旋流器溢流排出，送至纤维洗涤料罐③回收其中的淀粉。

纤维分离与洗涤工序的来料首先汇集到贮罐③中，包括第二道磨碎机磨碎的纤维渣、精筛出的细皮渣、旋流器洗出物、纤维洗涤乳。此工序由5道曲筛组成，第1道曲筛用于分离出混合料浆中的淀粉乳，送到粗分筛（经料罐②）回收淀粉乳，筛上的纤维送到后4道曲筛继续洗涤。纤维洗涤为逆流操作，由最后一道筛加入过程水、排出净纤维，由第1道筛分离洗涤出来的淀粉乳。

这种工艺粗渣和细渣洗涤在曲筛上一并进行，可以大大降低筛分工序的水、电消耗，简化工艺流程，减少操作难度和设备维修量。

三、全旋流器法

全旋流器法生产工艺是将纤维分离和细胞液的分离都在旋流器中进行，是一种新工艺，流程中一般设有13～19级旋流器。

如图4－12为13级旋流器的工艺流程。清洗后的薯块进入第一道粉碎机磨碎，没有充分磨碎的块茎经曲筛分离出淀粉乳后，进入第二道磨碎机进一步磨碎。磨碎的浆料经除砂器、过滤器处理后，输送到旋流器组进行纤维和细胞液分离。

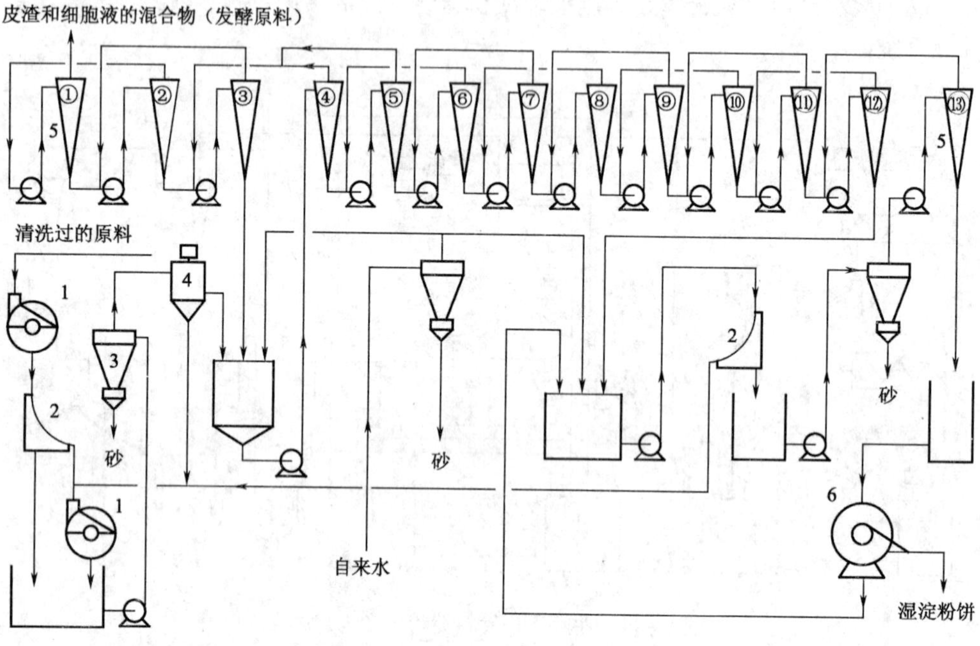

图4－12　全旋流器法马铃薯淀粉生产工艺流程

1—磨碎机　2—曲筛　3—除砂器　4—旋转过滤器　5—旋流器　6—脱水离心机

浆料进入旋流器组前，先用回流液和清水调节到适宜的浓度。浆料是从第4级旋流器进入旋流器组的，第4级为分级旋流器，它将浆料分成溢流的浆渣和细胞液、底流的淀粉乳。底流淀粉乳进入后面的9级旋流器进行洗涤，逆流洗涤出来的浆料（淀粉、纤维、细胞液混合物）从第5级溢流出来，与第4级溢流汇合送到1～3级旋流器，以回收其中的淀粉。1～

3 级旋流器回收的淀粉浆从第 3 级底流流入收集槽，纯化的纤维渣与细胞液混合物从第 1 级旋流器的溢流口排出。此溢流物中干物质的含量约为 9%，一般将其浓缩干燥成饲料，或经发酵后制成蛋白饲料。

为了加强重杂质的清除率，对第 12 级旋流器底流的淀粉乳用清水稀释后，用曲筛分离出残留的没有破碎的细胞，再经除砂器除砂，最后送入第 13 级旋流器洗涤。获得的精制淀粉乳经脱水干燥后即为成品。

此工艺特点是利用旋流器全部代替了曲筛、离心机和离心筛等设备，工艺设备种类少，维护方便，有利于自动化控制；体积小，节省车间占地面积；节约用水，只需要传统工艺用水量的 5%。

第四节　木薯、甘薯淀粉生产工艺

一、木 薯 淀 粉

以鲜木薯为原料生产淀粉的工艺和设备，与以鲜马铃薯为原料相似。但由于木薯中蛋白质等可溶性杂质含量很低，因此可以省去用卧螺机进行细胞液分离的工序。以鲜木薯为原料的淀粉生产工艺常采用以下流程：

木薯→[清洗]→[破碎]→[筛分]→[精制]→[脱水干燥]→成品淀粉

1. 清洗

清洗的目的是清除木薯沾带的泥沙，并除去大部分的外表皮，同时还能够去除一部分氢氰酸，因为氰化物毒素主要集中在木薯皮层中。清洗所用设备为滚筒式清洗机，鲜薯在滚筒内不停地向前翻动，靠与滚筒内壁上的螺旋胶条、轴上旋转浆相互摩擦、碰撞，将木薯块根的泥沙、薯皮去掉。

木薯的清洗必须彻底，因为污物容易被淀粉颗粒吸附，在以后工序中不易除掉，会影响淀粉的色泽和品质，一般洗水用量为原料重量的 4 倍，去皮率达到 80% 以上。

2. 破碎

破碎的目的是破坏木薯的组织结构，使淀粉颗粒从细胞中释放出来。常用的破碎设备为锤式粉碎机和锉磨机。目前普遍采用二次破碎工艺，以便使木薯组织的解体更充分。第一次破碎的淀粉浆通过 8.0mm 的条形筛孔，第二次通过 1.2 ~ 1.4mm 条形筛孔。破碎时，按木薯与水比例为 1∶1.2 加水，使破碎的木薯呈淀粉浆状。

3. 筛分

筛分的目的是使淀粉浆中的淀粉与纤维分开，工艺与马铃薯淀粉相同，所用设备有离心筛或曲筛。其中曲筛具有结构紧凑、性能可靠、筛分效果好、使用寿命长等特点。目前主要采用 120°压力曲筛及立式离心筛配合使用。曲筛用于纤维筛分和洗涤，离心筛用于精筛除去细渣。曲筛筛缝间隙为 50 ~ 100μm，离心筛筛网为 80 ~ 325 目。筛分洗涤后，要求所得薯渣含淀粉在 35%（干基）以下，其中含游离淀粉小于 5%，乳浆的纤维杂质含量低于 0.05%，乳浆浓度达到 5 ~ 6°Bé。

4. 精制

精制通过淀粉洗涤去除淀粉乳中不溶性蛋白质、可溶性蛋白质、脂肪及细纤维等杂质。

精制加工要尽可能在最短的时间内完成，因为乳浆易发生化学和酶反应，并将在淀粉、蛋白质、脂肪之间产生稳定的络合物。同时细胞液中丰富的营养物质会使微生物很快滋生繁殖，使细胞液发酵产生醇类和丁酸等物质。上述变化会影响到淀粉产品的色泽等品质。

目前普遍采用高速离心机，它可以在几秒钟内完成淀粉的洗涤、浓缩等精制任务。一般是将 2 台碟片分离机串联使用，第 1 级的目的是除去淀粉中黄浆水、可溶性物质和轻杂质，其进浆浓度 5 ~ 6°Bé，出浆浓度 12 ~ 15°Bé；第 2 级目的是进一步洗涤分离第 1 级的残留杂质，乳浆在进入第 2 级分离机以前需要用清水稀释至 8 ~ 10°Bé，第 2 级精制后的淀粉乳浓度为 20 ~ 22°Bé。为了抑制氧化酶和微生物的作用，需要保证生产用水含有一定浓度的 SO_2 或其它化学物质。

5. 脱水和干燥

常采用刮刀离心机进行溢浆法脱水，要求脱水后湿淀粉含水率低于 38%。脱水后的湿淀粉使用气流干燥机进行干燥，蒸汽压力控制在 0.8MPa，干燥后淀粉成品含水量在 13.5% 以内。

上述工艺简单，生产时间短，从投料到生产出成品仅需 30min，商品淀粉回收率 ≥ 96%。如果以木薯干为原料，生产工艺需要增加浸泡和漂白工序，相应增加辅料消耗为硫酸 2kg/t 淀粉，漂白粉 0.5kg/t 淀粉，高锰酸钾 0.1kg/t 淀粉。

二、甘薯淀粉

甘薯淀粉生产原料可以是鲜甘薯，也可是甘薯干。鲜甘薯不便于运输、贮存，必须及时加工，一般在收获 2 ~ 3 个月内需要完成加工。以薯干为原料，生产不受季节限制，技术也相对先进。

1. 鲜甘薯的加工

甘薯种类较多，品质差异较大，用于淀粉生产的甘薯要求块根淀粉量高，纤维、可溶性糖、蛋白质和酚类物质少，薯皮光洁、无病斑。

甘薯淀粉生产工艺流程与木薯很相近。鲜薯清洗沥干后送到磨碎工段分两次磨碎，第一次破碎采用锤片粉碎机把甘薯破碎成约 2cm 见方的碎块，第二次破碎采用冲击磨或金刚砂磨，加水磨成薯糊。为了使淀粉容易沉淀，可在磨碎时加入少量石灰水（100mL 水加生石灰 0.35kg），磨碎细度为每 1mL 淀粉乳中直径超过 2mm 以上的大颗粒不超过 5 ~ 8 粒。第一次破碎淀粉游离率应达 80%，第二次破碎后应达 90%。

纤维分离采用压力曲筛或离心筛；淀粉精制采用碟片分离机，采用二级串联的分离工艺，产品蛋白质含量小于 0.2%。精制淀粉乳经机械脱水、气流干燥，获得含水量 14% 以下的成品淀粉。

2. 甘薯干的加工

用甘薯干生产淀粉首先要进行清理，即用筛选、风选及磁选设备清除杂质，然后进行浸泡。浸泡方法有两种，一是将薯干破碎后再进行浸泡，二是将薯干置于容器中整片浸泡。薯干的浸泡水中要加入 0.02mol/L 的饱和石灰水，使浸泡液 pH 在 10 左右，浸泡时间 12h，温度 35 ~ 40℃。浸泡后甘薯片含水约 60%，然后用水淋洗，去除色素和尘土。浸泡后的薯片加工过程与鲜薯基本相同。

用石灰水浸泡甘薯干的目的是：使薯片中纤维膨胀，便于破碎后与淀粉分离；使薯片中色素容易渗出，提高淀粉白度；钙可降低果胶类物质黏性，使薯糊易于筛分；保持碱性，抑制微生物活性；淀粉易于沉淀，易和蛋白质分离，提高回收率。

甘薯淀粉在进行精制时常需要进行酸、碱处理。碱处理方法是将1°Bé稀碱溶液缓慢加入淀粉乳中，使其pH为12，用搅拌器以60r/min转速搅拌30min，然后静置沉淀，排放掉上层废液，注入清水清洗两次，使淀粉浆接近中性。碱处理的目的是除去淀粉中碱性蛋白质和果胶杂质。在碱处理过程中，可添加35°Bé次氯酸钠，用量不超过干基淀粉重量的0.4%，可起到增白和防腐作用。其后用酸进行处理，用酸调整淀粉乳pH为3左右，搅拌30min，再静置沉淀，排除上层废液，之后加水清洗，直至淀粉呈pH为6左右。酸处理的目的是除去淀粉浆中钙、镁等金属盐类，降低淀粉中的灰分含量。

第五节　薯类淀粉生产副产品的综合利用

一、细胞液水的综合利用

薯类细胞液水（汁液）的组成与薯类品种和生产工艺有关。马铃薯汁液中干物质浓度一般为1%～3%，干物质中蛋白质占32.8%、淀粉6.6%、葡萄糖6.6%、纤维0.2%、灰分16.4%、其它37.4%。甘薯汁液成分为水分96%、含氮物质（以蛋白质计）0.55%～0.94%、糖分0.52%～0.92%、其它约2%。木薯汁液成分和甘薯汁液相似，但是含有氢氰酸。

由于薯类汁液浓度低、易变性、含有抗营养或有毒物质，因此薯类汁液不便于利用。目前的利用途径有提取蛋白质，浓缩后做发酵工业原料，浓缩后做饲料，发酵后生产蛋白饲料，发酵制取甲烷（沼气）沉渣作农业肥料。

汁液浓缩方法和单细胞蛋白生产方法，与玉米浆的相同。细胞液中蛋白质回收则需要用蒸汽加热，使蛋白质凝结，此法称热凝聚法，具体操作为先将汁液酸化到pH5.5，再加热到99℃以上，用板框压滤机过滤出凝沉的蛋白质，然后在滚筒干燥机中干燥，获得蛋白粉。

二、粉渣的综合利用

湿粉渣含水分约90%，淀粉5%，蛋白质0.95%，粗纤维1.52%，灰分0.28%以及少量糖醛酸酐、果胶等。

湿粉渣极易腐败，不宜贮存。一般将其脱水、干燥后，用作饲料。脱水用离心机和螺旋挤压机，脱水后含水量约70%，干燥常用管束干燥机，干燥后水分为16%。

粉渣还可以与细胞液混合后进行糖化，然后制取蛋白饲料和液体培养基。操作方法为：用蒸汽将细胞液加热后与粉渣混合，再用蒸汽加热至110～120℃，起到灭菌和凝结蛋白的作用，然后冷却至62～64℃，接入大麦芽进行2h糖化。糖化后的料加温至70～80℃进行压滤，滤渣干燥后作为蛋白饲料；滤液经蒸发浓缩，可作发酵工业的培养基，其成分为糖、蛋白水解物，还含有葡萄糖、蔗糖、麦芽糖和各种氨基酸。

思考题

1. 比较以玉米和马铃薯为原料提取淀粉的工艺差异。
2. 简述马铃薯淀粉的曲筛法生产工艺流程。

第五章　其它谷类、薯类淀粉提取工艺

虽然小麦产量在世界谷物产量中居第一位，但小麦淀粉产量却不大，仅为世界淀粉总产量的4%，小麦的主要用途为人类的主食。此外，大米、豆类、野生植物等都属于小品种的淀粉原料，合计产量不超过淀粉总量的1%。尽管小品种淀粉产量较少，但是每种淀粉的物理特性十分鲜明，在食品、化工、造纸等领域可以满足某些产品的特殊要求。

第一节　小麦淀粉提取工艺

一、原 料 简 介

1. 小麦简介

在世界范围内，小麦的总产量略高于玉米，但小麦淀粉产量却远远低于玉米，只有新西兰、澳大利亚等少数国家的淀粉生产以小麦为原料。中国是世界上小麦产量最大的国家，年产量达1.25亿t，占世界总产量的19%。在国内，小麦产量接近玉米，低于稻米1.8亿t的产量，主要产区在河南、河北与山东等省。

1995年前，国内几乎没有规模化的小麦淀粉厂。近20年来，小麦产量增长很快，1997年产量高达1.23亿t，比1979年翻了一番，加上人均小麦消耗量明显下降，国内已经出现大量小麦库存。近年来，政府为了降低因保存小麦而增加的财政负担，不得不压缩小麦种植面积，2009年中国小麦播种面积为2390万hm^2，产量达1.14亿t。同时，鼓励开发小麦综合利用，目前河南、安徽、江苏、山东等省已经建起或正在兴建多家规模较大的小麦淀粉及其深加工企业。到2009年，小麦淀粉产量超过200万t，占全国淀粉总产量的10%以上。

2. 籽粒结构与化学组成

小麦籽粒由皮层（果皮、种皮、糊粉层）、胚乳、胚芽等部分组成，其结构如图5-1所示。

小麦品种不同，其籽粒各部分所占比例、成分组成差异也较大，表5-1为小麦成分表。与玉米相比较，小麦结构与成分呈现以下特点：胚乳除了含淀粉80%外，还含有高达13%的蛋白质，因此，用其研磨成的小麦粉蛋白营养价值很高；胚芽占籽粒比例较小，仅有2.7%，但脂肪、蛋白质、氨基酸等营养成分丰富，可用来提取胚芽油或生产蛋白保健食品；糊粉层含有较高的蛋白质、脂肪、矿物质等营养成分，其生理结构不应

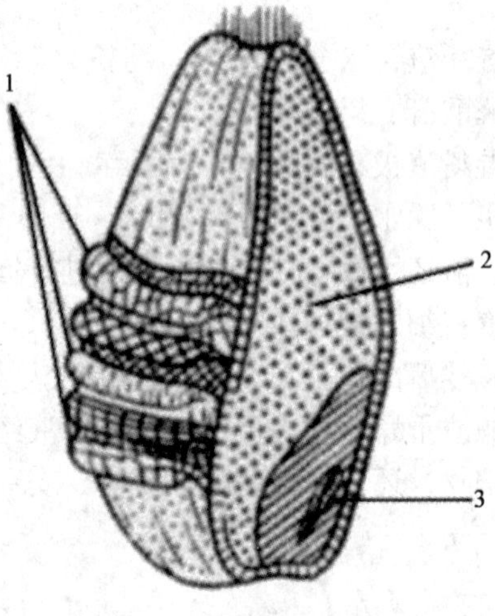

图5-1　小麦籽粒结构

1—皮层　2—胚乳　3—胚芽

该属于皮层，也是玉米籽粒所不具备的，但在加工小麦粉时与果皮、种皮一起混入了麸皮中，使麸皮的饲料营养价值大大提高；小麦全粒粗蛋白含量为11% ~16%，在谷物类中仅次于大麦，但必需氨基酸含量低，特别是赖氨酸、含硫氨基酸和色氨酸；小麦的粗纤维含量较低，约为3%；矿物质和微量元素含量较高，灰分含量约2%。

表5-1　　小麦籽粒各部分成分　　单位:%

籽粒部位	占粒重	蛋白质	淀粉	糖类	纤维素	戊聚糖	脂肪	灰分
全粒	100	16.1	63.1	4.3	2.8	8.1	2.2	2.2
胚乳	82.5	12.9	79.9	3.5	0.15	2.7	0.7	0.45
胚芽	2.7	37.6	—	25.1	2.5	9.7	15.1	6.3
糊粉层	6.4	53.2	—	6.8	6.4	15.4	8.2	13.9
果皮、种皮	8.4	10.6	—	2.6	23.7	51.4	7.5	4.8

小麦淀粉具有糊化温度低、淀粉糊黏度热稳定性好、凝胶体强度高等特点，被广泛应用于食品、轻工、纺织、制药、造纸等行业。小麦淀粉还可进一步转化为高附加值的产品，如变性淀粉、糖浆或作为发酵原料生产味精、柠檬酸等。

3. 工艺特性

相对于其它淀粉，小麦淀粉的生产有其独特之处。小麦胚乳中蛋白质含量高达12.9%，比玉米的8.0%、稻米的7.4%高得多，而且小麦的蛋白质遇水后会形成网状有弹性的面筋，这使小麦淀粉与蛋白质的分离比玉米及薯类困难得多。

小麦高蛋白质含量及其蛋白质可形成面筋的特性，使小麦淀粉生产的产品结构与众不同，主要产品既包括淀粉也包括活性小麦面筋粉（又称谷朊粉），同时获得含有大量不易分离的戊糖类物质与黏结性蛋白质的B级淀粉，B级淀粉占10% ~20%，影响优质淀粉（A级淀粉）的收率。

谷朊粉主要成分是小麦谷蛋白和胶蛋白，其蛋白质含量为75% ~85%，脂肪含量为1.0% ~1.25%。吸水后的谷朊粉会形成蛋白质水化物——湿面筋，它具有很强的黏弹性、成膜性（保气性）、热凝固性、乳化性等，是一种天然的面粉品质改良剂，在制作面包、面条等食品时添加2%，能增加面团的筋力，改变产品的柔软性、韧性和口感。

选择原料要兼顾淀粉和谷朊粉的品质与得率。硬质小麦作原料时，面筋粉收率高，但由于面筋网络坚固，淀粉洗脱难、收率低；软质小麦的淀粉含量高、颗粒大，淀粉收率高，但面筋筋力较差。因此，两者按一定比例搭配使用可以改善生产工艺效果和各种产品的得率，一般要求调配筋率不低于24%。

小麦籽粒结构特性和蛋白质特性，也决定了小麦淀粉生产工艺的多样性。从生产原料来分有以小麦籽粒为原料的，也有以小麦粉为原料的，国内企业多数以小麦粉为原料生产小麦淀粉。

以小麦粉为原料的淀粉生产工艺也有多种，但它们的生产原理基本相同，都是利用小麦蛋白质可以形成不溶于水的面筋网的特性，加水于小麦粉中，让离散的蛋白质分子结合成面筋网，然后利用洗涤的办法将淀粉颗粒从面筋网中洗脱出来，其基本工艺流程如下：

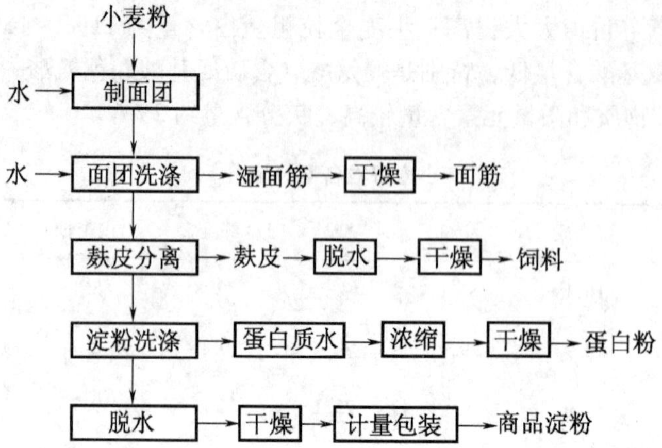

以小麦粉为原料的小麦淀粉生产方法有马丁法（Martin）法、拉西奥（Rasio）法、旋流法（KSH 法）、高压分离法（HD 法）等。马丁法为小作坊使用的传统方法，旋流法和拉西奥法是从国外引进的小麦淀粉先进生产工艺，其生产规模为年处理面粉（1.5 ~2）万 t。近些年来，一些国内设备厂家消化吸收国外技术，研究开发出适合我国国情的小麦淀粉生产装备，年处理面粉达 2 万 t，工艺指标达到或超过引进的生产线，而设备总造价仅为进口的1/8。

二、提 取 工 艺

1. 马丁法

马丁法是一种传统的小麦淀粉加工方法，其主要工艺流程：和面、面筋洗涤、麸质分离、淀粉精制和淀粉脱水与干燥。

（1）和面　将面粉和水按约 2∶1 的比例调制成面团，水温控制在 20 ~25℃，可适当加 0.5% 左右的食盐，以增强面筋筋力。和好的面团静置 15 ~25min，使蛋白质充分水合形成面筋。

（2）面筋洗涤　常用面筋洗涤机，靠两根平行排列、反向异速旋转的螺旋搅拌叶片，使面团受到揉搓作用，完成面筋洗涤。洗涤出的淀粉乳从洗面机槽体上部溢流排出，面筋从槽底出口排出。

（3）麸质分离　所得淀粉乳混有碎麸片和碎面筋，用振动筛分离出面筋碎片，用离心筛分离出纤维麸片。

（4）淀粉精制　将筛分后的淀粉乳送入沉淀池自然沉淀，其上清液中包括可溶性蛋白质、细纤维等杂质，抽吸去除上清液，底层浓稠的淀粉浆加清水反复沉淀几次，获得精制淀粉乳。

精制后的淀粉乳经脱水干燥后获得小麦淀粉产品。

由于面团体积较大，马丁法不易将面筋洗透，影响产品纯度和出品率。马丁法生产规模小，条件差，用水量大，产品出率低，且品质稳定性差，但其工艺设备简单，投资少，适合乡镇小型企业。

2. 拉西奥法

马丁法的特点是把面粉制成面团，而拉西奥法是马丁法的改进方法，其工艺流程如图

5-2 所示。首先将面粉制成面糊，这样获得的混合物坚固性低于面团，形成的面筋膨大且松散，淀粉颗粒很容易洗脱出来。

面粉和水以 5:(6~10) 的比例混合成糊，经针磨 2 打碎面筋凝块，形成均匀的悬浮液，释放淀粉颗粒。悬浮液在倾析离心机 3 中分离成底层的淀粉稠浆和上层的碎面筋乳两部分。

淀粉稠浆经曲筛 7 分离出细纤维，再经两道离心机 8 洗涤、干燥器 9 烘干，获得高质量的 A 级淀粉。

碎面筋在熟化罐内重新聚集成团块，然后加过程水用针磨破碎成小碎块，避免面筋包裹淀粉。面筋用 1#筛筛出，进一步脱水干燥，获得活性面筋粉。1#筛下物用倾析离心机回收残留的 A 级淀粉，离心机溢流用网眼更细的 2#筛进一步回收面筋。2#筛下物经碟片式离心机沉降出 B 级淀粉，溢流所得清液含干物质 4%，一半用作过程水，另一半蒸发浓缩成干物质 40% 的料浆，再和细纤维混合干燥成饲料产品。

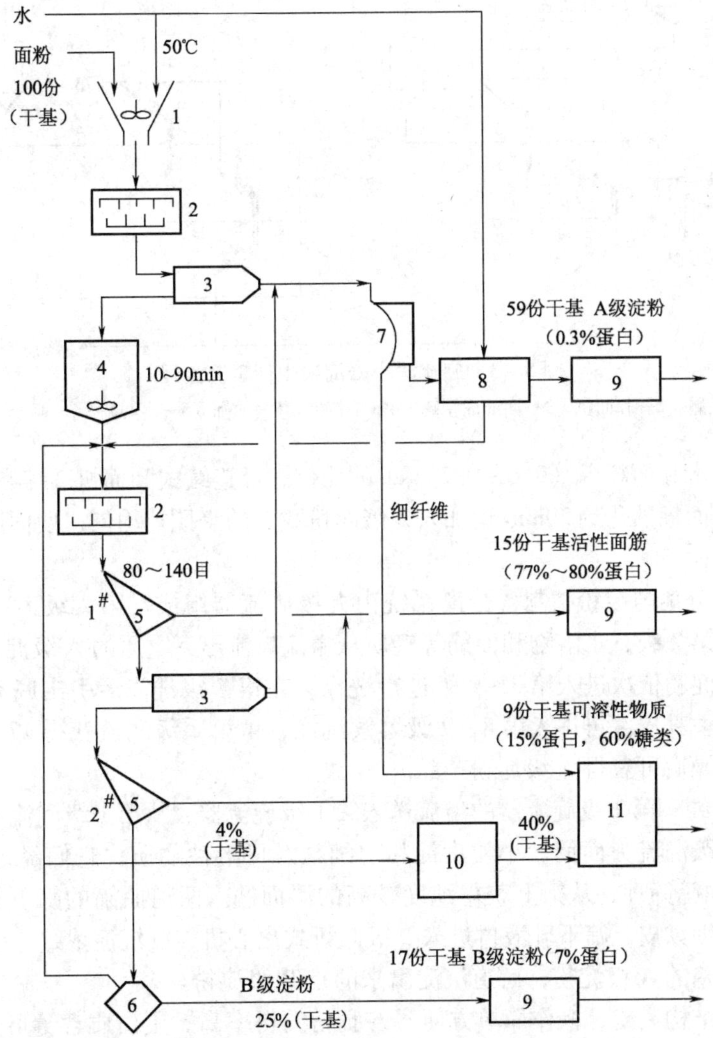

图 5-2 拉西奥法生产工艺流程

1—搅拌机 2—针磨 3—倾析器 4—熟化罐 5—筛子 6—浓缩离心机 7—曲筛 8—两级倾析式离心机 9—干燥器 10—三效蒸发器 11—鼓式干燥器

拉西奥法采用高速离心机分离浆料，工作效率高，用水量少，产品得率高，质量好，适合大型企业。

3. 旋流法

旋流法是对面糊法的改进方法，其特点是面筋与淀粉的分离设备以旋流器为主，生产工艺流程如图5-3所示。

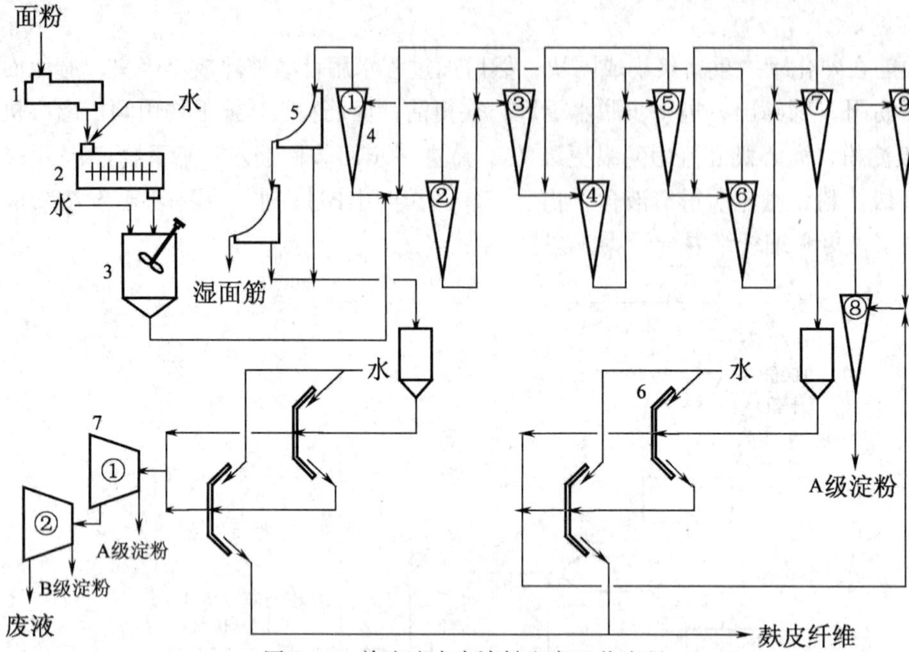

图5-3　旋流法小麦淀粉生产工艺流程

1—计量装置　2—和面机　3—面筋成型罐　4—旋流器　5—曲筛　6—离心筛　7—倾析式离心机

（1）和面　水和面粉以（0.6~0.7）:1的比例，经连续式和面机2拌和成均匀的面糊，水温40℃左右。面糊熟化约20min后加入2倍面粉数量的水搅拌均匀，使面筋呈凝乳微粒状悬浮于淀粉乳中。

（2）面筋的分离与淀粉精制　分离系统由九级旋流器组成。第2级为粗分离用的旋流器，面浆先泵入第2级，水溶物和面筋等轻质从溢流口流出，重质的A级淀粉由底流排出。

第2级底流淀粉依次进入第3~9级进行洗涤，在第7级洗涤后引出底流，加清水经两道离心筛洗涤除去麸皮，再进入第8、9级继续洗涤，由第8级底流获得17~20°Bé的精制淀粉乳，脱水干燥后可获得A级淀粉产品。

（3）面筋提纯　第2级旋流器的溢流送入第1级旋流器，从第1级底流回收面筋夹带的优质淀粉。第1级溢流为面筋、小粒度淀粉、细麸及可溶性物质，它们经过两道筛缝宽为350~500μm的曲筛筛理，从筛上获得纯度较高的湿面筋。两道曲筛的筛下料浆合并，经2道离心筛分离出细麸皮，筛下乳液再进入2级倾析式离心机连续沉淀浓缩，前道离心机沉淀出来的是质量稍差的A级淀粉，后道沉淀出来的是B级淀粉。

旋流法设备结构紧凑，操作简单方便，谷朊粉的得率高，蛋白质含量可达75%~80%，而淀粉质量、总收率与拉西奥法相当。

4. 以小麦籽粒为原料的生产工艺

其生产方法与玉米淀粉生产工艺相类似，原料宜选用软质小麦。工艺流程为：将小麦用

0.2%亚硫酸，在39℃温度条件下浸泡12h，浸泡后含水量达到55%。其它的操作方法与玉米淀粉加工方法相同。此法淀粉回收率约为83%，淀粉产品中粗蛋白质含量低于0.4%。

第二节　大米淀粉提取工艺

一、原料特性

1. 大米淀粉简介

大米是一种重要的谷物资源，我国是世界上大米生产大国，2010年大米的产量达到1.987亿t。已知的大米品种约有7000种，种植较多的是杂交品种，以获得更高的产率、更早成熟期、更好的碾磨质量、抗病虫害和改善蒸煮质量。根据谷物籽粒长度和形状，大米的品种分为短、中、长粒。中、长粒大米习惯称为籼稻；短粒大米习惯称为粳稻。

大米淀粉具有谷类原料中淀粉颗粒最小的特点，其粒度为3~8μm，且粒度均一，形状为不规则多角体。大米淀粉粒以复粒形式存在，复粒呈球形或椭圆形，直径7~25μm，其内包括20~60个小淀粉颗粒。糊化的大米淀粉吸水快，质构柔滑似奶油；蜡质大米淀粉还具有极好的冷冻、解冻稳定性，可以防止冷冻过程中的脱水收缩。

基于上述特性，大米淀粉具有多种开发途径：烹调用增稠剂；家用撒粉和衣服上浆剂；纸和照片纸的粉末；糖果的糖衣和药品的赋形剂；作为脂肪替代物用于冷冻甜点等；利用其颗粒小的性质在化妆品中得以应用；特别在改性淀粉的生产上具有独特的优势，大米淀粉改性后，转化为抗性淀粉、多孔淀粉、缓慢消化淀粉、脂肪替代物等具有开发潜力的产品。

2. 稻谷的结构与大米胚乳成分

稻谷谷粒由谷壳、种皮、胚芽和胚乳组成。种皮包含6层不同类型的细胞，最里层的糊粉层具有丰富的蛋白质、脂质、矿物盐和复合B族维生素。大米是稻谷经过脱壳获得糙米，糙米含淀粉约73%，再经碾白去除皮层获得大米。大米胚乳的化学组成见表5-2。

表5-2　大米胚乳的成分　　单位：%

淀粉	蛋白质	脂质	灰分
87.2~93.5	6.0~10.0	0.26~0.95	0.36~0.61

二、提取工艺

1. 生产原理

大米中淀粉是以复粒形式紧紧包裹在蛋白质网络中，两者之间结合非常紧密，水或亚硫酸液无法破坏这种结合力。大米蛋白质的主要成分是谷蛋白和碱溶蛋白，其中至少80%是碱溶性蛋白。制取高纯度大米淀粉时，一般采用碱液浸泡法溶解去除蛋白质，也有用蛋白酶水解蛋白质的方法分离米蛋白和淀粉。

2. 工艺流程

（1）碱浸渍工艺　其工艺流程为：

大米→预处理→浸渍→磨浆→淀粉乳精制→脱水干燥→大米淀粉

①预处理：大米中矿物质、整谷粒含量高于标一米时，需进行精选，如加工精度低于标一米需回机碾白，提高加工精度。

②浸渍：将大米放入浸渍槽中，用0.3%～0.5% NaOH 溶液浸泡，料液比为1:2，浸渍温度50℃。浸泡过程中每隔6h 搅拌一次（采用空气搅拌为好），浸泡24h 后，沥去碱液，再加入新碱液浸渍36h，重复以上操作，每隔6h 搅拌一次。大米经过浸渍处理之后，米粒中蛋白质可溶出约50%，且米粒软化，用手指可将米粒捏碎。

③磨浆：浸泡后的大米用磨浆设备或锤片粉碎机湿磨成浆，磨浆时边加0.3%～0.5% NaOH 溶液边磨碎。

④精制：精制包括筛分、沉淀、水洗、调pH 操作。磨后浆液用300目筛网分离出粗粒（淀粉糟），筛下物为淀粉浆，浓度为2～5°Bé。淀粉浆再用沉淀槽沉淀分离出粗粒料，获取精制淀粉，其方法是将沉淀槽内上部2/3 浆液取出进行水洗精制，残留粗粒料用碱液稀释后，再次静置，再取上层浆液进行水洗。这种操作也可以用喷射型离心机，筛下细淀粉浆液用水流型喷射离心机水洗4～5次，除去蛋白质和碱，在最后一次水洗之前，用盐酸将浆液pH 调至6.5～7.0，再进行水洗。水洗后的精制淀粉浆用离心机或压滤机脱水，干燥后制得成品大米淀粉。

⑤回收蛋白质：大米浸渍液用2%～3%盐酸中和到蛋白质等电点（pH6.4），经离心机脱水回收其中的蛋白质，干燥后作为动物饲料。

⑥淀粉糟处理：筛分出的淀粉糟用盐酸中和、脱水、干燥，得淀粉糟饲料，与浸泡液回收的蛋白质混配后加工成饲料。

（2）欧洲大米淀粉加工新工艺　目前，在欧洲碱浸渍法生产大米淀粉时，在连续化生产过程中采用了现代化的工业装备。原料采用磨碎的大米，大米以1016～1524kg 分批放于浸渍罐中，加入相对密度为1.005 的稀 NaOH 溶液，至覆盖大米一定深度，浸渍10h，在大米泡软前回流数次，放出浸渍液回收蛋白质。

浸渍后的大米送至锤碎机或石磨破碎，同时用稀氢氧化钠溶液调节流出淀粉乳相对密度为1.2，此淀粉乳放入带搅拌器的罐中，再用稀 NaOH 溶液调节至pH10，游离淀粉通过高频振动筛或安放绢布的平筛，筛上物再次用稀碱液稀释，重新研磨。为减少所需水量，采用逆流系统，从每套筛的溢流用来冲洗上一套筛的淀粉乳，底流在筛的小锥形受器下方连续流出系统。筛的最后一级溢流去脱水至含水分35%～45%，此纤维饼在管束干燥机中干燥后可作动物饲料。

筛下底流淀粉乳泵至悬吊式带无孔篮筐离心机，淀粉饼在筐内，溢流为较轻的蛋白质类物质，充满后离心机表面含蛋白质的滤饼及其它杂质由刮刀刮除，刮出的淀粉饼靠近篮筐的外层纯度高，内层有较高的蛋白质和其它杂质，此分离过程造成不同等级的淀粉乳，内层可回去进一步纯化。

为了特殊需要，精制淀粉也可漂白，用次氯酸钠微调 pH 至8.3（约1h），再用酸或二氧化硫将pH 调节至7.0 以除去氯，用连续旋转真空过滤机脱水和洗涤，再用净水，并用带孔的篮筐式离心机脱水为含水约35%。用旋转逆流热空气干燥机将水分降至约12%，淀粉粉碎、包装和装运。淀粉的收率为75%～80%。

浸渍水和脱出的水，以及离心分离的水用酸或二氧化硫中和，调节至等电点（pH6.4）。沉淀、过滤或离心回收蛋白质，浓缩的蛋白质干燥后用作动物饲料。

（3）酶法工艺　有报道以大米为原料，采用酶法制备大米淀粉。酶法采用中性蛋白酶，以酶解温度45℃，酶解时间18h，酶用量0.5%为最佳条件，所得淀粉中蛋白质含量为0.44%，淀粉提取率为87.8%。

第三节　豆类淀粉提取工艺

一、绿豆淀粉

1. 绿豆淀粉简介

我国绿豆资源丰富，大部分地区均有种植，而以广东、广西、河南、河北、山东、四川、安徽等省或地区种植面积最大。

绿豆淀粉的生产方法有三种，即机械分离法、酸浆法及土法。机械分离法工艺比较先进，适合连续化大规模生产。酸浆法提取绿豆淀粉是做龙口粉丝的传统工艺，此法工艺较为繁琐，操作指标对实践经验依赖性较强，不适合机械化连续生产。土法是作坊式生产，即将绿豆浸泡后，用石磨或砂轮磨磨成豆浆装在双层细滤布吊袋里，悬空在大缸上，加水把淀粉漂洗入缸内，除去上面的豆渣，让粉浆在缸里静置16h左右，吸去上面澄清水及微黄的液汁，把沉积在缸里的淀粉取出，放进布袋里沥干后，取出淀粉块，将其日晒或烘干制成干淀粉。土法生产产量小、质量差、收率低且污染环境。

绿豆淀粉含直链淀粉28.8%、支链淀粉71.2%，具有热黏度高，凝胶强度弱，凝胶透明度大等优良性能。在食品工业上是制备粉丝、粉皮、绿豆馅等的良好原料。用于肉食品加工是制作小肚、火腿肠、香肠、粉肠等的添加料或主料。此外也可用于雪糕、冰点心、冰淇淋等的生产。

2. 绿豆结构和成分

绿豆的组织结构包括种皮、子叶和胚三部分。子叶是被种皮包裹着的两叶肥厚的豆瓣，呈淡黄绿色或黄白色，质地坚硬，占籽粒重量的90%左右。子叶主要由很多薄壁细胞构成，内含淀粉、蛋白质、脂肪和其它物质。胚在种子的基部，位于两片子叶之间的一端，占种子全重的2%左右。

不同品种、产地的绿豆成分不同，其成分如表5-3所示。

表5-3　绿豆成分　单位:%

水分	淀粉	粗蛋白	粗脂肪	粗纤维	灰分
13.5	52.3~54.6	23.1~24.8	0.87~0.99	4.8~6.6	3.1~3.3

3. 原料的选择与贮存

应选择颗粒饱满、水分含量低、无病虫害、无霉烂变质、颗粒较大、淀粉含量高作为淀粉提取的原料，如明绿豆、大粒绿豆等，颜色以绿色、有光泽的为好。

绿豆的贮存期应不超过1年，在贮存前应除去砂土、秸秆、糠皮等杂质，安全水分应在14%以下。危害绿豆的害虫有绿豆象、四蚊虫象，防止虫蚀是绿豆保藏过程中的重要问题。绿豆在保管中发生虫蚀或变色后，绿豆会变味，难于分离淀粉，一般不宜使用。

净化设备采用机械振动筛，振动筛分两层，上层筛网孔径5mm，下层孔径1.5mm，绿豆经过上层筛除去较大颗粒的杂质，下层筛除去较小颗粒的杂质。

4. 生产工艺及设备

绿豆淀粉提取工艺流程如下：

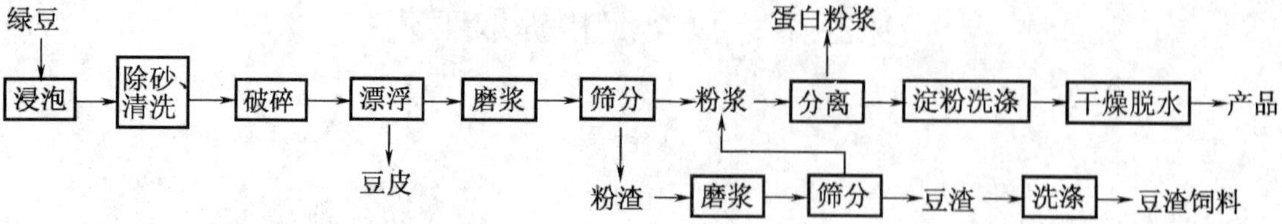

(1) 浸泡　绿豆的浸泡在浸泡桶或水泥池中进行。浸泡时水从绿豆的珠孔进入颗粒，再经过表皮内层的多孔性组织渗透到颗粒内的各部分。浸泡有三种方法，即温水泡豆法、凉水泡豆法及开水烫豆浸泡法。温水浸泡即先在浸泡罐内加入50℃热水，然后在搅拌下加入净化后的绿豆，待温度降至35℃左右，静置8h，再在搅拌下加入凉水降温至20℃，将水放掉再次加入20℃左右的凉水，水面适当高出绿豆，继续静放12h左右。浸泡好的绿豆无生芽、掉皮现象，手捏挤豆皮很容易脱落，豆瓣发脆，容易捏断并且中间无硬心。凉水泡豆法即将绿豆洗净，加4~5倍冷水浸泡45h左右，中间要换水3次。开水烫豆泡豆法不常用，故不作介绍。温水泡豆法周期短，淀粉易分离、收率高，是常用的方法。凉水泡豆法周期长、耗能低，适合小型企业生产。

绿豆经过浸泡后被软化，一些可溶性蛋白质、低分子肽及氨基酸、无机盐、糖、果胶质、单宁等被浸出。同时绿豆内的一部分蛋白酶被激活，加之乳酸菌产生乳酸，使束缚淀粉的蛋白网被分解，淀粉便游离出来。

(2) 除砂、清洗　浸泡好的绿豆，先放掉浸泡水，再加入洁净水搅拌清洗，由泵输入除石器除去砂石，送至脱水筛滤去输送水，再进入破碎机上贮槽。

(3) 破碎、漂浮　绿豆和水按一定比例进入四辊粉碎机，破碎成4~6瓣，豆皮脱离子叶，进入漂浮槽分出豆皮，粗豆粕浆进入磨上贮槽。

(4) 磨浆、筛分　磨制设备可采用针磨、电动石磨、砂轮磨、金刚砂磨、石磨等。磨制分两步完成；筛分设备可采用平筛、离心筛和曲筛等。粗豆粕浆加入1倍量的水稀释，磨制后的粗粉浆经过筛分（筛网孔径0.2mm），筛上粗渣加入3倍量水稀释，进行二次磨制，然后筛分（筛网孔径0.15mm），分出的豆渣经水洗筛分，豆渣用于饲料，豆渣洗水作为稀释水供给磨制。经两次筛分分出的豆粉浆进入精制分离工序。

(5) 分离、洗涤　豆粉浆中除淀粉外，还含有蛋白质、细纤维等。为了使淀粉与蛋白质、细纤维较快地分开，我国传统生产采用加入酸浆的工艺。酸浆中含有大量乳酸链球菌，这些细菌外壁上的外源凝集素可以在几秒钟内把周围的淀粉颗粒聚集成1mm左右的团状物或片状物，使淀粉粒不仅脱离了渣滓中蛋白质、细纤维的吸附作用，而且其沉降速度大大加快。豆粉浆的机械分离可用碟片式离心机，也可用5级旋流洗涤工艺，或者二者合用。合用工艺即先使豆粉浆经过碟片分离机将蛋白质、细纤维等大部分杂质分出，再经过5级旋流洗涤器进一步净化，得到精制淀粉乳。

(6) 干燥脱水　淀粉乳的脱水机械可采用刮刀卸料离心机，脱水后的湿淀粉含水40%左右，排出的低浓度淀粉乳作为稀释水用于磨制。湿淀粉经气流干燥后，含水14%，经圆筛筛分（过100目筛）得成品绿豆淀粉，淀粉纯度99.0%以上。

生产中应注意：避免与铁器接触，由于铁离子易与绿豆皮中的单宁发生反应，易使淀粉变成紫褐色，铁质设备应作防腐处理，如涂环氧树脂等；泡豆应根据绿豆质量、季节、水温、水量，掌握好泡豆时间和泡豆质量，泡豆质量不好，淀粉难以分离；进入破碎机或磨之前，应除砂石、铁块等杂质。

5. 副产品综合利用

（1）豆皮、豆渣的利用　绿豆皮味甘、性寒，具有清热解毒的功效，并能退目翳、治疗斑痘。豆渣中含有碳水化合物、蛋白质、粗纤维、脂肪、灰分及铁、磷、钙等多种物质。湿豆渣可直接作为饲料出售，也可将豆渣与豆皮混合，经脱水干燥，破碎制成干饲料。进一步加工还可制成不同种类的复合饲料，用于养鸡、养牛、养猪等。

（2）蛋白粉浆的利用　机械分离出的蛋白粉浆，主要含有蛋白质，还含有碳水化合物、细纤维、脂肪、灰分等。可采用等电点法和超滤法提取蛋白质。也可用蛋白粉浆加工豆腐，将蛋白粉浆加热煮沸10min，然后冷却加入蛋白凝固剂（葡萄糖酸内酯、卤水或石膏），搅匀，使蛋白质凝固，然后压榨成型制成豆腐或干豆腐供食用。

二、豌豆淀粉

豌豆是世界各地广泛种植的食用豆之一，其产量在豆科类农作物中排名第四，其中加拿大产量最大，占总产量的20%，豌豆也是我国主要的食用豆类之一。

豌豆种子有两种形态，即光滑豌豆和皱皮豌豆，其化学成分主要差别在于淀粉成分中直链淀粉和支链淀粉所含的比例不同，光滑豌豆淀粉中直链淀粉含量为33.1%～49.6%，而皱皮豌豆淀粉的直链淀粉含量为60.5%～88%。豌豆干物质主要由淀粉、蛋白质、纤维素和脂类所组成，此外还含有多种维生素和矿物质，其主要成分见表5－4。

表5－4　豌豆主要成分　单位:%

水分	淀粉	粗蛋白	粗脂肪	粗纤维	灰分
10.6	48～53	21～28	1.0～1.5	4.5～5.6	2.5～2.9

目前，豌豆在欧洲和北美洲的最大用途是用来做复合饲料，在亚洲和南美洲主要用于食用，而用于生产蛋白质、淀粉和纤维物质的豌豆相对要少得多。豌豆淀粉主要是作为提取蛋白质后的副产物，因为豌豆蛋白的氨基酸比例较均衡，此外还具有溶解性、凝胶性、乳化力、耐热耐盐性好等许多优良特性。豌豆淀粉主要用于纺织、轻化、医药等工业中，在食品中由于其功能性较差而很少使用，主要是用来替代绿豆淀粉加工粉丝和粉皮等。

由于豌豆中较多的不溶性蛋白和纤维素的存在，淀粉的分离比较困难，在湿法分离过程中，这些蛋白质和纤维素会阻碍淀粉的沉淀，并可能与淀粉共沉淀形成褐色的沉淀物。

豌豆淀粉的提取，国内传统的方法一般采用酸浆法和水洗法，这两种方法，绝大多数蛋白质留存于浆渣中，并且用水量大，蛋白质浓度低，回收较为困难，豌豆淀粉中蛋白质含量达到0.8%以上。相比酸浆法和水洗法，碱法湿磨工艺可以获得纯度较高的豌豆淀粉。将磨浆去渣后的浆液用质量分数0.02% NaOH进行碱化，然后用聚丙烯筛网进行多次过滤，使淀粉中的蛋白质含量逐渐减少。在pH9时，通过选用孔径不同的筛网（60～200μm）洗涤，光滑豌豆淀粉的提取率高达93.8%～96.7%，所提取的淀粉中蛋白质含量为0.3%～0.4%。

碱法湿磨工艺流程：

豌豆→除杂→浸泡→磨浆→滤渣→加碱搅拌→分离蛋白液→淀粉精制→干燥→淀粉

浸泡时间是保证豌豆能够均衡吸足水分，使豌豆组织松软，磨浆时淀粉和蛋白质的分离效果好、提取率高的重要影响因素，浸泡 10h 左右效果较好，浸泡好的豌豆豆皮表面80% ~ 90% 破裂，用手可掐出白汁，有脆感；提取液的 pH 是影响蛋白质及淀粉得率的重要因素，碱度过小，蛋白质与淀粉分离不完全，碱度过大，会导致淀粉糊化，使产品纯度与得率下降，最适宜的 pH 为 9 ~ 11；加碱搅拌的目的是保证提取液的碱性均匀，促使蛋白质与淀粉分离，搅拌时间一般以 15 ~ 30min 为宜。碱化后分离出的上清液，在等电点 pH4. 5 沉淀分离蛋白。

思考题

1. 与玉米淀粉生产相比较，说明小麦淀粉生产的工艺特点。
2. 简述拉西奥法小麦淀粉生产工艺。

第六章　低脂玉米粉生产工艺

第一节　概　　述

一、低脂玉米粉特性

低脂玉米粉的提取采用干法生产，即产品提取不以水为媒介，而是通过干法磨碎、筛分、风选等物理方法，将玉米籽粒中胚芽和皮层纤维分离除去，余下的胚乳块研磨成粉。这种方法提取的玉米粉，实际是将玉米的胚乳部分研磨成细粉，其中混有少量的碎胚芽和皮渣，因此脂肪含量较低，故称低脂玉米粉，也称干法玉米粉，其提取方法也称为玉米淀粉的干法提取技术。低脂玉米粉中的蛋白质和可溶物等含量和胚乳成分接近，详见表6－1。

表6－1　　**低脂玉米粉与玉米胚乳的成分比较**　　单位：%

物料	淀粉	脂肪	蛋白质	灰分	其它
低脂玉米粉	82～84	1.0～1.2	8～10	0.6	4～5
玉米胚乳	87.6	0.8	8	0.3	3.3

虽然低脂玉米粉的淀粉纯度较低，但是其生产工艺简单、成本低、环保的突出特点也使其具有特殊的生产意义。目前玉米深加工多以湿法提取的玉米淀粉为原料，湿法加工具有产品分离精细、纯度高、附加值高、产品种类多等优点，但其生产流程复杂，建厂投资颇高，存在着高水耗、高电耗、废水排放大量等问题。

与湿法玉米淀粉生产相比较，干法去皮脱胚制备低脂玉米粉的生产工艺没有污水排放，减少环境污染；节约设备投资费用2倍以上；能耗为湿法工艺的1/5，生产成本较低。随着淀粉酶水解技术的发展，定向水解混合物中淀粉单一成分成为了现实，利用低脂玉米粉转化玉米深加工产品成为可能。因此，利用低脂玉米粉为原料生产淀粉糖和淀粉发酵制品等，具有大幅度降低投资、节能、节水、环保和综合经济效益高的技术优势，是对缺水地区发展玉米深加工产业具有现实意义。

干法低脂玉米粉生产工艺的缺点分离出的各种成分纯度不高，所得到的胚芽中脂肪含量不高，玉米油的得率较低，约为湿法的1/2倍；玉米粉中的蛋白质没有分离出来，不利于综合利用。

目前低脂玉米粉在玉米深加工方面的应用，主要集中在酒精、柠檬酸、啤酒、味精和淀粉糖浆生产。由于脂肪对微生物发酵等操作有一定影响，因此工业用干法玉米粉对脂肪含量要求严格，应控制在1%左右。

二、生产工艺流程

在低脂玉米粉生产工艺中，可以同时获得玉米粉、玉米糁、玉米胚芽和玉米皮等产品。工业用玉米，是以提取其中的淀粉为主要目的，这类企业都以单一的玉米粉为主产品，而兼食用的其它玉米干法加工企业，为了提高综合效益，常在提取玉米粉的同时提取玉米糁等多种产品，这种工艺称为玉米联产加工工艺。

干法玉米粉生产工艺流程：

原料玉米→清理→水分调节→脱皮、破糁→提胚、提糁→磨粉→成品

玉米胚乳中的脂肪含量一般在1%以下，而胚芽脂肪含量高达34%～47%，玉米脂肪含量的80%～85%集中在胚芽中，及时完整地分离出胚芽是保证低脂玉米粉生产的关键。一般通过脱皮、脱胚工艺生产的玉米粉，脂肪含量可以控制在1.0%以下。

现代干法玉米加工呈现以下特点：设备专用化，采用性能良好的重力分级机进行提胚，加工的产品质量和出率都很高，如玉米胚的提取率可达8%～12%，玉米糁的脂肪含量在0.9%以下；原料专用化，干法玉米加工的原料主要是马齿型玉米以及介于马齿型和硬粒型之间的中间型玉米；产品系列化，玉米加工系列产品有玉米糁、玉米粗粉、玉米细粉、玉米米、玉米胚芽、玉米皮等。

本章着重讲述干法玉米粉加工技术，关于玉米联产工艺，只要在玉米粉生产工艺基础上加入必要的设备就可以实现。

第二节　玉米水汽调质

干法提取玉米淀粉时，原料玉米首先需要经过干法清理工序去除其中的杂质，再通过水汽调质处理，为粉碎和分离工序创造良好的条件。清理所用设备和工艺同第二章中讲述的内容。

一、调质目的和要求

1. 调质目的

玉米干法加工时，要用水或水蒸气调节玉米籽粒各部分的含水量达到理想的工艺要求，其目的主要是调整玉米籽粒各组成部分的机械性能，便于玉米胚乳和皮层、胚芽的分离，为加工高质量玉米粉创造条件。这个过程称为玉米的水汽调质。

皮层主要含有纤维类物质，吸水后韧性增加，与胚乳的结合力减少，分离时易保持皮层完整；胚乳吸水后强度降低，易被粉碎；玉米胚吸水后，体积膨胀，质地变韧，抗打击强度增加，易于脱落，并保持完整。

玉米粉的脂肪含量在很大程度上取决于玉米皮和玉米胚的含量。因此，玉米的脱皮和脱胚效果好坏，将直接影响干法玉米粉产品的质量。

商品玉米水分一般在14.5%以下，此时胚的水分一般低于玉米水分2%～3%，玉米的胚、胚乳、皮层结合比较紧密，而且皮脆，不易脱掉，胚的韧性差，易成碎片。如果不进行水汽调质，胚乳和皮、胚的分离比较困难，将有大量的碎皮、碎胚混进玉米淀粉中。水汽调质之后，加工时皮层和胚芽能够保持大片或完整，利于和胚乳分离。因此，水汽调质是干法

玉米粉生产工艺中十分重要的一道工序。

2. 调质要求

水汽调质操作的原则是保持胚乳、胚和皮层之间合理的水分差异，使三者机械性能差异最大。玉米经水汽调质后，合理的水分分布为：胚乳水分含量在13%左右，皮层水分含量为19%～20%。

较适宜的玉米干法加工水分含量为16%～17%，此时皮层和胚柔韧，脱皮、脱胚效率高。当玉米水分低于此指标时，应进行水汽调质。当玉米水分含量达18%以上时，可不用水汽调质，清理后直接加工，但若水分含量高于20%，虽然脱皮、脱胚效率高，但成品水分含量过高，影响筛理等设备操作和成品的储藏和运输。以下因素将影响玉米水汽调质的效果：

（1）水温　影响玉米籽粒的吸水速度和吸水量。在不同的气候条件下，应采用不同的水汽调质方式。在夏、秋季节气温20℃以上时，只需加水调节即可，而不用蒸汽；在冬天和初春的低温季节，宜采用水和水蒸气同时加入到玉米籽粒中，水蒸气能够加快水分向皮层、胚和胚乳渗透的速度。

（2）润水时间　水汽调质分为着水和润水两个过程。着水在瞬间完成，而水分向籽粒内部渗透需要一定时间，因此着水后的玉米需进入润水仓静置1～2h，使水分充分地扩散到玉米籽粒各部分。润水时间要适当，若润水时间过长，水分会过多地渗透到胚乳中，皮与胚乳水分差别过小，甚至皮的水分含量低于胚乳，造成脱皮困难；时间过短，胚吸水不足，韧性达不到要求，脱胚效率明显下降。采用蒸汽加湿，可缩短静置时间；硬质玉米比普通玉米需要增加润水时间。

（3）加水量　视玉米原始水分和水温而确定。原始水分含量在12%～15.5%时，加水量为1.0%～3.5%，其中水温高和玉米原始水分含量高时加水量取低值。玉米脱胚前进行第二次加水，可以增加胚、皮层和根冠的韧性，二次加水量一般为0.5%～1.5%，静置时间为10～20min。

二、调质设备

常用的水汽调质机结构如图6－1所示，该机主要由三条不同功能的绞龙组成。

喂料绞龙由减速电机带动，可按产量调节速度，实现均匀、稳定地喂料，并形成料封，以防止加湿绞龙中的蒸汽从喂料绞龙料口外逸。喂料输送螺旋叶片采用月牙形的。

加湿绞龙的上部有3只喷头，水通过流量计从喷头喷入。在加湿绞龙的底部装有3只蒸汽喷头，蒸汽由此喷入绞龙。在加湿绞龙的搅拌下，水分在玉米粒上均匀分布。加湿绞龙输送螺旋的叶片采用桨叶式。

经加湿绞龙湿润的玉米在混合绞龙中进一步得到搅拌，使水分分布均匀。

玉米在水汽调质机内停留2～3min，出口料温为40～50℃。加湿绞龙和混合绞龙的外筒都设置加热汽包，可根据季节、气温情况通入蒸汽，以保持绞龙内的料温。水汽调质机的技术参数见表6－2。

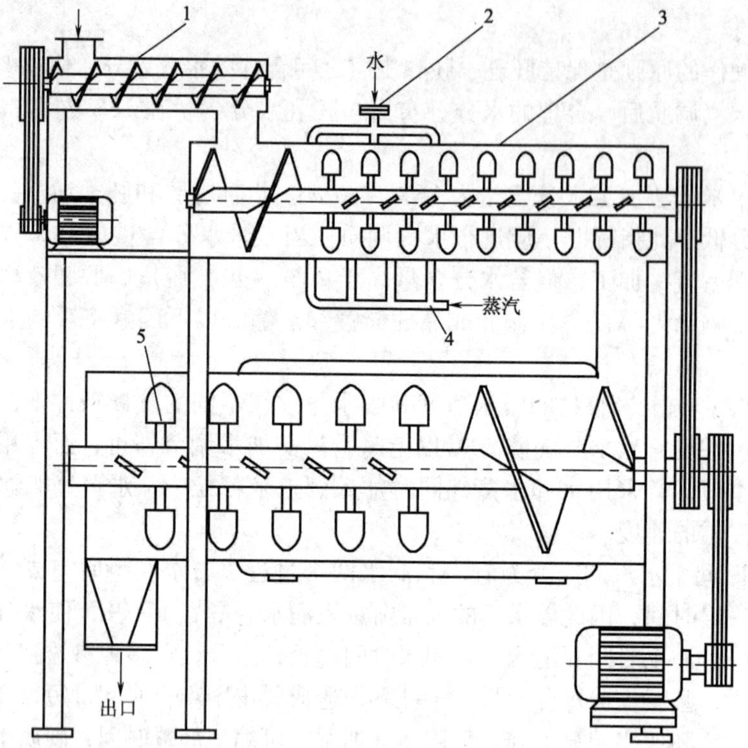

图 6－1　水汽调节机结构

1—喂料螺旋输送器　2—喷头　3—加湿螺旋输送器　4—蒸汽管　5—混合螺旋输送器

表 6－2　　**FSTW36×200 水汽调质机技术参数**

项目		参数
产量/（t/h）		3～4
湿润绞龙　直径×长度		36mm×200mm
绞龙工作转速/（r/min）	喂料绞龙	54
	湿润绞龙	12
	混合绞龙	6
喂料绞龙动力/kW		1.1
湿润混合绞龙动力/kW		5.5
直接蒸汽消耗量/（kg/h）		60～90
压力/MPa		0.3±0.02
间接蒸汽消耗量/kg/h		100～110
压力/MPa		0.08±0.01

第三节　玉米脱皮与破糁

一、脱皮与破糁目的和要求

调质后的玉米首先要进行脱皮和破糁工序，其目的是将玉米籽粒的皮层和胚芽剥离，同时也去除皮层表面附着的污物，减少产品中皮、胚含量，保证产品的纯度。

脱皮破糁的操作一般采取先剥皮再破碎，因为玉米的胚和胚乳被皮层所包裹，去皮后再破碎，胚与胚乳才易分离。玉米破碎的粒度要适当，粒度过大，胚芽不能从胚乳上充分脱落下来；粒度过小，会有过多的胚芽被破碎。一般要求玉米经破碎应分成4~6瓣，粒形整齐；破碎后的混合物中，尽量减少整粒和大碎粒，并减少粉和小糁的数量；脱胚率要高，胚芽保持完整，不过分损伤。

二、脱皮与破糁设备

脱皮与破糁操作有的在一个设备中同时完成，有脱皮与破糁分别在两种设备中完成。

1. 横式金刚砂脱皮机

该机是用来完成脱皮的专用设备，常与横式破糁脱胚机配套使用，其结构如图6－2所示，主要由进料斗、流量调节装置、碾白辊、筛筒、压力门、集糠斗、机壳机座和驱动系统组成。进料斗和流量调节装置用来控制进机物料的流量处于稳定状态；碾白辊由螺旋输送头、砂辊、排料铁辊同轴安装组成，碾白辊以约1400r/min速度旋转；筛筒为冲有长条形筛孔的钢板制成，固定安装在筛架上。脱皮机主要工作部件为碾白辊和筛筒，碾白辊同轴心安装在筛筒中，砂辊与筛板之间保持25~30mm间隙，此环形空间构成碾白室。砂辊分成三段，从进料口到出料口的表面砂号依次变密，其作用为划开和碾剥表皮，砂辊上面开有螺旋

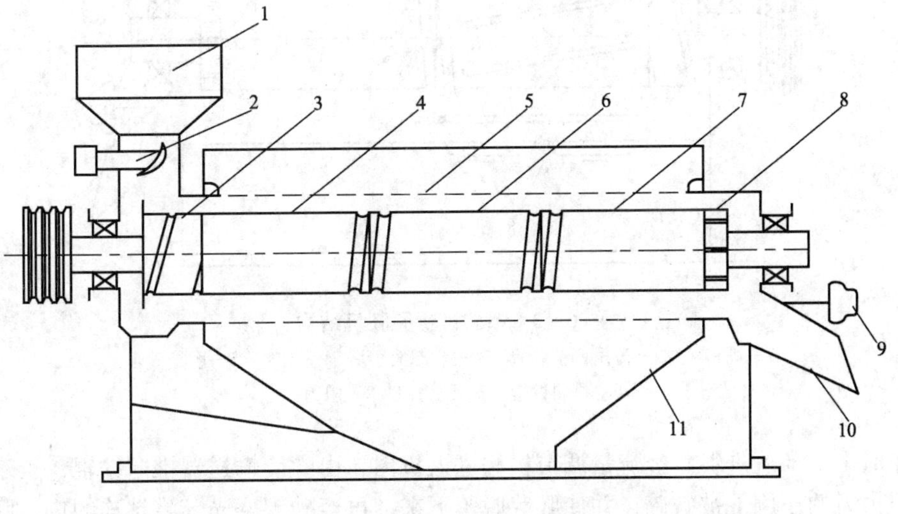

图6－2　横式金刚砂脱皮机结构

1—进料斗　2—流量调节装置　3—螺旋输送头　4—头段砂辊　5—筛板　6—中段砂辊
7—末段砂辊　8—排料铁辊　9—压砣　10—出料斗　11—集糠斗

沟槽，用来推进物料。压力门为碾白室排料阻力部件，由压砣和活门组成，调节压砣位置可以调节压力门压力大小，从而调节碾白室内碾白压力。

工作时，物料由流量控制装置稳定地送到碾白室，被螺旋输送头加速后，进入砂辊与筛片之间的环形空间，并在砂辊的继续带动下呈螺旋状态前进，此间受到砂辊和筛壁的碾削、擦撞，使玉米表皮被划开剥离，碾下的碎糠由筛孔排入集糠斗，碾后的玉米被排料铁辊推出压力门。

横式金刚砂脱皮机一般两台串联使用。经过每道脱皮机后，会产生少量的碎粒和脱落的胚芽，这些碎粒和胚芽要及时分离出来，以免进入下道脱皮机或破碎机，影响设备效率，造成胚芽破碎。脱皮后的玉米一般需用平筛筛出细粉，用吸风分离器分出玉米皮。

2. P－215 横式破糁脱胚机

该机需要与脱皮机配套使用，是玉米破碎的专用设备。其结构如图 6－3 所示，主要结构与横式金刚砂脱皮机相似，只是辊体由三节砂辊改成前段为带有斜筋的铁辊、后段为两节砂辊的结构，铁辊用来破碎，砂辊用来磨光。辊体外的筛筒改为无孔的铁筒，铁筒下部内壁上凸出装有钢条状阻力刀，阻力刀与铁辊筋条形成破碎部件，调节阻力刀与铁辊的间隙，可以调整破碎程度。铁筒内壁与辊体表面之间留有 22.5mm 的间隙，组成破糁脱胚室。

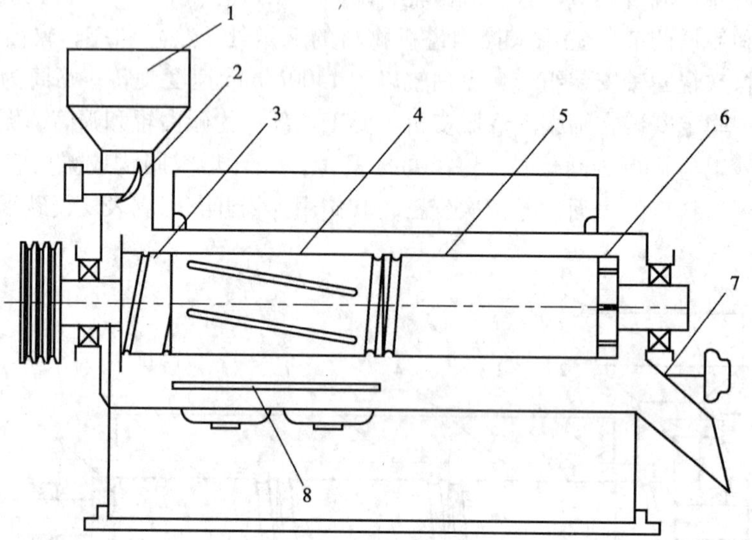

图 6－3　横式破糁脱胚机结构

1—进料斗　2—流量调节装置　3—螺旋输送头　4—铁辊　5—磨光砂辊
6—排料铁辊　7—压力门　8—阻力刀

工作时，玉米从进料斗经流量调节机构进入机内，由螺旋输送器推向铁辊，玉米在铁辊筋条与阻力刀的作用下被破碎，并使胚芽脱落下来，再经砂辊磨光，将粘连的皮、胚等彻底分开，最后通过排料铁辊推出压力门。

表 6－3 为 P－215 横式破糁脱胚机的主要技术参数。

表 6-3　　P-215 横式破糁脱胚机的主要技术参数

项目	参数	项目	参数
产量	3000~4000kg/h	螺距	70mm
破糁铁辊　直径×长度	220mm×261mm	排料铁辊　直径×长度	210mm×55mm
砂辊　直径×长度	215mm×289mm	转速	1450r/min
金刚砂粒度	36 号	阻力刀　长×宽×厚	233mm×26mm×40mm
输送螺旋输送头　直径×长度	220mm×140mm	功率	18.5~22kW

3. FBFW 型玉米剥皮破糁机

该机集打、擦、筛三种功能于一体，在一台设备内能同时完成脱皮、脱胚和破糁三种任务。该机结构简单，功耗低，脱皮脱胚效率高。

FBFW 30.5×150 型玉米剥皮破糁机的结构如图 6-4 所示。该机的主要工作部件是装有打板的主轴（转子）和环绕其外的筛筒。转子上的打板与轴线倾斜，呈螺旋状排列，起到打击物料的同时向出料口输送物料的作用；筛筒由两段组成，进料段筛筒是鱼鳞形筛孔，筛孔向内凸起，起到对玉米进行摩擦脱皮的作用，出料段筛筒是冲孔筛，用于将打碎的小粒排出筒外。

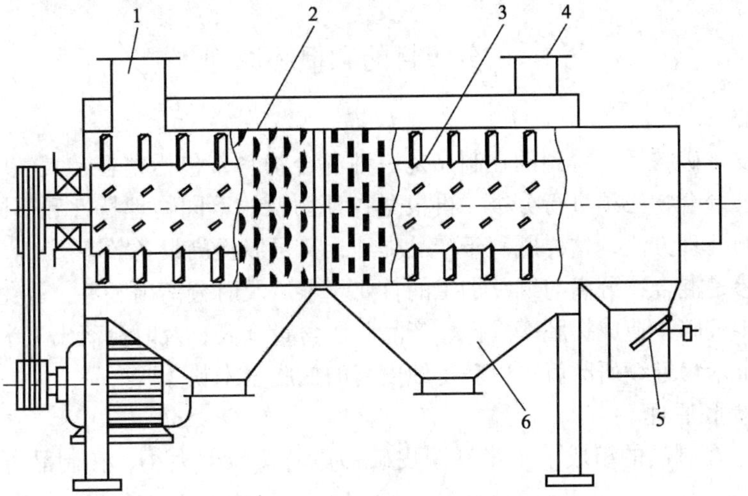

图 6-4　玉米剥皮破糁机结构

1—进粮斗　2—筛面　3—转子　4—吸风口　5—压力门　6—集糠斗

工作时，经过水汽调节后的玉米进入机内，在高速旋转的打板打击和与鱼鳞筛网的撞击、擦搓作用下，皮层被擦磨翘起，以致脱落。随后胚乳被撞成碎块，胚芽脱落下来。开始阶段脱落下来的碎皮含有尘土、皮屑和根冠较多，由鱼鳞筛孔排出，并集中在第一个集糠斗中用作饲料。后段产生的粗粉较洁净，集中在第二个集糠斗，用作饲料或回收工业用粉。大块的玉米皮、糁、胚在打板的推动下，由出料口排出。调节压力门出口压力可控制脱皮、脱胚效果。

FBPW 30.5×150 型玉米剥皮破糁机要求入机的玉米水分含量为（16±1）%，料温为 45~55℃。该机脱胚率和脱皮率均不小于 90%，破糁率不小于 80%。出机物料成分比例大致为糁 70%，筛下粉 10%，出口粉 5%，胚与皮 15%。FBFW30.5×150 型玉米破糁机的技术参数见表 6-4。

表 6-4　FBFW30.5×150 型玉米破糁机的技术参数

项目		参数	项目	参数
	产量	2.5~3.0t/h	主轴转速	1200~1350r/min
筛筒	直径×长度	305mm×1500mm	配备动力	22kW
筛筒有效面积		$1.41m^2$		

4. 其它破碎设备

用于玉米干法破碎的设备还有锤片粉碎机和辊式磨粉机。锤片粉碎机是靠高速旋转的锤片的打击完成物料破碎的，其结构和工作原理与用于薯类破碎的锤式粉碎机相近，只是结构尺寸和工作参数有所不同。锤片线速度的高低对破糁脱胚效果有直接影响，为了减少破碎时对胚的损伤程度，一般控制锤片线速为33~38m/s。辊式粉碎机是靠平行排列的两个带磨齿的钢辊，通过剪切和挤压作用完成破碎，其破碎效果由磨辊的四个技术参数决定，具体内容将在本章第五节中讲授。

第四节　分级与提胚

一、分级目的和提胚原理

1. 分级目的

玉米经脱皮、破糁后，得到的在制品是一种混合物料，包括整粒，大、中、小破碎粒，胚和粉等。这种混合物必须进行分级，再根据各种物料的不同物理特性和不同的加工目的，分别采取不同的处理方法，这样既利于产品提纯，又可以提高设备效率。

提胚与提糁是混合物分离与继续加工的首要步骤。及时分离出胚芽，避免其混入下道研磨设备被进一步破碎，造成提胚率降低、产品脂肪含量增高；及时分离出玉米糁，以便获得纯净的胚乳，玉米糁继续研磨就可以获得纯度高的低脂玉米粉。

2. 分级与提胚原理

（1）破糁后在制品的组成　玉米经脱皮破糁后，按粒度大小，在制品可分为五种，如表6-5所示。

表 6-5　玉米脱皮破糁后的在制品组成

在制品	粒度范围	含胚量（占总胚）
大碎粒	4W/5W	<15%
大渣	5W/7W	65%~70%
中渣	7W/10W	20%~25%
小渣	10W/14W	少许
粗粒	14W/20W	微量

注：W——金属编织筛面；W/W——物料穿过筛网号数/物料留存筛网号数；筛网号数——每英尺长度上筛孔数。

由表可见，虽然各类在制品中都含有胚芽，而大渣、中渣的含胚量集中了总胚量的90%以上，其中大渣含胚量达65%~70%，所以，提胚主要是在大渣、中渣中进行。

（2）提胚原理　玉米的糁、胚、皮三者在悬浮速度、密度、几何形状、粒度大小和破碎强度等方面都存在差异。可以利用这些物理特性的差异，借助筛选、风选或重力分选将糁、胚、皮分离。对于粘结的组织，可以进行碾压使三者进一步脱离后，再进行上述操作。玉米糁、胚、皮的主要物理特性差异见表6－6。

表6－6　　糁、胚、皮的主要物理特性

物料	破碎强度/（kg/cm^2）	密度/（g/cm^3）	悬浮速度/（m/s）
糁	10～30	1.30～1.35	12～13
胚	20～50	0.78～0.98	7～8
皮	—	—	2～3

从破糁后的混合物料中提胚的工艺是首先用平筛进行分级，大碎粒重新送回破糁机破碎，释放粘连的胚芽；大、中渣（胚、糁混合物）进入糁、胚分离设备；小渣和粗粒送入研磨系统制粉，同时筛选出碎胚芽。

二、分级与提胚设备

常用的分级与提胚设备有：平筛、吸风分离器和重力分级机。

1. 平筛

平筛的作用是将在制品按粒度进行分级，把不同粒度的物料送至相关的设备处理。根据玉米皮、胚、糁机械特性的差异，研磨或破碎后，它们会分布在不同的粒度、粒形物料中，因此按粒度对在制品进行分级的同时也实现了按品质分级。破碎或研磨后，胚以粒状或片状存在，皮以片状存在，胚乳以颗粒状或粉状存在，只是破碎或研磨程度不同，颗粒或碎片尺寸大小不同。

（1）平筛的结构和工作原理　分离玉米在制品所用平筛，不同于平面回转筛或振动筛，它适合于物料分级较多的筛理。平筛按结构的不同，可分为挑担平筛和高方平筛，二者结构原理相似，前者适合分级相对较少的物料，后者适合分级较多的物料。

FSFG型高方平筛结构如图6－5所示，由两个长方体的筛箱，通过两根横梁连接在一起

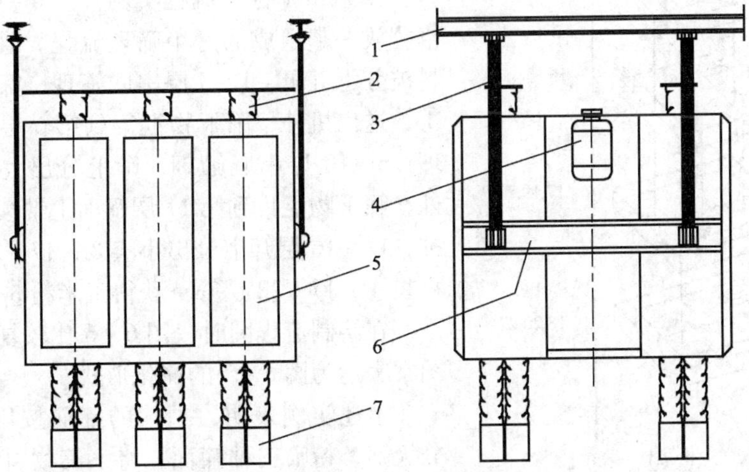

图6－5　FSFG型高方平筛结构示意图

1—工字钢　2—进料装置　3—吊杆　4—电动机　5—筛箱　6—横梁　7—出料筒

构成筛体，再通过横梁上固定的四组吊杆悬挂于车间的钢梁上。电机通过传动架固定在两个筛箱之间，并通过安装在传动架上的惯性偏心轮驱动筛体作平面回转运动。高方筛筛体回转速度为240r/min，回转直径65mm。

筛体中的每个筛箱又用纵向隔板分隔成若干个独立的空间，每个空间称为1个仓。高方筛有4仓、6仓和8仓之分。

每个筛仓内叠放22~28层筛格（玉米生产常用16层），这些筛格构成1个或2个独立的筛理流程。此外每仓配备一个顶格和一个底格，顶格有一个或两个入料口，用来供筛仓进一种或两种物料；底格有8个备选出料位置，根据需要选用其中几个做出料口。

筛格长、宽尺寸为640mm×640mm的正方形，筛格高度有58mm和78mm两种。每个筛格都包含筛面、接料底板和物料通道三个基本要素。筛面用来筛分物料；接料底板用来承接筛下物并送至指定物料通道；物料通道用来供本筛格或上层筛格的物料向下通过。

根据筛格三要素组合方式的不同，筛格结构有许多种形式，其中标准筛格有8种。这些筛格可以根据物料分级需要，灵活地叠放组合，形成所需的筛路。实际上，每组筛格叠放在筛仓中后，筛格外框四周和筛仓内壁之间也留有4个狭长的通道，供任意层的物料下落。相对筛格而言，筛格内的通道称为内通道，筛格与筛仓之间的通道称为外通道。

（2）平筛分级流程实例　图6-6是由22层筛格叠放一起组成的一个筛理流程。通过此流程，物料被分为五级，1~5层串联筛理，筛上分出大碎粒①，送出机外，筛下物汇集到第6层筛面上继续筛理；6~10层串联筛理，筛上分出大渣②，送出机外，筛下物汇集到第11层筛面上继续筛理；以此类推，11~16层筛上分出小渣③，17~22层筛上分出粗粒④，17~22层筛下获得玉米粉⑤。

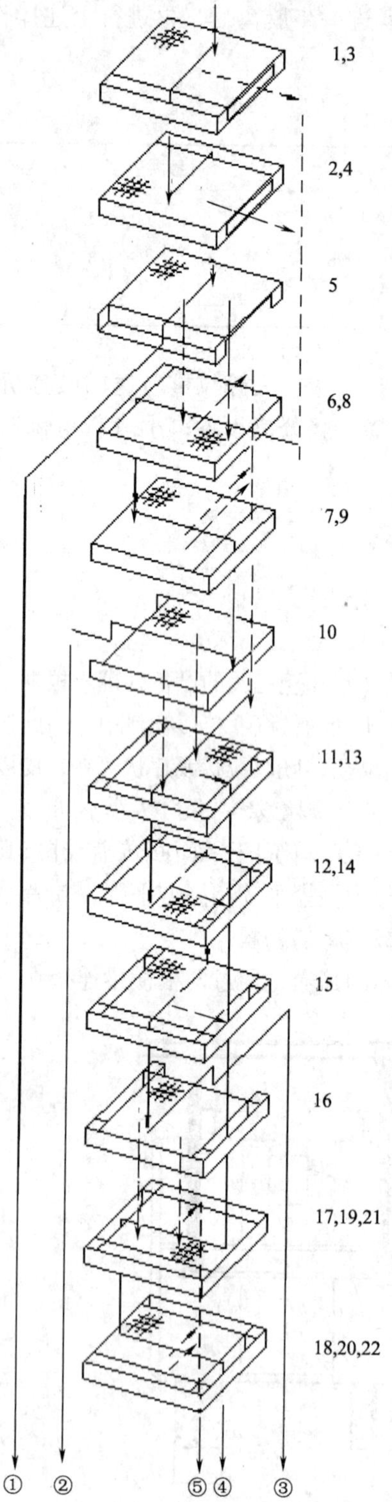

图6-6　某制粉工艺筛路图

在绘制流程图时，图6-6比较复杂，这个筛路图常表达为图6-7的简化形式。

上述实例表明，平筛的筛面按用途分为粗筛、分级筛、粉筛三种筛面，将入筛物料分成4~5类。留存在粗筛筛上物为大碎，需要送回破糁机重新破碎；留存在分级筛筛上物料为胚、糁混合物，进入下一工序提糁提胚；留存在粉筛筛上物料为粗粒，进入磨粉机磨粉；粉筛筛下物为玉米粉，视其质量的好坏，做成品或饲料。

2. 风选设备

风选设备是靠混合物中不同组分的悬浮速度不同借助风力加以分离的设备。

常用风选设备是吸式风选器，它由垂直吸风道和吸风道中下部的喂料装置构成。吸风道内安装有可以调节风量的装置，用来调节吸风速度，以适应不同物料需要；喂料装置用来将物料沿吸风道宽度均匀分布，同时控制物料流量。

工作时，混合物料从垂直吸风道的中部进入，轻质在吸风道内被风向上吸走，重质在吸风道内垂直落下，从吸风道底部排出。

分离玉米皮时，吸风道的风速应控制在 5 ~ 6m/s，风速过大会将胚一起吸走；用于胚、糁分离时，吸风道的风速应大于胚的悬浮速度，而小于糁的悬浮速度，一般选择在 10 ~ 11m/s。

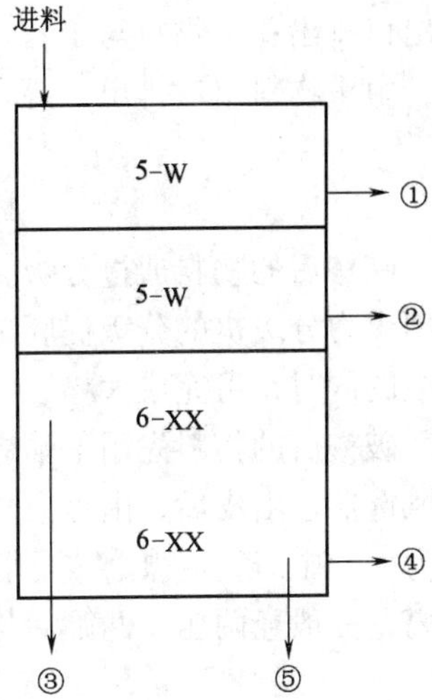

图 6 – 7　简化表达的筛路图

3. 重力分级机

重力分级机是用来分离粒度大致相似、密度稍有差别的混合物料的专用设备。破糁后的物料，经平筛分离出玉米粉和大碎粒后，获得胚、糁混合物，再经风选器分离出玉米皮后，进入重力分级机，将胚和糁分开。

重力分级机的工作原理与比重去石机相似，是按密度、悬浮速度的不同完成分离的。其主要工作部件是一个具有三维倾斜角度的振动工作台，工作台按 950r/min 的频率、4 ~ 5mm 的振幅振动。工作台面上具有吸风装置，即在工作台面上用玻璃钢罩密封，罩上再通过风管与风机的吸口相连。

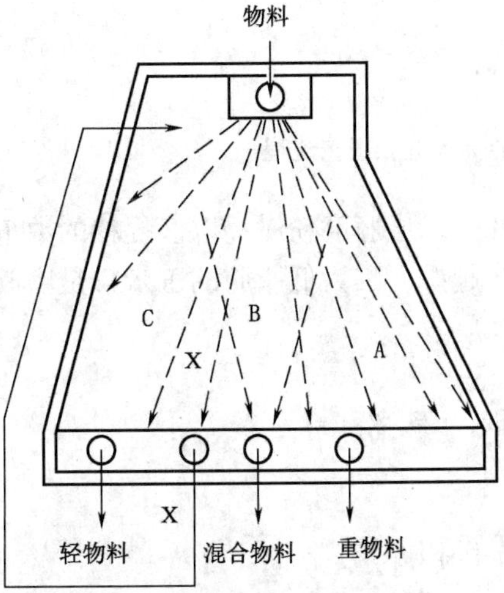

图 6 – 8　重力分级机工作台面上物料分布示意图

工作台面上物料的分布情况如图 6 – 8 所示，在三维倾斜的工作台面上，物料入口处是工作台面的最高位置，轻物料出口处是台面的最低位置，重物料出口处是台面的较低位置。从重物料出口到轻物料出口，台面由高到低分布有 4 个物料出口，即将进机物料分成 4 种。其中最下端的为轻质物料，最上端的为重质物料，流向 C 区的为轻质为主的混合物，需要重新回到工作台进行分离，余下的第四种物料为粘连的轻重质混合物，需要送到碾压机碾压分离。

工作台具体工作过程是当物料到达工作面时，由于工作台的振动，物料均匀分布在整个台面上，并向低处的 4 个下料槽运动。由于气流的作用，筛面上的物料呈半悬浮状态，轻物料在气流和振动的共同作用下，浮于上层，并滑向工作面最低处，由轻物料出口排出；重物料与工作面接触，在磨擦力和工作面惯性力的推动下，滑向工作面较低处，由重物料出口排出；混合物料则从中间出口排出。

三、分级提胚工艺流程

破糁后的物料通过分级、提胚设备，可以按在制品品质进行有效分离。图 6－9 所示为采用重力分级机的分级提胚工艺流程，该流程工艺完善，分级提胚效果较好，在完成破碎物分级的同时，可完成大糁、中糁和胚芽的提取。

破糁后的物料先用平筛进行分级，分出大碎、大渣、中渣、粗粒和玉米粉。大渣、中渣经风选器选出皮后，由重力分级机精选出大、中渣和胚。大、中渣经砂辊碾米机磨光整形后即为大、中渣，或碾磨成低脂玉米粉。重力分级机分出的渣胚混合物料送到压胚磨进行碾压分离，一般经两压、两筛后将胚提出。该流程可提取部分纯度较高的完整玉米胚。

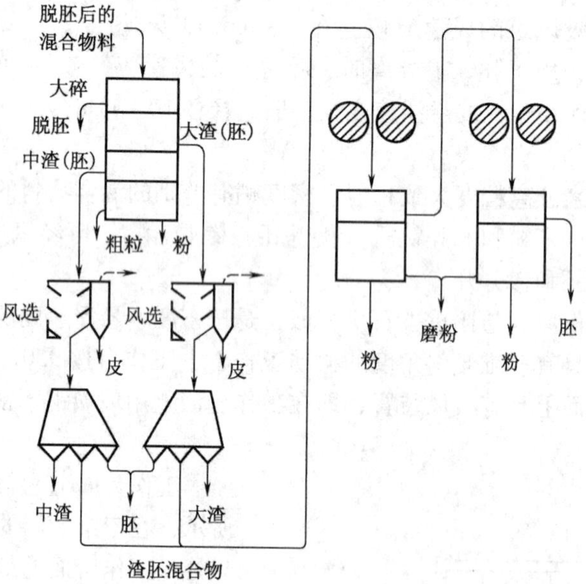

图 6－9　采用重力选胚机的提糁选胚工艺流程

大糁和中糁一般都在玉米磨粉前提取，小糁在玉米压胚磨粉时提取。提糁的数量视原料玉米的品质、成品质量要求而定，一般提糁量越多越好，因为低脂肪的玉米糁是磨制低脂玉米粉的优质原料。

第五节　压胚磨粉

一、压胚磨粉目的和原理

压胚磨粉即用磨粉机对物料进行碾压制粉的操作，其目的首先是将提取的玉米糁进一步碾压成粉，其次是将渣胚混合物进行碾压，以便将皮胚与胚乳进一步分离。

重力分级机分离出来的渣胚混合物包含渣和少量的胚与糁，它们粒度相近，无法用筛分分离，而渣是胚乳和胚或皮粘连在一起的颗粒，也无法用比重分选法分开。

生产中，可以利用胚与胚乳机械强度的不同，采用碾压方式，使韧性大的胚被压扁，强度低的胚乳被碾压成碎粒，从而将粒度相近的物料碾压成粒度差异较大的皮胚和碎胚乳，再通过筛理设备将皮胚和胚乳分开。压胚磨粉时，对物料的碾压要适度，尽量保持胚不被碾碎、胚膜不受损，以防止胚中的脂肪渗入玉米粉中。

在新型的玉米联产加工工艺中，引入清粉机、涡轮风选器等小麦制粉中使用的分离、提纯设备，对粒度相同、密度差别小的糁胚互混物进行精选分离，进一步提高低脂玉米粉的纯度。

二、辊式磨粉机

1. 工作原理

辊式磨粉机是压胚磨粉的专用设备，其研磨的工作部件是一对圆柱形钢辊，钢辊表面带有齿纹，两辊直径相等、平行排列，进行相对、异速旋转。

由于两辊转速不同，所以进入两磨辊之间的物料受到挤压、剪切、搓撕的综合作用，使颗粒物料被碾压破碎。进入研磨区的物料，在两辊的夹持下快速向下运动，但是由于两辊存在转速差，物料紧贴快辊的一侧相对是被加速，而紧贴慢辊的一侧则起阻滞加速的作用，这样物料受到两辊的挤压力和相对运动产生的搓撕作用，从而使胚、皮和胚乳得到剥刮。

2. 辊式磨粉机的分类

辊式磨粉机按不同的分类依据有不同的分类形式。

（1）按磨辊长度不同，分为大、中、小型三种。磨辊长度为 1500，1250，1000，800mm 的为大型磨粉机；长度为 600，500，400mm，磨辊直径为 220～250mm 的为中型磨粉机；磨辊长度为 350，300，200mm，直径为 180～220mm 的为小型磨粉机。

（2）按磨辊的对数不同，分为单式和复式两种磨粉机。单式磨粉机只有 1 对磨辊，复式磨粉机有 2 对以上的磨辊。目前大中型磨粉机均为复式，且有 2 对或 4 对辊磨。

（3）按磨辊的放置方式不同，分为平置磨辊和斜置磨辊两种磨粉机。平置磨辊磨粉机的两辊轴线在同一水平面上，而斜置磨辊磨粉机的两辊轴线在同一倾斜面上，斜面的倾角一般为 20°～45°。

（4）按控制方式不同，分为手动控制、液压控制、气压控制和电动控制四种磨粉机。目前，手动控制和液压控制的磨粉机已被淘汰，多数企业目前使用的是气压磨粉机。

3. 辊式磨粉机结构

辊式磨粉机主要由机架、磨辊、喂料机构、传动机构和轧距调节机构组成。图 6－10 为气压磨粉机的结构示意图。

（1）磨辊　磨辊是用两种以上金属离心浇铸而成。外层为硬度高的冷硬合金铸铁，厚度为磨辊直径的 8%～13%，内层为优质灰口铁，轴为 45 号钢。

玉米加工用的磨粉机的磨辊为齿辊，即磨辊表面用拉丝刀沿着磨辊长度方向拉出沟槽，形成磨齿。

齿辊表面具有齿数、齿角、磨齿斜度和磨齿排列方式四项技术参数。不同的技术参数具有不同的研磨效果，适应不同的物料。这些技术参数的确定，需要根据玉米原料和生产产品的需要灵活掌握。

①齿数：指磨辊横截面上 1cm 圆周长度内磨齿的数量，用牙/cm 表示。

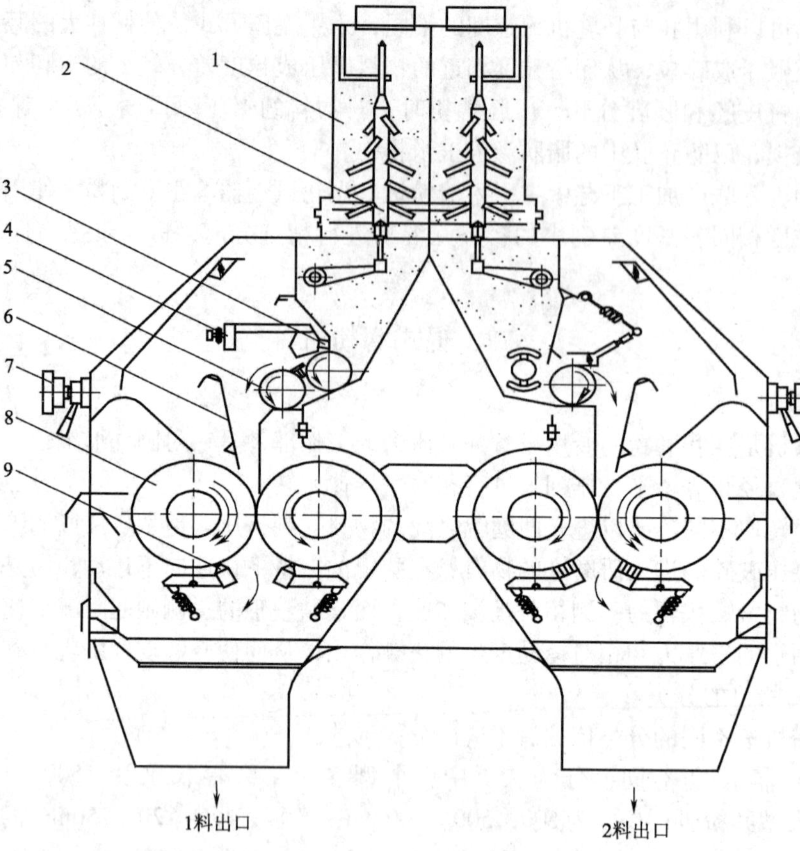

图 6-10　气压磨粉机结构

1—存料筒　2—存料传感器　3—喂料活门　4—喂料门传感器　5—喂料辊
6—导料板　7—磨辊轧距调节手轮　8—磨辊　9—刷子或刮刀

玉米加工所用磨齿数一般在 4~9 牙/cm。磨齿多少是根据研磨物料的粒度大小、物料的性质和破碎程度来决定的。物料颗粒大、磨出物要求粗、物料流量大时，选择少齿数，反之用密齿。

②齿角：指磨齿两个侧面之间的夹角。玉米加工使用的磨齿齿角为 90°~110°。齿角由锋角和钝角两部分组成，用齿角顶点与磨辊圆心之间的连线将齿角一分为二，角度小的部分称为锋角，角度大的部分称为钝角。例如 100°的齿角可以分为 35°的锋角和 65°的钝角，表示为 35°/65°。齿角小，作用于物料的剪切力就大，反之作用于物料的剪切力就小。磨齿若用锋角一面作用于物料，则对物料的剪切力就大，反之剪切力就小。

③磨齿斜度：磨齿并不是沿着磨辊圆柱母线方向进行拉丝的，而与母线倾斜一定的角度。磨齿斜度是指同一条磨齿两端沿磨辊圆周方向偏离的距离（弧长）与磨辊长度之比。磨齿斜度是保证两辊旋转时，能够形成齿锋交叉网，利于物料研磨。玉米加工时使用的磨齿斜度一般为 1:(8~10)。

④磨齿的排列：一对磨辊，按快辊与慢辊分别作用于物料的前角情况，磨齿有四种排列方法，如图 6-11 所示。

锋对锋（F-F）：快辊磨齿锋角向下，慢辊锋角向上。

锋对钝（F－D）：快辊磨齿锋角向下，慢辊钝角向上。

钝对锋（D－F）：快辊磨齿钝角向下，慢辊锋角向上。

钝对钝（D－D）：快辊磨齿钝角向下，慢辊钝角向上。

采用锋对锋排列，磨齿对物料的剪切作用最强，物料出渣多、出粉少，皮、胚也易碎，而动力消耗低，适合水分大的物料。

采用钝对钝排列，物料落在慢辊钝面上，同时受到快辊钝面的剥刮作用，物料受剪切力小、压力大，出渣和糁少，出粉多，皮和胚易形成大片，但动力消耗较高，适合加工水分低的物料。

锋对钝和钝对锋的性能介于两者之间。

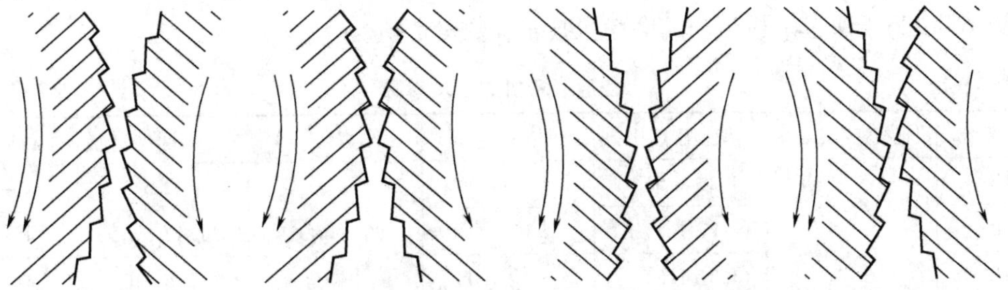

图 6－11　磨齿的排列

（2）喂料机构　喂料机构包括喂料辊、喂料门传感器、喂料活门、存料传感器和存料筒等部分。它的作用是控制入机物料流量，并根据来料多少自动调节流量；使物料沿磨辊长度均匀分布；与磨辊的离合机构联动，合闸时喂料，离闸时停止喂料，以减少磨辊磨损；准确地向磨辊之间抛料，给入磨物料一定初速度，以提高产量和防止迸溅。

（3）轧距调节机构　轧距调节机构包括松合闸机构、轧距调节机构和磨辊保护装置。它的作用是调节两个磨辊之间的轧距；当有硬物落入磨辊间或流量突然增大时，能对磨辊发挥保护作用，并自动恢复正常工作；物料中断时，迅速自动松开两个磨辊，以免磨辊之间发生碰击，损坏磨齿。

三、压胚磨粉工艺流程与技术参数

1. 工艺流程

在研磨渣胚混合物时，提胚和磨粉是联合进行的。对于含有皮渣的物料，配备磨辊技术参数时要注重研磨皮渣的特征，因此习惯把研磨这类物料的磨粉机叫皮磨。相对应，以处理胚芽为主的磨粉机叫压胚磨，研磨糁粒的磨粉机叫心磨。对于前段设有重力分级机提糁提胚的压胚制粉工艺，一般采用 4～5 道皮磨研磨渣胚混合物，其中以 1 皮、2 皮磨为主提胚，后面的磨主要用来研磨糁料出粉。也可采取道道提胚的研磨工艺。

一般混有胚芽的大糁、中糁，经前 2 道皮磨碾压后，由 2 皮磨后的平筛提取出绝大多数胚芽，这种提胚方法胚的含粉率低，纯度较高。若采用道道提胚的碾压工艺，能及时把游离出来的胚分离出来，提取的胚较完整，虽然胚的含粉量略高，但降低了胚的碾压次数，可防止胚膜破裂致使脂肪渗入粉中。

有的工艺在4~5道皮磨前设置2道压胚磨，用来处理含胚较多的物料。如对于重力分级机提出的胚，为了减少胚中含粉量，可采用2道压胚磨，研碎其中夹带或粘连的胚乳，提高胚的纯度。

2. 技术参数

干法玉米粉加工的生产流程比较短，采用的磨齿角度和前角都比较大，以利于碾压出粉。一般磨辊齿角为90°~100°，即35°/65°、30°/60°、20°/70°；磨齿的齿数一般为压胚磨4~6牙/cm，皮磨出粉6~9牙/cm；在研磨中为了减少胚的破碎程度，磨齿的斜度不宜过大，一般采用1:(8~10)；压胚磨的磨辊采用钝对钝排列，目的是研磨以压力为主，保持胚的完整性。在大量出粉时，磨辊可采用大齿角锋对锋排列或小齿角钝对钝排列，尾磨提碎胚时可采用钝对钝排列。磨粉机平均流量（以进入1皮磨物料量计算）一般为200~300kg/（cm·24h）。

表6-7为干法玉米粉生产的磨粉机技术参数参考值。

表6-7　各道磨粉机的技术参数

研磨系统	快辊线速/（m/s）	快慢辊速比	齿数/（牙/cm）	齿角	斜度/%	排列
1B	6~7	（1.2~1.5）:1	4.0~4.5	90°~100°其中锋角为20°~35°	12.5	D-D
2B		（1.2~1.5）:1	5.0~5.5		12.5	D-D
3B		（1.2~1.5）:1	6.5~7.0		12.5~10	D-D
4B		2.5:1	8.0~8.5		10	D-D
5B		2.5:1	8.5		10	D-D或F-F

由于玉米粉颗粒大，易筛理，故平筛筛理路线较短，用16层筛格即可筛净，筛面采用金属筛网。提胚筛网在1皮为8~10W，2皮为10~12W，3~5皮为14~16W，提取玉米粉的筛网视用途而定。

第六节　低脂玉米粉加工工艺流程实例

根据产品结构和加工方法的不同，国内玉米干法加工工艺分为玉米提胚制粉工艺和玉米联产加工工艺。玉米提胚制粉工艺即在提出玉米皮、胚的同时，将胚乳全部研磨成玉米粉。玉米联产工艺是同时提取玉米糁、玉米胚、玉米皮和多种玉米粉的加工工艺。玉米联产有利于充分利用玉米资源，生产多种产品。

国外发达国家非常重视玉米的综合利用价值，采用先进的工艺与设备，按照玉米的有效成分进行综合加工。目前，玉米联产设备制造处于世界领先水平的公司有瑞士布勒公司、意大利奥克利姆公司和德国哈普勒公司等，其中意大利奥克利姆公司代表了当前玉米联产加工工艺的世界先进水平。

图6-12所示为日处理150t玉米的联产加工工艺流程，该工艺流程比较完善、比较典型，获得的产品品种多，纯度高。

该流程可提取35%左右的大、中糁；提取混合胚（胚、皮、根冠、粉）15%左右；提取食用玉米粉30%~35%；提取饲料粉15%~20%。如果要单一生产工业用低脂玉米粉，只需将流程中获得的大、中糁继续研磨成粉即可。

流程中，初清采用一台TQLZl 50型振动筛，毛玉米仓可储存30h的加工原料。清理流

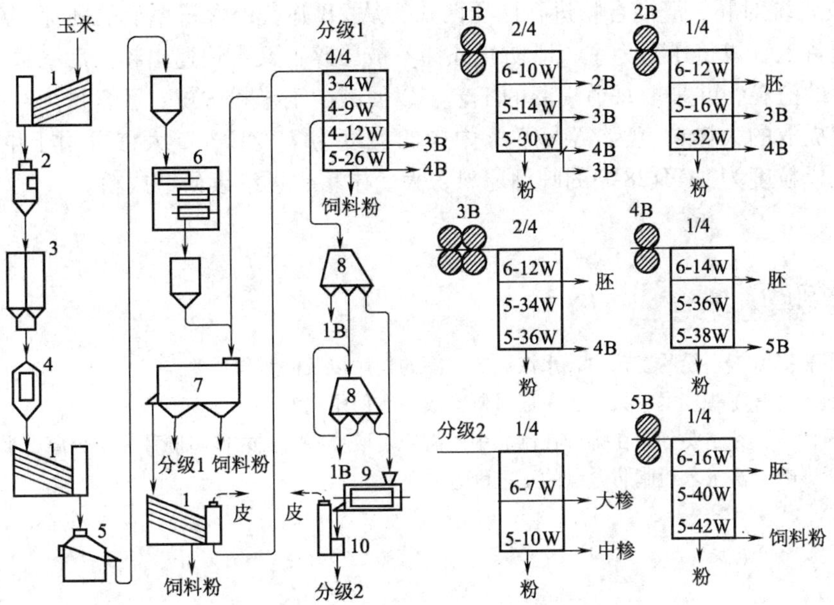

图 6－12　日处理 150t 玉米联产加工工艺流程图

1—振动筛　2—电子秤　3—毛玉米仓　4—永磁筒　5—比重去石机　6—水汽调节机

7—脱皮破糁机　8—重力分级机　9—碾米机　10—吸风分离器

程由一台 TQLZ 100 型自衡振动筛、一台 TQSX. 100 型吸式去石机、一台 TCX 119 型永磁筒组成。清理后的玉米含尘芥杂质低于 0.3%，其中砂石含量低于 0.02%。

采用两台 FSTW 36×200 水汽调节机进行水汽调节，玉米润水时间为 10min，入机玉米水分含量为 16%～17%。

脱皮、脱胚部分采用三台并联的 FBPW 30.5×15 型玉米脱皮破糁机，脱胚效率不小于 90%。脱皮破糁后的物料经 TQLZ 100 型振动筛筛出细粉，再由风选器提出皮，之后进入分级筛 1 进行分级，设置风选皮工序的目的是防止高水分的皮堵塞分级筛。

采用一台 FG4×16 型高方平筛作为分级筛 1，处理糁胚混合物，4W 筛上物为带胚的玉米大碎粒和未破碎的玉米，需重新回脱皮破糁机。4W/9W 为渣、胚的混合物，进入两台串联的重力分级机，提出的渣用一台碾米机整形、磨光，再经风选去皮、分级筛 2 筛分去粉，最后获得大、中糁产品。胚、渣混合物进入压胚磨粉 1B。

压胚磨粉工序采用 3 台复式磨粉机、2 台 FG 4×16 型高方平筛（包括分级筛 2），组成五道皮磨的压胚磨粉流程。磨辊技术参数实例见表 6－8。

表 6－8　　各道磨辊技术参数实例

研磨系统	辊线速/（m/s）	快慢辊速比	齿数/（牙/cm）	齿角	斜度/%	排列
1B	6～7	1.5	4.0	40°/70°	12.5	D－D
2B		1.5	5.5	20°/70°	12.5	
3B		1.5	6.5	20°/70°	12.5	
4B		2.5	7.5	35°/65°	10	
5B		2.5	8.5	35°/65°	10	

1 ~ 2 皮系统对胚、渣混合物进行两压两筛，从 2B 筛获得含粉率低的胚芽。各磨在磨辊技术参数配备上，以挤压力为主，既防止胚芽不被压碎，又可快速出粉。后三道皮磨处理含胚芽量较少的渣粒，并采取每道提胚的工艺，以便减少玉米粉中皮、胚含量。

该流程提取的大糁粒度为 4W/7W，中糁的粒度为 7W/10W。大糁可用于生产玉米片，中糁可加工成粒度为 14W/28W 的啤酒原料，大、中糁也可继续研磨成粉。

思考题

1. 试述干法提取玉米粉的工艺中，水汽调节工序的作用以及润水操作要点。
2. 磨辊的磨齿有哪些技术参数？各参数对研磨效果有何影响？
3. 玉米破糁后胚芽主要分布在哪种在制品中？需要采取哪些方法才能将胚芽完全分离出来？
4. 试分析影响干法玉米粉脂肪含量的工艺因素。

第七章　淀粉糖生产工艺基础

第一节　概　　述

一、淀　粉　糖

以淀粉或淀粉质为原料生产的糖品统称为淀粉糖。它们是淀粉的水解产物或水解产物的衍生物或转化产品，主要包括葡萄糖、麦芽糖、低聚糖、果葡糖浆和糖醇等系列产品。

根据文献记载，我国有2000多年生产淀粉糖的历史，但发展缓慢。进入20世纪以来，淀粉糖生产关键技术和设备的研究有突破性进展，使得生产成本大幅降低，产量逐年上升，品种逐年增多，现已成为淀粉深加工产业链中产量最大的转化产品，是食糖替代品的重要组成部分。淀粉糖生产良好的上升势头主要体现在产量逐年大幅度提高，企业规模增大，新产品开发加快及品种多样化，产品质量显著提高，同时在节约资源、环境保护、节能减排等方面也达到国家规定的标准和要求。经过20多年来的快速发展，我国淀粉糖从手工作坊式的生产，转变成具有国际先进水平的新兴行业。“十一五”期间，我国淀粉糖产量平均年增长率大于19%，总产量由1999年的60万t，提高到2010年的900万t，淀粉糖的品种也由20世纪90年代中期的麦芽糖和葡萄糖浆两个低端品种发展到现在的30多个品种，其中淀粉糖中的高端产品——功能性低聚糖，其生产技术水平和产品质量已达到国际先进水平。目前，国内年产10万t以上的淀粉糖企业达到20余家，规模最大的企业年产量达到80万~100万t，全国淀粉糖企业前20强的产量占总产量的80%以上，随着淀粉糖产业的不断扩大，其在所有食糖替代品中所占的份额也越来越大，推动了无糖食品、功能食品、饮品等食品原料的发展。

由于目前我国人均消费食糖量只有世界平均水平的25%，是世界上食糖消费量最少的国家之一，同时我国又是食糖进口国，因此淀粉糖的生产在未来一段时间内还有较大的发展空间。

淀粉糖被广泛地应用于食品、医药、造纸等诸多行业。它既可用于各种食品，也可用于以葡萄糖和麦芽糖为原料的发酵工业和化学合成工业等。例如，目前已突破了以淀粉为原料生产啤酒糖浆的技术难题，可以用淀粉糖浆替代麦芽糖浆生产啤酒，降低了啤酒生产成本。结晶葡萄糖产品还是新型环保表面活性剂烷基糖苷的重要原料，可用于生产高效洗涤剂和化妆品，国际市场十分看好。近年来已经开始利用山梨醇裂解技术生产玉米化工醇，代替石油化工醇生产纤维聚酯、树脂橡胶等。淀粉糖产业是农业产业化和粮食深加工的重要途径之一，在国民经济发展中发挥着越来越大的作用。

二、淀粉糖生产的方法及特点

根据水解淀粉采用的催化原理不同，淀粉水解分成酸解法、酸酶结合法和双酶法三种方法。不同方法分别适用于不同品种淀粉糖的生产。淀粉糖的水解程度或糖化程度通常用葡萄糖值（DE 值）和葡萄糖实际含量（DX 值）表示。葡萄糖值（DE 值）是指还原糖含量（以葡萄糖计）占干物质的百分率，可以用费林氏法或碘量法测定糖化液的还原性，把所测得的还原糖量完全当作葡萄糖来计算。葡萄糖实际含量（DX 值），是指糖液中葡萄糖含量占干物质的百分率。

随着淀粉水解反应的进行，糖化液的还原性增加，由于糖浆中的麦芽糖和其它低聚糖也具有一定的还原性，所以糖浆中的葡萄糖实际含量（DX 值）低于葡萄糖值（DE 值）。

1. 酸解法

酸解法是最早出现的工业化淀粉水解方法。它是利用无机酸为催化剂，在高温、高压条件下将淀粉水解为糖的方法。

酸解法优点是适合各种精制淀粉，工艺简单，水解时间短，生产效率高，设备周转快，所得到糖化液过滤性能好。但由于水解作用是在高温、高压和酸性条件下进行，因此酸解法要求生产设备具有耐腐蚀、耐高温、耐压力。酸水解淀粉没有专一性，水解产物不能定向控制。淀粉在酸水解过程中，会发生葡萄糖的复合反应和分解反应，由于副产物多，影响葡萄糖的产率，DE 值只有 90% 左右，糖化液精制困难。另外，酸水解 DE 值低于 30% 时，由于长的直链聚合物沉淀，糖浆会出现凝沉现象；酸水解 DE 值超过 55% 时，又会加重葡萄糖复合、分解产品产生，并很难去除，产品颜色深。

2. 双酶法

采用液化酶对淀粉进行液化，再利用糖化酶对液化产物进行糖化的生产工艺称为双酶法或全酶法。双酶法转化淀粉糖首先是利用 α - 淀粉酶将淀粉液化，转化为糊精及低聚糖，同时淀粉的黏度降低，流动性增加；其次是利用糖化酶将糊精和低聚糖进一步水解成要求 DE 值的产品。由于淀粉糖生产是液化和糖化两种酶的共同作用下完成的，故称为双酶法。

采用双酶法水解淀粉糖，与酸解法制糖相比具有明显的优越性。由于酶具有较高的专一性，淀粉水解的副产物少，因而水解糖液的葡萄糖纯度高，DE 值可达 98% 以上，颜色浅，无苦味。该法不需要耐高温、耐高压、耐酸设备，水解条件温和，对设备材质要求低。双酶法的缺点是生产周期长，糖浆过滤性较差。

3. 酸酶法

酸酶法是先将淀粉用酸水解成糊精或低聚糖，再用淀粉酶将其继续水解为目标糖品的工艺。基本操作是先用酸法将淀粉液化到 DE 值 10% ~20%，中和冷却，加入糖化酶，继续糖化到终点。采用酸酶结合法，常采用管道设备连续糖化工艺，这样调节 pH、降温和加液化酶的时间快，可以避免回流。

酸酶法兼有酸法液化的过滤性能好和酶法糖化 DE 值高的优点，此法糖化程度 DE 值能达到 95% 左右。但它仍然要采用酸和高温，复合反应和分解反应虽然比酸法有所减少，但仍不可避免。糖化终点 DE 值还不够高，而且液化结束后，仍需要用碱来中和，分离盐分的工序工作量大。

三种不同水解方法产物的性质比较见表 7 - 1。

表 7-1　　不同糖化方法所得糖化液的分析比较

项目	酸法	酸酶结合法	双酶法
最高 DE 值/%	91	95	98
最高 DX 值/%	86	93	97
灰分/%	1.6	0.4	0.1
蛋白质/%	0.08	0.08	0.1
羟甲基糠醛含量/%	0.3	0.08	0.03
颜色值*（单位）	10	0.3	0.2

注：* 由淀粉糖颜色测定仪测定，为相对值，数值越低，颜色越浅。

由上表可见，从酸法到酸酶结合法，再到双酶法，糖浆的品质大为改善，表现为羟甲基糠醛、色素、非发酵性异麦芽糖和龙胆二糖等杂质含量大大降低。由于双酶法具有高效率、高质量、高收率、低污染的特点，现已成为淀粉糖生产的主要方法。

第二节　酸水解法制糖

一、酸水解法制糖原理

利用酸作催化剂水解淀粉，同时发生三种化学反应，即淀粉的水解反应、葡萄糖的复合反应和分解反应。在淀粉酸糖化过程中，酸和热既可以催化淀粉的水解反应，同时也催化糖浆中的葡萄糖发生复合反应和分解反应。选择工艺条件应确保尽量减少复合与分解物产生，提高原料的利用率和产品的得率，有利于精制操作，使淀粉糖质量符合要求。

（一）淀粉的水解反应

淀粉颗粒由直链淀粉和支链淀粉组成。在酸作用下，颗粒结构被破坏，淀粉分子中的 $\alpha-1, 4$ 糖苷键和 $\alpha-1, 6$ 糖苷键断裂，淀粉最终被水解成游离态的葡萄糖，用化学反应式表示为：

$$(C_6H_{10}O_5)_n + nH_3O \longrightarrow nC_6H_{12}O_6$$

淀粉颗粒由结晶结构和无定形结构两部分组成，相对而言，无定形结构部分更易被水解。由于无定形结构主要由支链淀粉组成，所以淀粉颗粒中的支链淀粉较直链淀粉易水解。淀粉颗粒的紧密程度对酸水解作用有一定的影响，使得不同品种的淀粉酸水解的难易有所差别。马铃薯淀粉颗粒大、结构松散，较玉米、小麦、高粱等谷类淀粉易水解；谷类淀粉中大米淀粉颗粒最小、结构紧密，对酸作用的抵抗力较强，酸侵入颗粒内部的速度较慢，相对于玉米淀粉、小麦淀粉更难于水解。

酸水解麦芽糖和异麦芽糖的速度比较实验表明，糖苷键的种类不同，酸水解的速度也不同。酸对 $\alpha-1, 4$ 糖苷键的水解速度比 $\alpha-1, 6$ 糖苷键快 3 倍多。

1. 糖化液的组成

淀粉水解产物称为糖化液。当加酸的淀粉悬液浮加热到糊化温度以上时，即开始迅速水解。水解过程并不是先生成糊精，再依次转化成较大分子的低聚糖、较小分子的低聚糖和单糖，而是糖苷键杂乱无章地断裂，在水解反应开始就有单糖（葡萄糖）、二糖、三糖等小分子糖生成，只是这些小分子糖所占百分率较低。随着反应时间的延长，早期水解得到的大分子糊精、低聚糖被进一步水解，糖分组分中的小分子糖比重逐渐上升，大分子糖比重有所下降。由此可见，淀粉水解所生成糖化液的糖分组成是很复杂的，各种糖分组成百分率有显著差别。以普通玉米淀粉为例，酸水解得到的糖化液在 DE 值为 18% 时，葡萄糖仅占 4.5%，二～四糖占 15.5%，五糖以上占 80%；DE 值为 63% 时，葡萄糖占 40%，二～四糖占 41.5%，五糖以上仅占 18.5%（表 7-2，图 7-1）。

表 7-2　玉米淀粉酸水解糖分组成

DE 值/%	糖的聚合度									
	1	2	3	4	5	6	7	8	9	>9
18	4.5	5.0	5.0	5.5	5.0	4.0	3.5	3.0	2.5	62.0
30	9.5	9.0	8.5	8.0	7.0	6.0	5.0	4.0	3.5	29.5
42	17.5	14.0	11.5	10.0	8.0	6.5	5.5	5.0	4.5	17.5
55	30.0	18.0	13.5	9.5	7.0	5.0	4.0	3.5	3.0	6.5
63	40.0	20.5	13.0	8.0	5.5	4.0	2.5	2.0	2.0	2.5

一般情况下，DE 值达到 25% 左右时，小分子糖（DP1～5）占 30%，大分子糖逐渐减少；DE 值为 30% 以上时，葡萄糖成为糖液中的主要成分。淀粉糖化液中的单糖是葡萄糖，但二糖和其它低聚糖种类却很复杂。如 DE 值为 60% 的酸水解糖化液中，仅二糖就有 8 种，包括麦芽糖、异麦芽糖、龙胆二糖、纤维二糖、曲二糖、昆布二糖、皂角糖和海藻糖等。这些糖有的是水解反应生成的，有的却是葡萄糖复合反应生成的。

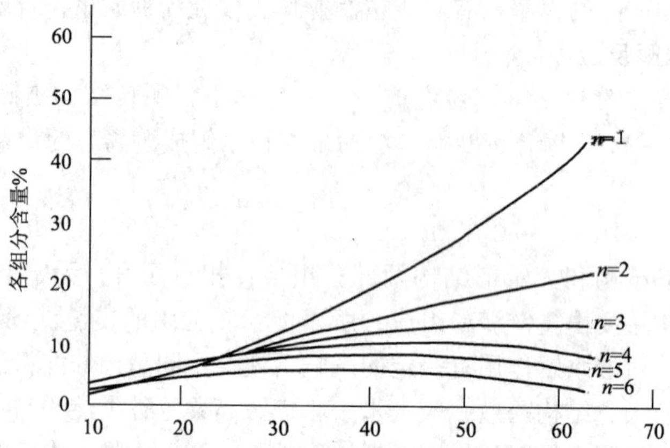

图 7-1　水解过程中各种糖分组成的变化

2. 无机酸的选择

从酸催化淀粉水解的机制可知，催化作用是由 H^+ 实现的化学反应。许多酸对淀粉均有催化作用，不同的酸有不同的氢离子浓度，因此对淀粉有不同的催化效能。工业上普遍使用的是催化效能高的盐酸及硫酸，有的也使用草酸。不同种类酸的相对催化效能见表 7-3。

表 7-3　　不同种类酸的相对催化效能

酸的种类	相对催化效能	酸的种类	相对催化效能
盐酸	100.0	亚硫酸	4.82
硫酸	50.35	醋酸	0.8
草酸	20.42		

酸的种类不同，水解工艺条件也有不同。

(1) 盐酸　催化效能最高。用量为淀粉的0.1%~0.5%（pH 1.8~2.3），糖化后用NaOH或Na_2CO_3中和，生成的NaCl溶于糖液中会增加糖液的灰分，并且NaCl增加糖液盐分的味道，在制造结晶葡萄糖时会影响结晶、分离。但因盐酸的催化效能高，用量少，生成NaCl量有限，对产品风味影响不大，所以工业生产上仍多选择盐酸为催化剂。使用盐酸的缺点是对设备腐蚀性较强，需要加强水解设备的防腐保护。

(2) 硫酸　催化效能略次于盐酸。其优点是对设备腐蚀性小，浓度大，运输、贮存和使用都比盐酸方便，而且价格比盐酸便宜。但用石灰中和时，会使产品中溶有一定量的硫酸钙，在蒸发罐中糖化液加热时，在加热面上会生成锅垢，影响传热。用骨炭对糖化液脱色时，硫酸钙会沉淀于骨炭颗粒上，影响骨炭的再生使用，储存期间溶解在糖液中的硫酸钙会慢慢析出而变得混浊，工业上称为硫酸钙混浊。由于上述原因，工业上使用硫酸糖化并不多。阴离子交换树脂对硫酸吸附能力比较强，只有采用阴离子交换树脂精制工艺的工厂，才选择硫酸进行淀粉的酸水解。

(3) 草酸　催化效能相对较低，只为盐酸的20.42%，使用量为淀粉的0.2%~0.5%。其优点是草酸催化的副反应少，糖液的色泽浅，而且糖化后用碳酸钙中和，生成的草酸钙沉淀能全部过滤除掉。但是草酸的价格较高，所以工业生产上较少使用。

由于淀粉所带杂质的影响，酸在淀粉糖化过程中的实际有效浓度要比理论上的浓度低，可以通过控制pH来确定酸的用量。

3. 化学增重

纯淀粉通过完全水解，每个脱水葡萄糖单位（$C_6H_{10}O_5$）能转化成一个分子的葡萄糖（$C_6H_{12}O_6$），即葡萄糖的理论收率为111.11%。实际收率要比这个值低，仅有105%~108%。100份淀粉中有多少份淀粉转化成葡萄糖，称为淀粉转化率。

转化率=实际收率/1.11。

水解反应的重量增加，在工业上称为化学增重。因为在淀粉酸水解所获得的糖液包含有各种糖分，每种糖分的化学增重并不相同，1.0000份的淀粉水解成麦芽糖（二糖）的化学增重为1.0556，高糖（三糖）的化学增重1.0324。糊精相对分子质量大，增重很少，一般看作是没有化学增重，这样就可以根据糖化液中葡萄糖、麦芽糖、高糖和糊精的含量（%）计算不同葡萄糖值条件下淀粉糖化的化学增重（表7-4）。

表 7-4　　淀粉糖化的化学增重

DE值/%	化学增重因数	DE值/%	化学增重因数
30	1.029 2	42	1.042 4
40	1.040 0	50	1.051 6

续表

DE 值/%	化学增重因数	DE 值/%	化学增重因数
55	1.057 6	92	1.101 6
60	1.063 4	93	1.102 8
70	1.075 1	94	1.104 0
80	1.087 2	95	1.105 2
90	1.099 2	100	1.111 1
91	1.100 4		

表 7-4 中化学增重因数的计算是在假设淀粉纯度为 100% 的前提下获得的，使用此因数时应将淀粉中杂质，如蛋白质、油脂、灰分等除掉，经过校正后使用。如含杂质 0.9%，则所采用的因数应乘以 0.991。

（二）葡萄糖的复合反应

在淀粉的酸糖化过程中所生成的一部分葡萄糖，在酸和热的催化作用下，会通过糖苷键相聚合，失掉水分子，相应地生成二糖、三糖和其它低聚糖等，这种反应称为复合反应。复合反应有水分子生成，干物质浓度有所减低，出现化学减重现象。两个葡萄糖分子复合成二糖的变化可表示为：

$$2C_6H_{12}O_6 \longrightarrow C_{12}H_{22}O_{11} + H_2O$$

复合反应不能简单理解为水解反应的逆反应，因为两个葡萄糖分子通过复合反应相聚合时，主要由 $\alpha-1$，6 糖苷键合成异麦芽糖和由 $\beta-1$，6 键聚合成龙胆二糖而不是经 $\alpha-1$，4 糖苷键合成麦芽糖。水解反应是不可逆的，而复合反应却是可逆的，复合糖可再次经水解转变为葡萄糖。工业生产葡萄糖正是利用这个性质，将母液适当稀释，加适量酸后再进行一次水解，使复合糖水解成葡萄糖，以提高葡萄糖的产率。

1. 复合糖种类

葡萄糖通过复合反应生成的糖类是很复杂的，均由二糖或三糖组成。一般复合糖中以二糖为主，夹有少量三糖，还没有发现有更高聚合度的复合糖。已发现的复合二糖见表 7-5，表中所列的复合二糖中主要的是异麦芽糖和龙胆二糖。

表 7-5　　葡萄糖复合反应生成的二糖

种类	糖苷键	种类	糖苷键
异麦芽糖	α-D-1，6	曲二糖	α-D-1，2
龙胆二糖	β-D-1，6	槐糖	β-D-1，2
麦芽糖	α-D-1，4	α，α-海藻糖	α-D-α-D-1，1
纤维二糖	β-D-1，4	β，β-海藻糖	β-D-β-D-1，1
皂角糖	α-D-1，3	未确定的二糖	β-D-1，5
昆布二糖	β-D-1，3		

除复合二糖和复合三糖外，还会有相当数量的脱水葡萄糖生成。脱水葡萄糖是产生于某个葡萄糖分子内部的脱水反应，与葡萄糖分子之间的脱水复合反应有所不同。其结构为 1，6－脱水－β－D－六环葡萄糖，属于内糖苷，是葡萄糖 C_1 碳原子和 C_6 碳原子间的羟基失掉一个水分子而成。在淀粉糖化液中，脱水葡萄糖的生成量随水解程度的增加而增高。酶法糖化淀粉所得的糖化液中不含有这种糖，因此分析糖化液中脱水葡萄糖的有无和含量多少，就可以区别糖化的方法是酸法、酶法还是酸酶结合法。

2. 影响复合反应的因素

（1）葡萄糖的浓度　糖液浓度与复合反应关系很大，随着葡萄糖浓度的增高，复合反应也增加。表 7－6 为不同糖化程度复合糖生成量。

表 7－6　不同糖化程度复合糖生成量　　单位：%

复合糖种类	DE 值						
	11.0%	15.0%	28.0%	33.0%	68.0%	82.0%	90.0%
异麦芽糖	0.00	0.00	0.00	0.02	0.26	1.64	2.00
龙胆二糖	0.00	0.00	0.00	0.02	0.26	1.64	2.00
海藻糖	0.00	0.00	0.00	0.00	0.08	0.18	0.46
曲二糖	0.00	0.00	0.00	0.00	0.10	0.62	0.76
槐糖、纤维二糖	0.00	0.00	0.00	0.00	0.15	0.59	0.79
皂角糖	0.00	0.00	0.04	0.15	0.70	1.09	1.00
昆布二糖	0.00	0.00	0.00	0.00	0.10	0.24	0.36
总计	0.00	0.00	0.04	0.19	1.65	6.00	7.37

葡萄糖值较低时，并没有复合糖产生，只有 DE 值达 28% 以后，才开始有复合糖出现，随糖化程度增高，复合糖出现的种类和数量也逐渐增多。复合糖中生成量最多的是异麦芽糖和龙胆二糖，其次是具有 α－1，3 键的皂角糖。分别用葡萄糖溶液和淀粉糖溶液进行葡萄糖复合反应试验，两者所得的试验结果相一致。工业上生产葡萄糖的条件为 pH 1.5 和 145℃。研究此条件下葡萄糖的复合反应，可以推断实际生产条件下淀粉乳糖化过程中的复合反应情况。

将无水葡萄糖配制成不同浓度的溶液，用硫酸调节 pH，酸度和加温与实际生产条件一致，当复合反应达平衡状态时，分析葡萄糖值和葡萄糖含量，30%～90% 浓度葡萄糖溶液试验结果列于表 7－7。从表 7－7 中可以看出，因为复合反应有水分产生，使得复合反应平衡后浓度较葡萄糖溶液原来的浓度有所降低。复合反应发生程度与葡萄糖浓度密切相关，30% 葡萄糖溶液复合反应平衡后，葡萄糖值相当于原溶液的 88.8%，葡萄糖含量为原溶液的 81.6%；90% 葡萄糖溶液，复合糖生成增加，葡萄糖值相当原液的 43.7%，葡萄糖含量为原液的 28.1%。单从理论上分析，较低浓度淀粉乳可获得较高 DE 值糖化液，但同时也会加大设备体积，提高蒸发成本。目前工业上制造葡萄糖选取 10～12°Bé 的淀粉乳，相当于干物质浓度 18%～21%，糖化液纯度为 90%～92%，复合糖为 8%～10%。

表 7－7　　葡萄糖复合反应（pH1.5，145℃）

葡萄糖原液浓度/%	复合平衡溶液浓度/%	DE 值/%	葡萄糖含量/%	比旋光度/（°）
30	29.26	88.8	81.6	56.8
50	49.03	79.3	66.6	62.6
60	57.41	73.5	50.6	65.9
70	66.53	65.8	50.1	69.9
80	75.37	56.4	39.6	75.1
90	84.34	43.7	28.1	80.8

（2）酸的种类与浓度　不同种类酸对于葡萄糖复合反应的催化作用不同。以盐酸最强，其次为硫酸、草酸。酸浓度加大，复合反应程度增加。

（3）反应温度与时间　在葡萄糖复合反应没有达到平衡之前，随着温度升高和加热时间延长，有利于复合反应的发生。表 7－8 是 1% 葡萄糖液用 0.165mol/L 的 H_2SO_4 酸化，在 98℃条件下，2h、5h 和 10h 时复合糖生成量。由表 7－8 可见，随反应时间延长，复合二糖和脱水葡萄糖都有一定程度的增加。

表 7－8　　反应时间与复合糖生成量的关系

种类	复合糖生成量/%		
	2h	5h	10h
异麦芽糖	0.052	0.074	0.105
龙胆二糖	0.032	0.053	0.071
麦芽糖	0.021	0.040	0.054
纤维二糖	0.021	0.040	0.054
皂角糖	0.014	0.015	0.025
曲二糖	0.034	0.039	0.044
槐糖	0.034	0.039	0.044
海藻糖	0.034	0.039	0.044
昆布二糖	0.011	0.013	0.080
脱水葡萄糖	0.375	0.430	0.510
总计	0.539	0.664	0.817

（三）葡萄糖的分解反应

用紫外吸收光谱的方法进行研究，发现葡萄糖在酸和热的影响下发生脱水反应，生成 5－羟甲基糠醛。生成的物质不够稳定，会进一步分解成乙酰丙酸、甲酸或分子间脱水生成有色物质。

1. 反应机理

葡萄糖脱水反应生成 5－羟甲基糠醛的过程如下：

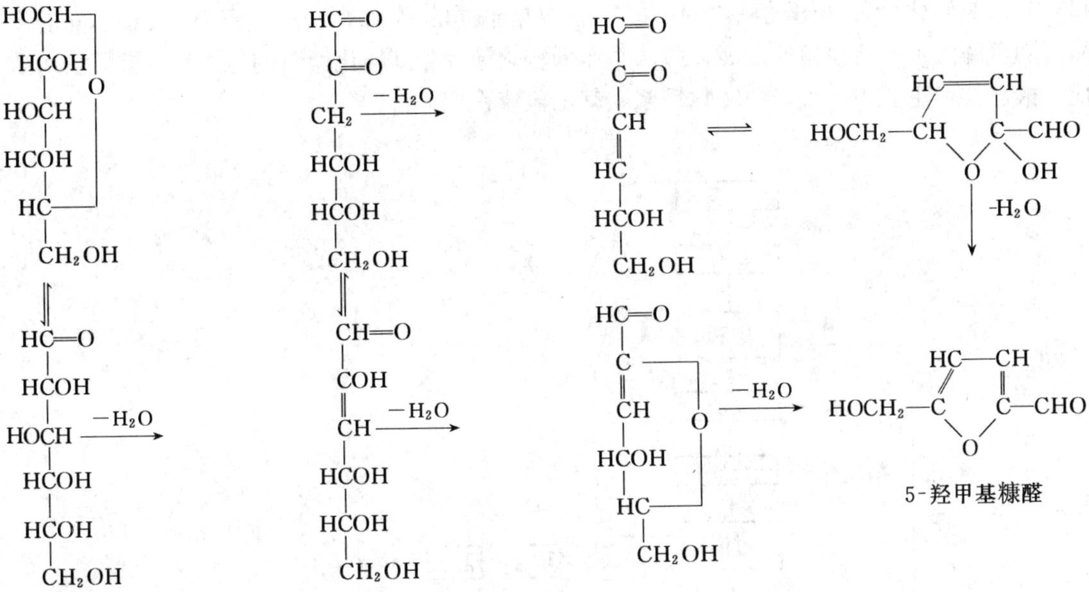

不稳定的5－羟甲基糠醛可进一步分解：

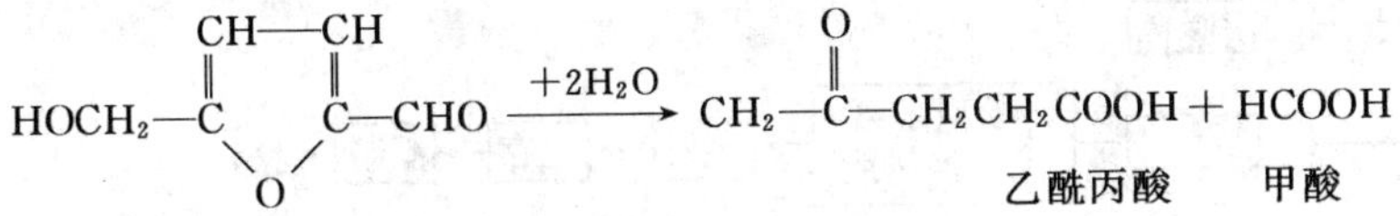

乙酰丙酸　　甲酸

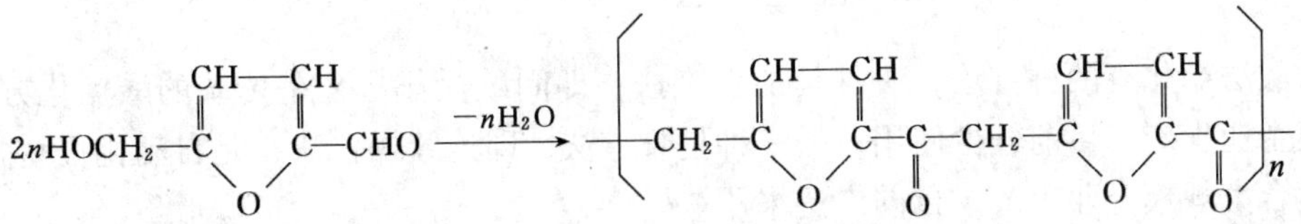

类黑色物质

5－羟甲基糠醛为淡黄色，其分解成乙酰丙酸的反应为一级化学反应。生成的乙酰丙酸性质稳定，在酸和热的作用下不会发生分解或聚合反应。葡萄糖因分解反应所损失的量不多，约在1%以下，但生成的有色物质会增加糖化液精制的困难。

2. 反应影响因素

5－羟甲基糠醛和有色物质的生成量随反应时间延长而增多，葡萄糖浓度的提高也会引起5－羟甲基糠醛生成量的增加。由于一级反应速度常数基本保持不变，说明葡萄糖的分解属一级化学反应。pH对葡萄糖分解反应的影响比较复杂，pH为3.0时降解速度最低，5－羟甲基糠醛和有色物质生成量最少，高于或低于此值都会增加葡萄糖分解反应。工业生产酸水解淀粉时，pH一般控制在1.5～1.6，由于此时的5－羟甲基糠醛和有色物质生成量比pH3时分别提高5倍和13倍，需要经过活性炭和离子交换树脂去除有色物质和其它杂质。

二、酸水解法制糖工艺

淀粉完全水解的最终产物为葡萄糖，而经不完全糖化的产物，其糖粉的组成为葡萄糖、麦芽糖、低聚糖、糊精等的混合物，称之为淀粉糖浆。由于各种淀粉糖浆中的组成不相同，按照不同的转化程度分为低DE值糖浆（DE值20%以下）、中转化糖浆（DE值38%～

42%）和高转化糖浆（DE 值 60% ~70%），根据不同的要求，每一类糖浆中又有不同的产品。随着酶法生产淀粉糖的发展，酸法生产低转化糖浆和高转化糖浆的方式逐步被酶法所取代。酸法技术主要用于生产中转化糖浆，其工艺流程如下：

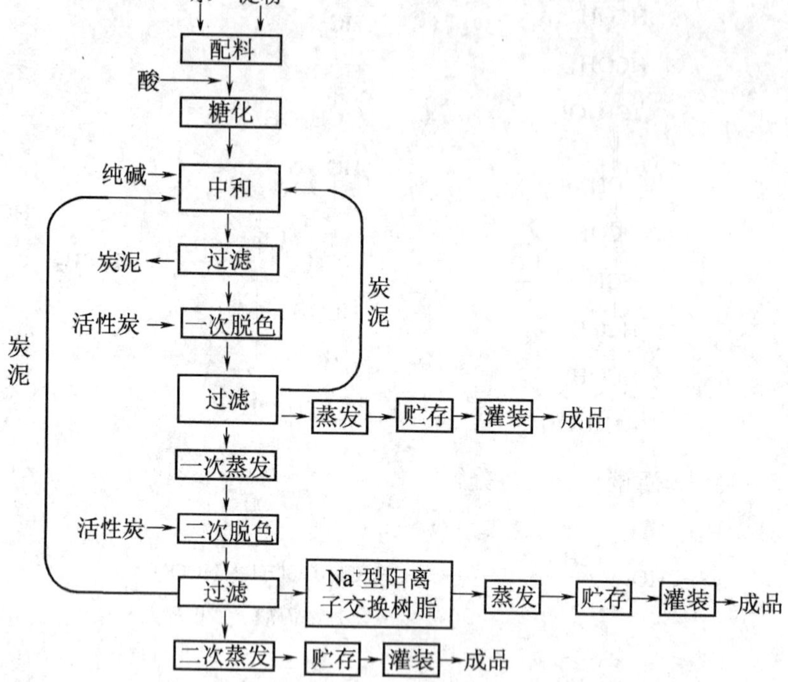

工业上酸法糖化有两种方法，一种是加压罐法，即间歇操作法，是传统的酸糖化方法，适合小规模企业生产，目前较少使用；另一种是管道法，即连续操作法，是自动化程度高的新方法，适合大规模企业生产，目前广泛采用。

（一）间歇酸糖化工艺

对于规模化生产的企业，目前已经不再选用此糖化方法，了解此法的目的是为了与连续酸糖化法进行比较，以便更好地理解连续操作法的工艺特点，利于技术革新。

1. 糖化设备

糖化工艺的主要设备是加压糖化罐。罐体为耐酸、耐压钢材制成的立式圆柱体，容积在 $10m^3$ 左右。罐体顶盖设有酸和淀粉乳的加入口、空气排放阀和入罐检修口，罐底设有蒸汽盘管和蒸汽进口，蒸汽盘管上开有多孔，从孔喷出的蒸汽用来对物料进行加热和搅拌。糖化结束后，物料靠糖化时罐内压力，由喷管（从罐体上盖插入罐体底部）向上排出，进入中和桶。

2. 糖化操作

加酸方法主要有将全部的酸混入淀粉乳中、将全部的酸用水冲淡后加入糖化罐中和将全部酸的 1/3 ~1/2 用水冲淡后加入糖化罐中，其余的酸混入淀粉乳中的三种方法。相对来讲，第三种方法受热比较均匀，淀粉不易结块，应用得比较多。

（1）调乳　将软化水用蒸汽加温后送入配料桶内，加入干淀粉调乳，保持搅拌以防止淀粉沉淀，加入全部酸的 1/2 ~2/3 混匀，保持淀粉乳温度在 50℃ 左右。

（2）泵入底水　糖化开始前，先向糖化罐内泵入酸水，又称底水，以浸没罐体底部的盘管为度。向罐内通入蒸汽，并打开罐顶蒸汽排出阀门，排出罐内空气，预热2~3min，使底水沸腾，保持罐内0.02MPa压力，然后进料。

(3) 进料　进料时一定保持正压，使进入的淀粉乳快速越过糊化温度，迅速液化成可溶性淀粉。否则进料后再升温，淀粉浆会结块。进料时，打开淀粉乳管，淀粉乳借重力由高位储存桶注入，同时做到调乳桶内的淀粉乳边进料边搅拌，防止沉淀。进料量控制在糖化罐容积的70%。控制好进料速度，既要防止速度过快发生结块，也要防止过慢造成先后进料的时间差大，糖化程度不均匀。一般$10m^3$以上大罐进料时间为10~15min。

(4) 糖化　全部淀粉乳加入后，关闭淀粉进料管和空气排出管，开大进汽管阀门，迅速提高罐内压力到0.28MPa，保持此压力到需要的糖化程度。升压过程中，排汽阀要适当开大，大排气量可使料液翻滚，水解均匀。生产DE值为42%的糖浆，保持压力时间为5~6min；DE值为55%的糖浆，需8~10min。

(5) 放料　糖化结束后，要迅速放料，以免水解过度。糖浆进入中和桶后要及时降温，以便降低复合反应。

间歇糖化法需要手工操作，过程复杂，劳动强度大；二次蒸汽不便于回收利用，热损耗高；淀粉乳进入糖化罐的时间不一致，导致淀粉的糖化时间不同，因此糖化不均匀，先水解出来的葡萄糖易发生复合分解反应，后进罐的淀粉糖化不充分，采用连续管道糖化方法可以克服上述的缺点。

(二) 连续酸糖化工艺

连续糖化法分为直接加热式和间接加热式两种工艺。

1. 直接加热式

直接加热式管道糖化设备示意图见图7-2。淀粉与水在一个贮槽内调配好，酸液在另一个槽内贮存，然后在淀粉乳调配罐内混合，调整浓度和酸度。利用定量泵输送淀粉乳，所采用的泵可以是离心泵、多级活塞泵或螺旋泵。蒸汽喷入加热器升温，淀粉乳受热立即糊化、液化，进入维持罐，然后流经蛇管反应器进行糖化反应，控制一定的温度、压力和流速，以完成糖化过程。糖化液经放料控制阀至分离器闪急冷却，同时将二次蒸汽急速排出，

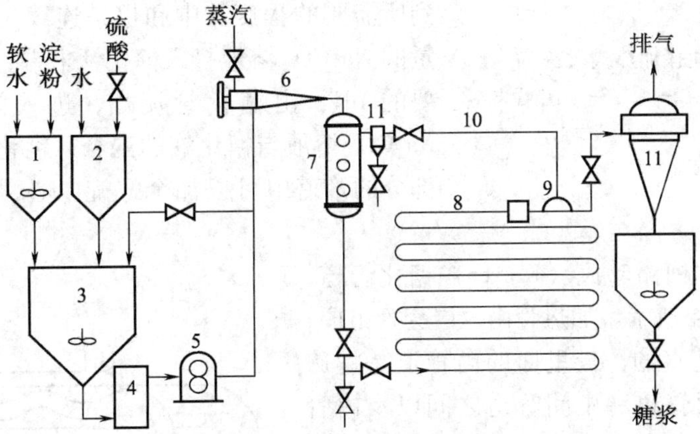

图7-2　直接加热式管道糖化设备

1—淀粉乳贮罐　2—硫酸稀释槽　3—淀粉乳调节槽　4—粗滤器　5—定量泵　6—喷射液化器　7—维持罐　8—保温管　9—控制阀　10—等压管　11—分离器

糖化液迅速降至常压，冷却到100℃以下，再进入贮槽进行中和。淀粉糖化液在管道中呈湍流状态流动，保持一定的直线流动速度，糖化管径3～15cm，直线流速以0.12m/s为宜，全部生产过程和各项工艺参数可以通过仪表实现自动控制。

这种连续糖化法适用于生产不同DE值的产品，所采用的酸度、温度和时间见表7-9。

表7-9　　不同DE值产品糖化条件

产品DE值/%	H_2SO_4 浓度/（mol/L）	糖化时间/min	糖化温度/℃
90	0.015	18	158
58	0.008	21	148
42	0.008	26	142
16	0.005	19	142
5	0.0035	16	132

应用连续管道糖化法生产糖浆，淀粉乳中一些脂肪、蛋白类物质易粘附于管壁上，并逐渐增厚，影响糖化液的流速，需每周清洗一次。清洗时保持糖化温度，泵入清洗液，清洗液由稀酸和稀碱液组成，按照水—稀酸—水—稀碱—水的顺序清洗，稀酸采用0.5% H_2SO_4，稀碱采用0.5mol/L NaOH。

2. 间接加热式

间接加热式设备如图7-3所示，用往复泵或脉动的膜式泵将加酸的淀粉乳泵入管道，输送的速度按一定的频率脉动变化。也可用非往复式泵，以一定的速度输送，但在糖化管出口处用脉动控制的出料阀门，也可产生脉动现象，效果相同。脉动现象对淀粉乳糖化有利，但并非绝对需要。加热管是整个管道的前一部分，功能是使淀粉乳糊化、液化，并达到需要糖化的温度。然后进入第二部分管道，后者应保持此糖化温度，使糖化作用继续达到所需要的程度。中和也是连续操作，用泵将一定量的 Na_2CO_3 溶液打入糖化管末端，糖化液中和到需要的pH，由糖化管流出，进入闪蒸罐。为促进 Na_2CO_3 溶液与糖化液的混合，糖化管的末端即中和部分的管道中可以加个螺旋中心，使糖化液产生螺旋状的流动。

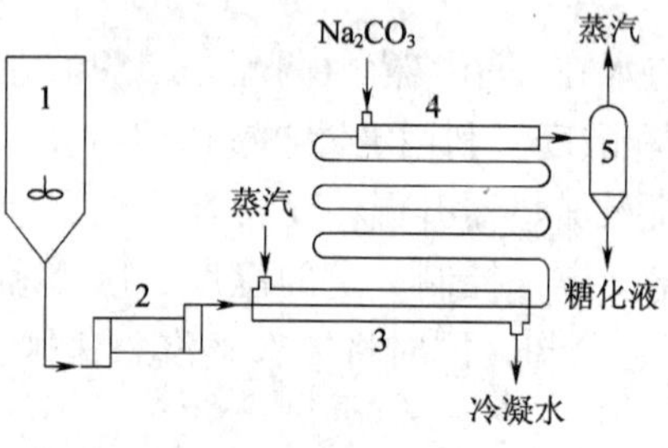

图7-3　间接加热式设备
1—淀粉乳贮罐　2—泵　3—加热管
4—中和管　5—急骤蒸发器

糖化管道又称柯路叶氏（Kroyer）糖化管道，它的结构如图7-4所示。加热管由3层套管组成，外面的两层管道是直的，最里面的内管道是螺旋的。蒸汽通入外面管道和中间管道之间以及内管道，而淀粉乳在中间管道和内管道之间流过。内管道与外管道也可以不相连接，分别单独引入蒸汽。这种加热方式淀粉乳受热均匀，温度上升快，淀粉乳流经螺旋蒸汽管道，可产生搅动效果。

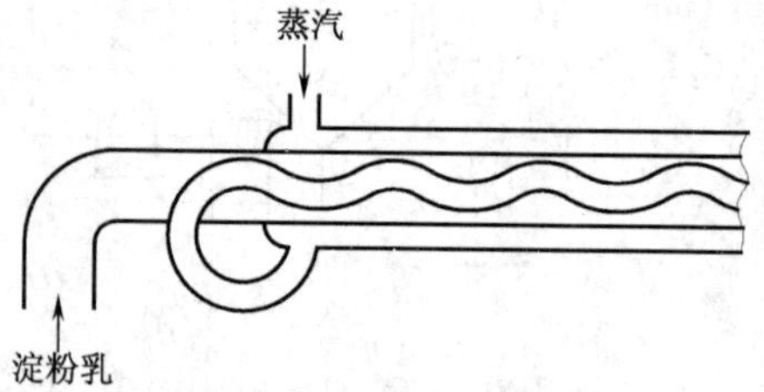

图7-4　间接加热式糖化管道

因为管道糖化设备是采用间接加热方式，糖化管道内的压力可高于饱和蒸汽压力 1 倍以上，达到 1.47 ~ 1.96MPa，糖化温度达 160℃，对糖化有较好的促进作用。

管道式糖化同罐式糖化相比，物料在糖化设备中停留的时间相同。因此，糖化均匀，产品质量好，复合分解产物少。二次蒸汽便于回收利用，比间歇糖化法节约蒸汽近一半，热能利用率高。在管道中便于实现比糖化罐中更高的糖化压力和温度。因此糖化时间可以缩短到 10 ~ 15min，比间歇法节约 1/3 ~ 1/2 时间，有利于实现自动控制，降低劳动强度，达到简化生产操作的目的。

近年来，管道糖化技术和工艺又有所改进，图 7 - 5 就是其中一种。淀粉乳在配料罐内连续自动调整 pH，并且用高压泵打入多组管式的管束糖化反应器内，被内、外间接加热，反应一定时间后，经闪急冷却后中和。

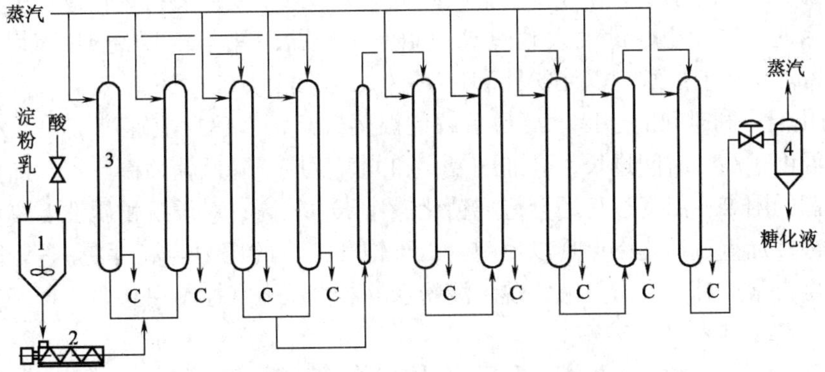

图 7 - 5　改进的糖化管工艺流程

1—淀粉乳贮罐　2—变速高压泵　3—糖化管　4—急骤蒸发器　C—蒸汽冷凝后形成的冷凝水

3. 糖化终点的判断

根据淀粉水解程度不同，常用碘与淀粉的呈色反应来判断糖化终点。方法是将 10mL 稀碘液（0.25%）于小试管中加入 5 滴糖液混匀，观察颜色变化。将已知 DE 值的糖浆和稀碘液混匀，制成标准色管，糖化液显色后与标准色管比较，以确定糖液的糖化终点。熟练操作工人可在原料淀粉质量、淀粉乳浓度、酸的用量、引入淀粉乳的速度、升压速度、糖化压力等操作条件不变情况下，根据糖化时间即可判断糖化程度。

生产结晶葡萄糖需要的糖化程度较高，要用酒精检验糖化结果。原理是糊精在酒精中呈白色沉淀，而葡萄糖溶解于酒精中。取糖化液试样，滴几滴于酒精中，当无白色沉淀生成时，DE 值可达 90% ~92%，即达到糖化要求。

4. 工艺条件的选择

（1）淀粉乳浓度选择　淀粉水解时，淀粉乳的浓度越低，水解越容易，水解液中葡萄糖纯度越高，糖液色泽也就越浅。反之，淀粉乳浓度越高，则有利于葡萄糖的复合和分解反应，使糖液纯度降低，色泽加深。生产中，要根据淀粉原料情况和糖浆的 DE 值确定淀粉乳浓度。薯类淀粉较谷类淀粉易水解，浓度可稍高些；精制淀粉比粗淀粉杂质少，浓度可高些，生产中转化糖浆，淀粉乳的浓度最高不能超过 40%。表 7 - 10 为精制淀粉乳在不同浓度时的适宜 DE 值产品的实验数据。

表 7-10　　精制淀粉乳浓度与水解液 DE 值之间关系

淀粉乳浓度/°Bé	DE 值/%	淀粉乳浓度/°Bé	DE 值/%
16	93.01	20	91.10
17	92.81	22	89.92
18	92.77	24	89.27
19	91.30	26	89.17

（2）酸的种类和用量选择　应用最普遍的是盐酸。淀粉水解速度与酸的用量有关，酸用量越大，淀粉乳中 H^+ 离子浓度越高，水解速度越快，但是副反应也随之加快。由于副产物的增加导致糖液色泽加深，所以盐酸用量必须加以适当控制。另外，还要考虑到淀粉中有蛋白质、脂肪、灰分等杂质的存在，它们会降低酸的有效浓度。淀粉糖化过程中蒸汽也会带走部分酸。因此，实际耗酸量大大超过理论值。一般盐酸用量（以纯 HCl 计）占干淀粉 0.5% ~0.8%。生产上加酸量以淀粉乳 pH 为指标，控制 pH 在 l.5 ~1.8。

（3）糖化温度和时间的选择　淀粉水解的温度升高，水解反应速度加快，水解所需时间变短。但温度过高、时间过长，会加剧复合和分解反应，降低葡萄糖产量，加重糖液的色泽，增加精制的困难；温度过高还会造成糖化操作压力较高，对设备耐压性能要求就高；酸对设备的腐蚀性加重，糖化终点难以控制。由于饱和蒸汽的压力与温度是一一对应的关系，所以操作温度常常通过蒸汽压力来体现。淀粉水解蒸汽压力宜控制在 0.28 ~0.32MPa。

第三节　酶 法 制 糖

一、淀　粉　酶

能作用于淀粉的酶统称为淀粉酶。淀粉糖生产中使用的淀粉酶主要是一些能水解淀粉分子中葡萄糖苷键的酶，属于淀粉酶中的一种类型，即淀粉水解酶，习惯上简称为淀粉酶，淀粉糖生产中使用的淀粉酶主要有 α-淀粉酶、葡萄糖淀粉酶、β-淀粉酶酶等。

（一）α-淀粉酶

α-淀粉酶的国际统一编号为 EC 3.2.1.1，名称为 α-1，4-葡聚糖基水解酶。因为水解淀粉及其产物分子中的 α-1，4 糖苷键，生成产物的还原末端葡萄糖单位 C_1 碳原子为 α 构型，故称 α-淀粉酶。

1. 酶的作用方式

α-淀粉酶属于内切型淀粉酶，作用于淀粉时是从淀粉分子的内部开始，任意切割分子中间位置的 α-1，4 糖苷键，水解次序没有规律。糖苷键水解过程中，相邻葡萄糖单位间的 C_1—O—C_4 键断裂，加上一个水分子，断裂处发生在 C_1—O 键上。由于水解作用于长链比短链更有活性，所以最初阶段水解速度较快，庞大的淀粉分子迅速断裂成小分子，此时淀粉浆的黏度随之急剧降低，失去黏性，水解物的还原力迅速增加，这个过程称为液化。液化作用的主要产物是糊精，随水解作用的继续进行，糊精由大逐渐变小，淀粉遇碘的颜色反应也由开始的蓝色逐渐转变为紫、红、棕色。当小到一定程度时，遇碘不再变色，称为消色点。除遇碘显色的变化外，还原性也会随着分子变小而升高。在快速水解阶段完成之后，酶对小分子的催化活性明显降低，进入一个缓慢水解过程。但是水解还继续进行，分子继续断裂变小。

α－淀粉酶对直链淀粉的水解过程分为两个阶段。第一步是快速地把直链淀粉分子水解成麦芽糖、麦芽三糖和较大分子的低聚糖。第二步是把麦芽三糖水解成葡萄糖和麦芽糖。α－淀粉酶对麦芽三糖中的α－1，4 糖苷键水解作用十分困难，所以需要有一定的酶用量和较长的作用时间才能完成，而对麦芽糖中的α－1，4 糖苷键则完全没有水解作用。α－淀粉酶水解直链淀粉的方式见图 7－6（1），图中圆圈表示葡萄糖单位，箭头表示水解作用。

α－淀粉酶水解支链淀粉的方式与直链淀粉相似，能水解支链淀粉中的α－1，4 糖苷键。α－1，4 糖苷键被水解的先后没有一定的次序，不能水解α－1，6 糖苷键，也不能水解分支点附近的α－1，4 糖苷键，可以越过α－1，6 糖苷键继续水解其它的α－1，4 糖苷键。所以最终产物除葡萄糖、麦芽糖外，还含有一系列α－极限糊精（由 4 个或更多的葡萄糖残基所构成的带有α－1，6 糖苷键的低聚糖），不同来源的α－淀粉酶所产生的α－极限糊精的结构不同。

α－1，6 糖苷键的存在能使淀粉的水解速度降低，故该酶对支链淀粉的水解速度较直链淀粉慢。α－淀粉酶水解支链淀粉的方式见图 7－6（2）。

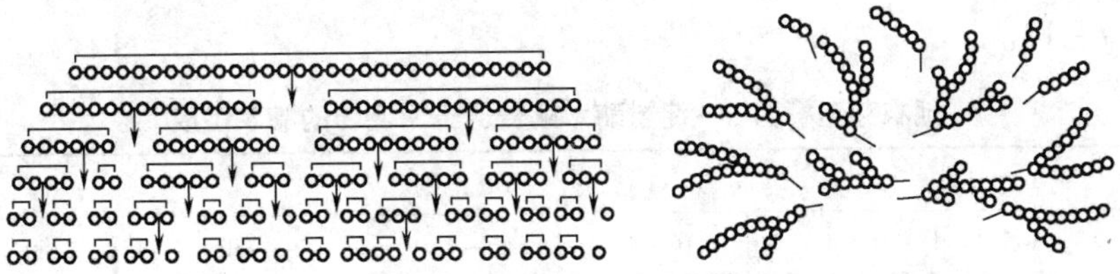

(1)　　(2)

图 7－6　α－淀粉酶水解直链、支链淀粉示意图

2. α－淀粉酶的水解极限

当α－淀粉酶作用于淀粉时，随着水解反应的进行，溶液黏度逐渐下降而还原力逐渐增加。由于底物浓度减少，产物浓度增加，酶的活力降低导致反应速度降低，直至糖浆还原性不再增加，此时的水解率称之为“水解极限”。不同来源的α－淀粉酶，水解极限各不相同，一般α－淀粉酶水解率为 40%～50%，但黑曲霉α－淀粉酶的水解率可达 95%～100%，拟内孢霉α－淀粉酶水解率可达 90%。枯草杆菌糖化型α－淀粉酶作用于可溶性淀粉时，水解率达 70% 以上。

直链淀粉达到水解极限，则生成 13 份葡萄糖及 87 份麦芽糖；而具有 4% 分支的支链淀粉达到水解极限时，则生成 73 份麦芽糖、19 份葡萄糖和 8 份异麦芽糖。

α－淀粉酶在水解作用后期速度缓慢，工业上只利用它将淀粉水解到糊精和低聚糖，作为液化酶使用，进一步的水解则依靠糖化酶来完成。

3. 主要α－淀粉酶

α－淀粉酶来源广泛，动物、植物和微生物都可作为酶源。工业上应用的α－淀粉酶主要来源于微生物，特别是芽孢杆菌和曲霉。芽孢杆菌产酶的菌株很多，代表性的是枯草芽孢杆菌（Bacillus subtilis）和地衣芽孢杆菌（Bacillus licheniformis），前者产中温α－淀粉酶，后者产耐高温α－淀粉酶。霉菌中的α－淀粉酶主要来自拟内孢霉（Endomycopsis）。

（1）枯草芽孢杆菌α－淀粉酶　相对分子质量 48000，在 2 价锌离子存在下形成二聚物，等电点 PI 为 5.2，添加 EDTA 可使二聚体转换成单聚体，每摩尔酶最高活性和稳定性约需 4 个 Ca^{2+}，酶自身没有二硫键，Ca^{2+} 可以连接酶分子起稳定作用。稳定 pH 5.5 ~9.5，最适 pH 5.5 ~6.5。最适温度 80℃。

淀粉的水解速度与底物聚合度有关，相对分子质量愈小的底物愈难被水解；分支愈多的底物也愈难水解；对愈靠近 α-1，6 糖苷键的 α-1，4 糖苷键也愈难水解；对于分支点 α-1，6 糖苷键邻近的 1 ~2 个 α-1，4 糖苷键几乎没有作用。在水解中等长度的麦芽低聚糖时，优先水解靠近还原末端的 α-1，4 糖苷键。

（2）地衣芽孢杆菌 α-淀粉酶　此酶相对分子质量 62000，突出特点是热稳定性高，最适作用温度在 90℃以上，在淀粉乳液化中应用的温度高达 110 ~115℃，可使淀粉间歇液化和连续液化。所需 Ca^{2+} 量很低，丹麦产 termanyl 酶就是一种地衣芽孢杆菌 α-淀粉酶，液化时只需要 5mg/kg Ca^{2+}。相同情况下枯草芽孢杆菌 α-淀粉酶则要求 150mg/kg，相差 30 倍。对 termanyl 酶，淀粉乳中的 Ca^{2+} 就可满足要求，不需另外添加 Ca^{2+}，这样可在液化后的精制工序中省去除 Ca^{2+} 的程序。

液化过程中，先产生 G_5（麦芽五糖）和 G_5 以上长链物，之后再缓慢水解成 G_2（麦芽糖）和 G_3（麦芽三糖），液化后的水解液中主要由麦芽低聚糖和糊精组成，水解液组成的实验结果见表 7-11。

表 7-11　　地衣芽孢杆菌 α-淀粉酶水解普通玉米淀粉的糖浆组成

DE 值/%	DP 范围						
	1 ~5	6 ~15	16 ~45	46 ~150	151 ~450	451 ~1250	>1250
8	6.4	12.6	31	16.2	11.1	13.4	9.3
12	13.3	20.9	29.9	16.2	8.4	7.5	3.8
16	21.4	26.4	26.3	13.9	5.7	4.3	2
20	28.9	29.8	22	11.1	4.1	2.9	1.2

（3）米曲霉 α-淀粉酶　属于非耐热性 α-淀粉酶，它作用于淀粉时先是从分子内部切开 α-1，4 糖苷键生成各种低聚糖，然后在长时间作用下将低聚糖水解成麦芽糖与麦芽三糖，因此也称麦芽糖生成酶。在 50℃、pH5.0 ~6.0 时酶活力最高，对支链淀粉底物的作用效果不如直链淀粉，要求用 Ca^{2+} 增加酶的稳定性和活力。由于是内切酶，水解产物中不残留 β-极限糊精，产品流动性好，常用于生产高麦芽糖浆。

三种 α-淀粉酶的性质比较结果列于表 7-12 中。

表 7-12　　主要 α-淀粉酶的性质比较

酶	来源	淀粉水解限度/%	消色点时水解度/%	热稳定温度/℃	最适反应 pH	钙离子保护作用浓度/（mg/L）	主要水解产物
细菌常温 α-淀粉酶	枯草芽孢杆菌	35	13	80 ~85	5.4 ~6.4	150	G_5，G_2（13%）G_6（麦芽六糖）
细菌耐热 α-淀粉酶	地衣芽孢杆菌	35	13	95 ~105	5.5 ~7.0	20	G_6，G_3 G_2，G_7
霉菌 α-淀粉酶	米曲霉	48	16	55 ~70	4.9 ~5.2	50	G_2，G_1（葡萄糖，50%）

4. 影响α-淀粉酶作用效果的主要因素

（1）热稳定性　不同来源的α-淀粉酶具有不同的热稳定性和最适反应温度，根据热稳定性的不同，α-淀粉酶分为两类：分别是耐高温α-淀粉酶和普通α-淀粉酶。耐高温α-淀粉酶的酶源为地衣芽孢杆菌，其最适温度在90℃以上，连续喷射液化工艺中，当液化温度达到100～115℃时，仍可以发挥作用。普通α-淀粉酶，酶源为枯草芽孢杆菌，最适温度为80℃。

（2）pH　不同来源的α-淀粉酶的稳定pH和最适pH都不相同，多数α-淀粉酶都不耐酸，当pH低于4.5时迅速失活。酶活力相对稳定的pH范围在5.5～8.0，最适反应pH为6～6.5，即在此pH条件下，酶的催化反应速度最快。另外酶的催化活力和酶的稳定性是有区别的，前者指酶催化反应速度的快慢，活力高反应速度快，反之则反应速度慢；而后者表示酶具有催化活力而不失活。酶最稳定的pH不一定是酶活力的最适pH，反之，酶活力的最适pH不一定使酶最稳定。枯草杆菌α-淀粉酶作用的最适pH为5～7。各种不同的酶的最适pH可以通过实验测定，由于最适pH受底物种类、浓度、缓冲液成分、温度和时间等因素的影响，测定时必须控制一定的条件，条件改变可能会影响最适pH。

（3）Ca^{2+}的浓度　α-淀粉酶是单成分酶，钙离子对酶的稳定性起重要作用。Ca^{2+}使酶分子保持适当的构象，从而维持其最大的活力与稳定性。钙离子与酶蛋白结合紧密，只有在低pH下，用螯合剂EDTA才能将它剥离。钙被除掉后，酶活力完全丧失，重新补充钙后，α-淀粉酶的活力又可完全恢复。低浓度的钙离子对酶的稳定性有较大的提高作用，一般控制钙离子浓度为0.01mol/L。耐高温α-淀粉酶对于钙离子的依赖性较低，50～70mg/kg的Ca^{2+}浓度已足够，用自来水配料时不需要另外添加Ca^{2+}。

（4）淀粉乳浓度　淀粉和糊精的浓度都对酶活力的稳定性有直接影响，随浓度提高，酶活力稳定性加强。以枯草芽孢杆菌α-淀粉酶为例，在淀粉浓度10%的情况下，80℃加热，1h以后活力残余约94%；在没有淀粉存在的情况下，活力残余约24%，稳定性相差约4倍。浓度提高到25%～30%时，稳定性进一步提高，煮沸以后活力也不至于完全失去。

（二）葡萄糖淀粉酶

葡萄糖淀粉酶的国际统一分类号为EC3.2.1.3，名称为α-1，4-葡聚糖基水解酶，俗称糖化酶。葡萄糖淀粉酶是一种重要的淀粉酶，是国内产量最大的水解酶品种。广泛应用于酒精、酿酒、葡萄糖及果葡糖浆的生产中。

1. 酶的作用方式

大多数菌株产生的葡萄糖淀粉酶由两种同工酶组成，即葡萄糖淀粉酶Ⅰ和葡萄糖淀粉酶Ⅱ。葡萄糖淀粉酶是一种外切型淀粉酶，能从淀粉分子的非还原末端逐一水解α-1，4糖苷键，水解产物为β-型的葡萄糖。水解过程中葡萄糖单位之间的C_1—O—C_4中的C_1—O键断裂，与α-淀粉酶一样，也是作用于长链比短链催化活性大。

虽然葡萄糖淀粉酶能优先水解α-1，4糖苷键，但对α-1，3、α-1，6糖苷键也有一定活力，只是水解速度很慢，仅为水解α-1，4糖苷键的6.6%和3.6%。葡萄糖淀粉酶水解淀粉和糊精分子时作用方式为单链式，即淀粉酶水解完一个分子后，再去水解另一个分子；但水解较小分子的低聚糖时，作用方式为多链式，即水解一个分子几次后，与其脱离再水解另一个低聚糖分子。

葡萄糖淀粉酶水解速度还受底物分子排列上的下一个糖苷键的影响。对α-1，6糖苷键的水解的前提是只水解单个的α-1，6糖苷键，并且要求α-1，6糖苷键的C_6位葡萄糖残基上要结合其它葡萄糖基质。因此，该酶能够切断潘糖、普鲁蓝、α-极限糊精中的α-1，6糖苷键，而不能切断异麦芽糖、异麦芽三糖、异潘糖中的α-1，6糖苷键，如图7-7所示。

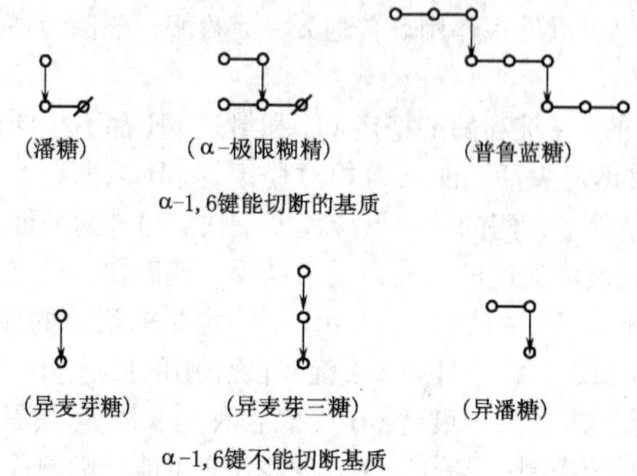

图7-7　葡萄糖淀粉酶对含α-1，6键基质的切断作用

2. 主要葡萄糖淀粉酶及其特点

（1）主要葡萄糖淀粉酶　葡萄糖淀粉酶主要来自黑曲霉、根霉和拟内孢霉等真菌。理论上葡萄糖淀粉酶可将淀粉100%的水解为葡萄糖，但实际上对淀粉的水解能力随不同来源的微生物酶而不同，分为100%和80%水解率两大类型。前者称为根霉型葡萄糖淀粉酶，后者称为黑曲霉型葡萄糖淀粉酶。

黑曲霉具有较高的糖化酶活力，酶活力稳定性也较高，能在较高温度下糖化，糖化速度快，可减少杂菌感染的危险性；能在较低的pH下糖化，使葡萄糖稳定性提高，色泽浅；黑曲霉在液体与固体中培养都可以获得较高的酶活力，因此被广泛使用。我国生产的葡萄糖淀粉酶多来自黑曲霉及其变异株。黑曲霉的不足之处在于其产生的酶纯度不高，除了糖化酶外，常含有葡萄糖苷转移酶。此酶使葡萄糖基转移，生成含有α-1，6糖苷键的异麦芽糖、潘糖等低聚糖，影响葡萄糖产率。根霉和拟内孢霉基本上不产生葡萄糖基转移酶。

（2）酶的复合反应性质　葡萄糖淀粉酶在一定条件下，可以催化葡萄糖的复合反应，形成含有α-1，6糖苷键或α-1，3糖苷键的异麦芽糖、潘糖等。

用不同浓度的葡萄糖溶液和不同酶用量进行试验，雪白根霉（*Rhizopus niveus*）的葡萄糖淀粉酶在55℃、pH5时，作用于含400g/L葡萄糖液，96h后反应液中含有96%葡萄糖，1.3%α-1，3麦芽糖和麦芽糖，2.2%异麦芽糖，0.5%其它低聚糖（主要是异麦芽三糖和潘糖）。用拟内孢霉的葡萄糖淀粉酶在同样条件下，产生3.1%异麦芽糖，1.5%α-1，3麦芽糖和麦芽糖，以及0.5%低聚糖（主要是异麦芽三糖、潘糖和麦芽三糖）。用黑曲霉的葡萄糖淀粉酶实验也得到类似结果。

试验表明，葡萄糖淀粉酶对葡萄糖的复合反应具有催化作用，在葡萄糖的生产上是不利的，为了减少复合糖的生成量，工业生产上选择的淀粉浓度和酶的用量都不宜过高。

（3）酶的纯度　工业上生产的葡萄糖淀粉酶通常都含有少量其它杂酶，如葡萄糖苷转移酶、α-淀粉酶等，这对淀粉糖产率有影响。使生成的葡萄糖又经复合反应转变成异麦芽糖、潘糖等，降低葡萄糖产率。因此，工业上应用的糖化酶需经处理除去葡萄糖苷转移酶或使该酶失活，也可以通过菌种选育培育出不含转移或少含转移酶的菌种。葡萄糖淀粉酶中一般还会含有少量的 α－淀粉酶，这对淀粉糖化是有利的，水解低聚糖水解成小分子，提高葡萄糖的产率。

（4）酶活力　在酶制剂产品中，酶活力在国际上没有一个统一的标准，其相应的活力单位和使用量均按各生产厂商各自的标准标定，使用说明书提供详细的说明。国内统一的糖化酶活力标准是指在40℃、pH4.6 的条件下，在 1h 分解可溶性淀粉生成 1mg 葡萄糖的用酶量为一个糖化酶活力单位（IU）。

3. 影响葡萄糖淀粉酶作用的因素

（1）pH 和温度　是影响酶活力的重要因素，不同来源的葡萄糖淀粉酶适宜的糖化温度和 pH 有一定差异，如表 7－13 所示。

表 7－13　　葡萄糖淀粉酶适宜的糖化温度和 pH

酶源	黑曲霉	根霉	拟内孢霉
温度/℃	55～60	50～55	50
pH	3.5～5.0	4.5～5.5	4.8～5.0

液化液在 55℃温度下长时间水解，易感染杂菌，而在 60℃温度下糖化，可以避免杂菌生长。低 pH 下糖化，有色物质生成少，颜色浅，易于脱色。

（2）淀粉乳浓度　淀粉乳浓度过高，复合反应程度高，会降低葡萄糖值；浓度低，复合反应程度低，葡萄糖产率高，但蒸发浓缩费用高。生产不同品种的淀粉糖选择不同淀粉乳的浓度，一般控制范围在 30%～40%。

（3）酶用量　酶用量范围一般是每 1g 底物用 0.14～0.28 葡萄糖淀粉酶单位。用量高，可缩短糖化时间。但是用量过高，将会导致逆反应速度高于正反应速度。图 7－8 为用酶量对葡萄糖含量的影响。

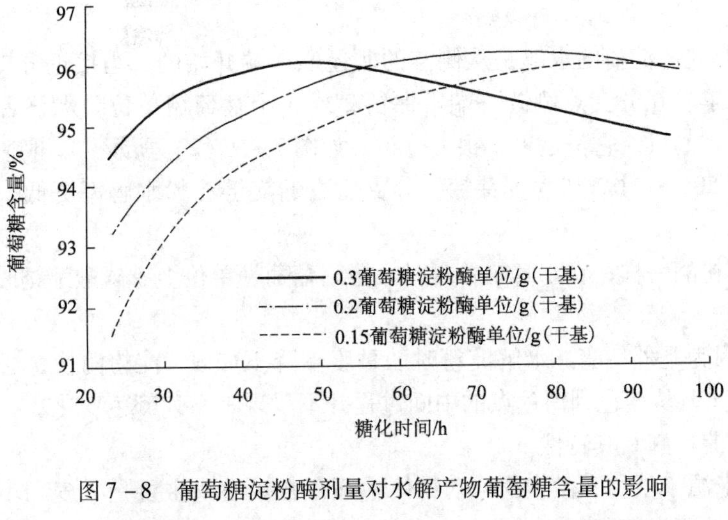

图 7－8　葡萄糖淀粉酶剂量对水解产物葡萄糖含量的影响

（4）其它　使用葡萄糖淀粉酶时，还要注意到大多数重金属如铜、汞、银、铅等对酶的抑制作用。

（三）β-淀粉酶

β-淀粉酶的国际统一分类号为EC3.2.1.2，名称为α-1，4葡聚糖麦芽糖水解酶，简称麦芽糖酶。

1. 作用方式

β-淀粉酶能水解α-1，4糖苷键，不能水解α-1，6糖苷键，也不能越过此糖苷键继续水解。水解由非还原性末端开始，水解相隔的α-1，4糖苷键生成麦芽糖，属于外切酶。水解过程中糖苷键 C_1—O—C_4 是从 C_1—O 处断裂，β-淀粉酶水解底物为单链方式或多链方式。具体采取哪种方式要取决于pH、温度和酶浓度。麦芽糖在淀粉分子中为α-型，水解后转变为β-型，故称β-淀粉酶。

当β-淀粉酶水解直链淀粉分子的聚合度为偶数时，水解产物全部是麦芽糖；聚合度为奇数时，生成1分子葡萄糖分子，如图7-9（1）所示。淀粉的水解产物如糊精和低聚糖也同样可被β-淀粉酶水解，水解规律与水解直链淀粉相似，如水解麦芽四糖可产生2个分子麦芽糖，水解麦芽五糖可产生2个麦芽糖和1个葡萄糖，不过水解出葡萄糖时速度很慢，β-淀粉酶不能水解麦芽糖中的α-1，4糖苷键。

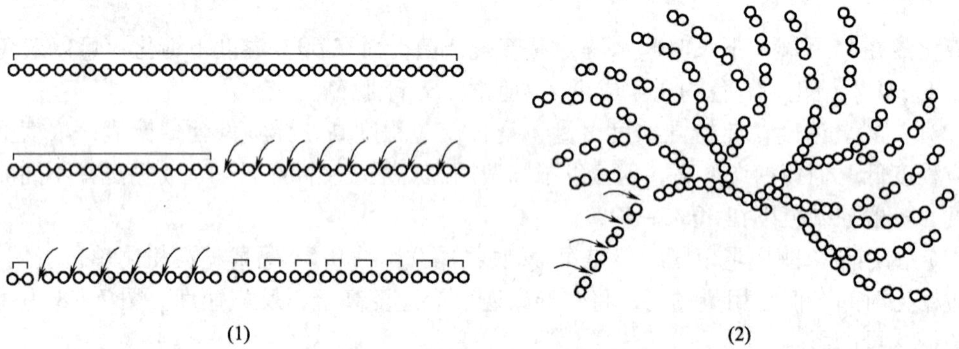

图7-9　麦芽糖酶水解直链、支链淀粉

β-淀粉酶对支链淀粉的水解是从侧链的非还原末端开始的。当接近分支点的α-1，6糖苷键时停止水解，在分支点侧链一端常保留2或3个葡萄糖单位。水解后剩余部分称为β-极限糊精（β-LD），它仍是一个很大分子，如图7-9（2）所示。一般情况下，水解支链淀粉时，只有50%～60%成为麦芽糖。分支度高的支链淀粉水解率更低，麦芽糖生成量仅为40%～50%。

和葡萄糖淀粉酶一样，在水解马铃薯时，遇到葡萄糖单位上有磷酸酯键时，反应也会立即停止。

β-淀粉酶因为是外切酶，水解淀粉时的黏度下降不如α-淀粉酶快，遇碘显色反应也与α-淀粉酶不同，从蓝色到消色点的中间过程并不呈现一系列颜色变化。

2. 主要β-淀粉酶及其特性

β-淀粉酶来源于植物和微生物，动物体中不存在。植物主要是大麦、小麦、大豆和甘薯，微生物主要是芽孢杆菌。

来自发芽大麦的工业用酶俗称麦芽酶。它实际是α-淀粉酶和β-淀粉酶的混合物，α-淀粉酶起液化作用，β-淀粉酶起糖化作用。除大麦外，商品β-淀粉酶也可从提取大豆蛋白后的废水或甘薯制取淀粉的废水中提取。微生物β-淀粉酶产自多黏芽孢杆菌、巨大芽孢杆菌、蜡状芽孢杆菌，有些微生物β-淀粉酶已投入商品生产。

与α-淀粉酶相比，热稳定性差是β-淀粉酶突出特点。大麦β-淀粉酶水解淀粉条件是pH4.5~7.0，温度55℃；大豆β-淀粉酶在pH5.5和55℃条件下，30min内稳定，65℃加热30min失活50%，70℃加热30min完全失活；甘薯β-淀粉酶在pH6.5和60℃条件下，6h内稳定，70℃ 1h失活。工业生产上，一般都选用50℃糖化，因为45℃易发生杂菌感染。与植物β淀粉酶相比，细菌β-淀粉酶热稳定性更差，最适反应温度都在50℃以下，这是实现商品化的一大障碍。

几种微生物β-淀粉酶的性质列于表7-14。

表7-14　　微生物β-淀粉酶的性质

微生物	最适pH	最适温度/℃	相对分子质量
多黏芽孢杆菌	7.0	40	60 000
巨大芽孢杆菌	6.5	50	60 000
蜡状芽孢杆菌	7.0~8.0	50	62 000
假单胞杆菌	6.5~7.4	45~55	—
环状芽孢杆菌	7.0	60	60 000

（四）脱支酶

脱支酶是水解淀粉和糖原大分子化合物中α-1，6糖苷键的酶，通过切开分支点的α-1，6糖苷键，将整个侧支切断成短直链糊精，以利于糖化酶的作用。根据对底物专一性的不同，将脱支酶又分成支链淀粉酶和异淀粉酶。

1. 支链淀粉酶

支链淀粉酶的国际统一编号为EC3.2.1.41，名称为普鲁蓝6-葡聚糖水解酶，简称普鲁蓝酶。相对分子质量51 000~156 000，来自植物的支链淀粉酶称为R酶。它能水解分支结构的α-1，6糖苷键，还能水解线性直链分子中的α-1，6糖苷键。但不能水解潘糖、异麦芽糖以及只含α-1，6糖苷键的多糖，它切断α-1，6糖苷键的前提是该α-1，6糖苷键的两端至少要有两个以上的α-1，4糖苷键。

工业上使用的支链淀粉酶主要通过微生物制取。丹麦诺维信公司生产的支链淀粉酶商品名为Promozyme 200，是由酸性普鲁蓝芽孢杆菌所生产，最适作用pH为5.0，最适温度60℃，耐酸、耐热性好。我国研究的支链淀粉酶在产气杆菌培养液中获得，是一种糖蛋白，最适pH5.3~6.0，最适反应温度50℃。

2. 异淀粉酶

异淀粉酶的国际统一编号为EC3.2.1.68，名称为葡萄糖6-葡聚糖水解酶，相对分子质量90 000。它能水解支链淀粉和糖原分子中分支点的α-1，6糖苷键。与支链淀粉酶的主要区别在于异淀粉酶不能水解线性多糖普鲁蓝糖，不能水解β-LD上由2~3个葡萄糖残基构成的侧支位置的α-1，6糖苷键，只能水解构成分支的α-1，6糖苷键，而对直链分子的α-1，6糖苷键没有作用。

异淀粉酶主要来自假单胞杆菌、蜡状芽孢杆菌和酵母。

3. 脱支酶的应用

为了提高麦芽糖的产量，糖化时需使用脱支酶将支链淀粉分支点 $\alpha-1$，6 糖苷键切开。单独使用 β - 淀粉酶水解时，产物中除了麦芽糖、麦芽三糖外，还含有大量的糊精和其它的低聚糖；当 β - 淀粉酶与支淀粉酶并用时，产物中除了大量的麦芽糖、麦芽三糖外，还有麦芽四糖、麦芽五糖等聚合物存在，但聚合度在 7 ~ 20 的高分子聚合物很少；当使用异淀粉酶和 β - 淀粉酶糖化时，水解物中高分子成分很少，但存在一系列的低聚糖，这些是不能被异淀粉酶所水解的短链分支低聚糖；在 β - 淀粉酶和支链淀粉酶、异淀粉酶共同使用时，水解物中没有高分子成分与分支低聚糖，可以大大提高麦芽糖的产率。

葡萄糖淀粉酶水解 $\alpha-1$，4 糖苷键的速度快，水解 $\alpha-1$，6 糖苷键速度很慢。用异淀粉酶、普鲁蓝酶与葡萄糖淀粉酶合并糖化，能提高糖化率，提高糖化液中葡萄糖含量。工业上使用由黑曲霉菌株制取的葡萄糖淀粉酶 AMG 和普鲁蓝酶混合而成的酶，应用此酶制得的糖化液 DE 值达 97% ~99%，葡萄糖含量 94% ~97%，麦芽糖 1% ~2%，异麦芽糖 0.5% ~ 2%，其余为少量低聚糖。比单用葡萄糖淀粉酶时，提高淀粉乳浓度 2% ~3%，降低酶用量 10% ~15%，缩短糖化时间 10% ~15%，提高糖产量 0.3% ~0.6%。

（五）葡萄糖异构酶

葡萄糖异构酶的国际统一编号为 EC5.3.1.18，葡萄糖异构酶能催化葡萄糖发生异构化反应生成果糖。该酶分子量 157000，酶分子中含有钴和镁，酶作用的 pH 一般都为中性偏碱，最适 pH 为 8.0，作用温度最高可达 80℃，但温度超过 60℃ 容易失活，实际生产中以 60℃ 为宜。葡萄糖异构酶可被 Co^{2+} 和 Mg^{2+} 激活。Mg^{2+} 具有拮抗作用，添加足量的 Mg^{2+}，可以防止 Ca^{2+} 的阻碍作用。Co^{2+} 具有增强酶的耐热、耐酸作用，而钙、铜、锌、汞等金属离子对葡萄糖异构酶作用有抑制作用，在生产上必须加入镁离子以防止钙离子对其的阻碍作用。异构化反应开始的葡萄糖浓度为 94%，从理论上达到平衡时果糖浓度值为 47%，商品化生产要略低于理论值，为 42%，提高作用温度，平衡就偏于果糖方向，异构化反应的底物浓度增高，反应的速度也会加快。实际生产中采用的浓度一般为 40% ~50%。

产葡萄糖异构酶的微生物中，被用于葡萄糖异构酶工业生产的有链霉菌、凝结芽孢杆菌、节杆菌和游动放线菌等，以葡萄糖或蔗糖为碳源，同时以玉米浆或其它氨态氮为氮源，添加适量的磷酸镁及钴盐，通风培养生产葡萄糖异构酶。因为葡萄糖异构酶是胞内结合酶，价格较昂贵，使用时一般都采用固定化酶方式以提高利用率，目前世界上葡萄糖异构酶的最高转化能力可达 1kg 转化 15 ~22t 葡萄糖（以 44% 果糖转化率计）。最大的固定化酶生产厂家是丹麦诺维信公司，长期生产凝结芽孢杆菌异构酶，现已用鼠灰链霉菌（*S. murinus*）异构酶代替。另一个是荷兰 Gist - brocades 公司生产的密苏里放线菌葡萄糖异构酶。

（六）淀粉糖用酶制剂研究新进展

目前，酶法淀粉糖转化技术已经完全取代了酸水解法工艺，成为比较成熟的淀粉糖生产方法。

酶制剂的发展促进了淀粉水解工业的进一步发展，新品种淀粉糖的生产和淀粉糖生产工艺的简化依赖于淀粉酶新品种的开发及提高淀粉酶制剂的纯度和活力。淀粉糖生产用酶制剂新的研究方向是开发纤维素酶、半纤维素酶制剂用于以淀粉质原料转化淀粉糖，配合淀粉酶的水解，减少糖渣的数量，增加淀粉糖的转化率，提高原料的利用率，简化生产工艺过程，提高液化、糖化和精制的工艺效果，降低生产成本。下面简单介绍几种国外开发的用于淀粉糖生产中的酶制剂。

1. 真菌 α – 淀粉酶

真菌 α – 淀粉酶最早由日本研究开发。酶的相对分子质量为 51000，酶蛋白是一个糖肽，Ca^{2+} 对酶的活力和结构稳定性是非常重要的。它和所有 α – 淀粉酶一样属于内切酶，用于水解直链淀粉及支链淀粉分子中的 α – 1，4 糖苷键。一般 α – 淀粉酶是液化型的，糖化能力较差。而真菌 α – 淀粉酶水解产物中却有较多的麦芽糖，其它小分子低聚糖相对较少，含葡萄糖 12%、麦芽糖 60% 和少量分支低聚糖，麦芽糖的量与使用酶的量有关，随着加酶量的上升，麦芽糖的含量也增加。分支低聚糖的产生是因为真菌 α – 淀粉酶能越过 α – 1，6 糖苷键作用于 α – 1，4 糖苷键，但不能水解 α – 1，6 糖苷键的缘故。

美国杰能科公司生产的 clarasel – 40 000 真菌 α – 淀粉酶最适 pH4.8 ~ 5.4，有效 pH 4.0 ~ 6.6，温度最适范围是 45 ~ 55℃，有效温度范围为 45 ~ 65℃。真菌 α – 淀粉酶制备的麦芽糖较传统方法制备的麦芽糖的糖分组成有所不同，麦芽糖浆颜色浅、纯度高，特别适合质量要求较高的场合。在淀粉糖工业中，真菌 α – 淀粉酶主要与普鲁蓝酶等协同发挥作用，用于生产含 45% ~ 60% 麦芽糖的高麦芽糖浆或者与糖化酶配合使用生产高转化糖浆。

2. α – 葡萄糖苷酶

α – 葡萄糖苷酶，又称 α – 葡萄糖苷水解酶，它可以从低聚糖类底物的非还原末端切开 α – 1，4 糖苷键，释放出葡萄糖，或将游离出的葡萄糖残基转移到另一类底物形成 α – 1，6 糖苷键，从而得到非发酵性的异麦芽低聚糖、潘糖或糖脂、糖肽等。α – 葡萄糖苷酶是生产异麦芽低聚糖的关键用酶，生成异麦芽低聚糖多少的关键在于 α – 葡萄糖苷酶水解底物后的转移能力。

α – 葡萄糖苷酶在自然界广泛分布，种类繁多，性质各异。除少数来自于部分植物和哺乳动物外，微生物中的细菌、霉菌、酵母菌等某些菌株能分泌此酶。工业化生产是从微生物中筛选出 α – 葡萄糖苷酶的菌种。采用不同菌种来源的 α – 葡萄糖苷酶和原料，生成主要成分各异的异麦芽低聚糖。如嗜热脂肪芽孢杆菌水解支链淀粉生产潘糖，而该酶以麦芽三糖或可溶性淀粉为底物，可生成异麦芽糖、潘糖、异潘糖，以及麦芽四糖的异麦芽低聚糖。黑曲霉水解支链淀粉的 α – 1，4 糖苷键生成异潘糖。用葡萄糖转苷酶以淀粉和麦芽糖为原料所生成的麦芽低聚糖以异麦芽糖、潘糖、麦芽三糖为主，其中黑曲霉及肉桂色曲霉来源的葡萄糖转苷酶以产潘糖为主。

α – 葡萄糖苷酶的相对分子质量一般为 40 000 ~ 150 000，不同来源的 α – 葡萄糖苷酶分子质量相差很大。α – 葡萄糖苷酶的 pH 都在酸性范围内，一般为 3.0 ~ 5.0，黑曲霉 α – 葡萄糖苷酶的最适 pH 在 3.5 ~ 6.5，肉桂色曲霉最适 pH 为 5.5。多数的 α – 葡萄糖苷酶具有耐热稳定性和最适温度，其中黑曲霉转苷酶 L – 5000 最适温度为 60℃，通过特殊的化学修饰和固定化技术，可使嗜热性古细菌 α – 葡萄糖苷酶的稳定温度提高到 130℃。α – 葡萄糖苷酶专一性较强，其主要的作用是切断底物分子中的 α – 1，4 糖苷键，个别种类的 α – 葡萄糖苷酶也可以作用于蔗糖的 α – 1，2 糖苷键，该酶在一般情况下对底物要求不甚严格，具有广泛的底物专一性。

3. 新型 β – 淀粉酶

除细菌 β – 淀粉酶外，在一些放线菌中，比如吸水链霉菌、土佐链霉菌、金黄链霉菌、白色链霉菌，也发现能生产麦芽糖的淀粉酶，这类酶可将淀粉水解生成 75% 以上麦芽糖。作用的最适 pH4.5 ~ 5.0，温度 50 ~ 60℃。在酶的分类上，水解是从淀粉分子内部切开 α – 1，4 糖苷键，应归于 α – 淀粉酶类，可产物麦芽糖是 β 构型，又属 β – 淀粉酶类，因此此酶归属尚无定论。

吸水链霉菌的淀粉酶水解淀粉时，先由淀粉分子内部切开生成麦芽三糖和麦芽四糖，麦芽四糖直接水解成2分子麦芽糖，麦芽三糖再经缩合、水解生成麦芽糖，其转化途径如下：

$$G_3 + G_3 \longrightarrow G_6 \longrightarrow 3G_2$$

$$G_3 + G_3 \longrightarrow G_2 + G_4 \longrightarrow 3G_2$$

最终产物组成为：G_1（葡萄糖）11%、G_2 75%、G_3 6%，低聚糖8%。

土佐链霉菌水解淀粉的终产物为 G_1 32%、G_2 58.2%，G_3 以上低聚糖为38.6%。与吸水链霉菌不同的是，它水解产生的麦芽糖是 α-麦芽糖。

丹麦诺维信公司用DNA重组技术，将麦芽糖生产基因导入枯草芽孢杆菌，由此制备麦芽糖酶，与 β-淀粉酶相比，它对巯基试剂不敏感，具有相当的耐酸性和耐热性，产生的麦芽糖属 α-构型，同时对麦芽三糖也有很强的水解能力，现已投入工业化生产。

麦芽低聚糖生成酶见第八章第二节内容。

二、酶法制糖技术

酶法糖浆是淀粉通过酶制剂的水解作用获得的糖品。早在1940年美国首先把酶制剂用于淀粉糖生产。1960年日本首先开始用 α-淀粉酶液化和葡萄糖淀粉酶糖化的双酶法工艺生产结晶葡萄糖，之后被世界各国普遍采用。这种酶转化糖浆纯度高，甜味纯正，品种多，生产成本较低，具有较强的市场竞争力。

近年来，随着酶制剂在淀粉糖工业中的广泛应用，有效地控制了淀粉的糖化程度和糖分的组成，实现了淀粉糖品种的多样化，保证了糖化液中的葡萄糖含量达到较高的程度，满足了结晶葡萄糖、果葡糖浆、结晶果糖等产品的质量要求，提高了原料的转化率和糖液浓度，改善了糖液的质量，是目前最为理想的制糖方法。

（一）淀粉的液化

1. 液化目的

利用 α-淀粉酶将淀粉水解成糊精和低聚糖等小分子，获得流动性好的液体的过程叫液化。

酶不易直接对淀粉颗粒的晶体结构发生作用。如细菌 α-淀粉酶水解淀粉颗粒和水解糊化淀粉的速度比约为1∶20 000。因此，不能使淀粉酶直接作用于淀粉，而应该先使淀粉糊化，破坏其晶体结构。但是淀粉在水中被加热到糊化温度以后，黏度增高，不利于淀粉糊的输送，有碍于连续化生产。液化工序可以利用 α-淀粉酶的水解作用，将淀粉边糊化边水解，加之现代喷射液化工艺中的机械剪切作用，淀粉链很快地被水解为糊精和低聚糖分子，从而使淀粉乳越过高黏度糊化阶段，获得流动性好的料液，这是液化的第一个重要目的。液化的另一个重要目的是为下一步的糖化创造有利条件。糖化使用的糖化酶属于外切酶，水解作用从底物分子的非还原端进行。在液化过程中，淀粉分子被水解成糊精和低聚糖等小分子，底物分子数量增多，糖化酶作用的机会增多，有利于糖化反应。

2. 液化程度的控制

（1）DE值范围　液化程度控制除了考虑满足流动性要求外，主要应考虑为糖化创造条件。糖化所用的葡萄糖淀粉酶属于外切酶，水解由底物分子的非还原末端开始，底物分子越多，水解生成葡萄糖的机会越多。但并不是DE值越高越好，因为葡萄糖淀粉酶是先与底物分子生成络合结构，而后发生水解催化作用。这就要求被作用的底物分子具有一定的大小范围，才有利于糖化酶与底物分子生成络合结构。底物分子过大或过小都会妨碍酶的结合及水解速度。在正常液化条件下，一般控制淀粉水解程度在 DE 值 10% ~20% 为宜，此时可保持较多数量的糊精、低聚糖及少量的单糖。

当液化温度较低时，液化程度可偏高些；高温液化，液化程度可低些。这样经糖化后葡萄糖值较高。生产麦芽糖、低聚糖等产品时需要液化的 DE 值低一些，一般为 5% 左右。

(2) 碘色反应的控制　淀粉酶法液化过程中，水解程度通常用碘呈色反应来控制。

碘液配方：碘 11g，碘化钾 22g，用蒸馏水定容至 500mL。

检查方法：在试管中，加水 15mL，加碘液 2 滴，摇匀后加入液化液一滴。颜色反应呈棕红色至黄色，链长多在 10 ~20。链长与碘呈色反应关系如表 7 -15 所示。

(3) 透光率及澄清度控制　液化完全时，液化液的蛋白凝聚好，分层明显，过滤性能好，透光率高。

表 7 -15　淀粉直链部分链长与碘色反应关系

链长	螺旋数	颜色反应
>45	8	蓝
40	7	蓝紫
36	6	紫红
31	5	红
12	2	浅红
<9	1.5	碘液本色

3. 酶法液化的影响因素

酶的作用受很多因素影响，如底物（淀粉原料）、pH、温度等，这些因素直接影响酶的活力、反应速度及其稳定性。

(1) 淀粉种类与浓度　由于不同种类的淀粉颗粒结构不同，液化难易程度也不同，薯类淀粉较谷类淀粉和豆类淀粉容易液化。对于薯类淀粉和谷物淀粉，两者在蛋白质含量、不溶性淀粉颗粒含量、淀粉老化产生凝胶体强度和淀粉颗粒大小与紧密程度上有明显差异。薯类淀粉蛋白质含量低、不溶性淀粉颗粒少，凝胶体强度弱，颗粒大而疏松。因此，薯类淀粉容易液化，谷类淀粉则相反。

不溶性淀粉颗粒是指酶法液化后，尚存在于液化液中的不溶淀粉，它在下一步糖化工序中也不能被糖化酶水解。因此降低糖化液的过滤速度和葡萄糖产率，颗粒大小为 1 ~2μm，经 X 光衍射呈 V 形衍射图样，说明该颗粒系直链淀粉与脂肪酸生成的络合物，呈螺旋结构，组织紧密。谷类淀粉酶水解后能产生 2% 不溶性淀粉颗粒，薯类淀粉只有 0.25%。

在谷物淀粉中，微量的淀粉颗粒会与蛋白质、脂肪结合成复合体，复合体中具有较强的分子间的作用力，因此复合体内淀粉较难糊化，蒸煮后仍以生淀粉复合物的形式存留于液化液中。少量的淀粉、脂肪和蛋白质复合物能悬浮分布于整个液化表面，由于残余生淀粉提供一个固体淀粉的表面，促使糊化淀粉、极限糊精由这固体表面形成老化淀粉及其它更多的不溶性物质。

由于马铃薯淀粉容易液化，淀粉乳浓度可选择 40%；玉米淀粉液化较困难，以 27% ~33% 浓度为宜，若浓度在 33% 以上，则需要提高用酶量。

(2) 酶的种类　常用的 α -淀粉酶有中温 α -淀粉酶和耐高温 α -淀粉酶。中温 α -淀粉酶在 Ca^{2+} 及浓度为 30% ~40% 的淀粉乳保护下，温度可控制在 85 ~90℃，瞬时喷射液化温度可在 90～92℃；耐高温 α－淀粉酶在淀粉乳保护下，温度可控制在 97～100℃，瞬时喷射液化温度可在 105～115℃。一般在喷射液化法中都采用高温 α－淀粉酶。

酶制剂有粉末固体酶和液体酶之分，液体酶制剂成本便宜，使用方便，比固体酶制剂应用更普遍。选择酶时要注意酶制剂质量，包括活力高低和蛋白酶混杂情况，因为蛋白酶能水解蛋白质成氨基酸，与单糖发生化学反应，生成有色物质。

（3）pH 和温度的影响　α－淀粉酶的液化能力除与淀粉结构有关外，与温度和 pH 也有直接关系。每种酶都具有最适的作用温度及 pH 范围，而且温度和 pH 是互相依赖的，在一定的温度下有对应的较适宜的 pH，这是液化工艺中要特别注意的。

工业生产上，为了加速淀粉液化速度，充分发挥 α－淀粉酶的作用，减少不溶性微粒的产生，多采用较高温度液化。例如采用 95℃或者更高的温度，以确保液化完全，提高液化速度。但温度高于酶制剂最适作用温度时，酶活力损失加快。

（4）酶的稳定剂　酶的作用底物淀粉和糊精能提高酶最适作用温度。某些金属离子如 Ca^{2+}，有助于提高酶对热的稳定性。因此，在工业生产中常加 $CaCl_2$ 或 $CaSO_4$，调整 Ca^{2+}浓度到 0.01mol/L 左右。Na^+对酶活力的稳定性也有提高作用，其适宜浓度是 0.02mol/L。

4. 液化方法与选择

（1）液化方法　液化方法的分类可以按淀粉水解催化动力、生产工艺、设备、加酶方式、酶制剂耐温性、原料粗精不同等因素分成多种方法。针对不同的原料、不同的生产条件、液化液的不同用途，选取不同的液化方法，以获得最佳的液化效果。液化方法主要包括直接升温法、喷淋液化法（半连续化的液化法）、喷射液化法、分段液化法和酸法液化等多种液化方法，液化方法的选择主要是依据良好的液化效果，为糖化和过滤纯化提供质量保证。对于上述不同液化方法的基本条件和产品的性能比较，列于表 7－16 中。

表 7－16　　各类液化方法的比较

液化方法	基本条件	优点	缺点
酸法液化	淀粉乳浓度 30%，pH 1.8～2.0，液化温度 135℃，10min 液化 DE 值 15%～18%	适合任何精制淀粉，所得的糖化液过滤性能好	有副反应，生成色素物质及复合糖类，淀粉转化率低，糖溶液质量差，糖化液中含有微量醇和不溶性糊精
酶法液化 1. 间歇液化法（直接升温液化法）	淀粉乳浓度 30%，pH6.5，C_a^{2+} 0.01mol/L，液化温度 85～90℃，30～60min 液化 DE 值 15%～18%	设备要求低，操作容易	液化效果一般，经糖化后的糖化液过滤性差，糖浓度低
2. 半连续液化法（高温液化法或喷淋液化法）	淀粉乳浓度 30%，pH 5.5～6.0，液化温度 90℃，30～60min，液化 DE 值 15%～18%	设备要求低，操作容易，效果比直接升温好	料液容易溅出，操作安全性差，蒸汽用量大，液化温度未达到高温酶的最适温度，液化效果一般，糖化液过滤性能差
3. 喷射液化法	淀粉乳浓度 30%，pH6.5，液化温度 95～140℃，100～120min，液化 DE 值 15%～18%	液化效果好，液化液清亮、透明、质量好，葡萄糖的收率高	
酸酶法液化	淀粉乳浓度 30%，pH2.2，140℃，DE 值 5%～7%，中和后调整 pH6.5，冷却到 90℃，反应 30min，液化终点 DE 值 15%～17%	酶用量少，液化液过滤性能好，易于实现管道设备连续操作	工艺过程较为复杂

（2）液化方法的选择

①液化效果的评定：液化效果要从以下几个方面评定：

液化均匀程度；蛋白质絮凝效果；液化彻底程度（液化液清亮透明，不含不溶性淀粉颗粒）；糖化液最终 DE 值大小；糖化液过滤性质。

液化效果是液化方法选择的主要参考因素。

②液化方法选择：根据液化原料的特点，薯类（马铃薯、甘薯、木薯）淀粉比谷物（玉米、大米、小麦）淀粉易液化。

喷射液化是目前较为先进的液化方法，在生产中广泛使用。根据不同的生产原料和不同的产品特点，选择加酶的次数和喷射液化的次数及工艺条件，确定合理的液化工艺流程。

在生产中转化糖浆时，为了改善糖浆的过滤性能，可选用两次加酶法；所转化的葡萄糖为味精、青霉素、甘油等发酵工业碳源的中间产品；为了降低黏度，提高产品的收率，选用两次加酶法；生产葡萄糖及果葡糖浆等产品时，当选用薯类淀粉作原料时，采用一次酶工艺，如果采用谷类淀粉作原料，当淀粉中的蛋白质含量≤0.3%时，可以采用一次加酶工艺；如果淀粉的蛋白质含量≥0.6%～1.0%时，由于此类淀粉易产生“不溶性淀粉颗粒”，为了使液化完全，采用两次加酶工艺。不同种类淀粉适宜采用的液化方法见表7－17。

表7－17　不同品种淀粉适宜的液化方法

液化方法 淀粉	一次加酶液化	两次加酶液化	三次酶液化	酸液化	酸酶液化
玉米	不适当	最适当	适当	适当	适当
小麦	不适当	适当	适当	适当	最适当
大米	不适当	最适当	适当	适当	适当
马铃薯	最适当	适当	适当	适当	适当
木薯	最适当	适当	适当	适当	适当

5. 喷射液化工艺流程

（1）喷射液化器　喷射液化器是液化生产工艺中的核心设备，与耐高温 α－淀粉酶共同作用于淀粉乳，具有蛋白质絮凝效果好，不产生不溶性蛋白质颗粒，瞬间完成液化过程、液化液清亮透明等特点，已逐步取代了其它的液化技术，成为目前主要的淀粉液化方法。

喷射液化器的工作原理是在喷射液化器中，高压蒸汽与薄膜状淀粉浆料直接混合，蒸汽在高物料流速和局部强烈湍流作用下迅速凝结，释放出大量的潜热，并在较高的传热效率下使淀粉快速、均匀受热糊化。影响喷射液化器工艺效果的主要因素有蒸汽的压力和流速、淀粉浆的流量和温度、蒸汽与淀粉浆的温度差及喷嘴的直径等。与其它液化设备相比，喷射液化器具有如下特点：

①颗粒物的微化处理：淀粉聚集物进入加热区后，若没有强大的剪切力作用把它们分散，外围淀粉分子水合糊化后会形成一层高黏度淀粉糊保护膜，把内部的生淀粉与外部的热水隔离起来，使内部的生淀粉无法糊化。在喷射液化过程中，淀粉乳以高速湍流流进加热区，高流速机械能转化为加热区的强力剪切搅拌，可以打散小颗粒聚散物，每一淀粉颗粒均匀与蒸汽接触，使淀粉乳完全糊化。

②准确的控温装置发挥酶制剂功能：酶法液化是当前普遍采用的液化方法，提高酶活力

能降低剂量提高效益。温度越高，水解反应本身速率越高，催化活力就越强，液化反应速度就越快。但酶的耐温性有一定的限度，超过特定温度后，酶分子会变性失活。在喷射液化装置中通过准确自动温度控制机能，起到增加酶活性、提升反应速度和保持酶制剂稳定性的作用。

③搅拌混合作用：在喷射液化器工作时，蒸汽以超过300m/s的高速进入加热区，配合湍流液料造成加热区的强力剪切、搅拌和混合效果，促使淀粉在瞬间内与蒸汽迅速混合，完全糊化。

根据推动力不同喷射液化器分为高压蒸汽喷射器（汽带料式）和低压蒸汽喷射液化器（料带汽式）。汽带料喷射器是在0.6MPa高压蒸汽通过调节阀杆高速喷出，在阀中心产生真空，淀粉乳被吸入，蒸汽对糊化淀粉产生强烈的机械剪切力，与蒸汽混合后升温、糊化、液化。高压蒸汽喷射器是靠高速蒸汽产生的负压，使料液吸入，所以要求蒸汽压力大，泵压小，汽液交换迅速快，液化进行得快。图7－10为汽带料式喷射液化器的构造示意图。操作时高压蒸汽由喷嘴喷入混合管，同时用泵把淀粉乳打入，蒸汽喷射产生的湍流使淀粉乳形成薄层，受热快而均匀，引起淀粉乳的糊化、液化，黏度降低也快。

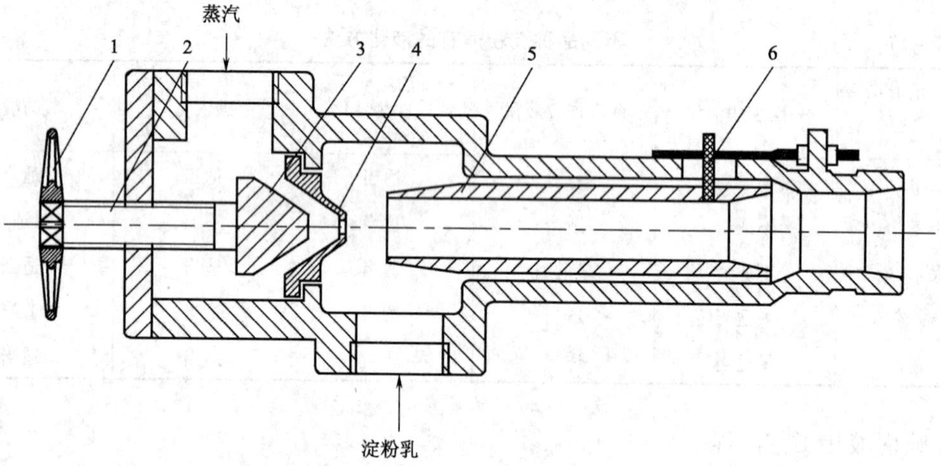

图7－10　喷射液化器

1—手轮　2—丝杠　3—针阀阀芯　4—喷嘴　5—混合管　6—压力降调整装置

为了达到较好的液化效果，高压喷射液化器需在高压蒸汽（≥0.6MPa）条件下工作，对蒸汽压力不稳或蒸汽压力较低的工厂，需安装高压蒸汽锅炉和其它的辅助设施来满足工艺的要求。目前，在淀粉糖生产企业中开始使用低压喷射器替代高压喷射液化器，改善了液化的稳定性，提高了液化效果。

低压喷射器的设备结构和工作原理与高压喷射液化器基本相同。料液利用泵压入喷射器内，形成高强度的微湍流，蒸汽从夹套内通过微孔进入喷射腔，与料液混合，使淀粉均匀、快速升温液化，然后喷出。引入保温系统，85～90℃保温20～40min，达到液化完全。这种喷射器对料液要求高，泵负荷大，但是蒸汽压力小，115℃喷射液化时，0.2MPa的蒸汽压力即可正常喷射液化。此法优点是液化效果好，蛋白质类的杂质凝结好，糖化液过滤性质好，设备小，适于连续操作。

低压喷射液化器在操作时，首先上调喷射器的针阀5～6圈，开启蒸汽阀门，将液化器预热到100℃，启动进料泵，关闭进料阀，打开回流阀，稳定进料泵10min。待喷射器预热至规定的温度后，将进料门打开，逐步关小回流阀，使进入喷射器的料液压力大于进入喷射器的蒸汽压力，经过料阀和针阀控制流量，针阀使淀粉乳形成空心圆柱状薄膜从喷嘴射出，通过调节进气和进料阀门，使料液出口温度由高到低，降至100～115℃。待液化结束后，首先关闭进料阀门，然后关闭蒸汽阀。液化结束后，要用清水冲洗喷射器。

（2）喷射液化流程

①一次加酶法喷射液化流程：此工艺流程如图7－11所示。当淀粉浆离开喷射器后，让料液在高温维持罐中105℃条件下维持一段时间，有利于含少量老化淀粉、难溶淀粉颗粒的谷物淀粉彻底糊化和液化。因此，在液化工艺流程中，在喷射器出口增加一道滞留装置，这一装置可以使用盘管、直径较粗的长管或直径较小的维持罐，让粉浆滞留5min左右。滞留时间不宜太长，否则影响耐高温α－淀粉酶的稳定。

示例：将粉浆浓度30%预热至55℃左右，调pH为6.0～6.5，加入高温α－淀粉酶10～16 IU/g淀粉（20 000 IU/mL规格的高温淀粉酶500～800mL/t淀粉）后泵入喷射液化器，喷嘴温度保持在105～110℃条件下喷射液化，保持维持罐的温度在95～97℃，维持时间1h左右。高温α－淀粉酶对Ca^{2+}浓度要求不高，通常淀粉及配料用水中的Ca^{2+}即可满足，不需另外添加。

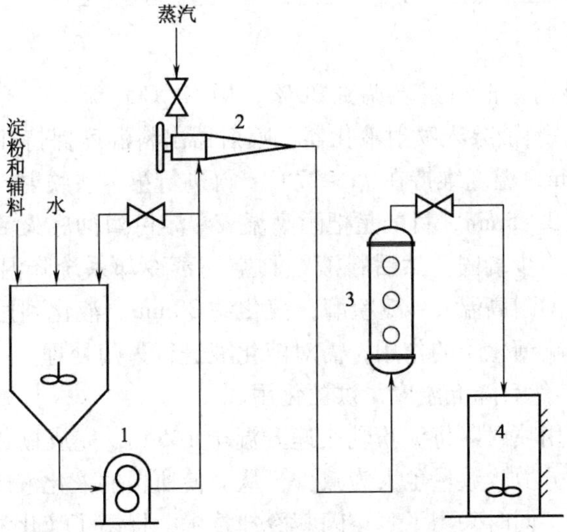

图7－11　一次加酶法喷射液化工艺流程

1—泵　2—喷射液化器　3—高温维持罐　4—保温液化罐

②多次加酶法喷射液化流程：针对难于液化的玉米、小麦等谷物淀粉，为了提高液化效果和过滤性能，生产上采用多次加酶液化的方法，即将液化工艺分成操作条件不同的几个阶段进行。处理含蛋白质较高的次级小麦淀粉可以采用三次加酶液化法工艺；普通玉米淀粉可采用两次加酶法液化工艺。两次加酶法液化工艺条件为首先调节pH为6.0～7.0，将1/3 α－淀粉酶加入到淀粉乳中，在88～92℃保持15～30min；然后加热到140℃保持5～8min；降温到85℃，再将剩下的2/3液化酶加入，在85℃保持1～2h，达到最终需要的液化程度。两次加酶法可简称为酶－热－酶工艺。

常用的是二次喷射二次加酶的液化流程，如图 7－12 所示。

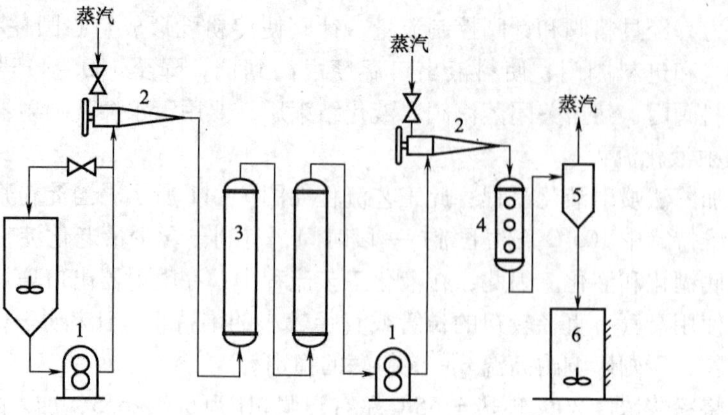

图 7－12　二次加酶法喷射液化工艺流程

1—泵　2—喷射液化器　3—液化层流罐　4—高温维持罐　5—真空冷却器　6—保温液化罐

图 7－12 可以概括为：

淀粉 → 调浆 → 一次喷射液化 → 保温 → 二次喷射升温 → 高温维持 → 降温 → 二次液化 → 冷却后去糖化

工作时，在配料罐内，把粉浆乳调到 30%，用 Na_2CO_3 调 pH 至 5.0～7.0，加入高温 α－淀粉酶，搅拌均匀。料液泵入喷射液化器，喷射器出料温度保持在 95～97℃，喷出的料液进入层流罐保温 60min，温度维持在 95～97℃。再进行第二次喷射，温度升至 145℃以上，并在高温维持罐内保温 3～5min，目的是把耐高温 α－淀粉酶彻底灭活，同时淀粉颗粒会进一步分散，蛋白质会进一步凝固。然后料液经真空闪蒸冷却系统降温至 95～97℃，进入液化保温罐，再加入剩余的耐高温 α－淀粉酶，液化约 30min。液化到达终点，酶活力逐渐丧失，为了避免其它酶影响糖化酶的作用，需对液化液进行灭酶处理。一般液化结束，升温至 100℃保持 10min 即可，然后降低温度，供糖化用。

此工艺的特点是利用喷射器将淀粉乳快速升温至 145℃，完成糊化、液化，使形成的不溶性淀粉颗粒在高温下分散，数量也大为减少，从而使所得的液化液既透明又易于过滤，淀粉的出糖率也有所提高，同时采用了真空闪蒸冷却技术，提高了液化液的浓度。

（二）淀粉的糖化

1. 糖化目的

糖化的目的就是将淀粉液化后获得的糊精和低聚糖等产物利用糖化酶进一步水解成葡萄糖或者麦芽糖等淀粉糖产品。

理论上淀粉通过完全水解，每 100g 淀粉能生成 111.11g 葡萄糖。但由于复合反应和分解反应以及不完全水解的存在和生产损耗，用双酶法转化玉米淀粉，每 100g 淀粉能生成 105～108g 葡萄糖。

2. 糖化工艺与设备

（1）工艺流程　酶法糖化的工艺操作比较简单，流程如下：

液化液 → 降温、调 pH → 加糖化酶 → 糖化 → 灭酶 → 精制用黑曲霉产生的糖化酶生产葡萄糖的工艺操作为：液化结束后，将料液用酸调 pH4.0～4.5，同时迅速将温度降至 58～60℃，然后加入糖化酶，用量为 100～200U/g 淀粉，60℃保温，并保持适当的搅拌，避免发生局部温度不均匀现象，糖化时间在 24～48h，用无水酒精检查无白色絮状沉淀存在时，糖化结束。

将料液 pH 调至 4.8～5.0，同时加热到 80℃，保温 20min 灭酶，然后降温至 60～70℃，送往过滤等精制工序。所得糖化液 DE 值可达 96% 以上，如果加大糖化酶的用量，或糖化中途追加糖化酶，可以缩短糖化时间。

（2）糖化设备　糖化工序的主要设备就是糖化罐。早期使用的糖化罐体积在 20～50m^3，考虑节约能源消耗，提高设备利用率，现在多数工厂使用 80～200m^3 的大罐进行糖化。

由于糖化条件温和，对于设备要求相对较低，糖化罐在碳钢表面涂上防腐材料即可。外层包以保温材料，内部应有盘管通热水以保温，搅拌要求也极低，只要糖化液不处于静止状态即可。

（3）糖化新技术——固定化酶糖化技术　传统的淀粉水解工艺使用可溶性酶技术，由于残留活性的糖化酶在糖化结束后都要被灭活，因此不能把酶的潜力全部发挥出来。随着酶固定化技术的发展、成熟，固定化酶糖化技术会在不久的将来实现工业化生产。

固定化酶具有离子交换树脂的特点，固定在填充床反应器中，当底物流经反应器时，实现底物的糖化。由于酶被固定在载体上，稳定性和利用率得到提高，并且糖化酶用量减少，糖化设备负荷大大降低，床层操作便于实现连续化生产。因此，糖化酶固定化技术是一项很有潜力的技术。

目前，糖化酶固定化技术在生产实际应用中还存在一些问题，导致糖化酶固定化技术未能投入工业化运行。这些问题包括：

①糖化酶热稳定性差，使用寿命短。固定化糖化酶在 60℃条件，半衰期必须达 1000h 以上才能用于工业生产。

②液化液中含有其它杂质，不溶物进入固定化柱时必然会发生堵柱。

③需要进一步深入研究优良廉价的载体及其固定化方法，降低固定化糖化酶的生产成本。

3. 影响糖化工艺效果的因素

（1）液化液 DE 值　液化液 DE 值对糖品出率和质量有直接影响。生产葡萄糖时，液化 DE 值应为 15%～20%，并且要求淀粉分子被切断的比较均匀，4～8 葡萄糖聚合度的含量越高，越有利于糖化工艺效果，而小于 3 或大于 12 的聚合度均不利于糖化酶的作用。

图 7－13 是液化液 DE 值对糖化液 DE 值影响的实验结果，从图中可以看出，在碘试本色的前提下，液化液 DE 值越低，糖化液最终 DE 值越高。

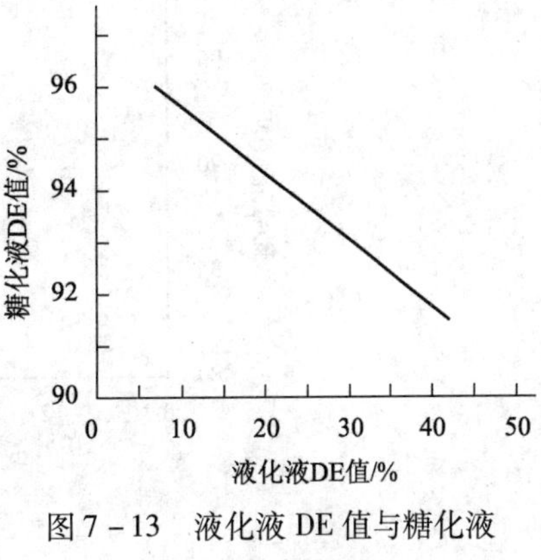

图 7－13　液化液 DE 值与糖化液最高 DE 值的关系

（2）糖化时间　糖化初期糖化液 DE 值上升较快，而后变得比较缓慢。例如，DE 值为 19% 的淀粉糖化液，用葡萄糖淀粉酶进行糖化，20h 后 DE 值就可达到 90%，以后的 20～40h，DE 值只上升 6%～8%。

达到 DE 值最高点后，要及时停止反应。否则，由于复合和分解反应的加重，导致 DE 值下降。

（3）pH　不同来源的糖化酶对 pH 要求各不相同，曲霉要求控制 pH4.0～4.5；根酶要求控制 pH4.5～5.5；拟内孢酶要求控制 pH4.8～5.0。选用较低的 pH，糖化液着色浅，易于脱色。但在 pH6.0 左右糖化，有抑制葡萄糖酶催化复合反应的效果。

（4）糖化酶种类　目前，工业化生产使用的糖化酶主要来自黑曲霉和根霉，两者特性不同。黑曲霉糖化酶活力高，酶活力稳定，能在较高温度下糖化，糖化液色泽浅。缺点是酶不纯，常含有葡萄糖苷转移酶（转苷酶），能使葡萄糖基转移，生成具有 α-1，6 糖苷键的异麦芽糖、潘糖，降低葡萄糖产率约 1%。

根霉糖化酶的酶系较纯，不含转苷酶，而且含 α-淀粉酶活力高于曲霉。但根霉糖化酶的生产依赖于成本高的固体培养，极大地限制了根霉糖化酶在工业生产中的使用。相反，黑曲霉无论在液体或固体培养基中培养，都可以获得活力高的糖化酶。因此，黑曲霉糖化酶被广泛使用。

由于葡萄糖淀粉酶水解 α-1，6 糖苷键非常缓慢，因此单独使用葡萄糖淀粉酶，糖化液最终 DE 值很难达到 98%。生产中用脱支酶与葡萄糖酶合并糖化，所得糖化液 DE 值可达 99% 以上。

（5）加酶量　为加快糖化速度，可以提高用酶量，缩短糖化时间。表 7-18 列出了获得相同 DE 值糖化液时，加酶量与糖化时间关系的实验结果。可见用酶量增大，可以大大缩短糖化时间。

表 7-18　　糖化时间与糖化酶用量关系

糖化酶用量/（U/g 淀粉）	100	120	180	180	240	320	400	480
糖化时间/h	72	48	32	24	16	10	8	6

对于不同来源的糖化酶，酶活力高，用酶量可以减少；液化液浓度高时，加酶量要多些；但酶用量过大，复合反应严重，反而导致葡萄糖值降低。

图 7-14 为不同加酶量对糖化 DE 值影响的曲线。其实验条件为：浓度 33% 的玉米淀粉

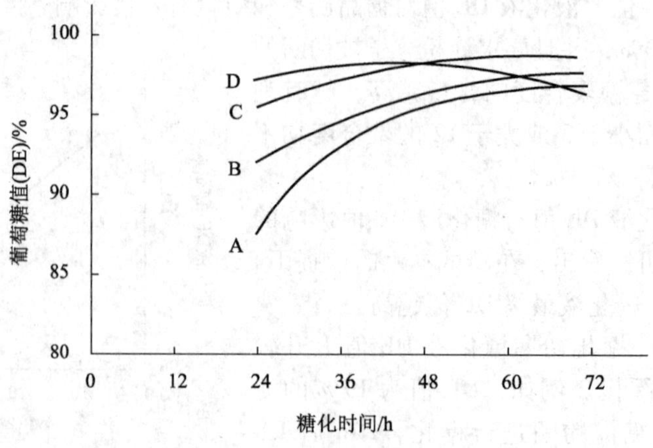

图 7-14　不同用酶量的糖化曲线

乳液化到 DE 值 19%，然后在 60℃、pH4.5 条件下糖化，选用 NoVo－150 酶制剂，每 1t 绝干淀粉的用酶量分别为 0.75L、1.00L、1.50L 和 1.75L，对应的糖化曲线分别标注为 A、B、C、D。由图 7－14 可见，糖化 24h，这 4 种不同用酶量达到的 DE 值分别为 87%、92%、95% 和 97%。继续糖化，0.75～1.50L 的葡萄糖值缓慢上升，而用酶量 1.75L 的 DE 值于 36h 达到最高值，之后开始下降。

在实际生产中，可以充分利用大容量的糖化罐，通过延长糖化时间，来减少糖化酶用量，这样可以获得糖化 DE 值最高、酶成本最低的综合效益，同时糖化液中酶蛋白的含量也会相应少。

4. 双酶法淀粉糖生产工艺流程示例

双酶法制淀粉糖工艺流程示例如图 7－15 所示。

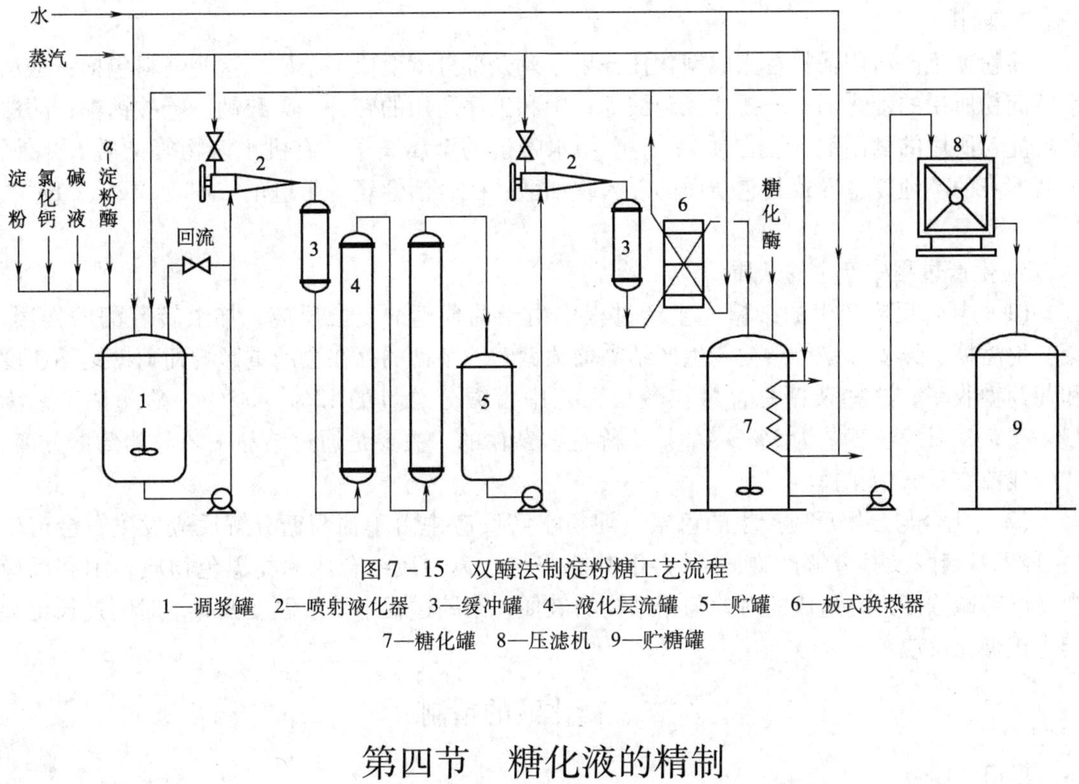

图 7－15 双酶法制淀粉糖工艺流程

1—调浆罐 2—喷射液化器 3—缓冲罐 4—液化层流罐 5—贮罐 6—板式换热器 7—糖化罐 8—压滤机 9—贮糖罐

第四节 糖化液的精制

无论酸法还是酶法生产的淀粉糖，水解后糖化液中除了含有葡萄糖、低聚糖和糊精等糖分组成物外，还含有糖的复合和分解反应产物、原料和辅料带进的各种杂质、水带来的杂质以及作为催化剂的酸和酶等。这些杂质可分为含氮物质、有机酸、无机酸、有机盐、无机盐、脂肪、色素物质等。这些杂质既影响糖浆的质量，又对结晶葡萄糖的生产不利。糖化液精制的目的就是尽可能去除这些杂质，使淀粉糖达到较高的纯度。

淀粉糖化液的纯度与生产工艺有关，糖化液纯度由高到低的生产方法排序为：双酶法 > 酸酶法 > 酸法。酸法糖化液中杂质量较大，精制工序比较复杂，主要包括中和、过滤、脱色和离子交换。而酶法糖化液的精制工艺较简单，不需要中和工序，脱色等工序也不如酸法复杂。

一、糖化液中杂质

1. 原料中的杂质

淀粉提取过程中不可避免地残留杂质，主要包含蛋白质、脂肪和灰分，约占淀粉总量的1%。谷类淀粉中蛋白质含量高，薯类淀粉中蛋白质和脂肪含量都较低，但马铃薯淀粉中的灰分、表皮中残留的色素、植物碱含量比较高。

上述杂质中，蛋白质的含量对淀粉糖生产影响最大。在酸水解淀粉的同时，蛋白质也会发生水解反应，生成氨基酸、短肽等水解产物，氨基酸与5-羟甲基糠醛结合生成有色物质，影响产品质量。

用于葡萄糖生产的原料淀粉，蛋白质含量应控制在0.5%以内，其中水溶性蛋白含量应在0.03%以下。

2. 辅料

淀粉糖生产所用辅料在完成糖化任务后，剩余部分就变成了杂质。这些辅料包括：酸法水解淀粉所用的催化剂——盐酸、硫酸等；中和工序所用的碱——碳酸钠、碳酸钙等；酶法水解淀粉所用的酶制剂（蛋白质）；生产用水带进的金属离子、有机水溶物等杂质。此外，辅料本身的不纯度也导致其它杂质的混入，如酸、碱、活性炭等带进的Ca^{2+}、Mg^{2+}、Fe^{2+}、Fe^{3+}等离子。

3. 生产过程中产生的杂质

（1）复合反应产生的杂糖　生产过程中由于葡萄糖的复合反应，加上转苷酶的作用，会产生潘糖、异麦芽糖等杂糖。生产结晶葡萄糖时，杂糖的存在会严重影响葡萄糖结晶速度和葡萄糖收率。这些杂糖总含量在酸法工艺中占糖分总量的12%～15%，酸酶法工艺为7%～8%，双酶法工艺为3%～4%。去除这些杂糖的，主要是通过结晶工艺与葡萄糖分离，杂糖残留在母液中排掉。

（2）化合与分解反应产生的色素　淀粉水解反应中由于葡萄糖分解反应发生，会产生5-羟甲基糠醛及其分解产物；5-羟甲基糠醛与含氮物质结合成的类黑色物质；中和反应中，局部碱浓度过高造成的对葡萄糖结构的破坏；浓缩过程中糖液温度偏高，时间过长也会产生焦糖化反应。

二、糖化液的精制

1. 中和

（1）中和目的和原理　酸水解法糖化液的pH一般为1.7～1.9。中和工序的目的是用碱中和糖化液中的酸，使酸转变成盐以便清除，同时使蛋白质类物质凝结析出。酸酶法在液化工序结束后，也要用碱调整pH。而酶法糖化不存在中和问题。

使用盐酸为催化剂时，要用碳酸钠中和，生成的盐为氯化钠，可以在后续的离子交换工序中去除；使用硫酸为催化剂时，用碳酸钙中和，生成的盐为硫酸钙沉淀，可以在后续的过滤工序中去除。

中和反应化学方程式为：

$$2HCl + Na_2CO_3 \longrightarrow 2NaCl + H_2O + CO_2\uparrow$$

$$H_2SO_4 + CaCO_3 \longrightarrow CaSO_4\downarrow + H_2O + CO_2\uparrow$$

值得注意的是中和的终点pH不是7，而是中和到蛋白质的等电点pH4.5～5.2。此时，蛋白质胶体净电荷消失，胶体凝结成絮状物，以便在其后的过滤工序中被活性炭层等助滤剂所截留去除。pH 大小对精制效果影响明显，pH 偏低，糖液中杂质不能最大量地凝聚析出；pH 偏高，葡萄糖分解为有色物质，增加糖液色泽，而且部分凝聚物又会重新溶解。

中和终点的 pH 选择，最好通过试验确定，即调节不同的 pH，测定滤液中蛋白质的含量，并观察糖化液的澄清程度。根据 pH 与沉淀物产生量，做出沉淀曲线，以确定最适 pH。

（2）中和工艺　间歇糖化法和连续糖化法多采用把糖化液引入到中和罐中进行中和的工艺，也有连续糖化法把碱液用泵打入糖化管道末端进行中和的工艺。

中和罐法中和工艺流程为：

糖化液→ 冷却降温 → 加碱中和 → 过滤

①冷却：中和温度过高容易引起糖液颜色加深，过低会使下道工序过滤操作困难，而且糖液蒸发浓缩消耗的热能也高。因此，中和温度一般采用与脱色温度相近的温度，生产上以 85℃左右为宜。

冷却操作可以在冷却罐或旋液分离器式的冷却装置中进行。操作时，糖化液用泵压入冷却装置，糖液沿内壁下旋，水分因真空减压而大量汽化，产生的二次蒸汽由冷却装置上部的排气口引出，并带走大量汽化热。

糖化液经过冷却，温度从 130℃以上迅速降到 100℃以下。在后续的中和过程中，由于加入冷的 Na_2CO_3 溶液以及通入冷空气搅拌，糖化液的温度可降至 85℃左右。

②中和：糖液温度下降以后进入中和罐。由于糖液进入中和桶后剧烈沸腾，中和时又生成大量 CO_2 气体，因此中和罐的容积应足够大，为糖化液体积的 3～4 倍，以防止糖化液溢出罐外。

中和罐如图 7－16 所示，罐体内设有碱液喷淋装置和搅拌装置，搅拌装置有压缩空气搅拌和机械搅拌两种，图中为压缩空气搅拌装置，即通过罐底部的多孔蛇形管通入压缩空气。

工作时，一边向罐内加料一边喷洒碱液，同时迅速搅拌，中和好的料液从罐底排出，产生的二次蒸汽和 CO_2 由罐顶排出。用碱调整 pH 时，特别要注意局部中和过度的问题，因为即使是短暂的碱性条件下，对葡萄糖的破坏和色素增加都是不可逆的，因此，中和碱液的浓度不宜太高，Na_2CO_3 浓度以 2%～5% 为宜。

中和时，为了加强对蛋白类物质的清除，可加入澄清剂膨润土，也可加入炭泥作助滤剂，起初步脱色作用。

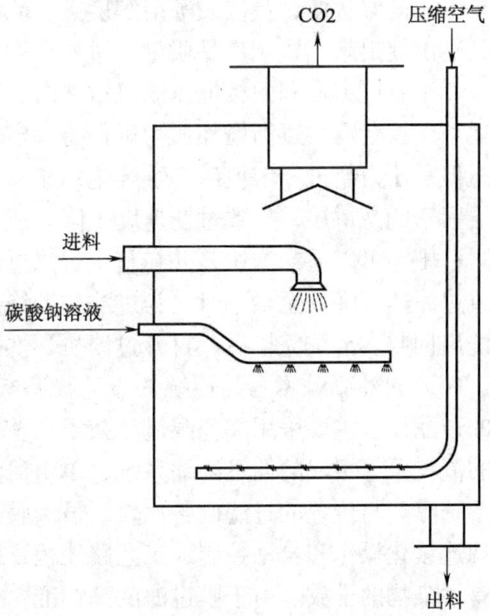

图 7－16　中和罐结构示意图

2. 过滤

（1）过滤的目的　酸法中和后的糖化液和双酶法糖化液中，都含有一些不溶性杂质，这些悬浮固体物主要由絮凝的蛋白质及其它不溶物组成。它们既影响产品的质量，又影响其它精制工序的操作，如堵塞离子交换树脂床层通道、在蒸发器表面结垢等。糖化液过滤的目的就是使用过滤设备将这些不溶物去除掉，保证后续精制工序的顺利进行。

（2）过滤设备与过滤介质的选择

①过滤设备：糖化液黏度高，不溶物形成的滤饼弹性大、过滤性能差。糖化液过滤宜采用推动力大的过滤设备，如板框压滤机等。但由于板框压滤机为间歇操作设备，劳动强度大、生产环境差，近年来使用预涂层式真空过滤机的企业逐年增多，有利于实现过滤工序的连续化生产。

预涂层式真空过滤机是在普通真空转鼓过滤机的基础上改进的过滤设备，为了克服糖液滤饼通透性差的缺点，过滤操作增加了预涂助滤剂的步骤。工作时，浓度为4%～8%的助滤剂预涂浆，被定期均匀地涂在真空转鼓表面，转鼓每转60～90s，在转鼓上面沉积一层硅藻土（约2cm），预涂完成后迅速过滤。并利用过滤机上装有的刮刀，及时将沉积在硅藻土薄层上的滤饼刮掉，保证过滤表面处于干净的硅藻土层状态，以保持较高的渗透能力。待硅藻土层损耗变薄到一定程度时，停止过滤。洗涤转鼓后，再进行下一周期循环。

②过滤介质：糖化液过滤使用的过滤介质均是滤布。滤布种类很多，可用天然纤维、合成纤维和金属丝编制而成，其编织方法和使用性能均有所不同。淀粉糖浆工业常用棉纤维、尼龙及涤纶做滤布，其中合成纤维具有耐压、耐用、易于清洗、流速易于控制等特点，使用较普遍。

选用滤布时，还要考虑助滤剂的影响。助滤剂主要有硅藻土、珍珠岩、纤维素等，我国使用的助滤剂主要是硅藻土。硅藻土的用量视糖化液中含杂质多少和硅藻土的质量而定，一般使用量为糖化液干物质重量的0.5%～0.8%。

（3）过滤工艺条件

①温度：为了提高过滤速率，糖液过滤时要保持一定温度，使其黏度下降。但是温度不能过高，因为蛋白质等胶体的溶解度受温度的影响大。温度高溶解度大，温度低溶解度小。如果采用高温过滤，蛋白质等溶解度大，滤液残留蛋白质多。温度下降后，蛋白质等胶体物质又会沉淀出来，影响产品质量。过滤温度一般采用60～70℃为适宜。

②过滤压力：利用板框压滤机过滤时，随着过滤的进行，滤饼逐渐沉积变厚。阻力也逐渐增加，这就需要逐渐增加压力以保持一定的过滤速度。

但是压力超过一定值后，继续施加压力，过滤速度并不会增加，反而会使滤布表面形成一层紧密的滤饼层，导致过滤速度下降。压力增加的规律是前期要慢，以免把硅藻土层压得过紧；中间可以适当加快，并在整个过滤过程的最后1/5时间达到最高值。当滤饼充满过滤机或过滤速度降低至很小时，为过滤周期终点。应停止过滤，泵入热水把滤饼中残留的糖化液洗出回收。清洗完毕后，打开过滤机，洗脱滤饼，准备下一次过滤。

（4）过滤新技术　与传统的过滤设备板框过滤机、转鼓过滤机、叶滤机相比，国外先进的过滤设备主要采用陶瓷膜过滤技术，整体的过滤系统包括膜组件、冷却器、流量变频调节的流量泵等组成的四级浓缩系统、单组清洗系统、辅助设备和管路系统、自动化硬件和软件系统等。与传统的过滤设备比较，虽然膜过滤系统设备投资较大，但运行成本较低，可以实现连续化操作和自动控制，工艺路线短，没有废物产生，过滤出的蛋白质可以直接利用，没有污染物的排放。由于膜过滤的高标准、全自动的控制系统加上陶瓷膜耐压、耐酸、耐腐蚀、高机械强度等优越的性能，维护成本远远低于传统的过滤设备，膜过滤产品色值低，澄清度高，结晶产品质量高，特别是药用葡萄糖生产的质量高于传统的方法，由于膜过滤精度高，灭菌效果好，微生物指标可以达到世界食品行业公认的细菌过滤精度的标准。总之，陶瓷膜过滤设备在安全环境、操作控制、产品质量和市场竞争力都远远强于传统的过滤工艺，随着生产和技术的不断进步，特别是世界卫生组织和国内相关部门对食品和药品用淀粉糖质量的提高，会有越来越多的较大规模的淀粉深加工企业使用膜过滤设备。

3. 脱色

在生产过程中，受温度、压力、催化剂及其它因素的影响，糖化液中会混有带有颜色的杂质，其色泽的深浅直接影响淀粉糖成品的色泽。糖化液脱色的目的就是除去其中的色素物质，使糖化液澄清透明。

（1）脱色原理　工业上糖化液的脱色采用骨炭和活性炭，活性炭又分为粉末炭和颗粒炭两种。

炭的脱色主要是炭表面的吸附作用。炭表面具有无数微小的孔隙，因而具有很大的表面积。通过物理吸附和化学吸附作用将色素分子吸附在炭粒表面上，从糖化液中除掉。吸附作用与吸附表面和被吸附物质的浓度有关。

吸附作用具很强的选择性。骨炭吸收无机灰分能力强，活性炭吸附5－羟甲基糠醛的能力强。不同制法的活性炭其吸附能力也有差异，以蒸汽活化法的吸附能力最强，氯化锌法、磷酸法次之。

脱色炭的吸附作用是可逆的，它吸附有色物质的量决定于糖化液中的色素浓度。所以，先用于颜色较深的糖化液后，不能再用于颜色较浅的糖化液。反之，先脱颜色浅的糖化液，仍可再用于颜色较深的糖化液。工业生产中脱色便是根据活性炭的特性，用新鲜的炭先脱去颜色较浅的糖化液，再脱去颜色较深的糖化液，然后弃掉。这样可以使活性炭得到充分利用，减少对环境的污染。

（2）脱色炭的选择与使用　脱色用骨炭和活性炭。活性炭的作用是脱色和助滤两个方面。骨炭是最早应用于糖化液脱色的，用过后可进行再生，重复使用。颗粒活性炭的脱色能力较高，用过后亦可再生。但因再生设备复杂，所以骨炭和颗粒活性炭主要在大型工厂中使用。粉末活性炭只可重复使用2～3次，因此成本较高，但设备简便，操作方便，常被中小型工厂采用。

①粉末活性炭：粉末活性炭为黑色，含10%～15%的水分和微量的灰分。活性炭的吸附面积高达$500m^2/g$以上。

其制造原料有木材、锯末、烟煤、椰子壳、谷壳等。制造的方法主要有化学法和蒸汽法两种。氯化锌活化法制造的活性炭颗粒粗且硬，过滤的性质较好。蒸汽活化法制造的活性炭脱色力较高，但强度较低，过滤性质较差。较好的方法是将这两种炭以1∶1的比例混合使用。

活性炭能吸附羟甲基糠醛，而骨炭对此物几乎没有吸附能力。活性炭和骨炭除去糖化液色素和蛋白质的能力基本相同，骨炭可以除去氯离子，活性炭无此能力。

用活性炭脱色需要的设备简单，只需混合罐和过滤机。混合罐中有搅拌器，罐底处有蒸汽加热盘管。操作时，可将炭粉直接加入糖液中混合，也可将炭粉先与少量糖液混合，然后加入混合罐中。加入活性炭后，在pH4，温度为80℃条件下搅拌30min。然后过滤。一种改进的方法是：用过滤机脱色，糖化液通过沉积在滤布上的活性炭滤饼进行脱色。

②颗粒活性炭：颗粒活性炭与粉末活性炭相比，具有更高的脱色能力和机械强度，使用周期长，容易再生。CPG型颗粒活性炭的颗粒平均直径在0.80～1.00mm，表面积约达

$1000m^2/g$以上，脱色能力超过骨炭 10 多倍。

应用颗粒活性炭脱色的设备为罐顶和罐底部呈锥形的圆柱形脱色罐，如图 7－17 所示。工作时，首先将炭装于脱色罐中，罐的大小因生产规模而不同，较大的直径约为 3m，高 10m。糖液由罐底进入，向上流经炭床，由罐顶流出，顶部装有筛板以防止炭粒随糖液流出。使用 8h 后暂停一段时间，由罐底放出少量废炭进行再生，同时由罐顶加入等量的新炭。糖浆向上流经炭床，先与已使用较久、脱色能力较低的炭接触，后与脱色能力强的新再生炭接触，糖液与炭的流动方向相反，脱色效率高。

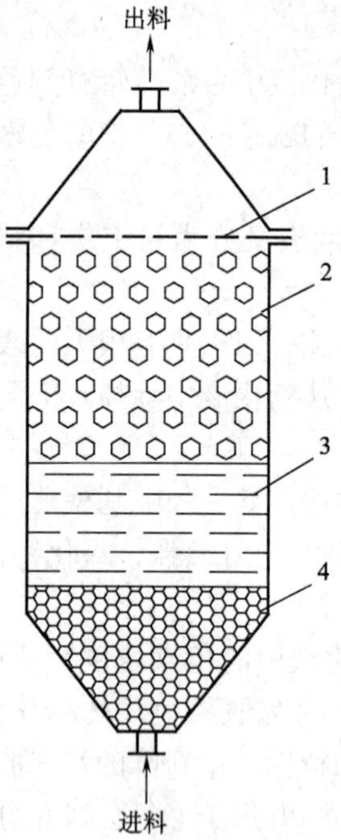

图 7－17　颗粒活性炭脱色罐结构示意图

1—筛板　2—新活性炭
3—吸附区　4—饱和区

这种不断放出少量炭再生，同时加入新炭的工艺又称为“活动床工艺”。颗粒活性炭生产能力高，需要的设备少，占用厂地面积小，便于连续化生产。

（3）影响脱色操作因素

①脱色温度：是影响脱色效果的重要因素之一。温度过高，脱色效果差；温度过低，糖液黏度增加，难以过滤。一般控制温度在 70～80℃。在此温度下，糖化液的黏度较低，易于渗入炭的多孔组织内部，能较快地达到吸附平衡状态。

②脱色时间：吸附过程从理论上讲是瞬时完成的，但因为糖浆有一定黏度，物质扩散慢，并且炭的用量很少，为了使糖液与活性炭充分混合，达到吸附平衡需要一定的时间，在生产中一般需要 30min。炭的用量和达到吸附平衡的时间成反比，用量多，时间可以缩短。

③脱色 pH：活性炭在酸性条件下的脱色能力较强，通常控制 pH 在 4.0 左右的条件下进行脱色操作。

④活性炭用量：决定活性炭用量时需要注意一个问题，即用炭量增加，单位质量的脱色效率降低。例如，使用 1g 活性炭能够脱色 20%，使用 2g 活性炭时脱色却达不到 40%，也就是说，2g 活性炭的脱色效能不及每次用 1g 处理两次的好。在用量较高的情况下，这种差别更大。但处理的次数多，过滤的费用也相应增加。

活性炭的用量应根据糖液色泽深浅与活性炭质量而定，一般用量为淀粉量的 0.1%～0.4%。

4. 离子交换

（1）离子交换目的　离子交换作用是由离子交换树脂来完成的。离子交换树脂具有交换离子和吸附的作用，糖化液用离子交换树脂处理的目的是将糖液中的无机盐和有机杂质除掉。阳离子树脂可以去除蛋白质和可溶性盐类的阳离子，如 Na^+、Fe^{2+}、Ca^{2+} 和 Mg^{2+} 等；阴离子树脂可以除去可溶性盐类的阴离子，如 Cl^-、SO_4^{2-}、NO_3^- 等阴离子等。经离子交换树脂处理后的糖化液，灰分可降至原来的 1/10，色素类物质可基本去除。

离子交换树脂去除蛋白质、氨基酸、5－羟甲基糠醛和有色物质等杂质的能力比活性炭要强。经离子交换树脂工序后，色素类杂质去除得很彻底，保证产品放置很久也不致变色。生产结晶葡萄糖时，会加快结晶速度，产品质量和产率明显提高。而生产果葡糖浆时，由于灰分等杂质对异构酶稳定性有不利影响，因此糖化液异构前也需要用离子交换树脂精制。

（2）离子交换树脂

①离子交换树脂的种类：离子交换树脂是一种具有网状结构和离子交换能力的固态高分子化合物，它不溶于酸、碱和有机溶剂，化学性质稳定，外观为淡黄至淡褐色球状颗粒，粒度为16～50目，耐温约50℃。在网状结构的骨架上有许多可以被交换的活性基团。离子交换树脂是由离子交换树脂本体和交换基团两部分组成。

在淀粉糖精制工序中经常使用732型阳离子交换树脂，它的本体是苯乙烯和二乙烯苯组成的高分子共聚物。交换基团是磺酸基（$—SO_3^-H^+$）。一般简写成$R—SO_3^-H^+$，式中R表示苯乙烯－二乙烯苯树脂本体，即树脂的骨架部分；$—SO_3^-H^+$是磺酸基，是一种酸性强、易解离的活性基团。其中H^+是可以游离的，起交换作用的阳离子，它可以与其它阳离子发生等当量交换。而$—SO_3^-$是和树脂本体连接在一起的不可游离的阴离子。

由于合成树脂所用的原料和引入的活性基团不同，离子交换树脂的种类较多。根据所引入的活性基团酸碱性强弱的不同，离子交换树脂分为四种类型。即强酸性和弱酸性阳离子交换树脂；强碱性和弱碱性阴离子交换树脂。目前生产上常用的是苯乙烯－二乙烯苯合成树脂，属于强酸型阳离子交换树脂。

淀粉糖化液精制中吸附阳离子多采用Na^+强酸型阳离子交换树脂。由于葡萄糖在碱性情况下不稳定，所以吸附阴离子时选用弱碱型阴离子交换树脂，一般使用叔胺基阴离子交换树脂。

②离子交换树脂的工作原理：离子交换是指离子交换树脂的可游离交换离子，与溶液中的同性离子的交换反应过程。它同一般化学反应一样，服从质量作用定律，而且是可逆的。

阳离子交换树脂中，酸的H^+与溶液中阳离子，如Na^+交换，Na^+结合在树脂上，H^+游离进入溶液，与溶液中的阴离子结合成酸。其交换反应表示如下：

$$R—SO_3^-H^+ + Me^+ \rightleftharpoons R—SO_3^-Me^+ + H^+$$

$$R—H^+ + Na^+ \rightleftharpoons R—Na^+ + H^+$$

阴离子交换树脂除去溶液中酸是吸附作用，反应如下式表示：

$$R\equiv N + H^+ + Cl^- \rightleftharpoons R\equiv NH^+ \cdot Cl^-$$

由上述两个反应式可见，若将阳离子和阴离子交换树脂滤床串联使用，能将溶液中的离子全都除掉。其原理如图7－18所示，含有NaCl的溶液，先流经阳离子交换树脂，溶液中Na^+被H^+交换，流出的溶液变成含H^+和Cl^-的酸。再流经阴离子交换树脂，H^+和Cl^-同时被吸附除掉，流出液变成不含离子的水。

离子交换树脂的交换能力是有限的，交换的离子达到饱和时就不能再交换，需用酸或碱作再生处理。阳离子交换树脂用5%～10%盐酸再生，阴离子交换树脂用4%氢氧化钠溶液再生。再生的反应服从质量作用定律，通常是使用过量的酸或碱，保证再生完全。

阳离子交换树脂再生反应可用下式表示：

$$R—SO_3^-Me^+ + H^+ + Cl^- \rightleftharpoons R—SO_3^-H^+ + Me^+ + Cl^-$$

阴离子交换树脂再生反应可用下式表示：

$$RN \cdot HCl + Na^+ + OH^- \rightleftharpoons R\equiv N + Na^+ + Cl^- + H_2O$$

从理论上讲，再生操作能进行无限次数，但实际上再生一定次数以后离子交换能力降低，不能恢复到原有的效力，在生产实际中，一般离子交换树脂的使用寿命为500～1500次。

（3）离子交换效果的影响因素

①树脂粒度大小与交换速度有关，颗粒直径小，离子交换速度快。

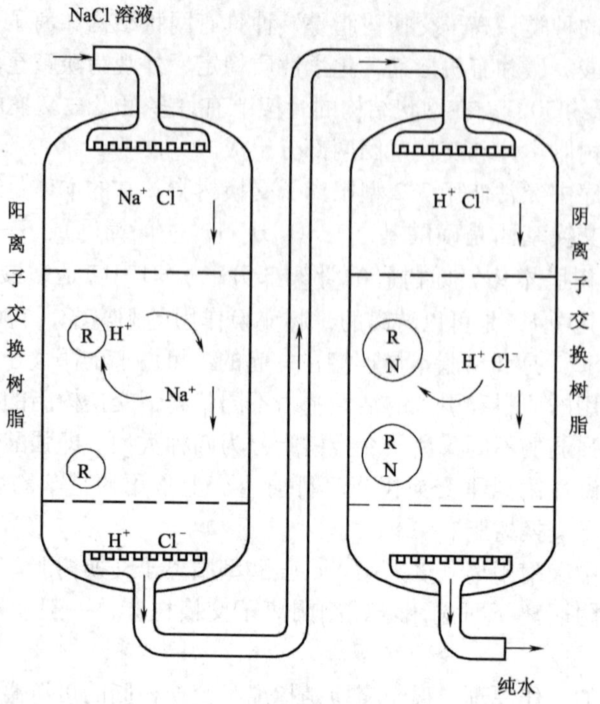

图 7-18　阴-阳离子交换树脂工作原理

②糖液中的交换离子浓度低时，交换速度由交换离子的扩散速度决定。糖液的浓度大，交换速度慢，如交换离子的浓度较高，糖液浓度较低，可采用较快的流速。

③糖液的温度对离子交换影响较小，提高糖液的温度，可以降低黏度，加快离子的扩散速度，有利于加快扩散速度，一般糖液的温度不高于60℃。

④提高糖液的流速，可以增大通过树脂表层膜进行扩散的速度，有利于离子交换，一般糖液的流速控制在1.5～2倍树脂体积。

⑤树脂层高要适当，一般树脂层高为离子交换柱直径的1.5～2.5倍，离子交换前的糖液应尽量清澈透明，避免污染树脂。

（4）离子交换树脂的精制工艺

①单柱工艺：离子交换树脂装于圆柱形的桶内应用，此圆柱称为离子交换柱，如图 7-19 所示。离子交换柱通常用碳钢制造，内衬橡胶里，压力根据淀粉糖的黏度、流速及树脂类型而定，一般在300～700kPa。

工作时，糖液由上而下流经离子交换树脂，顶部的离子交换树脂先与糖液接触，发生离子交换。当使用一定时间后，这部分离子交换树脂离子交换能力消失，由其下层

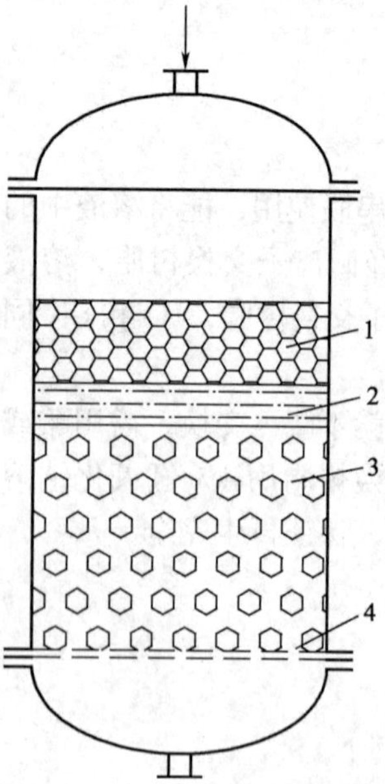

图 7-19　单床离子交换柱
1—饱和区　2—交换区
3—未交换区　4—筛板

的离子交换树脂继续发挥交换作用。通过离子交换区域逐渐向下移动，来保持稳定的离子交换能力。完成离子交换的糖液由交换柱底部排出。

②连续工艺：目前，普遍采用的离子交换树脂精制淀粉糖化液的工艺是采用4只滤床，以阳－阴－阳－阴顺序排列，串联使用，另2只滤床经再生后备用。这种串联使用能发挥每只滤床的交换能力，第一对阳－阴离子交换树脂滤床的交换能力消失后，停止使用，进行再生。将第二对滤床当作第一对使用，将再生备用的一对当作第二对使用，如此循环，实现连续生产。

需要精制的糖化液蒸发到浓度约55%，活性炭脱色，然后流经离子交换树脂滤床，温度49～54℃，流速0.034～0.068L/min。离子交换树脂滤液的使用周期的长短随糖浆中杂质含量而定，杂质量高则使用周期短。在糖浆杂质量约2 000mg/kg的情况下，一般使用周期约8h。

生产过程可用糖浆流出柱后的质量来控制，以电导率、pH及颜色作为控制指标。经离子交换树脂精制的糖浆，电阻率可达$1\times10^6\Omega\cdot cm$以上，pH为4.5～5.0，无色。

当工作一定时间后，树脂交换能力逐渐消失，就应停止引入糖液，排出柱内糖液，进行再生。再生前需用水充分地清洗失效的树脂，以除去树脂中的残糖。

③酸法糖化精制工艺：采用酸法糖化，可以省掉中和工序，用阴离子交换树脂除去用作糖化反应催化剂的酸。由于硫酸较盐酸易被阴离子交换树脂除去，采用这种工艺一般用硫酸为催化剂，糖浆pH1.8。

糖液用少量膨润土絮凝蛋白质和其它胶体物质，过滤得澄清糖液，再用活性炭脱色一次。然后在40～60℃温度下，送入三级离子交换树脂滤床，阴离子交换树脂滤床在前面，即阴－阳－阴－阳－阴－阳，如图7－20所示。糖化液先流经使用最久的滤床1和2，再流经使用较久的滤床3和4，最后流经再生完成的滤床5和6，滤床7和8是再生备用的滤床。

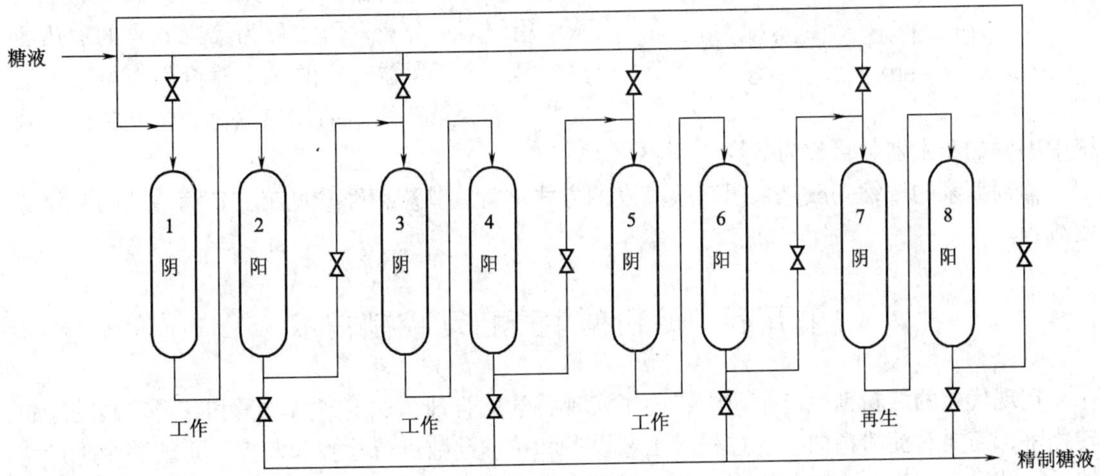

图7－20　三级离子交换树脂滤床精制糖液流程

5. 蒸发浓缩

经过精制后的糖液，浓度比较低，必须将其中的大部分水分去除掉，才能达到产品要求的浓度。

浓缩糖液通常采取蒸发的方式进行。淀粉糖浆为热敏性物质，受热易发生化学反应而着色，因此要控制蒸发温度。一般蒸发温度不宜超过68℃，葡萄糖浆的浓缩采用真空蒸发方式，以降低溶液的沸点，减少颜色物质的产生。

蒸发系统由蒸发器和冷凝器两部分组成。蒸发器是一个换热器，它由加热室和气液分离器两部分构成，加热沸腾产生的二次蒸汽经过气液分离器与糖浆分离，冷凝器用于把蒸汽冷凝成水。

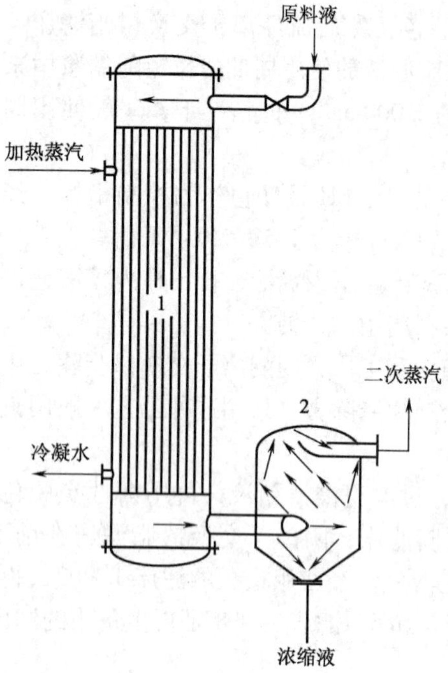

图7－21　降膜式蒸发器结构
1—加热室　2—分离器

图7－21为在淀粉糖浓缩中广泛使用的降膜式蒸发器。它利用沸腾后蒸汽的推动作用，使液体在传热面上形成薄膜，强化传热效果。工作时，稀糖浆由加热室顶部进入，在重力作用下沿列管内壁呈膜状向下流动的同时被加热沸腾，气液混合物从管下端流出，进入分离室。气液分离后，浓缩液由分离室底部排出，二次蒸汽可以回收再利用。

降膜式蒸发器操作简单、方便，蒸发器内的滞留物料非常少，开车时间短，停车后可迅速将蒸发器内的物料排空，对流量变化适应性强，能耗低，易实现多效操作。

根据二次蒸汽是否用来作为另一蒸发器的加热蒸汽，蒸发过程可分为单效蒸发和多效蒸发。单效蒸发产生的二次蒸汽，直接进入冷凝器冷凝成水而排出系统，所含的热能未被利用。多效蒸发中，第一个蒸发器（称为第一效）蒸出的二次蒸汽用作第二个蒸发器（称为第二效）的加热蒸汽，第二个蒸发器蒸出的二次蒸汽用作第三个蒸发器（称为第三效）的加热蒸汽，依此类推。系统中串联的蒸发器数目称为效数。

葡萄糖浆的浓缩一般是采用三效蒸发的方式进行，其流程图参见第三章第一节的三效蒸发流程。

第五节　淀粉糖生产自动控制技术

在现代化的淀粉糖生产企业中，为了实现科学化管理，稳定产品质量和获得较高的原料转化率，需要对淀粉糖的生产过程、工艺设备和技术参数进行检测和监控，了解整个生产线的运行情况。监控的内容各生产企业可根据自身的生产情况决定，主要包括设备的运行状态显示、工艺参数的超限报警、数据记录、安全连锁、报表打印等方面。

一、生产过程参数的自动检测

反映生产过程进行状态和条件的数据称为过程参数。液化、糖化及糖化液的精制等生产工序中的过程参数，直接影响额定的产品转化率和质量，过程参数主要包括温度、压力、流量、液位、pH、淀粉乳浓度、糖浆干物质含量等，这些参数都可以用仪表进行检测并在显示屏幕上实时显示，并通过仪表调节系统或分布控制系统实现自动调节和自动控制，并将过程参数进行数据整理并打印。

（1）温度的检测　常用的检测仪表有玻璃温度计、双金属温度计和热电阻温度计，温度检测的范围在20～240℃。

（2）压力检测　在淀粉糖生产过程中，如无特殊说明，所检测的压力主要指表压和真空度。常用的压力检测仪表有弹性式压力计和远传式压力计两种，国外有些企业采用比较先进的智能型压力变送器。

（3）流量检测　在淀粉糖生产过程中，需要检测的主要是液体和气体的体积流量，有的过程也涉及质量流量，在各种流量计的使用中，流体流动的稳定性及安装位置对测定结果影响较大，常用的流量计包括转子流量计、电磁流量计、涡街流量计、差压式流量计和科氏力质量流量计。

（4）液位检测　淀粉糖生产过程中液位检测主要是用来确定物料在灌中的高度，以便实现气动连锁或其它自动控制，使用的料位检测装置有单法兰液位仪、双法兰式差压变送器、电极式液位仪和超声波测量物位。

（5）pH 检测　在淀粉糖生产过程中，物料的 pH 是一个比较复杂的参数，对酶制剂的活力有很大的影响，还影响到液化、过滤和其它生产过程。在生产过程中，pH 的检测通常采用 pH 计来测量。

二、淀粉糖生产自动控制系统实例

在淀粉糖生产过程中，为了更准确地控制液化、糖化、精制等生产工艺过程，在线检测相关的过程参数，提高产量和产品质量，规模较大的淀粉糖生产企业主要采用分布式 PLC（programmable logic controller）控制系统和分散式 DCS（distributed control system）控制系统。它们的特点是运算速度快、精度高、信息存储量大、逻辑判断功能齐全等特点，成为实现生产过程最优控制的有效方法。

以 F－42 果葡糖浆生产线为实例，简要介绍在生产过程中，分布式 PLC 控制系统在生产过程中的应用和实时监控过程的实现。

1. F－42 果葡糖浆工艺流程概述

F－42 果葡糖浆的生产包括液化、糖化、脱色、离子交换、预蒸发、异构化、F－42 蒸发、成品整理等主要工序。主要生产设备包括各种原料储罐、搅拌罐、层流罐、板式换热器、蒸汽罐、喷射液化器、加酶计量器、流量计、温度计、液位计、压力计、泵与风机、调节阀和指示仪表等。

2. 控制系统的构成与实现

采用生产过程的自动控制系统，目的是达到工艺条件、提高产量和质量等方面具有较好的效果，实现集中管理和最佳控制等功能。图 7－22 为 F－42 果葡糖浆生产中采用的分布式 PLC 实时监控系统。本系统自动化网络配置部分包括 6 个控制器，分管不同的工艺控制：1 号控制器负责液化、糖化和异构化部分；2 号控制器负责脱色部分；3 号控制器负责离子交换部分；4 号控制器负责成品部分；5 号控制器负责预蒸发部分；6 号控制器负责 F－42 蒸发部分。另外系统中还包括 2 台工控机、2 台触摸工控机，5 台触摸屏，现场工作人员通过这些仪器可以清晰地了解各个工段的实时生产情况和设备的运转情况情况。控制系统由 6 个模块组成。

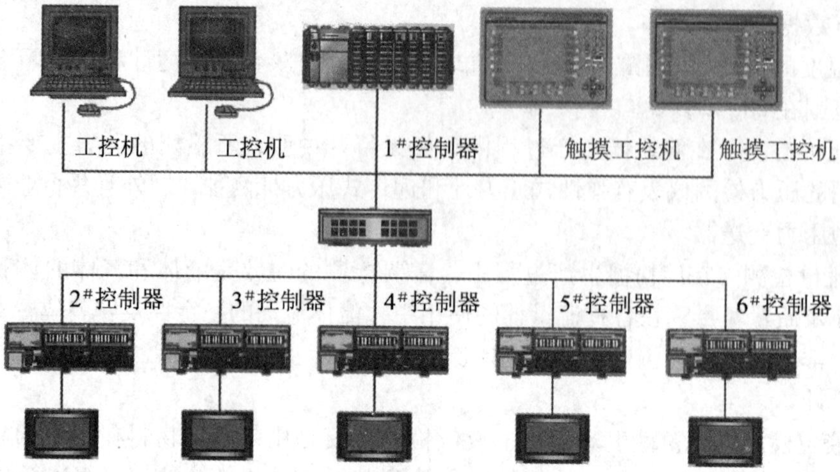

图 7-22　分布式 PLC 控制系统在 F-42 果葡糖浆生产中应用示意图

（1）网络通信　采用高速网络，利用交换机就可以简单地连接网络，然后利用软件系统进行网络组态，管理各个节点，从而使网络的扩展十分灵活和方便。

（2）主控站　主控站采用 1769-L32E 控制器，加配了 16 个 I/O 模块。1769-L32E 可用内存为 750KB，并且拥有一个 EtherNet/IP 端口和一个 RS-232 串行端口，最大支持 16 个模块，从而方便地使用 EtherNet/IP 进行连接。

（3）从站　从站全部采用 1766-L32BWA 控制器。1766-L32BWA 控制器拥有一个 EtherNet/IP 端口和两个 RS-232 串行端口，最大支持 7 个模块，从而方便地使用 EtherNet/IP 进行连接。

（4）现场操作站

①液化和异构化操作站：液化和异构化操作站采用触摸式工控机，安装有 WindowsXP 操作系统和 RSView32 人机界面组态软件，主要用于操作人员对液化和异构化生产工段状况进行监控和流程操作。

②其它操作站：其它操作站采用 EVview 触摸屏，其监控软件为 EV5000。EV5000 能充分利用自身携带的图形编辑功能，方便地构成监控画面，并以动画方式显示控制设备的状态，能够实时操控。触摸屏与控制器之间通过串行 RS232 口进行通信，通过访问监控器相关的寄存器地址，以获得监控器所控制设备的状态或修改相关寄存器的值。

（5）编程软件　编程软件提供了梯形图 LD、功能块 FBD、顺序功能表 SFC 和结构文本 ST 等编程方式，整个控制程序主要由数据采集、报警监测、PD 控制、连锁控制、数据传输等子程序模块组成，主程序采用任务方式对各个子程序模块进行顺序调试。

（6）中控室操作站　中控室操作站采用工业用计算机安装有 WindowsXP 操作系统和 RSVview32 人机界面组态软件，用来接收控制器采集的现场数据，并将数据存入动态数据库，完成报警、数据记录、分析系统运行状态、打印输出等功能，根据需要控制各系统的运行状态。

监控系统由液化系统、糖化系统、脱色系统、离子交换系统、预蒸发系统、F-42 蒸发系统、趋势图和报警等画面组成，实时监控生产线的温度、液位、pH、浓度、压力、流量、阀门开度、泵和阀的状态等。画面能全面直观地反映果葡糖浆生产的全部生产过程。

通过完整的分布式 PLC 控制系统，可以实现果葡糖浆生产工艺设备的监视与控制，提高了整个系统的运行效率，大大地降低了操作人员的操作难度，减少了运行故障率和检修次数，提高了企业的自动化生产水平。

思考题

1. DE 值和 DX 值的含义是什么？二者有什么联系和区别？
2. 简述淀粉酸糖化原理。
3. 比较间歇酸糖化法和连续酸糖化法的特点。
4. 常用的淀粉酶包括哪些？各有什么作用和特点？
5. 酶法制糖技术包括哪两个主要过程？各起到什么作用？
6. 选择液化方法的依据是什么？使用喷射液化器的各种液化方法有什么特点？
7. 淀粉的精制有哪些方法？主要去除哪些杂质？

第八章　淀粉糖品生产工艺

第一节　淀粉糖的种类与性质

一、淀粉糖种类

随着食品行业的发展，食品品种的多样化对于糖品不仅仅具有甜度的要求，还要满足如增稠性、渗透压、吸湿性、结晶性、冰点、化学稳定性、发酵性等诸多方面的要求，改善食品品质，提高产品质量。与传统的甘蔗和甜菜糖相比，淀粉糖通过不同的转化途径和工艺条件，改变淀粉糖产品中各种糖的比例，从而获得理想甜度，满足食品加工的需要。淀粉糖种类多，性质各异，不同种类的淀粉糖具有不同的营养特性和功能特性，这是普通甜味剂难以实现的。良好的应用性成为淀粉糖产业迅速发展的真正原因。

淀粉糖品种繁多，分类方法也各不相同，通常按糖浆组成成分或生产工艺不同进行分类，分类汇总如图 8－1 所示。括号中内容是按工艺不同进行的分类。

- 淀粉糖
  - 淀粉糖浆（转化糖浆）
    - 麦芽糊精
    - 低转化糖浆
    - 中转化糖浆
    - 高转化糖浆
    - 麦芽糖浆
    - 低聚糖浆
  - 葡萄糖（结晶糖）
    - 含水 α－葡萄糖
    - 无水 α－葡萄糖
    - 含水 β－葡萄糖
    - 全糖
  - 果葡萄浆（异构化糖浆）
    - F－42 果葡糖浆
    - F－55 果葡糖浆
    - F－90 果葡糖浆
  - 糖醇（氢化糖浆）
    - 麦芽糖醇
    - 山梨糖醇
    - 甘露糖醇
  - 麦芽糖（结晶糖）
  - 果糖（结晶糖）

图 8－1　淀粉糖分类示意图

1. 转化糖浆

转化糖浆是淀粉经过不同程度水解后获得的多组分糖浆。这种糖浆不进行糖的组分分离，糖浆组成包括葡萄糖、麦芽糖、低聚糖和糊精等，不同的转化方法获得的各种糖的比例不同。根据淀粉的转化程度，分为麦芽糊精（DE 值<20%）、低转化糖浆（DE 值<38%）、中转化糖浆（DE 值38% ~42%）和高转化糖浆（DE 值60% ~70%）。按麦芽糖含量不同，将麦芽糖浆又细分为普通麦芽糖浆（含麦芽糖 35% ~45%）、高麦芽糖浆（含麦芽糖45% ~70%）和超高麦芽糖浆（含麦芽糖 70% ~85%）。由 2 ~10 个单糖通过糖苷键连接形成的糖浆称为低聚糖浆，分成普通低聚糖浆和功能性低聚糖浆，其中功能性低聚糖浆是目前淀粉糖行业中研究的热点，与普通低聚糖浆相比，功能性低聚糖浆具有独特的生理功能。

2. 果葡糖浆

将高转化糖浆中的部分葡萄糖经葡萄糖异构酶催化，转化成果糖，形成果糖和葡萄糖的混合糖浆，称为果葡糖浆。果葡糖浆按其生产的发展和产品组分质量分数不同划分为 3 代，第一代果葡糖浆也称葡果糖浆，简称 42 糖（F－42），在糖分组成中，果糖、葡萄糖、低聚糖分别占 42%、50% 和 5%（以干基计，以下同上），其固形物为 71%，甜度约等于蔗糖；第 2 代果葡糖浆称为果葡糖浆，简称 55 糖（F－55），在糖分组成中，果糖、葡萄糖、低聚糖分别占 55%、40% 和 5%，其固形物含量为 77%，甜度约为蔗糖的 1.1 倍；第 3 代果葡糖浆称为高果糖浆，简称 90 糖（F－90），在糖分组成中，果糖、葡萄糖、低聚糖分别占 90%、7% 和 3%，其固形物为 80%，甜度为蔗糖的 1.4 倍。

3. 结晶葡萄糖

结晶糖是利用结晶方法从高浓度混合糖浆中提纯出来的固体糖品。从高转化葡萄糖糖浆中通过结晶方法可以得到结晶葡萄糖，主要品种有含水 α－葡萄糖、无水 α－葡萄糖、无水 β－葡萄糖和全糖；结晶麦芽糖是从高麦芽糖浆中结晶分离所得；结晶果糖是从果糖含量 95% 以上的高果糖浆中结晶分离所得。

4. 氢化糖浆

通过氢化反应对糖还原性羰基加氢后获得化学性质稳定的糖醇。葡萄糖可以氢化成山梨醇；果糖氢化生成甘露醇；麦芽糖氢化成麦芽糖醇；以及用淀粉糖水解液加氢生成的各种淀粉糖醇。

二、淀粉糖的性质

淀粉糖在应用过程中，其甜度、渗透压、冰点、溶解度、黏度、化学稳定性、发酵性、结晶性、吸湿保湿性等性质至关重要，直接影响到产品的品质。熟悉淀粉糖性质的变化规律，可以正确指导淀粉糖的生产和应用。

1. 甜度

甜味是糖品的重要性质。为了对不同品种糖的甜味进行评价，规定蔗糖的甜度为 1，其它种类的糖品与蔗糖甜度相比较，用相对甜度来评价其甜味。表 8－1 为不同糖品的相对甜度。

表 8－1　　不同糖品的相对甜度

糖类名称	相对甜度	糖类名称	相对甜度
蔗糖	1.0	麦芽糖	0.5
果糖	1.5	麦芽糖醇	0.9
葡萄糖	0.7	山梨醇	0.5

续表

糖类名称	相对甜度	糖类名称	相对甜度
木糖醇	1.0	淀粉糖浆 70DE	0.8
淀粉糖浆 42DE	0.5	果葡糖浆 16 型	0.8
淀粉糖浆 52DE	0.6	果葡糖浆 42 型	1.0
淀粉糖浆 62DE	0.7	\ 果葡糖浆 90 型	1.4

淀粉糖浆的甜度随转化程度的增高而增高。低转化程度（DE 值 <20% 以下）的产品甜味微弱甚至无甜味，果葡糖浆的甜度随异构化率的增高而增高。浓度为 15% 时，转化率 16% 的果葡糖浆甜度为蔗糖的 80%；转化率 42% 的果葡糖浆甜度与蔗糖相等，更高转化率的（如 90%）果葡糖浆甜度高于蔗糖。糖的甜度受浓度、温度等因素影响，其中浓度影响最大。

2. 吸湿性和保湿性

吸湿性是指在较高的空气湿度下吸收水分的性质。保湿性是指吸收水分后在较低空气湿度下散失水分的性质。

不同糖品的吸湿性和保湿性不同。低、中转化糖浆比高转化糖浆和果葡糖浆吸湿性小；蔗糖、葡萄糖、麦芽糖和果糖中，果糖吸湿性最强，葡萄糖次之，麦芽糖再次之，蔗糖吸湿性最弱。

表 8－2 为几种糖品在 25℃下经过 7d 的吸湿量。

表 8－2　　糖品吸湿量　　单位:%

名　称	空气相对湿度	
	81.8%	98.8%
蔗糖	0.05	13.53
葡萄糖	5.19	15.02
果糖	18.58	30.74

糖品的吸湿性不同，适用的食品不同。硬糖果、饼干和桃酥等食品需要吸湿性低的糖，如蔗糖、低转化糖浆或中转化糖浆。而软糖、面包和糕点等食品，需要保持一定水分和松软状态，可以选用吸湿性较大的高转化糖浆和果葡糖浆。葡萄糖经氢化后生成的山梨糖醇具有良好的保湿性质，广泛应用于食品、烟草、纺织等工业（作保湿剂），效果比甘油还好。

3. 黏度

在食品中，应用淀粉糖的黏度特性来提高产品的稠度和适口性。葡萄糖、果糖的黏度较蔗糖低，而淀粉糖浆黏度较高。一般来说 DE 值越低，糖浆黏度就越高。但对于不同的制造方法，即使 DE 值相同，糖浆的成分组成及含量也不同，因此黏度也不同。

在雪糕、冰淇淋等冷冻食品中应用淀粉糖浆，特别是低转化糖浆，可提高产品黏稠性和适口性。

4. 冰点

糖溶液冰点取决于糖浓度和糖的相对分子质量大小。浓度越高、相对分子质量越小，冰点就越低。一般讲，DE 值越大，冰点越低。图 8－2 表示了不同糖品冰点与浓度的关系。

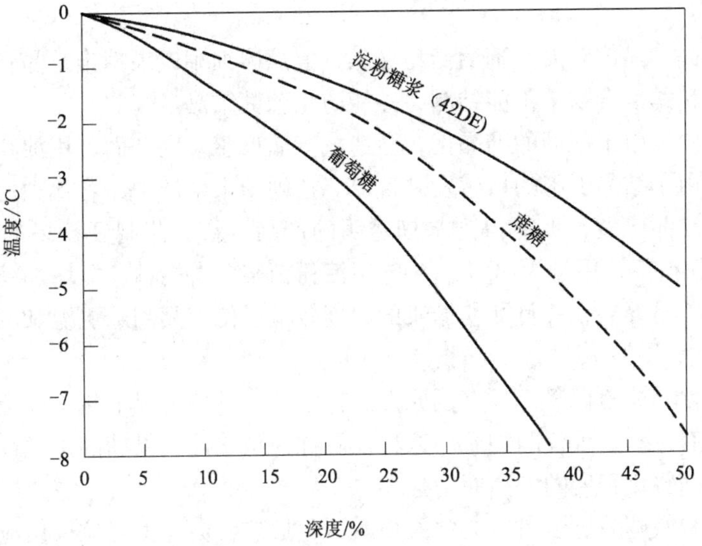

图 8-2　不同糖品冰点与浓度的关系

在制造冷冻食品时，合理利用冰点性质有利于节约能耗。用葡萄糖作甜味剂，冷冻温度要比用蔗糖作甜味剂低。而使用淀粉糖浆（DE 值 <55%）时，其冻结温度会比蔗糖高。所以，在冰淇淋制造中常用淀粉糖代替部分蔗糖，以降低能量消耗。

5. 渗透压

糖液的渗透压大小与其分子量大小及浓度有关。糖的相对分子质量越小、浓度越高，渗透压就越大。葡萄糖和果糖的渗透压比蔗糖高；单糖的渗透压是双糖的两倍，因为相同的浓度下，单糖分子数量等于双糖的两倍；淀粉糖浆平均相对分子质量随着转化程度的增高而降低，其渗透压也随着转化程度的增高而增高。

在食品储存中，糖可以起着保鲜作用，因为糖液产生的渗透压可以抑制微生物的生长。葡萄糖和果糖都比蔗糖有较高的渗透压和食品的保鲜性，35% ~45% 葡萄糖溶液具有的抑制链球菌作用，相当于 50% ~60% 蔗糖溶液。

6. 溶解度

各种糖的溶解度不同，DE 值 10% 以上的产品能完全溶于水中，DE 值增大则溶解度增高。

表 8-3 为三种糖品在不同温度下的溶解度。果糖溶解度最高，其次是蔗糖，葡萄糖的溶解度最低。室温下葡萄糖浓度约为 50%，浓度过高将结晶析出。工业上储存高浓度的葡萄糖溶液或淀粉糖浆一般是在较高的温度下储存，如在 55℃，70% 的葡萄糖不致结晶析出。

表 8-3　　三种糖品在不同温度下的溶解度

温度/℃	果糖		蔗糖		葡萄糖	
	饱和浓度/%	溶解度/(g/100g 水)	饱和浓度/%	溶解度/(g/100g 水)	饱和浓度/%	溶解度/(g/100g 水)
20	78.94	374.78	66.6	199.4	46.71	87.67
40	84.34	538.63	70.01	233.4	61.88	162.38
60			74.2	287.3	74.7	295.26
80			78.4	362.1	81.3	434.76

7. 结晶性

蔗糖易于结晶，晶体较大；葡萄糖易结晶，但晶体细小；果糖难结晶；淀粉糖浆是葡萄糖、低聚糖和糊精的混合物，不能结晶，并能防止蔗糖结晶。

在烘烤食品中，由于蔗糖的结晶性，会造成产品口感发硬。而若用淀粉糖浆代替部分蔗糖，就可以避免由于结晶引起的口感发硬现象。在硬糖果生产中，若单独用蔗糖，当熬煮并冷却后，蔗糖易结晶碎裂，不能得到坚韧透明的产品。新工艺制硬糖果的方法是混合使用DE值42%的淀粉糖浆，用量为30%～40%。淀粉糖浆含有糊精，能增加糖果的韧性、强度和黏性，使糖果不易碎裂，并且淀粉糖浆的甜度较低，使产品甜味更温和可口。

8. 化学稳定性

葡萄糖、果糖和淀粉糖浆都具有还原性。在中性和碱性情况下化学稳定性差，受热易于分解、聚合生成有色和焦香气的物质，这种性质称为焦化性。果糖的焦化性较葡萄糖强，淀粉糖浆的焦化性随转化程度的增高而增强。

若把淀粉糖和氨基酸、蛋白质类含氮物质一起加热，会发生美拉德反应，产生有色和特有风味的物质。由于美拉德反应的初始阶段是羰氢缩合，所以相比之下葡萄糖比果糖易发生美拉德反应，高转化糖浆比低转化糖浆易发生美拉德反应。通过氢化反应将淀粉糖浆中各种糖转变成相应的糖醇，热稳定性大大提高，美拉德反应降低。

焦化反应和美拉德反应对有些食品是有利的，而对有些食品是不利的。在烘焙食品加工中，淀粉糖的焦化性会使面包表面生成焦黄色的外壳和焦香风味，首选的糖浆为果葡糖浆或高转化糖浆。而在硬糖果生产中，颜色产生越少越好，这需要选用焦化性低的中转化糖浆、麦芽糖浆等。

9. 发酵性

糖品能被微生物利用的性质叫发酵性。酵母能发酵葡萄糖、果糖、麦芽糖和蔗糖等，但不能发酵分子质量较高的低聚糖和糊精。淀粉糖浆随转化程度增高葡萄糖和麦芽糖含量增高，发酵性也增强。

在食品加工中，根据发酵类食品和非发酵类食品加工要求，可以选择合适的淀粉糖浆作甜味剂。如面包、糕点、格瓦斯等可选用发酵性强的糖品；而蜜饯、果酱等需要选择不易发酵的糖品。

第二节　转化糖浆生产工艺

一、麦芽糊精

麦芽糊精（maltodextrins，简称MD），是淀粉经控制水解而得到的DE值在20%以下的产品，主要成分为四糖以上的低聚糖和糊精。

表8－4列出了几个DE值区间麦芽糊精的糖分组成。当DE值在4%～6%时，糖分全部是麦芽四糖以上较大分子。随麦芽糊精DE值上升，糖分中出现麦芽糖、麦芽三糖等低聚糖，但DP≥4的低聚糖和糊精仍占82%以上。

由于国产新型淀粉酶的问世及喷射液化器、多效真空浓缩蒸发器及节能型喷雾干燥设备的广泛使用，我国能够生产不同DE值的各种麦芽糊精产品，满足各方面的不同需求。

表 8－4　　　　　　　　　　　　不同 DE 值麦芽糊精的糖分组成　　　　　　　　　　　　单位:%

DE 值 / 糖分	4% ~6%	9% ~13%	13% ~17%	18% ~22%
葡萄糖	—	0.5	1	1
麦芽糖	—	3.5	3.5	6
麦芽三糖	—	6.5	7.5	8
麦芽四糖及以上	100	89.5	88	82

1. 生产方法

在酸法、酶法和酸酶法三种方法中，酸法工艺生产的产品含有部分较长链分子的糊精，易发生混浊和凝结，产品溶解性能不好，一般不采用此法生产。酶法和酸酶法生产的产品，极端大小分子少，避免了酸法产品的缺点，是当前主要的生产方法。酶法生产麦芽糊精 DE 值在 5% ~20%。当生产 DE 值在 15% ~20% 的麦芽糊精时，也可采用酸酶法，先用酸转化淀粉到 DE 值 5% ~12%，再用 α－淀粉酶转化到 DE 值 15% ~20%。该法产品过滤性好，透明度高，但灰分较酶法产品稍高，麦芽糊精可以以玉米粉、大米为原料经酶法控制部分水解，大大降低了生产的成本。

麦芽糊精的生产常用二步法工艺（图 8－3）。第一步通过酸或酶将淀粉液化到 DE 值 <3%，然后调整 pH，降温到 82 ~105℃，由 α－淀粉酶进行第二步转化，达到理想 DE 值后，升温灭酶终止水解反应。水解物经过脱色、浓缩、喷雾干燥得粉末状产品。若浓缩后不再喷雾干燥，则为浓浆状产品。

以下是两个麦芽糊精的生产实例；

（1）32% 的玉米淀粉乳，酸碱度调到 pH7.5 ~8.0，加 α－淀粉酶 90℃ 保温 30min，液化到 DE 值 2% ~5%；再加热到 150℃ 灭活，保持 8min，使蛋白质类物质凝结；降温到 80℃，再加 α－淀粉酶继续转化，反应 14h 后 DE 值达 20.7%，此法为酶法转化工艺。

（2）将淀粉乳（14 ~22°Bé）用酸法转化到一定 DE 值，中和到 pH6 ~7，冷却到 80 ~85℃，加入 α－淀粉酶，转化到 DE 值 19% ~21%，此为酸酶转化工艺。

为制得不混浊的麦芽糊精浆液，可用反渗透法将大分子糖分分离出去，用醋酸纤维反渗透膜进行操作。喷雾干燥制麦芽糊精粉末状产品，一般是将浓度为 20% ~45% 的产品加热到 100 ~150℃，在压力下喷入干燥室中与 150 ~230℃ 热空气接触，干燥至其水分含量 3% 以下，所得产品的视密度在 0.3g/cm^3 以下。

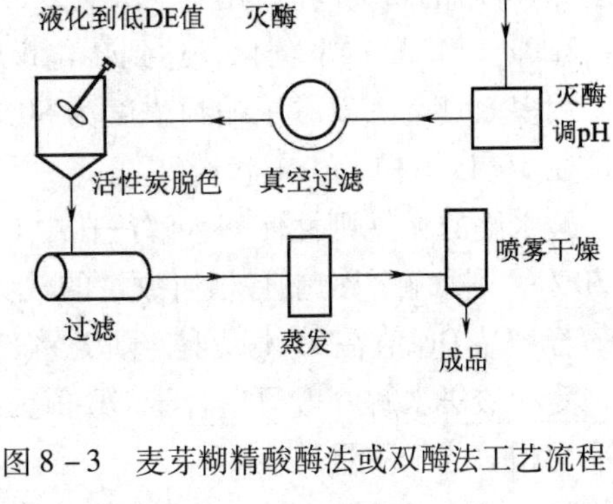

图 8－3　麦芽糊精酸酶法或双酶法工艺流程

2. 麦芽糊精的应用

麦芽糊精是食品生产的基础原料之一，它在固体饮料、糖果、方便食品配料、婴儿食品、保健食品、各种罐头、汤羹汁类、西餐食品中应用广泛，另外在医药工业、造纸、日用化工中对改善产品的质量起到一定的作用。

（1）喷雾干燥剂　麦芽糊精可作为风味助剂进行风味包裹。主要产品是干调味品，采用的工艺是喷雾干燥或挤压。

①喷雾干燥：在70～80℃温度下分散阿拉伯胶于麦芽糊精中，以利于两者在溶液中的扩散，然后冷却至50℃，加入香料油，40～50℃下乳化10min，喷雾干燥得到香料粉末产品，这种调味品可防止风味散失、氧化。

②挤压：将麦芽糊精及乳化剂一起加热到120～125℃，待混合物冷却至110℃加入香料油，引入挤压机中，挤出物掉入异丙醇溶剂中，因为麦芽糊精不溶于异丙醇而形成香料包裹体。调味品含油量为8%～10%，较高者可达12%～33%，挤压比喷雾干燥热处理温度低，挥发性物质损失少，产品储存稳定性高，油状香料成为粉末，储存和使用都更方便。

（2）饮料工业　速溶饮料、麦乳品、奶粉、咖啡伴侣、果茶等制品中麦芽糊精是必备的基础原料。经合理调配，能突出原有的天然风味，减少营养损失，提高溶解性能，改善口感。

（3）医药工业　利用麦芽糊精具有较高的溶解度和一定的黏合度，可作为片剂或冲剂药品的赋形剂和填充剂。

（4）脂肪替代品　麦芽糊精遇水生成凝胶，口感与脂肪相似，可作为脂肪替代品。如DE值为2%的马铃薯麦芽糊精，具有热稳定成胶能力，口感细腻，有脂肪感，可掺用于油脂含量高的冰淇淋中。也可在一些焙烤食品中取代一半脂肪，或用在色拉、人造奶油等脂肪食品中。

（5）糖果　利用麦芽糊精代替蔗糖制糖果，可增加糖果的韧性，防止糖果“返砂”和“烊化”，降低糖果甜度，改变口感，延长糖果货架期。

（6）其它　麦芽糊精还可作为造纸工业中的表面施胶剂和涂布（纸）涂料的黏合剂，粉末化妆品中的遮盖剂和吸附剂，农药乳剂中的分散剂和稳定剂等。

二、中、高转化糖浆

1. 中转化糖浆生产工艺

淀粉经不完全糖化，其糖粉组成为葡萄糖、麦芽糖、低聚糖、糊精等，称为淀粉糖浆。中转化糖浆DE值为38%～42%。生产历史悠久、产量最大的一类是DE值为42%的淀粉糖浆，其糖分组成为葡萄糖19%，麦芽糖14%，麦芽三糖11%，其余为低聚糖和糊精。

中转化程度糖浆生产一般采用酸法工艺。主要工序为调浆、糖化、中和、脱色、浓缩。浓度约40%的淀粉乳，用盐酸调节pH到1.8～2.0，引入压力糖化罐中。在压力约294.2kPa（143℃）下糖化，达到转化程度后放出。用碳酸钠中和至pH4.8～5.2，活性炭脱色，用多效真空蒸发罐浓缩到浓度为80%～83%即为成品糖浆。糖浆经喷雾干燥，可得含水量在5%以下白色粉末状产品。

酸水解的无规则性使酸水解法在中转化糖浆生产中有较大的局限性。若产品的DE值小于30%，则水解产物中有相当数量的较大分子量产物，易回生形成不溶絮状物，使产品浑浊；若产品DE值在55%以上，则极易产生复合、分解产物，增加产品颜色和苦味物质。因此，淀粉酸法水解一般只适合于DE值为30%～42%的产品生产。该范围各产品的糖分含量和平均相对分子质量见表8-5。

表 8-5　中转化糖浆的糖分组成和平均相对分子质量

糖分	DE值			
	30%	35%	42%	55%
葡萄糖含量/%	10	14	19	34
麦芽糖含量/%	9	12	14	18
麦芽三糖含量/%	10	10	11	13
高聚合度糖含量/%	71	64	56	48
平均相对分子质量	650	580	450	345

只要将水解的转化参数（如时间、温度、酸度、淀粉浓度）保持恒定，就能根据需要生产出稳定糖分组成的转化糖浆。

2. 高转化糖浆生产工艺

高转化糖浆DE值在60%以上，主要产品是64DE糖浆，为了保证产品在室温下储存过程中葡萄糖不结晶，糖浆中葡萄糖和麦芽糖含量都应控制在35%～40%。

高转化糖浆的生产一般采用酸酶法或双酶法工艺。

（1）酸酶法　用酸法将浓度为30%～45%的淀粉乳液化到DE值38%～50%，中和、过滤、脱色，引入糖化桶中调温，加入酶制剂继续糖化至所需要DE值。

实例：用酸法将淀粉乳糖化到DE值38%～42%，然后在pH5.0～5.3、温度50～60℃条件下，用α-淀粉酶糖化到DE值62%～63%，100℃加热2～3min灭酶，经过精制获得成品。所得高转化糖浆糖分组成为葡萄糖35%～40%、麦芽糖35%～40%、麦芽三糖8%～12%和麦芽四糖及以上8%～22%。

（2）双酶法　先用酶液化得DE值15%～20%的淀粉液化液，再用酶糖化，得到高转化糖浆。

在相同转化程度时，酸酶法所得糖浆中麦芽糖含量和发酵糖含量都比双酶法低一些。生产中可以通过不同工艺或不同酶来控制糖浆中糖分组成。如酸法液化后，将α-淀粉酶和葡萄糖酶混合使用进行糖化，前者产生麦芽糖多，后者产生葡萄糖，两种酶混合比例不同，糖浆中葡萄糖和麦芽糖的含量不同。也可以将β-淀粉酶和葡萄糖酶混合用于糖化。

随着膜分离技术的发展，也可以用酸法生产出DE值55%左右的转化糖浆，再用超滤半透膜进行分离，获得DE值为67%的高转化糖浆和DE值为43%的中转化糖浆。

3. 淀粉质原料直接制取淀粉糖工艺

利用酶作用的专一性，可以用液化酶直接液化玉米、高粱、小麦、大米、马铃薯、甘薯等粗制淀粉，经过过滤除去滤渣得液化液。再经糖化酶糖化、精制等工序，生产出葡萄糖浆、结晶葡萄糖等产品，产品质量与用精制淀粉为原料生产的产品相似。这种工艺省掉了制备淀粉的工序，原料价格便宜，生产成本大为降低。

酸液化法不能应用于淀粉质原料。因为酸的液化作用没有专一性，不仅水解淀粉，还水解蛋白质成氨基酸，半纤维素水解成木糖等，这些副产物不易分离。

用玉米直接生产葡萄糖浆的生产工艺为：

玉米原料→破碎→去胚芽→磨粉→调乳→加温→液化→过滤→糖化→脱色→精制

（去胚芽↓胚芽；液化↓糖渣；精制↓成品）

4. 中、高转化糖浆的应用

由于中、高转化糖浆主要成分为葡萄糖和麦芽糖，因此也习惯统称为葡萄糖浆。葡萄糖浆主要应用于食品工业，占全部用量的95%。非食品工业仅占5%，主要应用在医药工业。在食品工业中使用量最大的是糖果，其次是水果制品、饮料和焙烤食品，在罐头和乳制品中也有使用。

葡萄糖浆在糖果制造中的作用主要是控制结晶度，以满足不同类型糖果的需要。63DE糖浆能增加糖果的吸湿性、柔软度、降低黏度、抑制微生物繁殖，常用在胶糖、软糖的生产；35~42DE酸转化葡萄糖浆可增加固形物含量，提高蔗糖溶解性，保证糖果粒度，常与蔗糖混合用于硬糖生产。

果脯是水果加工的一种重要产品，选用63DE葡萄糖浆，黏度低、渗透性好，容易渗入果肉或果皮内，而低DE值的糖浆，因平均分子质量高，黏度大，效果就差。

葡萄糖浆用于酒精饮料生产，一是可以控制产品黏度和甜度，二是作为发酵碳源；用于焙烤产品生产，能控制产品的流变特性和还原糖对面包皮所起的褐变反应，高DE值葡萄糖浆能提高蛋糕保湿性，延长货架期；用于冰淇淋生产，能控制产品软硬度和晶体形成，使产品滑润、无冰晶、不过甜。

由于糖浆溶液中溶解氧很少，有利于防止氧化，保持水果的风味、颜色，可以用于果脯、蜜饯、果酱、果汁、水果罐头等食品中。

在医药领域，葡萄糖浆可作为抗生素生产的原料、药丸的糖衣、与蔗糖共同作为止咳液的载体。

三、麦芽糖浆

麦芽糖浆是以淀粉或淀粉质为原料，经液化、糖化、精制而成的，主要成分为麦芽糖的糖浆。麦芽糖是两个葡萄糖单位经$\alpha-1$，4糖苷键连接而成。根据C_1羟基的位置不同，有α和β两种异构体。按照生产方法和麦芽糖含量的多少，又可以分成普通麦芽糖浆、高麦芽糖浆和超高麦芽糖浆。三种麦芽糖浆的组成情况见表8-6。

表8-6　麦芽糖浆的组成成分　单位：%

类别	DE值	葡萄糖	麦芽糖	麦芽三糖	其它
普通麦芽糖浆	35~50	<10	40~45	10~20	30~40
高麦芽糖浆	35~50	<3	45~70	15~35	—
超高麦芽糖浆	45~60	1.5~2	70~85	8~21	—

麦芽糖浆可以通过喷雾干燥等方式将产品转化成麦芽糖粉，或者生产结晶麦芽糖。

1. 普通麦芽糖浆

普通麦芽糖浆也称为饴糖浆，其中麦芽糖的含量在35%~45%，由于糖化的程度较低，对产品的精度要求也较低，为了降低生产成本，一般可使用大米、玉米或甘薯粉等淀粉质为原料，淀粉酶可使用没有经过提纯的复合酶。普通麦芽糖浆具有麦芽特有的香味，由于加工过程比较简单，糖浆中含有较多的蛋白质和灰分，热稳定性较差，遇热容易产生焦化。

（1）大米为原料的饴糖生产工艺

大米→清洗→浸渍→磨浆→液化→糖化→过滤→浓缩→成品

①原料处理：多以碎大米为原料，用水浸泡1~2h，水温在45℃以下，用砂盘磨湿法研磨，粉浆细度应80%通过60目，调浆至浓度为20~23°Bé。

②液化：由于大米中的蛋白质与淀粉颗粒表面是紧密相连的，因此要将大米淀粉与蛋白质分离，必须在大米糊化液化的过程中进行，利用α-淀粉酶的转移性，在高温的环境中将淀粉水解成可溶的糖，同时蛋白质变性凝固。生产方法采用一次高温喷射液化、两次加酶的液化的工艺。液化的工艺参数为喷射温度115~120℃，在层流罐中保温6min，pH5.5~6.8，液化温度95~98℃。

小厂常用间歇液化法。即液化罐中先加一部分水，由底部喷入蒸汽加热到90℃，然后在搅拌下连续注入已添加α-淀粉酶和$CaCl_2$的粉浆，同时保持温度为90℃，反应完成后，加热到100℃终止反应。

喷射液化法具有设备体积小、操作连续化、液化均匀完全、蛋白质易于凝聚和容易过滤等特点而被大型麦芽糖生产企业广泛使用，适于用耐热性α-淀粉酶进行液化。

③糖化：液化液泵入糖化罐冷却至62℃左右，pH5.5~6.5，添加1%~4%麦芽浆（发芽大麦所提供的麦芽酶，它由α-淀粉酶和β-淀粉酶组成），搅拌状态下60℃保温2~4h，则DE值从15%升至40%左右。随后升温至75℃，保持30min，之后再升温到90℃保持20min，使酶完全失活。此时麦芽糖生成量在40%~50%。

加入不同的酶制剂，可以控制糖浆的成分。增加麦芽用量或延长糖化时间可增加麦芽糖生成量，但由于β-淀粉酶不能水解α-1，6键，所以麦芽糖生成量最高不超过65%。

④过滤与浓缩：糖液用板框压滤机趁热过滤，用常压和真空蒸发相结合的方法进行浓缩。先在敞口蒸发器中浓缩到一定程度，然后在真空度不低于80kPa条件下蒸发浓缩到固形物含量75%~80%。

（2）玉米粉为原料的饴糖加工工艺　工艺流程如下：

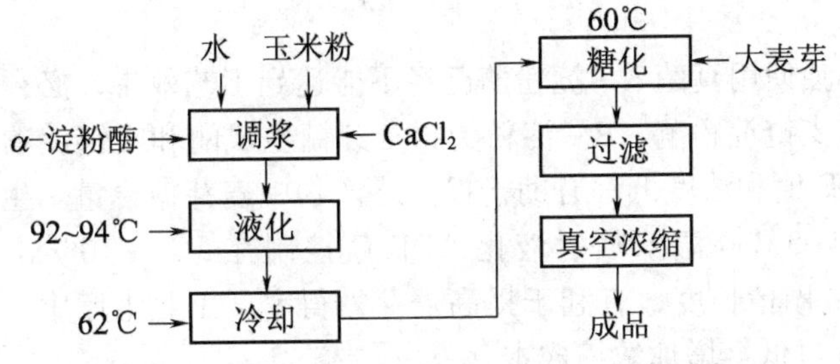

①调浆：在调料罐中以玉米粉和水质量比1:1.25调浆，然后加入0.3%的$CaCl_2$溶液，按10μ/g淀粉量加入α-淀粉酶，充分搅拌后放入液化罐。

②液化：浆料在92~94℃、pH6.2~6.4条件下保持20min，然后打开上部进料阀门和底部出料阀门进行连续液化操作，液化用蒸汽压力一般在0.2MPa以下，所得液化液用碘色反应为棕黄色，DE值为15%~20%。

③糖化：将液化液泵入糖化罐，冷却至62℃时，按液化液质量的1.5%~2.0%加入已

粉碎好的大麦芽，搅拌均匀后60℃糖化3h，DE值达38%～40%。在搅拌状态下温度上升到80℃终止糖化。

④过滤和浓缩：在滤液中加入2%活性炭进行过滤。利用真空浓缩器，将糖液浓缩到要求的浓度。

2. 高麦芽糖浆

（1）生产方法　高麦芽糖浆是在普通麦芽糖浆的基础上进一步精制而成。经除杂、脱色、离子交换和减压浓缩后，蛋白质和灰分含量大大降低，溶液清亮，麦芽糖含量一般在50%以上。

生产高麦芽糖浆要求液化液DE值低一些为好，酸法液化DE值应在18%以下，酶法液化DE值在12%左右为好。如果要求产品中葡萄糖含量尽量低，则在液化结束后升温灭酶，否则不必。

使用真菌α－淀粉酶进行糖化可提高麦芽糖产量。因为真菌α－淀粉酶能越过α－1，6键作用于α－1，4键，故可产生分支低聚糖，即α－极限糊精，其相对分子质量远比β－极限糊精为小，故制成的高麦芽糖浆黏度低、流动性好。这种麦芽糖浆中麦芽糖占50%～60%，麦芽三糖20%，葡萄糖2%～7%，以及其它低聚糖与糊精。

常用的真菌α－淀粉酶多由米曲霉生产，温度在55℃以上酶会很快失活；如在55℃以下进行糖化，则糖化的时间需要延长，微生物容易繁殖。有效的解决办法将糖化底物的浓度提高至35%～45%，以增大水解液的总渗透压来抑制微生物的生长。

（2）生产实例　pH为6.5、浓度为30%～40%的淀粉乳，加细菌α－淀粉酶，85℃液化1h，使DE值达10%～20%。将pH调至5.5，加真菌α－淀粉酶（Fungamyl 800L，0.4kg/t淀粉），60℃糖化24h，则反应物中麦芽糖含量达55%。如糖化时与脱支酶同用，则麦芽糖生成量可达65%以上。

将糖化液升温压滤，用盐酸调节pH为4.8，加入0.5%～1.0%糖用活性炭，加热至80℃，搅拌30min后压滤，如脱色效果不好，则需进行二次脱色。脱色后的糖液依次经过离子交换柱、真空浓缩罐，获得固形物含量为76%～85%的成品。

3. 超高麦芽糖浆

超高麦芽糖浆中麦芽糖含量高达75%以上，其中麦芽糖含量超过90%的也称为液体麦芽糖。

为了获得高含量麦芽糖浆，单独使用真菌α－淀粉酶已经不能达到工艺效果，必须利用β－淀粉酶和脱支酶、β－淀粉酶与支链淀粉酶、β－淀粉酶、麦芽糖生成酶和支链淀粉酶等协同作用进行糖化。糖化底物的DE值和浓度低都有助于提高终产物中麦芽糖含量。生产时一般利用耐热α－淀粉酶在95～105℃高温下喷射液化，DE值控制在5%～10%，甚至1%～2%。低DE值有利于提高直链糊精长度，有利于提高麦芽糖得率。工业生产中，一般控制液化液浓度在30%左右，浓度过低会增加浓缩成本。

由于液化液DE值低，冷却后具有较强的凝沉性，黏度大，混入酶有困难，需要分步糖化。先加入耐高温β－淀粉酶和脱支酶作用几小时后，黏度降低，再加入普通β－淀粉酶和脱支酶进行二次糖化，将麦芽糖生成率提高到90%以上。液体麦芽糖经喷雾干燥成粉末产品，水分含量1%～3%。这种产品呈粉末状，不是晶体，易吸潮，产品应马上包装。

针对β－淀粉酶和脱支酶用量与麦芽糖生成量关系进行如下实验：浓度35%的木薯淀粉

浆，加入 $CaCl_2$ 70mg/kg，按淀粉的干物重 0.06% 添加耐热性 α－淀粉酶，喷射液化后 DE 值为 8.2%，用盐酸调 pH 到 5.2，加 β－淀粉酶和支链淀粉酶，60℃进行水解。不同用酶量与麦芽糖生成量的实验结果如表 8－7 所示。

表 8－7　β－淀粉酶和脱支酶用量与麦芽糖生成量关系

每吨淀粉加酶量/kg	时间/h	葡萄糖含量/%	麦芽糖含量/%	麦芽三糖含量/%	麦芽四糖（含）以上含量/%
β－淀粉酶 2	20	微量	58.49	3.34	38.10
	40	微量	60.86	5.59	33.54
	70	0.10	62.37	5.99	31.52
	110	0.13	63.02	6.10	30.73
β－淀粉酶 4	20	微量	59.1	3.43	37.45
	40	0.10	61.41	5.88	32.59
	70	0.14	62.42	6.22	31.20
	110	0.18	64.36	6.36	29.08
β－淀粉酶 2＋脱支酶 2	20	微量	66.56	7.50	25.83
	40	0.12	73.09	8.10	18.68
	70	0.15	76.22	10.95	12.67
	110	0.19	78.84	11.13	9.84
β－淀粉酶 4＋脱支酶 4	70	0.34	79.01	10.14	10.49
	110	0.50	80.33	11.69	7.45

从表 8－7 中可以看出，单独使用 β－淀粉酶时，如果增加酶的用量和糖化时间，糖化液中麦芽糖的含量增幅都不大。但与脱支酶并用，作用效果明显，麦芽糖生成量由 60% 增加到 80%。

4. 高纯度麦芽糖

高纯度麦芽糖工业化生产可以用超高麦芽糖浆为原料，通过提纯后进一步提高产品中麦芽糖含量，生产麦芽糖全粉、纯麦芽糖和结晶麦芽糖。

用活性炭柱吸附可除去糊精和低聚糖；用阴离子交换树脂可吸附麦芽糖，再把吸附的麦芽糖用清水和 2% 盐水从柱上洗脱下来，获得纯度 97% 以上麦芽糖浆；用有机溶剂（如 30%～50% 丙酮，体积分数）沉淀糖液中糊精可获得 95%～98% 麦芽糖浆；用超滤和反渗透等膜分离方法可以获得纯度 96% 的麦芽糖。

结晶法提纯麦芽糖，需要原料纯度高。目前工业上一般是先用阳离子交换树脂色层分离法或超滤膜分离法提纯后，再进行麦芽糖结晶操作。如用 OH^- 型阴离子交换树脂提纯麦芽糖含量 67.6% 的高麦芽糖浆至麦芽糖含量 97.5%，麦芽三糖及以上组分由 31.1% 降到 1.5%。

生产结晶麦芽糖时，将纯度 94% 的麦芽糖浆，浓缩到干物质 70%，加 0.1%～0.3% 晶种，从 40～50℃逐步冷却至 30～27℃。保持过饱和度 1.15～1.30，40h 结晶完毕，收得率约 60%，纯度 97% 以上。

超高麦芽糖浆经过真空浓缩析出、结晶，再通过喷雾干燥，可制得含麦芽糖90%以上的麦芽糖全粉。

5. 麦芽糖的性质与应用

（1）性质　麦芽糖甜度为蔗糖的40%；常温下溶解度低于蔗糖和葡萄糖，但在90～100℃时，溶解度可达90%以上，高于以上两者；吸湿性低，带有1分子结晶水的麦芽糖非常稳定，当麦芽糖吸收6%～12%水分后，就不再吸收也不释放水分，这种吸湿稳定性有助于食品保持水分和防止淀粉类食品老化，延长货架期；麦芽糖对热和酸比较稳定，对碱和氮化合物也比葡萄糖稳定，加热时也不易发生美拉德反应；耐酸性强，在pH为3时，120℃加热90min几乎不分解。

（2）应用　麦芽糖属于低甜度糖，可以用来降低蔗糖的甜度，主要用于食品工业的配料，尤其是糖果业。用麦芽糖代替酸水解的淀粉糖浆生产的硬糖，甜度柔和，不易着色，透明度高，具有较好的抗砂和抗烊性；在制造果酱、果冻时，利用麦芽糖浆的抗结晶性可防止蔗糖结晶析出；在饼干和麦乳精中，利用麦芽糖浆的低吸湿性可保持产品的松脆性、延长货架期；在啤酒酿制、面包烘烤、软饮料生产中，麦芽糖浆也可用作加工改进剂；含量93%～95%的麦芽糖还用作酶的稳定剂和若干种抗生素的发酵用碳源；高纯度麦芽糖能制成医药注射液代替葡萄糖，因为渗透压力只有葡萄糖的1/2，可以提高浓度2倍，供热量高2倍，水解速度慢，更适于糖尿病和肥胖病患者使用；麦芽糖经葡萄糖苷转糖基反应，可以制成异麦芽低聚糖，是一种能促进双歧杆菌生长的功能性营养低聚糖。

四、低　聚　糖

低聚糖也称寡糖，是指2～10个葡萄糖单位通过糖苷键连接起来，形成直链或分支链的一类糖品的总称，低聚糖分成功能性低聚糖和普通低聚糖两大类，功能性低聚糖是指具有糖类的某些共同特性，可直接代替蔗糖作为甜食配料，但不能被人体的胃酸、胃酶降解，不能在小肠吸收，具有促进人体双歧杆菌增殖的生理特性。功能性低聚糖具有良好的生理功能，低热量、难消化，具有水溶性膳食纤维的功能；低龋齿性，能促进肠道内有益的双歧杆菌增殖，其间接的生理功能包括抑制病原菌、有毒物代谢和有害酶的产生；防止腹泻、降低血清胆固醇和血压，保护肝功能，提高机体的免疫能力。

由于功能性低聚糖营养保健作用明显，市场需求量大，科技含量高，现已成为淀粉品糖中的高端产品。随着新型淀粉酶在低聚糖生产中的广泛应用，不断有新品种和新功能的低聚糖问世，目前投入商业化生产的主要低聚糖有麦芽低聚糖、异麦芽低聚糖、低聚果糖、异麦芽酮糖、低聚龙胆糖、低聚木糖、低聚半乳糖、大豆低聚糖、海藻糖等。它们是非常重要的功能性食品配料，广泛地应用于各种保健营养补品和中老年食品中，对于改善产品的功能起到非常大的作用。

1. 麦芽低聚糖

（1）麦芽低聚糖生成酶　以$\alpha-1$，4糖苷键结合的麦芽低聚糖有麦芽糖（G_2）、麦芽三糖（G_3）、麦芽四糖（G_4）、麦芽五糖（G_5）、麦芽六糖（G_6）、麦芽七糖（G_7）、麦芽八糖（G_8）、麦芽九糖（G_9）和麦芽十糖（G_{10}）。工业上生产麦芽糖主要使用来源于植物的$\beta-$淀粉酶，而生产G_3或G_3以上的低聚糖则需要另外一些其它酶。各种麦芽低聚糖生成酶的产生菌和功能见表8－8。

表 8-8　　各种麦芽低聚糖生成酶的产生菌和功能

产生酶的菌	生成糖	酶生成量/（IU/mL）
灰色链霉菌（*Streptomyces griseus*）	G_3	5.5
枯草芽孢杆菌（*Bacillus subtilis*）	G_3	<1
施氏假单胞菌（*Pseudomonas stutzeri*）	G_4	3.6
嗜糖假单胞菌（*Pseudomonas saccharophila*）	G_4	13.2
环状芽孢杆菌（*Bacillus circulans*）	G_4，G_5	0.5
地衣芽孢杆菌（*Bacillus Licheniformis*）	主要是 G_5	—
蜡状芽孢杆菌（*Bacillus cereus*）	主要是 G_5	0.5
假单胞菌（*Pseudomonas* sp.）	G_5	8.4
产气杆菌（*Aerobacer aerogenes*）	G_5，G_6	0.2
枯草芽孢杆菌（*Bacillus subtilis*）	G_6	—
环状芽孢杆菌（*Bacillus circulans*）	G_6	<0.1
环状芽孢杆菌（*Bacillus circulans*）	G_6	1.1
嗜碱芽孢杆菌（*B. alcalophilus* sp.）	G_8	1.1
高温根霉（*Rhizopus* sp.）	G_3 ~ G_6	500

在麦芽三糖酶中，活力最高的是灰色链霉菌 NA468 菌株，它能分泌水解淀粉生成麦芽三糖的酶。该酶适宜 pH5.6 ~6.0，最适温度 45℃，转化淀粉生成 50% 麦芽三糖。此酶与普鲁蓝酶协同作用，可将 90% 淀粉转化为麦芽三糖。

从施氏假单胞菌培养液中提取的麦芽四糖酶，能使 G_6 分解为 $G_4 + G_2$，G_7 分解为 $G_4 + G_3$，G_8 分解为 $2G_4$，直链淀粉和糖原分解为 G_4 + 高分子糊精。嗜糖假单胞菌 IAM594 也可产生 G_4 酶，该酶的作用是由淀粉分子的非还原末端开始，在分支前停止。对酶作用经双向纸层析检出结果，反应生成物为 G_5 分解为 $G_4 + G_1$，G_6 分解为 $G_4 + G_2$，G_7 分解为 $G_4 + G_3$，G_8 分解为 $2G_4$，G_9 分解为 $2G_4 + G_1$。由此说明，该酶对 G_1、G_2、G_3、G_4 完全不发生作用，从 G_5 以上者则由非还原末端以 4 个葡萄糖单位进行切断。

假单胞菌 KO-8940 产生的 G_5 生成酶，在反应初期该酶只生成 G_5，随反应进行，C_5 也可分解为 G_3 和 G_2。因此，要利用膜反应器将生成的 G_5 不断地提出而进行高纯度制品的生产。

（2）麦芽低聚糖生产方法　以精制玉米淀粉为原料，调成淀粉乳，用盐酸调节 pH，再加入麦芽低聚糖生成酶和淀粉分支酶，保温 60 ~72h 进行糖化。然后用活性炭脱色，过滤，阴、阳离子交换树脂脱盐，真空浓缩，可获得含固形物 74% 以上的麦芽低聚糖。得到的麦芽低聚糖是含有多种糖分的混合液，可以进一步用凝胶过滤法完成色谱分离。但此法分离量小，纯度高，价格昂贵，适于制备医药或试剂。

国内有报道，以玉米淀粉为原料，淀粉浓度 15%，麦芽四糖酶用量 300U/g，pH6.8 ~7.0，温度 52 ~54℃，时间 8 ~10h，可制得麦芽四糖占总糖比例达 80% 以上的麦芽四糖糖浆，麦芽四糖转化率达 55%。

（3）麦芽低聚糖的性质和应用

①性质：随着聚合度的增加，麦芽低聚糖的甜度减少、黏度增加。G_4 以上低聚糖只能隐约感到甜味，味质良好。G_5 以下低聚糖仍有较好的流动性，G_7 使食品有浓稠感，可用于各种口服液和滋补品。麦芽低聚糖的吸湿性强，能够保持淀粉食品水分含量，延长货架期。

②应用：麦芽低聚糖是一种能强化机体耐力的，可作功能力、易消化吸收的滋补营养性糖源。当人的体力消耗过大后，往往会出现脱水、血糖降低、体温升高、肌肉神经传导等方面受影响、脑功能紊乱等生理变化，服用直链麦芽低聚糖，能迅速缓解上述症状。麦芽低聚糖还能提高老人对钙离子的吸收能力，是预防老人骨质疏松的有效营养补剂。低聚糖可直接经肠道吸收，是婴幼儿理想的营养保健食品原料。

麦芽低聚糖在食品工业中的应用如表 8-9 所示。

表 8-9　　麦芽低聚糖在食品工业中的应用

用途	食品名称
产生浓厚感	各种饮料、烧酒、威士忌、鸡尾酒、辣酱油、酱油、番茄酱、果酱、调味汁
产生布丁风格	面糕、奶油蛋糕、婴儿食品、果冻等
用作粉末化基剂	粉末饮料、粉末汤料、粉末调味料、咖啡伴侣、粉末香料
用于儿童食品	奶油糖果、太妃糖、巧克力等
防止褐变、着色	馅料、奶油类、果酱类
形成光泽和皮膜	米糕、煮豆、紫菜加工、糖果、蜜饯等
调节冻结温度	各式雪糕、冰淇淋、制膜剂、冷冻食品等
延长保存期	日本及西式糕点、面包等

2. 异麦芽低聚糖

异麦芽低聚糖（IMO）是功能性低聚糖生产量最大的品种。主要成分为 $\alpha-1$，6 糖苷键结合的异麦芽糖（IG_2）、潘糖（P）、异麦芽三糖（IG_3）及四糖（含四糖）以上（IG_n）的低聚糖。按形态分类是异麦芽低聚糖浆和异麦芽低聚粉。按 IMO 含量可分为：IMO-50 型 $IG_2+P+IG_3+IG_n\geqslant 50\%$（占干物质）的产品，IMO-90 型：$IG_2+P+IG_3+IG_n\geqslant 90\%$（占干物质）的产品，其中异麦芽糖、潘糖和异麦芽三糖是体现异麦芽低聚糖功能的主要成分。它们的结构模型如图 8-4 所示。

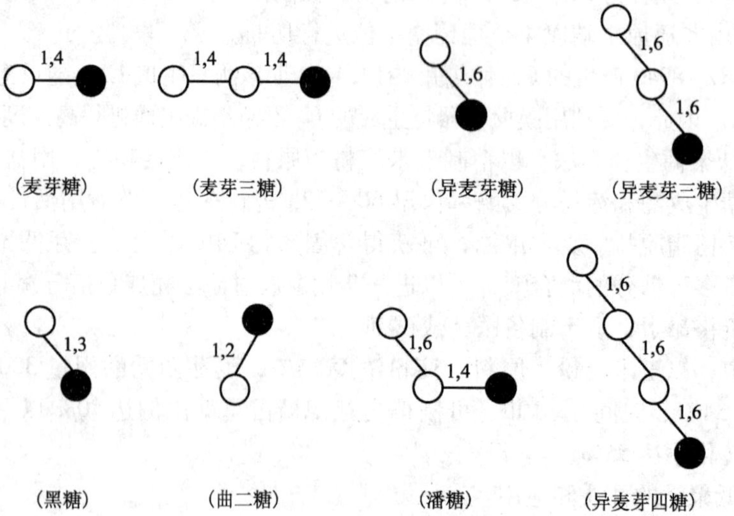

图 8-4　麦芽糖与异麦芽糖结构模型

○ 葡萄糖单元 ● 还原端的葡萄糖单元

（1）异麦芽低聚糖的生产　工业上以淀粉为原料生产异麦芽低聚糖，是借助α-葡萄糖苷酶来完成的。此酶又名葡萄糖基转移酶，简称α-糖苷酶。它能切开麦芽糖和麦芽低聚糖分子中的糖苷键，游离出葡萄糖残基，并将此残基转移到另一个葡萄糖分子或麦芽糖或麦芽三糖等分子中，形成α-1，6糖苷键，从而获得异麦芽糖、异麦芽三糖和潘糖等异麦芽低聚糖。

异麦芽低聚糖的生产工艺流程如下所示：

将淀粉调配成25%～30%的淀粉浆，添加α-淀粉酶液化到DE值6%～10%，再加β-淀粉酶和α-葡萄糖苷酶，在pH5～6，温度55～60℃条件下糖化72h。然后灭酶、过滤、精制，获得异麦芽低聚糖产品。

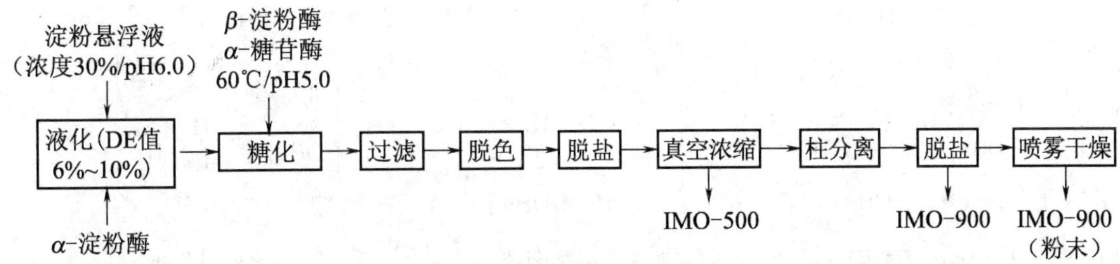

IMO-900异麦芽低聚糖组成如下：葡萄糖25%，麦芽糖6.5%，异麦芽糖33.4%，其它分支糖4.8%，麦芽三糖2.4%，潘糖8.5%，异麦芽三糖13.5%。此外，异麦芽低聚糖也可以由淀粉制得高浓度的葡萄糖浆（80%左右），在较高温度下（70℃左右），利用葡萄糖淀粉酶逆向合成来生产。

（2）异麦芽低聚糖的性质和应用

①性质：异麦芽低聚糖甜度低，只有蔗糖的40%～50%，可用来代替部分蔗糖，减低食品甜度并改善其品质；热稳定性好，不易变色，耐酸，可应用到饮料、罐头及高温处理或低pH食品中；具有良好的保湿性和抗结晶性，可防止淀粉老化，异麦芽低聚糖比蔗糖容易发生褐变，可在焙烤食品中起到着色的作用，异麦芽低聚糖是酵母菌和乳酸菌难以利用的糖类。其生理功效体现在促进人体肠道内双歧杆菌的增殖，抑制肠道内有害菌及腐败物质的形成，增加维生素的含量，提高机体的免疫能力。

②应用：异麦芽低聚糖在医药保健、功能性食品以及饲料添加剂等行业得到广泛的应用。由于异麦芽低聚糖生理功能明显，食品加工性能良好，广泛应用于食品工业中，在婴幼儿食品配方、老年人食品配方、孕产期食品、减肥保健食品、控制血糖及糖尿病保健食品、儿童食品中起到营养和保健的效果；在医药保健品工业中利用异麦芽低聚糖粉和双歧杆菌冻干粉，生产具有润肠通便功能的保健药品，与具有保健功能的中药或与多种营养元素制成保健品，用于肠道菌群失调、消化性溃疡、脂肪肝等各种慢性疾病的控制与调节；在饲料工业中，采用异麦芽低聚糖添加于饲料配方，使畜禽肠道内有益菌增殖，抑制或减少腐败菌，提高动物的抗病能力以及缩短病后恢复期。

第三节 结晶葡萄糖生产工艺

一、葡萄糖产品分类与应用

1. 产品分类

结晶葡萄糖按分子结构可分为四种，即含水α-葡萄糖或称一水α-葡萄糖（一水α-D-吡喃葡萄糖）、无水α-葡萄糖（无水α-D-吡喃葡萄糖）、无水β-葡萄糖（无水β-D-吡喃葡萄糖）和全糖。其产品结构式如下：

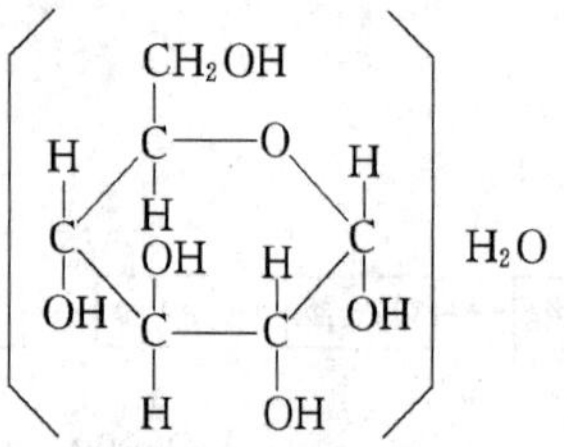

一水α-葡萄糖

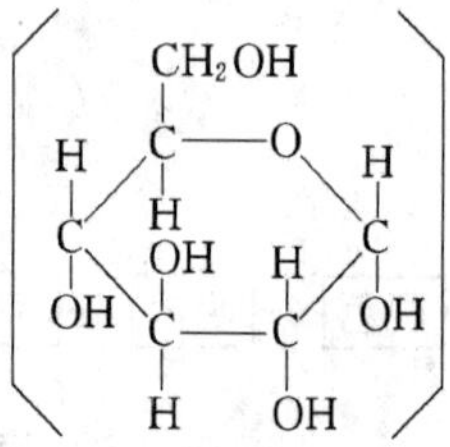

无水α-葡萄糖

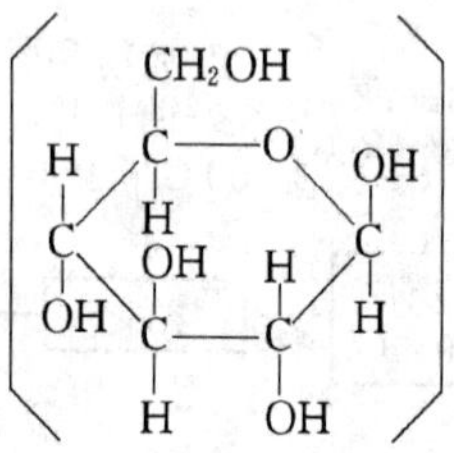

无水β-葡萄糖

含水葡萄糖分子中含有一个分子的结晶水，这是生产历史最久、产量最大的一个品种。无水α-葡萄糖的质量好，贮存期内比较稳定，也有相当的生产量。无水β-葡萄糖在水中溶解度较大，不易浓缩结晶，且对水分敏感，很少量的水分存在（1%以下）即转变成α-异构体，在实际生产中很少生产。

表8-10为三种结晶葡萄糖性质比较。

表8-10　　三种结晶葡萄糖的性质比较

项目＼名称	一水α-葡萄糖	无水α-葡萄糖	无水β-葡萄糖
分子式	$C_6H_{12}O_6 \cdot H_2O$	$C_6H_{12}O_6$	$C_6H_{12}O_6$
溶解度（25℃）/%	30	62	72
熔点/℃	83	146	150
溶解热（25℃）/（J/g）	-105.5	-59.5	-26.0
晶体形状	薄片六角形	斜方半面晶形	斜方形

2. 产品用途

结晶葡萄糖有注射用葡萄糖、口服葡萄糖、工业用葡萄糖之分。

注射用葡萄糖是生产葡萄糖输液、注射液及配制各种注射用制剂的原料，也可用作化学纯试剂或微生物培养剂，多是无水型，一般用纯度高的酶法糖化液为原料生产。

口服葡萄糖用作营养液与维生素配制各种口服用品，是生产山梨醇原料。口服葡萄糖生产工艺与注射葡萄糖相同，只是精度标准低一些，可采用结晶出注射糖后的母液再经净化、浓缩、结晶而生产。

工业用葡萄糖可作抗生素及发酵制品的培养基，或作生产普通级山梨醇的原料，可用生产口服葡萄糖的母液为原料生产。为了达到产品质量要求的纯度，往往将母液再糖化、再结晶。与医用葡萄糖相比，含有较多的盐分、杂糖，色泽也深。

另外，也可以按淀粉水解方式分成酸法葡萄糖、酸酶法葡萄糖、双酶法葡萄糖，三者在糖化液的纯度上存在差别。

二、结晶葡萄糖生产原理

葡萄糖在水中以 α 和 β 两种构型存在，这两种构型互相转换直至动态平衡。两者的转变要经过开链葡萄糖中间体的过程，达到动态平衡时，α 和 β 两种异构体所占比例分别为 36% 和 64%。此外，还有 0.024% 的微量开链葡萄糖。

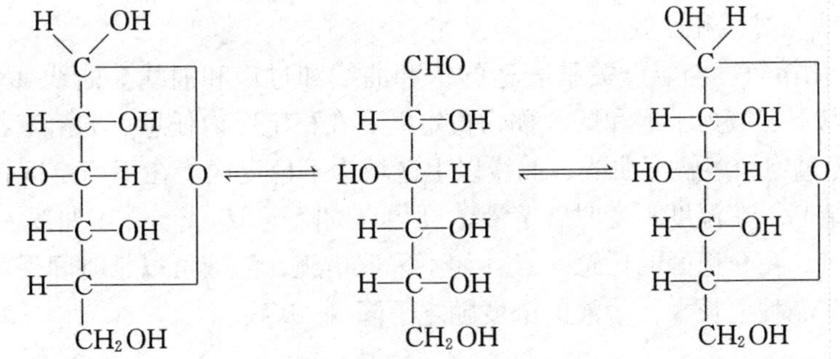

α—葡萄糖　　开链葡萄糖　　β—葡萄糖

在糖液中不同异构体的葡萄糖具有不同的溶解度，且随温度升高而增加，见表 8－11。过饱和的葡萄糖溶液，结晶温度不同，获得的固体相葡萄糖构型不同。在 50℃以下结晶获得一水 α－葡萄糖，在 50.8～80℃温度范围内结晶获得无水 α－葡萄糖，115℃以上温度结晶获得无水 β－葡萄糖。各种结晶葡萄糖产品的生产工艺便是根据葡萄糖在不同温度下具有不同结晶结构的性质所确定。

表 8－11　温度与葡萄糖溶解度和固相异构体的关系

温度/℃	溶解度/%	固相异构体	温度/℃	溶解度/%	固相异构体
0.50	35.20	含水 α－葡萄糖	28.00	67.00	无水 α－葡萄糖（介稳定）
15.00	44.96		40.00	67.60	
22.98	49.37		45.00	69.69	
28.07	52.99		55.22	73.08	无水 α－葡萄糖
30.00	54.54		64.75	76.36	
35.00	58.02		70.20	78.23	
40.40	62.13		80.50	81.49	
41.45	62.82		90.80	84.90	
45.00	65.71		115.00	93.00	转变
50.00	70.91	转变	115～148	93～100	无水 β－葡萄糖

三、结晶原理

1. 基本概念

晶体是指内部结构（原子、离子、分子）作规则排列的固体物质。结晶是指溶质分子自动从过饱和溶液中析出，并且这些分子有规律地排列在一起凝集成固体的过程。如果得到的固体其构成单位排列是不规则的，则析出过程称为沉淀，析出物为无定型物质。

过饱和溶液中，超过饱和点的溶质迟早要从溶液中析出。最先析出的微小颗粒是以后的结晶中心，称为晶核。微小的晶核具有较大的溶解度，因此在饱和溶液中，晶核是要溶解的，只有达到一定过饱和度时，晶核才能存在。可见溶液达到过饱和状态是结晶前提，过饱和是结晶的推动力。

2. 饱和曲线与过饱和曲线

图 8－5 是用溶解度与温度关系表达的饱和曲线和过饱和曲线。曲线 *AB* 为饱和溶解度曲线，在此线以下区域为不饱和区，称为稳定区。在稳定区内任意点的溶液都不会有结晶析出。曲线 *CD* 为过饱和溶解度曲线，此线以上区域为不稳定区。在不稳定区任意一点的溶液都能立即自发结晶，在温度不变时，溶液浓度会自动降至 *AB* 线。介于曲线 *AB* 和 *CD* 之间的区域称为介稳区。在介稳区的任意一点，如不采取措施，溶液可以长时间保持稳定，如加入晶种，溶质会在晶种上长大，溶液的浓度随之下降到 *AB* 线。

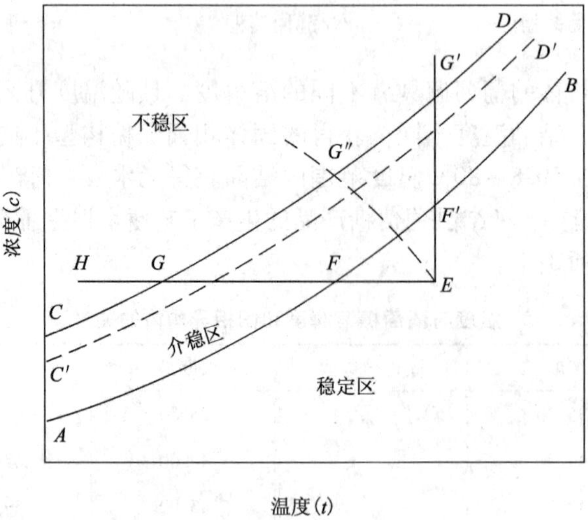

图 8－5　饱和曲线和过饱和曲线

介稳区中各部分的稳定性并不一样，接近 *AB* 线的区域较稳定，而接近 *CD* 线的区域极易受刺激而结晶。因此，又把介稳区的上半部称为刺激结晶区，下半部称为养晶区。溶液需要在不稳区或介稳区才能结晶，在不稳区结晶生成很快，来不及长大，浓度即降至溶解度。所以易形成大量细小晶体，结晶质量差。为得到颗粒大而又整齐的晶体，通常把溶液浓度控制在介稳区，再加入晶种并让晶体缓慢长大，养晶区自发产生晶核的可能性很小。

3. 结晶过程

要想获得理想的晶体，就必须有过饱和溶液。工业上制备过饱和溶液的方法通常有：热饱和溶液冷却、将部分溶剂蒸发、真空蒸发冷却、加入反应剂或调整 pH、盐析等。溶液的过饱和程度可用过饱和度表示：

$$过饱和度\ S=\frac{过饱和溶液的浓度}{饱和溶液的浓度}\times 100\%$$

过饱和度的大小会影响晶核的形成速度和晶体成长速度，并最终影响晶体产品的粒度和晶体质量。

过饱和糖液在开始有晶体生成时称为起晶，工业结晶中有三种起晶方法：

（1）自然起晶法　在一定温度下使溶液蒸发进入不稳区形成晶核，当生成晶核数量符合要求时，加入稀溶液，使溶液浓度降低至介稳区。

（2）刺激起晶法　将溶液蒸发至介稳区后，将其加以冷却，进入不稳区，此时具有一定量的晶核形成，由于晶核析出使溶液浓度降低，随即将其控制在介稳区的养晶区，使晶体生长。

（3）晶种起晶法　将溶液蒸发或冷却到介稳区的较低浓度，投入一定数量和一定大小的晶种，使晶种在过饱和溶液中长大。晶种起晶法是结晶生产中普遍采用的方法。二次成核是晶种的主要来源，它是指晶浆中已有的晶体颗粒与结晶罐内的搅拌桨之间碰撞，会产生大量碎片，其中较大的就是新的晶核。晶种以外的晶核称作伪晶，要尽力防止伪晶的生成。

结晶操作有间歇结晶和连续结晶两种方法。间歇结晶的设备较简单，在我国使用广泛，但晶核产生的早晚时间差异大，因此成长后的晶体质量不均一。连续结晶是将浓度恒定的糖浆连续加入结晶器内，晶核生长时间稳定，晶体质量均匀。详细操作见后续章节。

四、影响葡萄糖结晶的因素

1. 糖浆的浓度

糖浆必须保持一定的葡萄糖过饱和度，葡萄糖才能从糖浆中结晶出来。过饱和度高，结晶速度快，但过饱和度过高时，易产生伪晶，影响产品质量。

2. 糖浆的纯度

糖浆的纯度影响葡萄糖的结晶速度。纯度降低，结晶速度会降低很多，纯度在 60% 以下，葡萄糖不能结晶出来，所以生产结晶葡萄糖一般不采用酸法糖化工艺。

3. 糖浆的温度

含水 α－葡萄糖结晶温度低，一般在 20～40℃进行。在较低的温度下，糖浆的黏度高，晶体表面过饱和度低的糖浆薄层向过饱和度高的糖浆主体区的扩散速度慢，结晶速度降低。温度低也不利于葡萄糖的 β 型向 α 型转变。相反，在较高的温度下，糖浆的黏度低，结晶速度快，40℃时结晶速度约为 20℃时的 2.3 倍。

4. 搅拌

搅拌能破坏晶体表面过饱和度低的糖浆薄层的包围，使晶体与过饱和度高的糖浆主体接触，减少结晶阻力，促进晶体生长。

5. 结晶放热

1mol 含水 α－葡萄糖结晶放出的热量为 20.58J。此热量对生产含水 α－葡萄糖有影响，需要冷却水循环排除，以避免糖膏温度升高，降低过饱和度，影响结晶速度。

五、葡萄糖结晶设备

结晶器是生产结晶葡萄糖的关键设备，按产生过饱和度的方式不同，结晶设备分为冷却结晶设备、蒸发结晶设备和真空蒸发结晶设备。

1. 冷却结晶设备

该类设备用于生产含水 α - 葡萄糖，维持糖浆过饱和度的方式是将饱和糖浆持续降温。常用的设备有卧式结晶罐和立式结晶罐。

（1）卧式结晶罐　卧式结晶罐是一种间歇操作设备，如图 8 - 6 所示，主要由罐体、水冷系统和搅拌装置组成。

罐体为卧式圆筒形，一般由不锈钢制造。罐容积大小一般为 $20 \sim 40m^3$，直径与长度比为 1∶2，装满系数达 95%。罐体中心设有空心轴，上面固定有偏心冷却水曲管和螺旋搅拌器。搅拌桨随空心轴以 2 ~ 4r/min 速度旋转，缓慢地搅拌糖膏，以保持糖浆温度均匀，并使晶体在糖膏中移动，破坏晶体表面低浓度薄膜层，使其与过饱状态糖浆接触，促进晶体生长。

冷却系统由结晶罐壁的冷却水夹层和冷却水曲管组成，冷水由罐的一端进入空心轴，流经冷却水曲管由另一端流出，加上罐壁的冷水夹层，确保糖膏的温度按照预定要求冷却。每 $1m^3$ 罐容积需要冷却面积约 $2m^2$ 以上，小于 $25m^3$ 的结晶罐，只用水夹层也可满足冷却要求。冷却水的温度以低于糖膏温度 5 ~ 10℃为宜，若温差过大，易引起局部过分冷却，引起伪晶生成。

将数个卧式结晶罐连接成一个系统，逐罐顺次降温结晶，对于单罐来说是间歇操作，对于整个系统来说却是连续的。但整个系统占地面积大，相对于立式结晶罐产量低。

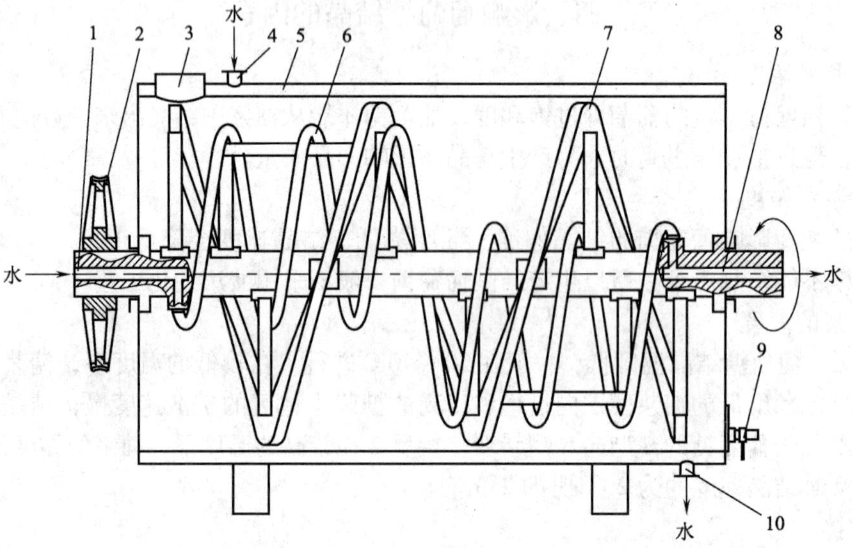

图 8 - 6　卧式结晶罐

1—冷却水入口　2—传动装置　3—进料口　4—夹套冷却水入口　5—夹套
6—冷却水管　7—搅拌器　8—冷却水出口　9—出料口　10—夹套冷却水出口

（2）立式结晶罐　立式结晶罐是一种连续操作设备，采用重力悬浮原理。图 8 - 7 所示是圆盘冷却刮板式结晶罐，这种设备罐体为立式圆筒形，沿结晶罐的纵轴方向设有多层水平圆盘冷却水夹层。在圆盘夹层的上、下面，有刮板刮取结晶，以防结垢，同时起到推进物料和搅拌物料的作用。

工作时，冷却水从轴的下端进入，顺次上升至各圆盘来冷却糖浆。葡萄糖液从上部加入，顺次下降到各圆盘，被逐渐冷却并结晶，结晶糖膏由下端排出。

这种结晶罐比卧式结晶罐具有更多的优点。卧式结晶罐由于是间歇操作，结晶过程中糖浆浓度逐渐下降，结晶推动力逐渐减小。为了保证糖浆有较高的结晶收率（45% ~50%），要求尽量提高糖浆的初始浓度，但导致糖浆黏度较高。而连续操作的立式结晶罐，不计算结晶对糖液的收率（绝对收率），只考虑单位时间内的结晶收率（相对收率），这样结晶操作就侧重控制影响结晶速度的因素，而不考虑影响绝对收率的因素，如此糖浆就可以在相对稀薄和较高温度下进行结晶操作。糖浆浓度小有下降，即分离出母液再浓缩，然后返回结晶罐再结晶。

这种连续结晶操作，能够保持稳定的结晶推动力，同时，低黏度大大加快了结晶速度，并便于糖浆长距离输送。立式结晶罐的设置场所不受限制，避免了卧式结晶罐为使高黏度糖膏下落到分糖机上必须设置在 2 ~3 层楼的缺点。

这种立式结晶罐的冷却效率、单位容积的生产效率高，便于实现连续化、自动化生产。

2. 蒸发结晶设备

该类设备用于生产无水 α - 葡萄糖和无水 β - 葡萄糖，维持糖浆过饱和度的方式是将糖浆加热持续蒸发水分。

图 8 -8 为强制循环真空蒸发结晶器，主要由蒸发结晶罐、加热器、循环管和冷凝器构

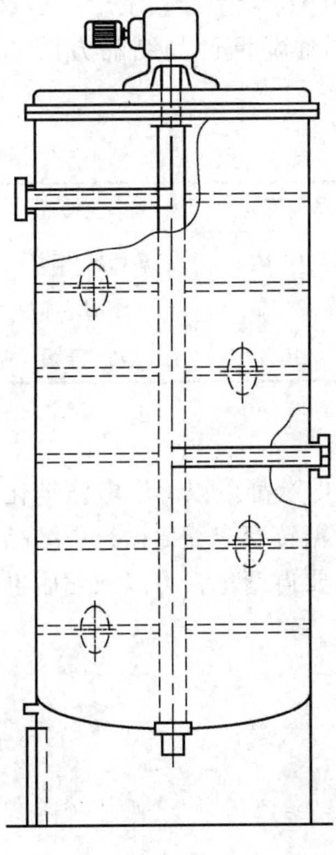

图 8 -7　圆盘冷却立式结晶罐

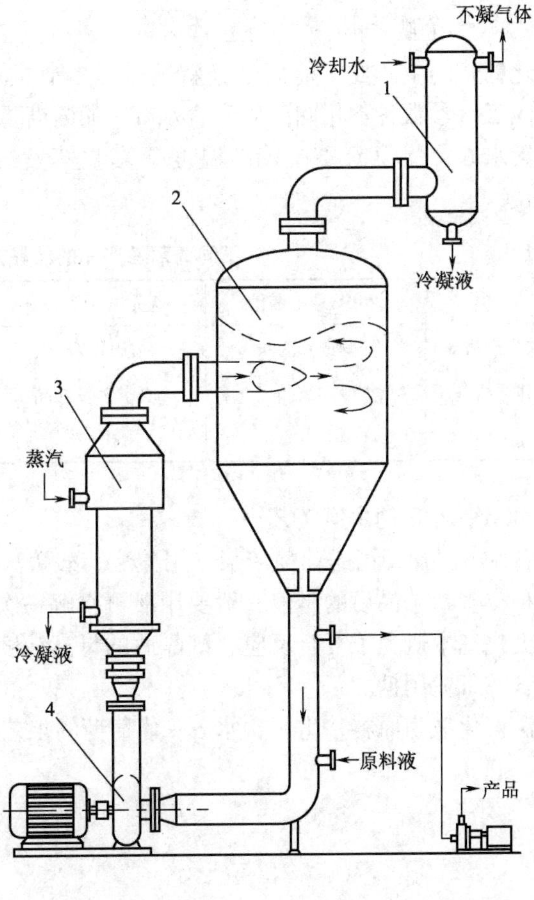

图 8 -8　强制循环真空蒸发结晶器结构

1—大气冷却器　2—蒸发结晶器　3—换热器　4—循环泵

成。精制后的糖浆靠外部加热器加热后，注入蒸发结晶罐。真空蒸发既有蒸发效应又有制冷效应，糖浆经结晶器上部的蒸发室蒸发浓缩并降温，达到过饱和状态。在罐体下部结晶不断生长，大颗粒结晶沉降并从底部排出管排出晶浆。

该设备可回流引入晶种，用真空度调节蒸发温度，控制过饱和度，控制晶核的析出和结晶的生长速度。

3. 结晶设备的发展

结晶工艺与设备是结晶淀粉糖生产的关键技术，直接关系到结晶淀粉糖的收率。国内外研究机构都在应用高新技术对结晶设备进行不断的改进和更新，研制新型结晶设备。目前主要的研究成果有超临界结晶器，这项技术提供了在拓宽的条件范围内，结晶仍能进行的可能性，产品可以从气态溶剂中轻易地分离出来；声纳结晶器是一个超声波影响结晶行为的冷却结晶器。超声波对成核作用和结晶生长两个方面产生影响，使成核作用在结晶溶液低于饱和度时诱发，可以对晶体的尺寸分布起到调节作用，从而提高晶体的纯度。另外膜结晶、加压结晶等技术的研究上也取得了一些进展，在不久的将来，这些结晶新技术在实际生产中将得到推广和应用。

六、结晶葡萄糖生产工艺

结晶葡萄糖生产工艺流程如下：

高转化糖浆→精制→浓缩→结晶→分蜜→干燥与筛分→成品

高转化糖浆的生产技术前面已经叙述过，本节重点介绍结晶技术。不同结晶葡萄糖产品，其结晶工艺参数各不相同。生产含水 α - 葡萄糖要在50℃以下冷却结晶；生产无水 α - 葡萄糖和无水 β - 葡萄糖要在较高温度下真空蒸发结晶。不同葡萄糖产品结晶方法如表 8 - 12 所示。

表 8 - 12　不同葡萄糖产品的结晶方法

结晶糖品种类	含水 α - 葡萄糖	无水 α - 葡萄糖	无水 β - 葡萄糖	全糖
葡萄糖浆生产法	酸酶或双酶法	酸酶或双酶法	酸酶或双酶法	酸酶或双酶法
结晶操作方法	冷却结晶	真空蒸发结晶	真空蒸发结晶	浓缩结晶
结晶操作温度/℃	40 ~ 20	60 ~ 70	85 ~ 110	喷雾干燥

1. 含水 α - 葡萄糖生产工艺

生产含水 α - 葡萄糖的葡萄糖浆，用酸法、酸酶法或双酶法生产都可以。但酸法糖化液含复合糖种类多，结晶后的母液一般要用酸再水解一次，将复合糖转变成葡萄糖，再结晶回收。酶法糖化基本避免了复合反应，结晶后的母液纯度高，不需要再糖化，可以浓缩后再结晶或用作食品工业用糖。

以酸法糖化液为原料，生产含水 α - 葡萄糖的工艺流程如下：

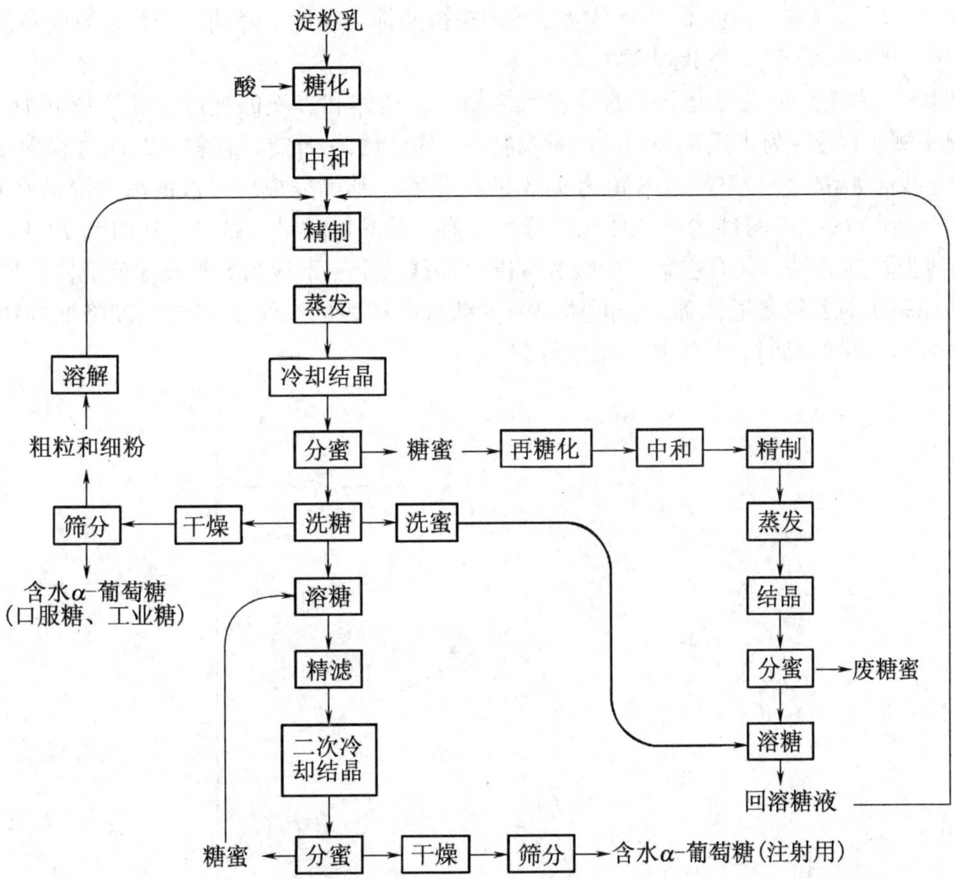

经过一次冷却结晶可得到口服或工业用的一水 α - 葡萄糖，经过二次冷却结晶可以获得纯度较高的注射用一水 α - 葡萄糖。

（1）起晶　生产一水 α - 葡萄糖多采用晶种起晶法。用卧式结晶罐生产时，将上一批结晶完成的糖膏的 25% ~30% 留于结晶罐中，作为下一批的晶种。原理是晶体受搅拌或新糖浆温度上升的影响，一个晶体可裂为若干晶核，即形成下批料的晶种。这种采用大量湿晶种的方法，优点是易与糖浆混合均匀，有利于晶体生长，不易生成伪晶。

用立式结晶罐生产时，所留晶种由循环管返至结晶罐顶部与新加入的料液混合。如果重新开车，则采用投晶种起晶法，加入晶种量为 25 ~ 50kg/m^3。

一批糖膏的结晶质量关系到下批的结果。如果一批发生复合的晶体作为下一批的晶种，也将引起下批晶体出现复合结晶。生产中要用显微镜检查每批糖膏的结晶情况，约有 90% 完好的晶体为良好结晶，否则不应作为晶种使用。

（2）进料、养晶　精制、浓缩后的糖化液浓度为 75% ~77%，温度降低到约 45℃时输入已留种的结晶罐内，和晶种混合后温度为 40 ~ 42℃。温度过高会使糖浆达不到饱和度，造成晶核溶解，晶核数量不足，有伪晶生成；温度过低则有可能在加入的糖浆中即有伪晶存在。

糖浆进满结晶罐后，在 2 ~ 10h 内保持温度不变，进行养晶，以便获得优质的晶核和晶体。

（3）结晶　养晶后通过持续降温来维持葡萄糖液具有足够的过饱和度，葡萄糖分子在晶核表面析出，晶体不断生长。结晶操作要严格按照标准温度下降曲线进行，温度降低按照经过 90～100h 从约 40℃降低到 20℃。

图 8－9 为按照标准温度下降曲线进行结晶时，晶体和母液的纯度、糖产量和 DE 值变化情况实例。1 号线为未经水洗的结晶葡萄糖 DE 值，约为 97%，在整个结晶过程中变化甚微；2 号线起始浓度为 77%、DE 值为 91% 的糖化液，结晶完成后母液的浓度降低到 65%，DE 值降低到 77%；3 号线为单位体积糖膏所含葡萄糖晶体的量，结晶完成时为 780kg/m^3；4 号曲线为降温曲线，共有三条，中线为标准冷却线，上、下线为糖膏温度范围控制线。

结晶完成时，糖膏固体葡萄糖的体积约占糖膏总体积的 60%，过饱和度降低到约 1.0。使用立式结晶罐结晶时，只维持小幅度降温。

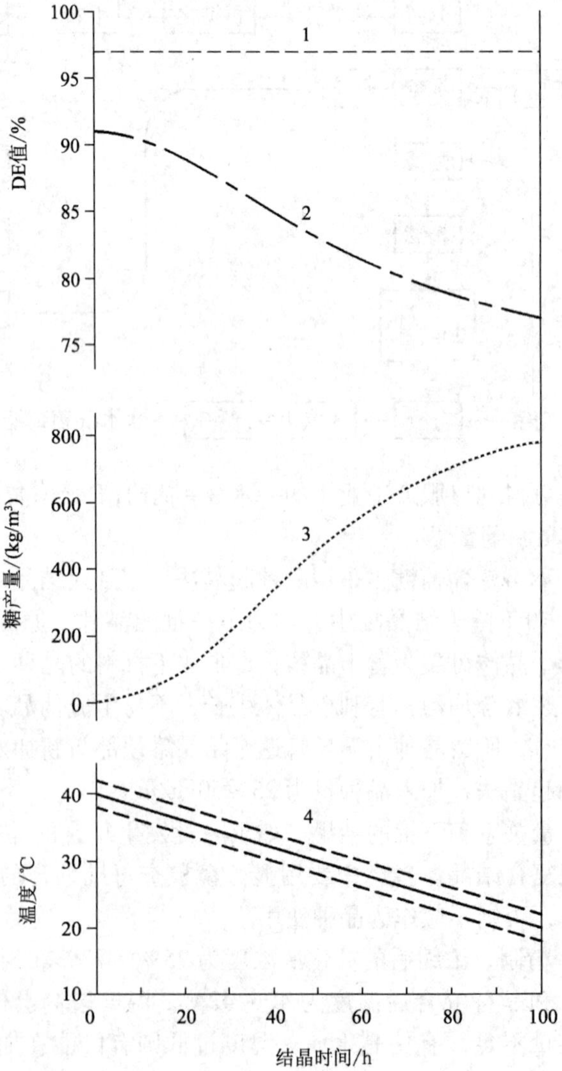

图 8－9　含水 α－葡萄糖结晶曲线

1—结晶糖 DE 值曲线　2—母液 DE 值曲线　3—产量曲线　4—降温曲线

（4）分蜜和洗蜜　结晶完毕时，要用离心机将结晶与母液分离，这个过程称作分蜜。这项工作由间歇进料离心机完成。先开动离心机，以较慢速度旋转（300～400r/min）将糖膏引入。待糖膏加完后，将离心机转速提到最高，除去结晶母液。

分蜜后的结晶颗粒上仍附着一薄层糖蜜，需用清水洗去，此过程称为洗蜜。洗糖用水应有较高纯度，水温为20℃，用量为湿糖重量的15%～20%。洗蜜仍然在离心机中进行，水分两次喷洒，第一次用少量水冲淡糖蜜，降低黏度，以利分离；第二次用较多量的水。洗蜜纯度较高，DE值为85%～90%，但浓度较低，送回到糖液的浓缩工序中。

糖蜜纯度为DE值76%～80%，经再次糖化，使其中的复合糖分解成葡萄糖，精制并浓缩到浓度约79%，此时DE值约85%。浓缩后的糖浆再结晶，得DE值为90%～95%的结晶葡萄糖，此糖（回溶糖）用洗蜜水溶解，重新返回主流程生产高纯度葡萄糖。

酶法糖化液葡萄糖纯度高，糖蜜甜味纯正，不需再糖化，可再次浓缩、结晶生产一水α-葡萄糖。也可脱色、过滤后，用作食品工业糖浆或制成全糖。

（5）干燥、筛分　洗蜜后湿葡萄糖含水分约14%，其中9.1%为结晶水，其余为游离水。干燥的目的是将游离水去除。由离心机卸出的湿糖呈块状，在进入干燥机前，需先经破碎机破散。干燥时应保持葡萄糖受热温度在60℃以下，若达到或超过此温度则葡萄糖将融化。

结晶葡萄糖的干燥设备可以选用滚筒干燥机、气流干燥器和流化床干燥器。气流干燥机干燥时间短、热效率高，适用于一水α-葡萄糖的生产；滚筒干燥机设备简单，但干燥不均匀，容易产生粉末，产品光泽差，适用于口服葡萄糖的生产；流化床干燥器干燥强度大，干燥后物料晶型完整，破碎少，产品光泽好，适用于注射级葡萄糖生产。滚筒干燥机干燥用的热风温度为60～70℃，气流与物流方向相同，流速1～1.5m/s，糖温度应控制在48～50℃。

筛分目的是筛除过细的粉末和粗粒。筛分设备有平筛、振动筛等，筛出的粗粒可磨碎后返回干燥系统或回溶。

（6）含水葡萄糖的精制　生产注射用一水α-葡萄糖时，需在一次结晶获得的一水α-葡萄糖基础上进一步精制。其方法是用纯净水和纯度高的洗蜜，溶解一次结晶葡萄糖，得浓度为60%糖溶液。精制并浓缩到浓度为75%，冷却至45℃后进行二次冷却结晶，因糖液纯度高，结晶过程要快些，70h内冷却至20℃。结晶完成后进行分蜜、干燥、筛分，即为高纯度的一水α-葡萄糖。

2. 无水α-葡萄糖生产工艺

无水α-葡萄糖一般是利用酶法糖化液经过蒸发结晶法生产。酸法糖化液作为原料，要用冷却结晶法先制得含水α-葡萄糖，再溶解、精制，用所得葡萄糖液进行蒸发结晶生产无水α-葡萄糖。以下是酸法糖化工艺生产的含水α-葡萄糖，经溶解、精制、浓缩后，所得糖浆进一步生产无水α-葡萄糖的工艺过程。

（1）起晶和整晶　一般采用自然结晶法起晶。真空结晶罐先抽真空，打开进料管，引入适量糖浆（淹没加热管）后，关闭进料管，增大真空度至约88kPa。同时开放蒸汽，升高温度达到60℃进行蒸发。当糖液的浓度达到约5%的过饱和状态时，开始有结晶形成。

起晶所生成结晶的数量对所得葡萄糖结晶的最终大小和产率有很大影响。起晶数目少，则所得糖晶体较大，产率低，并易产生细小的伪晶，所得糖的晶体大小不均匀；若数量过多，晶体生长拥挤，形成星状或凝聚块。

生成适量的晶种以后，就应停止晶种的继续生成，进行整晶。整晶的目的是使生成的晶种具有足够大小和良好的单晶形状，避免伪晶生成。方法是将真空度从88kPa降到约77.3kPa，糖液的沸点则升高到约70℃，糖液的过饱和度降低，新结晶的生成停止，晶种慢慢长大。

（2）晶体生长　整晶结束后，向罐中不断加入少量糖液，使罐内糖液浓度保持在80%～83%，蒸发温度在70℃左右，维持晶体不断长大。蒸发温度过高或糖浓度过高，易导致伪晶的产生，相反则结晶速度过慢。

（3）结晶完成　当结晶要完成时，逐渐增高真空度，降低蒸发温度，尽可能结晶出残余葡萄糖，尽可能降低母液浓度。保证糖膏由真空罐放出时，不至于由于温度降低而导致母液的过饱和度过高而有伪晶生成。结晶最终真空度可以达到90.7kPa，相当于蒸发温度约57℃。结晶煮糖时间6～8h，完成后糖膏浓度约为90%，母液浓度约为70%，结晶相达50%。

（4）分蜜、洗蜜与干燥　分蜜离心机具有蒸汽夹层，先进行预热，以避免糖膏温度急骤降低，引起含水α－葡萄糖的结晶。分蜜以后，要用75～80℃蒸汽冷凝水洗糖，热水洗糖可防止无水α－葡萄糖向含水α－葡萄糖结晶转变。由离心机卸下的无水α－葡萄糖含水分1.5%～2.5%，送到滚筒式干燥机中，在60～65℃干燥至水分含量低于0.05%。晶体极易吸湿，冷却后立即包装，即得成品。

利用酶法淀粉糖化液直接生产无水α－葡萄糖的操作过程与上述工艺相同，只是条件略有变化。蒸发到83%浓度的糖液加入0.2%粉末无水α－葡萄糖刺激结晶，在70～75℃煮糖6～10h。结晶完成时，糖膏浓度约88%。

无水β－葡萄糖生产的方法和无水α－葡萄糖相同，只是需要在85～110℃高温下结晶。

3. 全糖生产工艺

将淀粉经液化、糖化所得的糖化液精制浓缩后，冷却结晶到一定程度，不经结晶分蜜，全部变成商品淀粉糖，称为全糖。全糖分成全糖浆和全糖粉，所得糖膏喷雾干燥得全糖粉。采用酸法水解生产全糖工艺简单，成本低，纯度低，不适于食品工业使用，可用于皮革工业和人造纤维等工业。如果要作为食品工业的原料，需经过结晶、分蜜，除去非糖分和未结晶部分。采用双酶法生产技术，葡萄糖的转化率达97%以上，可以不经过结晶分蜜，生成全糖，质量能够达到食品级要求。全糖的甜度较低，可以与部分蔗糖配合使用，起到降低甜度的作用。

（1）酸法制全糖　其工艺要点为：采用盐酸作为催化剂，在pH1.5，140～148℃，蒸汽压力0.3MPa、20～30min条件下，淀粉乳糖化到DE值82%～87%，经脱色、过滤等精制工序后，浓缩到干物质浓度为83%～88%，由真空蒸发罐放入冷却桶，冷却至约40℃，然后流入搅拌桶中，加入糖浆重量约1%的葡萄糖粉作晶种，搅拌2～3h，冷却至约30℃，放入浅盘，静置结晶4～6d即为产品。产品呈暗黄色且略带苦味。

（2）酶法制全糖　调节淀粉乳浓度为32%～33%，加入耐高温α－淀粉酶，调整pH为6.0～6.5，采用两次喷射液化生产工艺，其中一级喷射液化105℃，在保温罐停留40～60min，二级喷射液化温度135℃，在维持罐中停留5～8min，加入糖化酶，60℃，32～48h，pH4.5条件下，得到DE值97.5%～98%的糖化液，经过脱色、离子交换等精制工序后，将糖液浓度从30%浓缩至75%以上，即为成品全糖浆；糖浆经结晶固化、粉碎或喷雾干燥可得到全糖粉。

①结晶固化制粉：净化的糖液浓缩至85%～90%，加入一定量晶种，搅拌均匀，倒入

结晶槽中，40～50℃结晶凝固，降温至10～25℃放置72h养晶，养晶终期游离水分含量降至2%～4%。出料后的固体葡萄糖呈块状，用切削法粉碎固体葡萄糖成细片，经过干燥机使游离水分含量降至1%，过筛后，获得成品全糖粉。固体葡萄糖不能使用普通粉碎机粉碎，因为普通粉碎机会使固体葡萄糖在撞击时黏结在设备表面。

②喷雾结晶制粉：DE值97%以上糖化液，经净化浓缩至浓度78%以上，维持在50℃条件下慢慢搅拌，形成微晶，物料呈膏状，通过喷雾干燥器干燥成全糖颗粒。

由于以淀粉为原料生产全糖的成本较高，现已开发出以淀粉质（大米、玉米粉）为原料生产全糖粉的新技术。以大米为生产原料时，其全糖粉的得率可达80%。生产工艺主要包括将大米粉碎成60～80目后调浆、液化到DE值12%～15%，糖化条件选择58～61℃，40～60h，pH4.2～4.5，糖化后经过滤、脱色、离子交换、浓缩、强晶固化、切削烘干后得到产品；在采用玉米为生产原料时，选择干法制取低脂玉米粉，其生产工艺过程主要包括玉米的清理、去皮、提胚和粉碎成50～80目的玉米粉，调浆后采用两次加酶液化法，将DE值控制在15%～25%，通过过滤的方法，将玉米渣过滤出来后进行糖化，其工艺条件为反应温度55～60℃，糖化酶量0.2%～0.6%，糖化时间24～48h，pH4.5，DE值达95%后终止糖化，经脱色、离子交换后将糖液浓缩到58%～68%后进行结晶、用刮刀式粉碎机切削成粉末状，过10～20目筛，产生商品全糖。

第四节 果葡糖浆生产工艺

一、生产原理

果葡糖浆是用酶法将淀粉水解成葡萄糖，再通过葡萄糖异构酶的异构化作用，将其中一部分葡萄糖转化成果糖，而制成的一种糖分组成为果糖和葡萄糖的混合糖浆，又称为异构化糖浆或高果糖浆。

由玉米淀粉制得的果葡糖浆称为高果玉米糖浆（HFCS），从其它淀粉（如大米、木薯、马铃薯、小麦等）得到的果葡糖浆仍称为高果糖浆（HFS）。果葡糖浆的分类是按混合糖浆中果糖的含量来确定的，目前商品果葡糖浆有三种，即42型、55型和90型，分别表示为F－42、F－55和F－90。42型果葡糖浆为直接异构化糖浆，无色透明，甜度与同浓度蔗糖相似，称为第一代果葡糖浆。用柱层析法提纯42型果葡糖浆，可得含果糖90%以上的高果糖浆，甜度为蔗糖的1.4～1.7倍，常见的商品是90型。F－90与F－42产品按比例混合，所得果葡糖浆称为第二代果葡糖浆，常见为F－55型。果葡糖浆组成见表8－13。

表8－13　果葡糖浆糖分组分与性质

组分与性质	F－42	F－55	F－90
果糖/%	42	55	90
葡萄糖/%	53	42	7
低聚糖/%	5	3	3
固形物/%	71	77	80
相对甜度（蔗糖100）	100	110	140

续表

组分与性质	F-42	F-55	F-90
黏度/Pa·s	0.26	0.67	1.1
pH	4.0	4.0	4.0
色相（RBU）	5	5	5
灰分/%	0.03	0.03	0.03
贮存温度/℃	35~40	25~30	18~25

葡萄糖为己醛糖，果糖为己酮糖，二者互为同分异构体，在一定条件下可以相互转化，异构化反应是葡萄糖分子 C_2 原子上氢原子转移到 C_1 原子上，反应是可逆的。

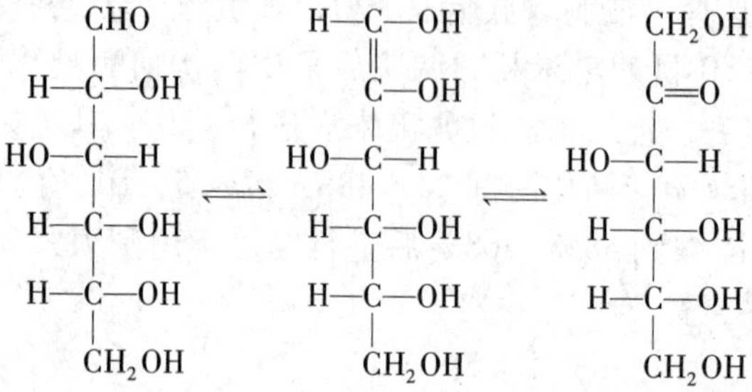

D-葡萄糖　　1，2-烯二醇　　D-果糖

异构化反应的方式有两种，即碱性异构化反应和葡萄糖异构酶反应。

1. 碱性异构化反应

碱性条件能使葡萄糖异构成果糖。葡萄糖通过1，2-烯二醇转化的可逆反应，如果在短时间内不能将反应物移走，反应将在生成物的基础上生成D-果糖、D-甘露糖，进一步还会生成有色物质和其它酸性物质，随着副产物的增多，提纯难度加大，影响产品的色泽和味道，不适用于规模化生产，同时碱性异构化分解反应显著，果糖转化率较低（33%~35%），糖分损失高（10%~15%），达到反应平衡点所需的时间长，一般工业上不采用此方法。

2. 葡萄糖异构酶反应

目前工业生产中普遍采用的是应用葡萄糖异构酶将葡萄糖转变成果糖的方法。这种异构化反应是可逆的。理论上达到动态平衡点时，葡萄糖异构酶可使50%的葡萄糖转化为果糖，由于最后阶段反应速度减慢，在实际生产中当果糖含量达到42%~43%时便终止反应。

在碱性条件下，葡萄糖异构酶具有较高的活力，但pH过高则有碱性催化异构反应并行发生，影响产品质量。工业上一般采用在pH7或以下进行。尽管如此，仍会有微量的杂糖D-阿洛酮糖和D-甘露糖产生，但不会影响产品的食用功能及应用。

由葡萄糖向果糖转变的反应是吸热反应。异构化反应温度升高，平衡点向果糖移动，但超过70℃进行反应时，酶易受热失活，糖分也会受热分解，产生有色物质。硼酸盐能与果糖生成络合结构，使转化率提高到80%~90%，且硼酸盐能回收重复使用，但回收率达不到规模生产的要求，影响实际应用效果。

进入20世纪80年代以来，果葡糖浆异构化工艺广泛采用了酶柱法。酶柱由两部分组成，即可以再生的惰性载体和异构酶溶液。载体为颗粒状，具有高吸附能力基团，当可溶性葡萄糖异构酶溶液流经空载的载体时，酶会被载体吸附。

图 8－10 为固定酶载体（二乙氨基乙基纤维素）吸附可溶性酶的原理图。具体操作方式有三种：

（1）异构化操作前，用可溶性酶使载体完全负载；

（2）异构化操作前，用可溶性酶使载体部分负载；

（3）在异构化过程中使可溶性酶负载于载体上。

这种在异构过程中往酶柱中逐渐加可溶性酶的技术叫“柱上负载”技术。柱上负载技术可以实现定期向酶柱中添加可溶性酶，使生产线的酶总活力保持稳定，确保果糖生产能力基本恒定，因此柱上负载比传统的异构化工艺更加灵活。

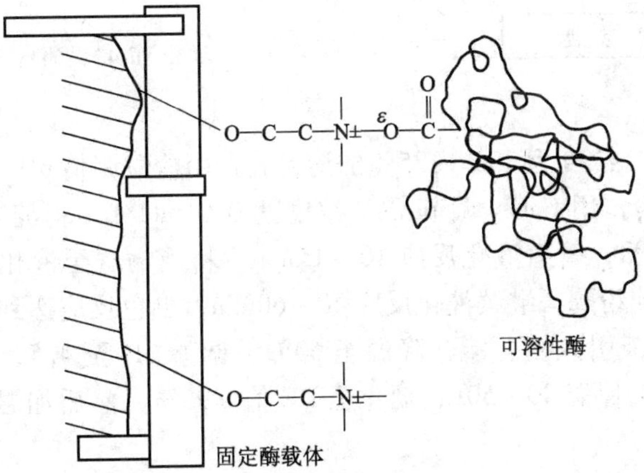

图 8－10 酶的固定化原理

为了保证载体上未负载基团不致被原料中易于吸附的杂质充满有效部位，要求葡萄糖浓度（干物）42%～45%，电导率 $<4\times10^{-3}$S/m，$Ca^{2+}\leqslant1.5$mg/kg。为了活化酶，避免氧失活，提高酶的使用效率，在糖液中添加 Mg^{2+} 1.5mmol/L，HSO_3^- 2mmol/L，pH7.6～7.8，反应温度 58℃左右，同时应进行脱氧处理。

二、生 产 工 艺

果葡糖浆的生产主要以淀粉为原料，也可以采用大米、低脂玉米粉等淀粉质原料，其生产工艺基本相同，都要经过糊化、液化及糖化制备高纯度葡萄糖浆，再由固定化异构酶将葡萄糖浆转化成 F－42 果葡糖浆，用柱层析或色谱分离技术，由 F－42 果葡糖浆提纯获得 F－90 果葡糖浆。再用 F－90 果葡糖浆和 F－42 果葡糖浆复配，获得 F－55 果葡糖浆。生产工艺主要为 DE 值≥94% 的葡萄糖浆制取、酶法异构 F－42 果葡糖浆、分离果葡糖制取 F－90 果葡糖浆、混合 F－90 和 F－42 果葡糖浆，制取所需果糖浓度的果葡糖浆等主要工艺过程。F－42 果葡糖浆生产工艺流程如下：

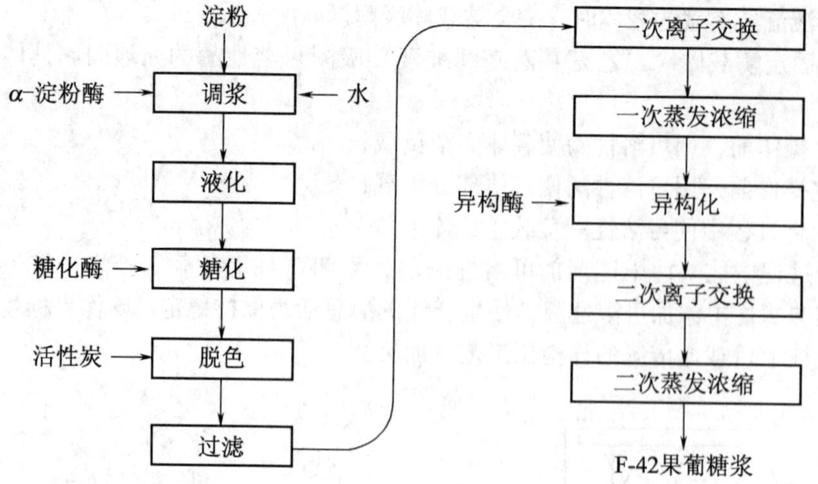

1. 葡萄糖浆制取

（1）调浆与液化　浓度为30%～35%的淀粉乳，用盐酸调整pH为6.0～6.5，加入α-淀粉酶6～10U/g淀粉，用$CaCl_2$调节Ca^{2+}浓度达0.01mol/L。将淀粉浆泵入喷射液化器，瞬时升温至105～110℃，管道液化反应10～15min。料液输送至液化罐，在95～97℃温度下，第二次加入α-淀粉酶，继续液化反应40～60min，碘色反应达到DE值要求即可。

（2）糖化　液化液引入糖化罐，降温至60℃，调整pH至4.5，加入80U/g淀粉糖化酶，间歇搅拌下，60℃保温40～50h，糖化至DE值≥95%，然后加温至90℃，将糖化酶灭活，糖化反应中止。

（3）糖化液精制　用过滤设备清除糖化液中不溶性杂质及胶状物，用活性炭脱色，用离子交换树脂除去糖液中的无机盐和有机杂质。精制后的糖液为无色或淡黄色，糖液浓度24%，电导率<50MS/cm，pH4.5～5.0。真空蒸发浓缩至透光率90%以上，糖液浓度为40%～45%，即异构酶所要求的最佳浓度。

2. 酶法异构葡萄糖转化果糖

图8-11为酶柱法生产F-42果葡糖浆工艺流程图，图（1）和图（2）分别为4个酶柱并联或串联流程。并联流程中，开始各柱异构酶的催化活力高，进料量大，但随使用时间延长，酶活力逐渐降低，此时需减慢进料量，来维持果糖的转化率恒定。为了避免并联操作进料量变化大的缺点，可以采用酶柱串联的工艺，它可以保持糖液流量变化在平均值的±10%以内。

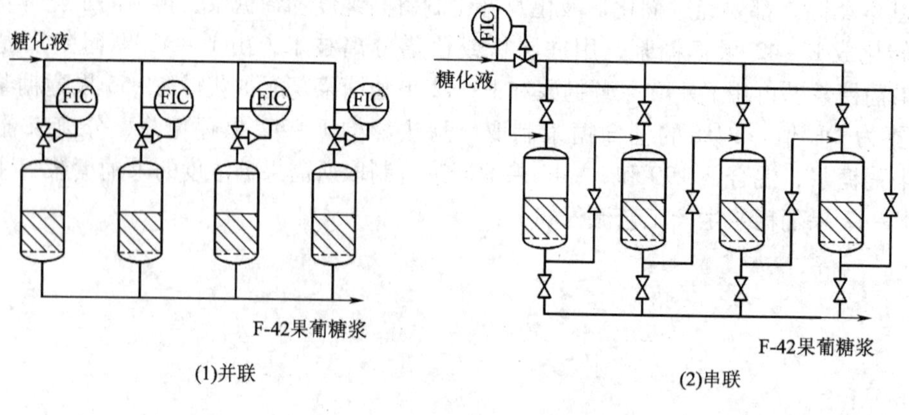

图8-11　酶柱法葡萄糖异构化流程

酶柱串联工艺操作相对复杂些，下面以三柱为例说明其操作过程。

当开动柱上负载生产装置时，先按果糖生产能力计算出来可溶性葡萄糖异构酶的需要量，并配制成酶溶液，负载于第一个柱的载体上，并按预计生产能力开始加料。随着生产的进行，酶活力下降，果糖转化率降低。当出口果糖浓度下降幅度较大时，就将酶贮罐中的异构酶浓缩液从糖浆入口泵入酶柱，酶被载体上游离的二乙氨基乙基团结合，异构化程度再次上升到预定限度，如图 8－12（1）所示。

当第一柱工作数月后，负载将会有酶泄漏。这时将第二柱充满没有负载的载体，糖浆串联流入两个柱中。只要第一柱还有酶吸附能力，就往第一柱中添加酶，所泄漏出来的酶由第二柱收留，这时第二柱是处于保护状态，使可溶性酶免受损失，如图 8－12（2）所示。

当第一柱中的载体全部负载酶时，就开始往第二柱中添加酶，而两个柱仍旧串联运行。这时第一柱处于酶的满载衰退期状态，要通过提高第二柱酶的负载度，来维持生产线中酶的总活力恒定，如图 8－12（3）所示。

当第二柱开始泄漏酶时，将第三柱投入运行，工作过程同第二柱［图 8－16（4）］。

通常不超过两个柱串联运行就能达到最大生产能力。但由于第一柱仍残留一些活力，所以最好将第一柱与串联的第二、第三柱并联运行。当第一柱运行至活力衰退到 2/3 半衰期时，钝化载体上的酶并剥离，空柱准备做新的循环。按这种方法应用柱上负载技术，生产线中的酶活力可以保持恒定，生产能力均匀稳定。

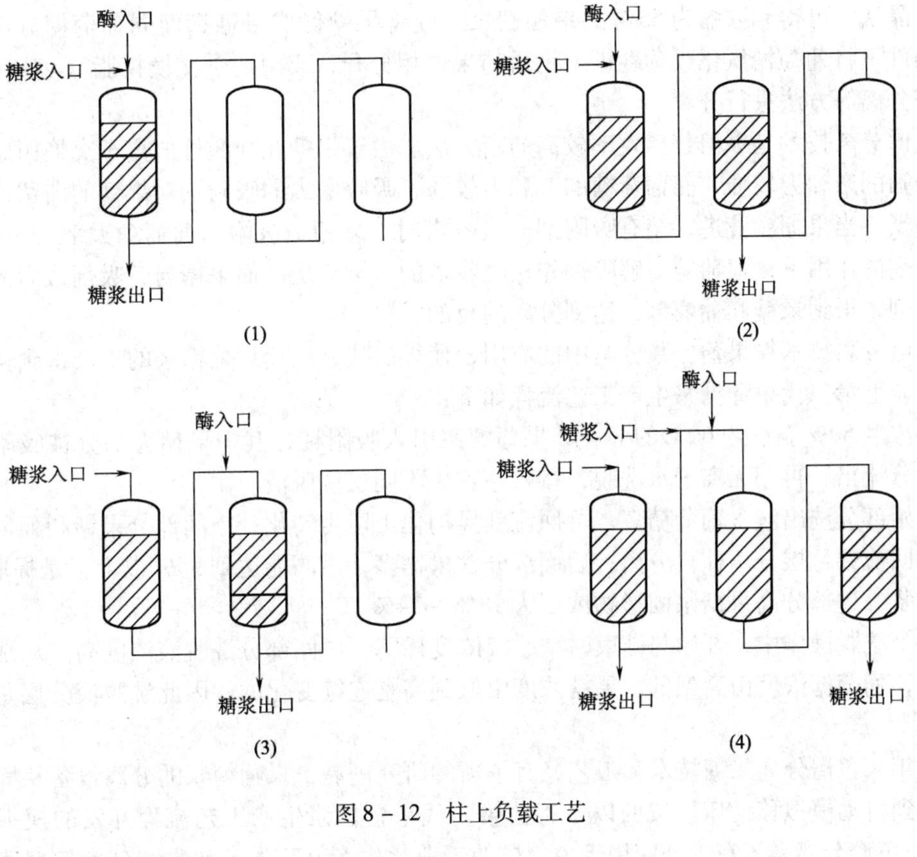

图 8－12　柱上负载工艺

酶柱的大小是根据所要求的流量和所需负载酶量来确定的。例如，高 3m、直径 1m 的酶柱，糖化液在酶柱中停留时间为 4h 以下，生产 F－42 果葡糖浆的能力达 100t/d（以干物质计）。以酶连续使用 60d（2～3 个半衰期）为例，最初 20d 的转化液温度控制在 60～62℃，中期 20d 温度控制在 62～64℃，后 20d 温度控制在 64～66℃，这是因为后期酶活力降低，适当提高温度可以提高转化速率。流量控制依串联的酶柱数不同而异，单柱运行，控制流量 175L/h，双柱运行，控制流量 260L/h，三柱运行，控制流量 350L/h。

进料糖浆在异构化工段前的工艺控制条件：糖浆中葡萄糖含量 >96%，pH 为 7.5～7.8，糖浆的浓度：45%～50%，温度：55～60℃，Ca^{2+} <2mg/kg，Mg^{2+} <45mg/kg，SO_2 >100mg/kg，电导率 <20μS/cm。

经过异构化后出料糖浆的工艺要求：pH 为 7.4～7.6，果糖含量 >42%。

异构化反应后的果葡糖液仍需要再次进行脱色和离子交换，除去糖液中的阳离子和阴离子，糖液中的无机杂质也基本被去除。

纯净的糖液进入真空蒸发浓缩。蒸发真空度为 0.085MPa 以上，蒸发到糖浓度为 70%～72%，即为 F－42 果葡糖浆成品。蒸发前用 10% 柠檬酸溶液调整糖浆 pH 为 4.5～5.0，以利于保持浓缩过程中果糖稳定，而不会再增加色泽。

3. 果糖与葡萄糖分离

从含 42% 果糖的果葡糖浆中，将果糖分离得到含果糖达 90% 以上的果葡糖浆，再按 1:（2～3）的比例将其与 F－42 果葡糖浆混合，便可以得到含果糖 50%～60% 的果葡糖浆。

从 F－42 果葡糖浆中提纯果糖有多种方法。如利用果糖较葡萄糖不易结晶的原理发明了冷却结晶法，可得到浓缩为 55% 的果葡糖浆；或将果糖做成果糖钙而同葡萄糖分离；或在碱性条件下将葡萄糖氧化成葡萄糖酸钙后与果糖相分开；或用离子交换树脂（色层分离法）和色谱分离等方法进行分离。

色谱分离技术是果糖分离效率较高的新方法。由于果糖在强酸性的离子交换树脂或钙盐型分子筛的亲和力较强，而葡萄糖的亲和力较弱，吸收塔内的吸附剂对果糖的滞留作用远大于葡萄糖，当果葡糖液进入装有吸附剂的吸收塔时，果糖被吸附，葡萄糖大部分不被吸附，在解吸剂的作用下，葡萄糖与解吸剂先从吸收塔的一端流出，而果糖与解吸剂最后流出，除去解吸剂，得到果糖和葡萄糖，达到分离的目的。

色谱分离技术在果葡糖浆分离中的应用，使得二代、三代果葡糖浆的生产得到快速的发展。工业上第二代果葡糖浆生产工艺流程如下：

将浓度 50% 温度约 60℃的 F－42 果葡糖浆引入吸附柱，其中果糖大部分被吸附，葡萄糖大部分流出，再用无离子水洗脱，按顺序收集不同层洗脱液。

开始部分洗出液含葡萄糖多，可回流到异构化工序再转化；中间部分果糖和葡萄糖含量相当，回流到色层分离柱再分离；后面部分含果糖多，最高能达到 95% 以上，是提取 F－90 果葡糖浆，这部分高果糖浆固形物浓度为 18%～24%。

整个洗脱操作中，开始与结束时洗脱液浓度稀薄，中间部分洗脱液浓度高。从洗脱开始到结束，葡萄糖浓度由高到低、果糖浓度由低到高是连续变化的，因此洗脱液分层是人为进行的。

近年来色谱分离果糖技术和工艺又有了新的研究进展，果葡糖浆的分离设备从固定填充床发展到自动模拟移动床。按照以上工业第二代果葡糖浆生产工艺流程开发的模拟移动床（SMB）色谱分离系统在国外应用于大规模的工业化生产，其生产能力和分离效率明显高于

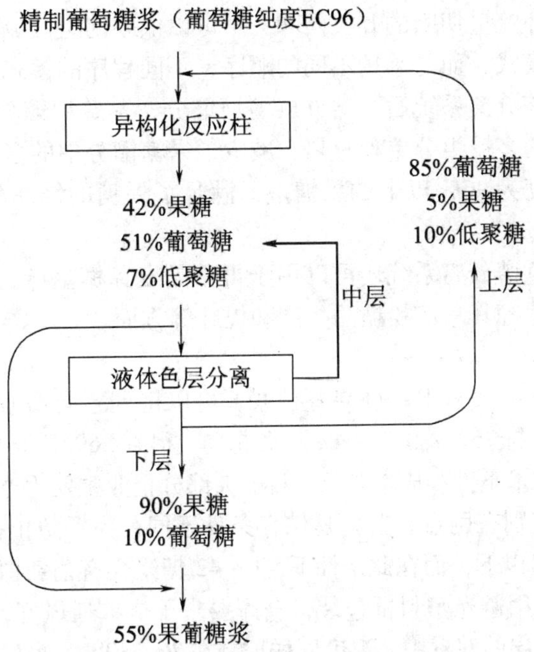

固定床吸附设备，实现了生产过程的连续化生产和自动控制，不使用任何化学药品，无污染产生。

模拟移动床色谱分离系统参照移动床的工作原理，树脂不移动，用6～10个树脂柱串联工作，物料和洗水分别从不同的柱进入，分离后的糖液和废液分别从它们之间的柱排出。它们以逆流连续的操作方式，通过变换固定床吸附设备的物料进出口的位置，产生相当于吸附剂连续向下移动，而物料连续向上移动的效果。通过模拟移动床色谱分离系统的过柱、吸附、洗脱等工序，实现了果葡糖浆分离的连续化，所得产物的果糖含量高达90%，将F－90与旁路过来的F－42相混合，即可得F－55果葡糖浆。

据国外资料介绍，国外最新研制出比模拟移动床色谱分离系统分离纯度更高的顺序式模拟移动床（SMB），其工艺过程如图8－13所示。它可以通过变换程序的方法，将三元组分

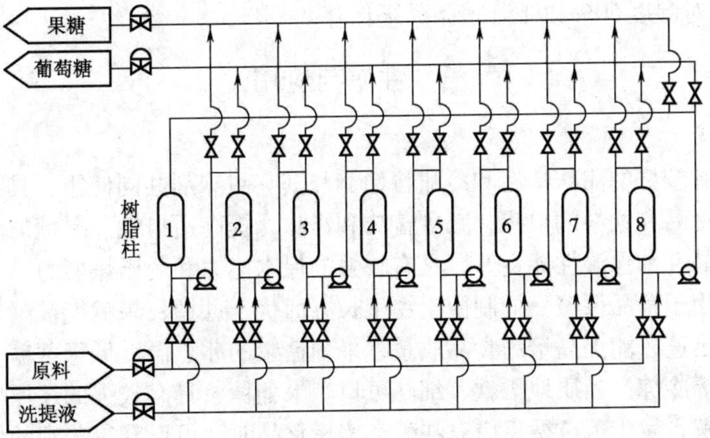

图8－13　模拟移动床（SMB）色谱分离工艺流程

的混合液分离为3个单独的馏分。与普通模拟移动床色谱分离系统的不同之处在于分离装置上配置了一个可以经循环流量切断的开关阀和一个可以供中间组分流出的出口，它的运行不是采用完全相同的连续模式，而是采用不同的顺序，不同程序的模式，用于3种成分混合物的分离。果葡糖浆进入该分离系统后，被分成多糖馏分、葡萄糖馏分与果糖馏分三种组分，由于首先将果葡糖浆中的多糖组分单独分离，减少了果糖馏分中的多糖的含量，降低了果糖液的黏度，可以搜集纯度为96%以上的果糖液，满足了果糖的结晶条件，为生产高纯度果糖创造了条件。

目前，模拟移动床色谱分离系统还可以用于再结晶麦芽糖生产、多元醇的分离与精制、提纯异麦芽糖和低聚果糖等其它淀粉糖品生产和提纯等方面。

4. 配制果葡糖浆

按照不同比例混合F－42和F－90果葡糖浆，可以得到不同型号第二代果葡糖浆产品。例如，100份F－90糖浆与269.2份F－42糖浆混合，得到369.2份F－55糖浆。

根据国内具体生产技术条件和成本要求，目前大部分企业主要生产F－42糖浆。F－42糖浆和F－55糖浆的主要区别有两点，首先是储存条件不同，为了防止在储存过程中色素的生成，成品通常保持在28℃以下，而在此条件下，F－42糖浆会有葡萄糖晶体析出。F－55糖浆的贮存有两种形式：一是用避光塑料桶包装，仓库要求干燥、通风好，室温控制在26～30℃。二是储存在带夹套或保温层的储罐中，温度同样控制在26～30℃。另外，在同等碳水化合物的前提下，F－42糖浆的甜度近似于蔗糖，而F－55糖浆的甜度略高于蔗糖。由于色谱分离系统等设备方面的原因，F－55糖浆生产系统投资要远远大于F－42糖浆生产系统。

5. 高纯度果糖

获得高纯度果糖的方法有很多种，但目前直接用于商业化生产的主要是采用结晶的方法。果糖溶解度高，结晶困难。高果糖浆可以用作生产结晶果糖的原料，制备F－42果糖，色谱分离获得F－97果糖，蒸发至浓度为70%，结晶工艺采用加晶种冷却结晶法，pH3.5～8，从起始温度60～80℃冷却到结晶温度25～35℃，采用80～100h降温结晶，通过离心、清洗等工序处理，再通过流化床等烘干机干燥，获得收率50%的结晶果糖产品。也可通过喷雾干燥，或者加入脱水后的果糖，获得高浓度的果糖浆，再混合、干燥获得非结晶的高纯度果糖产品。

结晶果糖为流动性较高的粉末状产品，颗粒大小为300～400μm，吸潮性远超过蔗糖，最好在25℃和相对湿度50%以下环境条件下保存。

三、性质与应用

1. 性质

果葡糖浆具有较好的甜味特性和冷甜特性，与其它甜味剂共同使用，具有优越的协同增效作用，可改善食品和饮料的口感，减少苦味和怪味，提高适口性。果糖的溶解度是糖类中最高的，其抗结晶性和保湿性能良好，具有较强的保水能力和耐干燥能力，果葡糖浆的渗透压高于蔗糖，在用于食品保藏、抑制微生物生长方面优于蔗糖，果糖能被酵母直接利用，发酵速度快，产气迅速，能提高焙烤食品质量，果葡糖浆的冰点温度低于蔗糖、麦芽糖浆，可使冰淇淋、雪糕等冷冻产品质地柔软、细腻可口。果葡糖浆具有较强的还原性，化学稳定性较差，易受热分解，发生美拉德反应，在生产焙烤食品时，可以获得美观的焦黄色和焦糖风味，果葡糖浆的消化吸收性能好，可作为婴儿、老年人等人群的食品配料。

2. 应用

果葡糖浆具有良好的甜味特性和冷甜特性，在食品工业中应用广泛。高果糖浆主要应用于软饮料和酒精饮料。可口可乐公司和百事可乐公司都采用F－55糖浆全部取代蔗糖，在葡萄酒、香槟酒、黄酒等含酒精饮料中可避免产品出现沉淀，透明度好。F－42糖浆主要用于色拉调味料、焙烤食品、果酱和果冻；F－55糖浆用于软饮料和水果罐头；F－90糖浆用于软饮料和液体营养食品。

果糖在营养和代谢方面有特殊的功能，比如果糖代谢过程不需要胰岛素辅助，故适用于糖尿病患者。在体内代谢转化的肝糖生成量是葡萄糖的3倍，具有保肝的功效。在体内果糖能以等渗状态补充运动所消耗的营养，适于人体疲劳后恢复体力。

结晶果糖的使用主要集中在保健、营养及医药领域，诸如运动饮料、保健食品、糖尿病患者食品及减肥食品等。如利用果糖生产充气及普通饮料；制作降低热量的焙烤食品；冷冻奶制品也可用果糖来降低热量和增强风味；在糖果业可以用作巧克力制作时的焦糖填料；在制造淀粉果冻时，果糖－淀粉的协同效应可加快反应速度，缩短制作时间，减少甜味剂和香料用量。

第五节　糖醇生产工艺

糖醇是含有两个以上的羟基的多元醇，将糖分子上的醛基或酮基加氢处理后，还原成羟基，就形成了糖醇，不同的糖醇可以用相应的单糖还原生成，如用葡萄糖还原成山梨醇，麦芽糖还原成麦芽糖醇，果糖还原成甘露醇，各种低聚糖还原成相应的低聚糖醇等。糖醇与淀粉糖有很多相似之处，具有一定的甜度和热量，可以作为食糖的替代品。

糖醇大部分用糖氢化还原制取，其物理特性为与所对应的糖的甜度有明显的变化，除了木糖醇的甜度和蔗糖相接近外，其它糖醇的甜度均比蔗糖低，摄入糖醇可产生一定的热量，但其热量值要比葡萄糖低；糖醇具有较强的吸湿性，其相对黏度要比蔗糖低，具有较高的耐热性，在高温不产生褐变反应，不具有着色作用。糖醇还具有较明显的生理功能，由于能被人体吸收消化代谢，并产生一定的热量，所以被称为营养性甜味剂。具有不产生龋齿、对血糖值上升无影响，且能为糖尿病人提供一定热量，可以用作营养甜味剂，广泛应用于无糖食品中。

一、山　梨　醇

山梨醇学名为己六醇，分子式 $C_6H_{14}O_6$，为白色结晶型粉末，为甘露醇的同分异构体，商品山梨醇有粉状及液状两种，液体商品含山梨醇50%～70%，可溶解于水，无臭味，有清凉感的甜味。

1. 山梨醇的生产方法

山梨醇的生产可以用淀粉糖化液、糖蜜及结晶葡萄糖为原料，通过加氢反应而得，主要生产方法有电解还原法和催化氢化法。

电解还原法是葡萄糖通过电解还原生成山梨醇，同时也产生葡萄糖酸。该法电耗大，成本较高，大型山梨醇生产企业不采用这种工艺。

催化氢化法是将葡萄糖、催化剂和氢气强力混合，在高压反应釜（间歇式）或管式反应器（连续式）中进行反应，反应液经固液分离，催化剂返回流程再使用，糖液经精制和浓缩获得山梨醇成品。

图 8－14 是管式高压氢化反应器。反应器的反应管由厚壁低合金钢管制成，反应器的夹套用普通钢管制作。工作时，混合有催化剂镍的精制葡萄糖浆从反应管底部进入，与进入管内的氢气混合，然后一边向出口流动，一边进行加氢反应，反应物由出料口排出。氢化反应的催化剂用量约为糖重量的 5%，反应压力为 6.867MPa，反应温度为 120～130℃，加氢转化率可达到 99% 以上，产率在 85% 以上。

以下是用淀粉生产液体山梨醇的工艺流程：

淀粉调浆 → 液化 → 糖化 → 过滤 → 离子交换 → 蒸发 → 葡萄糖结晶分离 → 氢化反应 → 催化剂分离 → 离子交换 → 蒸发 → 山梨醇成品

在整个过程中，发生化学反应的有三道工序，即液化、糖化和氢化。液化是将淀粉水解成可溶性的糊精和低聚糖；糖化是将糊精和低聚糖等进一步水解成葡萄糖；氢化是将葡萄糖加氢还原成山梨醇。控制好这三道工序是生产高质量山梨醇的关键。其它工序如调浆可将淀粉溶解；过滤可除去固体颗粒杂质；如果结晶葡萄糖质量好，可以不用离子交换处理，如果用糖化液，为了保证氢化反应效果，延长催化剂寿命，应通过离子交换脱除可溶物；葡萄糖结晶是将葡萄糖提纯；催化剂分离可将山梨醇固液分离；蒸发可提高葡萄糖或山梨醇浓度。

在氢化反应中，氢化压力、氢化温度、葡萄糖溶液的浓度和葡萄糖液的 pH 是影响氢化效果的主要因素。

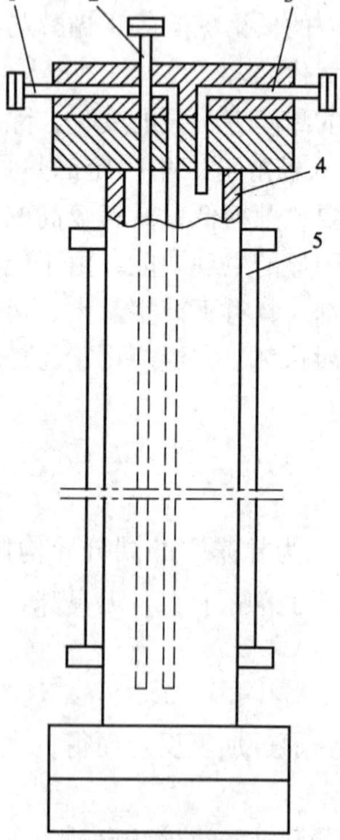

图 8－14　管式高压氢化反应器
1—氢气入口　2—糖浆入口
3—反应物出口　4—反应管　5—夹套

（1）氢化压力　葡萄糖的氢化是在水溶液中进行的，在催化剂的接触下完成加氢的反应。葡萄糖溶液中溶解氢的浓度决定了与催化剂接触的效果。要提高葡萄糖水溶液的氢浓度，就必须提高反应器中氢化的压力，在较高的压力下，氢化反应速度加快，用于葡萄糖氢化反应的压力一般控制在 4～8MPa。为了增加溶解氢和催化剂表面的接触机会，还可以采取搅拌和其它方式。

（2）氢化温度　反应过程温度增加，能加快氢化反应速度，增加葡萄糖、催化剂、氢三者的接触机会。但过高的温度会使葡萄糖产生焦化。试验表明，当反应温度从 100℃ 上升到 140℃ 时，其转化率从 79% 提高到 98.8%，但当温度从 150℃ 提高到 160℃ 时，反应速度不再增加。

（3）葡萄糖溶液的浓度　含氮物质在氢化反应时会毒化催化剂，影响山梨醇的质量，所以在选择葡萄糖原料时，应选择高纯度葡萄糖液；以淀粉糖化液为原料时，必须经过离子交换器处理。浓度的高低主要是根据产品的要求，如产品要求的山梨醇浓度是 50%，选择浓度为 50% 的葡萄糖溶液，经氢化处理后不经过浓缩就可以直接出厂；如果要求产品是粉状的，经氢化后必须蒸发浓缩，可以选择葡萄糖溶液的浓度为 20%～30%，经氢化后再浓缩。由于葡萄糖的热稳定性较差，不论葡萄糖液浓度如何变化，其反应速度对单位质量的葡萄糖的氢化速度是一样的。

（4）葡萄糖溶液的 pH　葡萄糖氢化采用镍铝合金为活化的催化剂，活性镍相当的活泼，对酸性物质非常敏感，所以葡萄糖溶液不宜在酸性条件下氢化。否则，催化剂会很快失活。在氢化前，必须调整葡萄糖液的 pH 至 7.5～8。也不宜将 pH 调整过高，因为葡萄糖溶液在碱性条件下加热，会产生异构化，生成果糖，氢化后会产生甘露醇，降低山梨醇的产率。

2. 山梨醇的性质和应用

（1）性质　山梨醇是一种白色、无味的白色晶体，甜度为蔗糖的60%，易溶于水，微溶于甲醇、乙醇和乙酸，几乎不溶于其它有机溶剂。由于其分子中没有还原性基团，通常情况下化学性质稳定，耐热性能好，不易被空气氧化，与酸碱不起作用；不易被微生物发酵；高温下（200℃）也不分解；但在高温条件下可氢解，碳链断裂而得到乙二醇、丙二醇、丁四醇。

（2）应用　山梨醇在食品、日化、医药等行业都有着广泛的用途，可作为甜味剂、保湿剂、赋形剂、防腐剂等使用，同时具有多元醇的营养优势，即低热值、低糖、防龋齿等功效。

二、麦芽糖醇

1. 麦芽糖醇的生产工艺

麦芽糖醇的氢化原理与葡萄糖氢化制取山梨醇相同，高纯度麦芽糖醇的制备，关键在于高麦芽糖浆的生产，要求麦芽糖的纯度达到90%以上。以淀粉为原料生产麦芽糖醇的工艺流程如下：

淀粉→调浆→液化→糖化→压滤→脱色→压滤→离子交换→真空浓缩→高麦芽糖浆

调整 pH→进料氢化反应→过滤脱色→离子交换→蒸发浓缩→成品

（1）高麦芽糖浆制备

①调浆：将一定量的水加入调浆罐中，开动搅拌器，逐渐加入淀粉，将淀粉调成浓度为10%～20%的淀粉乳。待淀粉完全调匀后，加入0.1%左右的纯碱，将 pH 调至6.0～6.4，为提高淀粉酶的活力，加入淀粉重量0.2%～0.5%的氯化钙，搅拌均匀。

②液化：将调好的淀粉乳打入贮罐，α－淀粉酶的加入量按5U/g 淀粉计，100℃液化至 DE 值5%～10%。同时快速升温至100℃以上，保持5min，进行高温灭酶。经过高温处理后的淀粉液化液，分散性好，不易发生凝沉，利于糖化操作。液化时要特别注意 DE 值控制在最低范围，及时灭酶是防止 DE 值过高，影响麦芽糖的产率。

③糖化：将液化液冷却至45～50℃，调节 pH 至5.8～6.0，加异淀粉酶20U/g 淀粉和鲜麸皮，β－淀粉酶10U/g 淀粉，还要加入一定量的真菌葡萄糖淀粉酶，糖化30～40h，糖化结束，应立即升温灭酶。可得到含80%～95%麦芽糖、5%～15%麦芽三糖的糖化液。

④压滤：其作用是除去糖化液中的杂质。用板框式压滤机压滤，以硅藻土或碎珍珠石为助滤剂。

⑤脱色：按滤液干物质重的0.5%～1.0%加入粉末活性炭，加入前先将活性炭与等量滤液混合，这样易于活性炭的混合。脱色操作条件：pH4.5～5.0，80℃，30min，以20～25r/min 的速度搅拌，然后以硅藻土为助滤剂（用量为0.3～0.5kg/m^2），用板框式压滤机压

滤。先用少量糖化液把硅藻土调匀，然后用泵打入压滤机，压力要求在0.1MPa以下，使硅藻土均匀地沉积在滤布上，过滤操作压力控制在0.2~0.3MPa。

⑥离子交换：目的是除去滤液中的金属离子、离子型色素以及残留的可溶性含氮物等杂质，进一步提高糖液的纯度和热稳定性。

离子交换流程为：糖化液→阳柱→阴柱→阳柱→阴柱

选用强酸型阳离子树脂和弱碱型阴离子树脂。使用前将离子交换树脂经浸泡膨胀后，分别装入阴、阳柱中，再经酸洗、碱洗、水洗后即可使用。交换时控制流速约700kg/h，温度为40℃左右。树脂使用周期的长短视糖浆中杂质含量而定，杂质含量高则使用周期短。

⑦真空浓缩：真空度维持在0.086~0.092MPa，糖液温度控制在50~53℃，真空度不低于0.066MPa，蒸汽压力控制在0.2~0.3MPa。浓缩至固形物含量40%~60%，即可作为制备麦芽糖醇的原料。

（2）麦芽糖醇的制备　由于麦芽糖为双糖，加氢时的pH与温度控制要比山梨醇更加严格一些，以防止麦芽糖在加氢时水解为葡萄糖而生产山梨醇。具体操作为将固形物含量为40%~60%的高麦芽糖浆在碱性（pH7.5~8.0）条件下，按淀粉投入量的8%加入镍催化剂，在温度120~130℃，压力8MPa条件下，向高压釜中通入5~18MPa氢气，使麦芽糖进行加氢反应。过滤除去氢化糖液中的催化剂，再经活性炭脱色和离子交换处理，脱除镍离子，便得到澄清的麦芽糖醇。经真空浓缩、喷雾干燥即可制成麦芽糖醇浆或粒状产品。

影响麦芽糖醇质量的因素主要有：液化后的DE值；糖化后麦芽糖的含量，只有含量大于90%的高含量麦芽糖才能转化出高含量的麦芽糖醇；氢化后麦芽糖醇的含量，通常应保证大于85%。

目前，市场上销售的麦芽糖醇主要为固形物75%的麦芽糖醇糖浆，其中麦芽糖醇的含量在50%左右。由于此产品中麦芽三糖醇等高级糖醇含量高，致使麦芽糖醇溶液的黏度增大，抑制了结晶性能，因此生产结晶麦芽糖醇比较困难。要生产高纯度的麦芽糖醇必须先生产高纯度的麦芽糖，在糖化时既要提高麦芽糖的含量，还要减少葡萄糖的生成。离子交换后，物料pH偏低会使部分麦芽糖分解成葡萄糖，使反应后产品中山梨醇含量增高。

2. 麦芽糖醇性质与应用

（1）性质　麦芽糖醇为无色透明的晶体，对热对酸都很稳定，易溶于水，但不溶于甲醇或乙醇，其甜度是蔗糖的80%~90%，甜味特性接近蔗糖。麦芽糖醇不易被霉菌、酵母及乳酸菌利用，其微生物的发酵性能较差，用麦芽糖醇作甜味料，可以防止龋齿的产生。麦芽糖的生理学特性体现为在动物体内很难被消化代谢，是较为理想的低热量甜味料。由于麦芽糖醇能量值较低，具有膳食纤维的生理功能。

（2）应用　麦芽糖醇在食品工业中应用广泛。由于麦芽糖醇在体内几乎不分解，可以作为糖尿病人、肥胖病人的食品原料和其它功能性食品的配料。麦芽糖醇具有良好的保湿性和非结晶性，可以用来制造各种糖果。利用麦芽糖醇的黏稠度及难发酵的特性，在生产悬浮性果汁饮料和乳酸饮料中具有独特的效果，麦芽糖醇还可以在冷冻食品中起到甜味可口，延长保存期的作用。除用于食品外，还用于烟草、牙膏、化妆品、软膏基剂、胶囊等。食品添加剂使用卫生标准（GB 2760—2007）规定允许在雪糕、冰棍、糕点、果汁、饼干、面包、酱菜、糖果冷冻食品中按生产需要使用麦芽糖醇。

三、其它糖醇

1. 甘露醇

(1) 生产工艺　以淀粉为原料生产甘露醇的工艺流程如下：

淀粉→调浆→液化→糖化→脱色→压滤→离子交换→蒸发→异构化→脱色→氢化反应→过滤脱色→离子交换→蒸发浓缩→结晶→分蜜→一次结晶溶解→再结晶→分蜜→甘露醇成品

将葡萄糖浓度调至40%，pH7~8进行异构化，生产F-42果葡糖浆，然后氢化生成山梨醇、甘露醇浆，进行蒸发浓缩，分蜜一次结晶，将第一次结晶溶解进行二次结晶、离心，进行二次结晶后进行第三次结晶、分蜜，可获得纯度为99%以上的甘露醇。其中一次结晶后麦芽糖的纯度可达到92%，两次结晶麦芽糖纯度可达到98%，三次结晶麦芽糖纯度可达99%。

(2) 性质　甘露醇又称甘露糖醇。分子式为$C_6H_{14}O_6$。甘露醇是山梨醇的异构体，为白色结晶粉末，溶解于水，微溶于甲醇、乙醇，不溶于乙醚，甘露醇完全没有吸湿性，甜度相当于蔗糖的70%，动物体内能吸收和部分代谢，部分从尿中排出。

(3) 应用　甘露醇在食品、医药和化工工业中得到广泛的应用。甘露醇是常用的食糖替代品，主要用于无糖口香糖的配料，《食品添加剂使用卫生标准》(GB 2760—1996) 中规定，允许在无糖口香糖中使用的最大用量为200g/kg，另外在糖果、蜜饯、冰淇淋、果酱、果冻及其它食品中可以替代食糖使用；在医药工业中，由于具有良好的压缩性能，成为制药工业的赋形剂，与氨基酸组成复合输液，用于肾功能及肠道的检查。甘露醇在降脑压、眼压，消除脑水肿等方面广泛使用；在化工工业中，甘露醇经过酯化、醚化生成各种树脂和表面活性剂，还可作为生产绝热、隔音、防潮材料的聚氨酯硬质泡沫塑料的基料。

2. 其它糖醇

糖醇的种类较多，以淀粉为原料的糖醇氢化反应方式也基本相同，目前国内大规模投入生产的糖醇有山梨醇、甘露醇、木糖醇、麦芽糖醇、异麦芽酮糖醇、半乳糖醇、赤藓糖醇等。阿拉伯糖醇、核糖醇等由于其市场容量小，或因制造成本较高，还未形成工业化生产。由于糖醇的物理特性和独特的生理功能，现以成为糖尿病人、肥胖病人等优选的营养甜味剂。由于具有低热值和防龋齿的效果，糖醇已成为无糖糖果的主要原料。同样糖醇在医药、化学工业中也有着重要的应用市场，目前，糖醇生产已进入快速发展的阶段。

思考题

1. 简述麦芽糊精生产工艺并说明其主要用途。
2. 不同DE值的转化糖浆为什么采用不同的生产方法？酸解法适合哪类DE值的转化糖浆？
3. 简述超高麦芽糖的生产方法和主要性质。
4. 查找相关资料说明异麦芽低聚糖的营养特点。
5. 简述含水α-葡萄糖的生产工艺。
6. 简述果葡糖浆的分类和生产原理。
7. 糖醇有哪些性质？简述山梨醇的生产工艺。
8. 比较以玉米淀粉和玉米粉为原料，转化麦芽糖生产工艺的相同点和不同点。

第九章　变性淀粉生产工艺

第一节　概　　述

一、变性淀粉的概念与分类

1. 变性淀粉的概念

变性淀粉是指利用物理、化学或酶的手段改变原淀粉的分子结构和理化性质，从而产生新的性能与用途的淀粉或淀粉衍生物。

在工业上，原淀粉具有一定的可利用性，但本身存在许多缺点，使其应用范围受到限制。这些缺点包括：淀粉颗粒在冷水中不溶解，不膨胀，无黏性；淀粉糊受热达到糊化温度以后黏度急剧增加，无法控制；淀粉分子在高温、机械搅拌、管道输送及偏酸性环境下极易发生降解以致黏度下降；玉米、小麦等谷物淀粉糊透明性差、易凝沉等。

随着现代工业的进步，许多行业采用了新设备、新工艺、新技术，对淀粉性能也提出了新的要求。总的来看，大多数原淀粉在工业上已不能满足应用的需要。所以，人们依据对淀粉结构及理化性质的认识，研究和开发出了原淀粉的变性技术，其目的就是改变原淀粉固有的理化性质，赋予其新的性质与功能，以扩大应用范围，提高产品质量，增加经济效益。

变性淀粉的出现虽只有100多年的历史，但在美国以及欧洲的一些国家变性淀粉产业已具有相当规模。近几十年来，变性淀粉的研究和开发呈高速发展之势。目前变性淀粉产品种类已达2000多种，并且还在不断出现新的品种，这些产品的特点是系列化、多功能、高稳定性，能广泛地适应多领域新技术、新工艺对淀粉产品的要求。

淀粉变性的生产方式主要有物理、酶和化学方法，其中以化学方法最为主要，应用也最广泛。化学变性是利用淀粉分子中的醇羟基的活性与有关化学试剂进行氧化、酯化、交联、醚化等反应而得到变性淀粉的过程。组成淀粉的脱水葡萄糖单位绝大多数具有三个游离醇羟基，即C_6伯醇羟基，C_2和C_3仲醇羟基。淀粉分子中的这些羟基，只要其中有少数发生化学反应便能改变淀粉的性质，如改变糊化温度、黏度、稳定性、凝沉性，提高抗酸、抗碱、抗剪切性能及离子吸附能力。化学变性的反应程度用平均每个脱水葡萄糖单位中羟基被取代的数量表示，称为取代度（DS）表示。工业上生产的重要变性淀粉几乎都是低取代度的产品，DS一般在0.2以下。若DS等于0.2则表示平均每10个葡萄糖单位有2个醇羟基被取代基团取代。有的取代反应（如羟烷基醚化反应），取代基团能与试剂分子继续反应形成多分子取代链。这种情况要用分子取代度（MS）表示，即平均每个脱水葡萄糖单位结合的试剂分子数，MS可大于3。DS和MS的区别如图9-1所示。

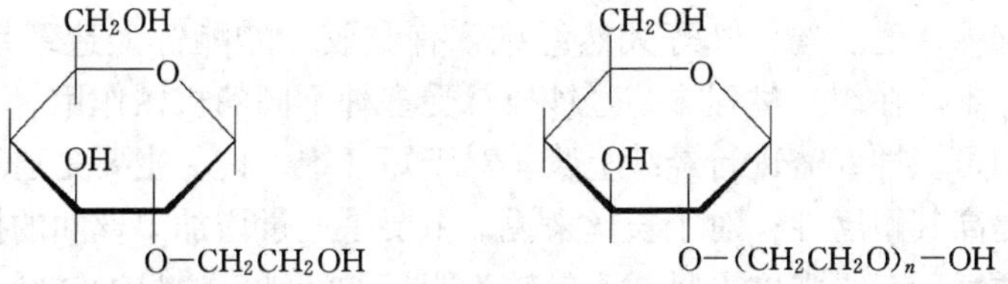

图 9-1 DS（左）和 MS（右）的区别

取代度是表示平均反应程度，不能表示淀粉衍生物的不同结构。由于确定衍生物结构的工作较复杂，所以工业生产上很少用取代度控制化学反应，一般是通过分析产品性质的变化程度来控制反应。如变性目的是降低糊黏度，则分析黏度的变化，当达到要求时即停止反应。

复合变性也是常用的变性方式，即先后用两种或两种以上的变性方式处理淀粉，得到的变性淀粉兼有多种变性淀粉的优良性质。例如：先进行交联反应，然后再对交联淀粉进行醚化处理，得到的产品具有透明度高，耐酸、耐碱、耐剪切，冻融稳定性好，抗老化能力强等优良品质。目前，对复合变性淀粉产品作用机理与应用的研究正在不断深入。

2. 变性淀粉的分类

变性淀粉一般按处理方式来进行分类。主要有：

（1）物理变性　如预糊化淀粉、微波处理淀粉、热解糊精。

（2）酶法变性　如环糊精、麦芽糊精、多孔淀粉等。

（3）化学变性　如酸变性淀粉、氧化淀粉、交联淀粉、酯化淀粉、醚化淀粉、接枝淀粉等。

（4）复合变性　如交联-氧化淀粉、交联-醚化淀粉等多种。

二、变性淀粉的应用

1. 在造纸工业中的应用

造纸工业使用变性淀粉的目的：一是改善造纸工艺，提高纸的内在性能（如机械性能，助留、助滤性能等）；二是提高纸的质量。主要用于：

（1）湿部添加　在造纸之前，加入一定量经糊化的变性淀粉糊液，使其与纤维作用，起到增强、助滤、助留等作用。变性淀粉的加入可提高细小纤维、填料的留着，增加成纸的白度和不透明度。

（2）层间喷涂　可增加纸张强度，提高纸机速度。

（3）纸张的表面施胶　能改善施胶效果，节约施胶剂用量。在造纸机上通过施胶辊将变性淀粉施胶剂涂在纸的表面，少部分变性淀粉施胶剂渗透到纸的内部，使其在纸面形成一薄膜，因而使纸张表面纤维能结合得更好而不会掉下来，使纸张在书写时流畅，在印刷时有良好的印刷性能。

（4）涂布　涂料一般是由白色颜料、胶黏剂、助剂和水组成。当涂料涂布于纸面后，变性淀粉作为胶黏剂使颜料与纸纤维牢固结合，可提高纸张的印刷性能，使印刷时不易断头、掉毛、掉粉和糊版，并起着控制纸张油墨吸收性、平滑性、光泽度、白度等性能，提高纸张的印刷效果。

（5）纸制品的黏合剂　具有黏结力强，成本低，对环境污染轻等特点，如纸箱黏合剂等。

2. 在纺织工业中的应用

织物用经纱有棉、毛、丝、麻等天然纤维，有黏胶、醋酯等人造纤维，还有腈纶、尼龙、聚酯等合成纤维。在织造过程中，经纱要承受多种不同的机械作用。

为提高经纱的可织性，需进行经纱上浆。对于短纤维来说，主要是通过在纱线表面形成保护性的浆膜而提高其耐磨性；对于长丝来说，主要是通过增加单丝间的抱合力，增强集束作用而提高其耐磨性；对于强度不足或不匀较为明显的经纱，通过增强纤维之间的黏附性来提高强度。这就对浆料提出了一定的要求。

（1）浆料必须具有足够的黏附力。经纱上浆后在烘干过程中，不粘附烘筒，在织造中落浆少。

（2）浆液应具有适当的黏度和足够的渗透性。浆液稳定性好，不易起泡沫，不易腐败。

（3）浆膜形成能力强。

（4）具有适当的吸湿性，使浆纱保持适当的水分和柔软性，有利于织造。

（5）与其它配浆成分有良好的相容性。

（6）易于退浆，对织物后处理不会带来不良影响，对环境污染小。

通常，一种浆料单独使用不能满足上浆工艺要求。因此要根据经纱的种类、织物的规格、上浆工艺选择几种浆料配合使用，以达到较佳的上浆效果。

经线上浆的浆料，主要有聚乙烯醇（PVA）类、丙烯酸类及淀粉、变性淀粉等几类物质。前两类上浆效果好，但价格高，有污染。原淀粉上浆性能不如化学浆料，但价格较低，某些变性淀粉可部分或全部替代化学浆料。

3. 在食品工业中的应用

淀粉是人类饮食中的主要成分，然而淀粉作为食品添加剂并不是基于它们的营养价值，而是它们具有食品加工所要求的某些特性与功能，例如赋形性、增稠性、胶凝性、黏合性和稳定性等。

随着食品科学技术的不断发展，食品加工工艺有很大改变，对淀粉性质的要求越来越高。加工过程中的高温杀菌、机械搅拌、酸性条件或低温冷冻等，都会使淀粉黏度降低，食品体系的胶体性被破坏。原淀粉不能很好地适应这些复杂的工艺条件，而某些植物胶虽具有较好的性能但价格昂贵，有的还需依赖进口。为了满足食品加工的要求，可通过选择某种变性方法（如酸解、交联、酯化、醚化、复合变性等）得到变性淀粉来满足加工工艺的需要，同时达到降低生产成本，提高产品质量和效益的目的。有关具体内容可参见本章第九节。

4. 在医药工业中的应用

医药工业中片剂生产的辅料大部分采用淀粉。虽然已有许多新辅料代替淀粉，但淀粉无毒性，资源丰富，价格低廉，是很好的辅料。随着制剂技术、工艺及设备的发展，对药品质量要求不断提高，单独使用原淀粉已不能满足某些制剂的要求（如外观、稳定性、崩解度、生物利用率及疗效）。为了改善原淀粉理化性质的不足，可利用变性淀粉进行制剂，以满足制剂工艺要求，保证产品质量的提高。

变性淀粉在医药工业主要作为片剂的赋形剂、代血浆、药物载体、药用基材增黏剂等。随着淀粉变性技术的进步，其应用范围还会进一步拓宽。

5. 在其它工业中的应用

（1）饲料工业　为使动物减少挑食的习惯，提高饲料的利用率，常把配合饲料做成颗粒状，这就需要添加一定量黏合剂，此类黏合剂一般以环糊精及预糊化淀粉为主。如预糊化淀粉在鳗鱼饲料上的使用最能显示其特性，它无毒，易消化，有营养，透明，在鳗鱼吃完前，一直维持颗粒的整体形状，不被溶解。

(2) 建筑材料　建材中的石膏板、胶合板、陶瓷用品和墙面涂料黏合剂等产品的生产可使用糊精、预糊化淀粉、羧甲基淀粉、磷酸酯淀粉等。

(3) 石油工业　变性淀粉作为水溶性聚合物已经被用于石油钻井液、压裂液等多种场合。如预糊化淀粉、磷酸酯淀粉、羧甲基淀粉、羟丙（乙）基淀粉等均可用作钻井液的降失水剂。

(4) 铸造工业　我国铸造所用的砂芯一般用黄糊精、预糊化淀粉、磷酸酯淀粉作为黏合剂。用预糊化淀粉作铸造模砂芯胶黏剂，冷水可溶，胶黏力强，不产生气泡，制品不含“砂眼”，表面光滑。

(5) 工业废水处理　变性淀粉在工业废水处理中可用作絮凝剂和螯合剂，如非离子型的糊精、阴离子型的磷酸酯淀粉、羧甲基淀粉、阳离子淀粉。

三、变性淀粉的生产工艺与设备

变性淀粉的生产工艺主要有湿法和干法。

1. 湿法生产工艺

湿法生产工艺是将淀粉与一定量的水或其它液体调成淀粉乳，使其在一定条件下与化学试剂进行变性反应进而生成变性淀粉的过程。在此过程中，淀粉颗粒始终处于非糊化状态。

变性淀粉产品的种类繁多，企业间生产设备与工艺流程有很大区别。生产规模大的企业自动化水平高，设备与工艺流程也较复杂，反之则简单。总的来看，变性淀粉的湿法生产工艺流程如下：

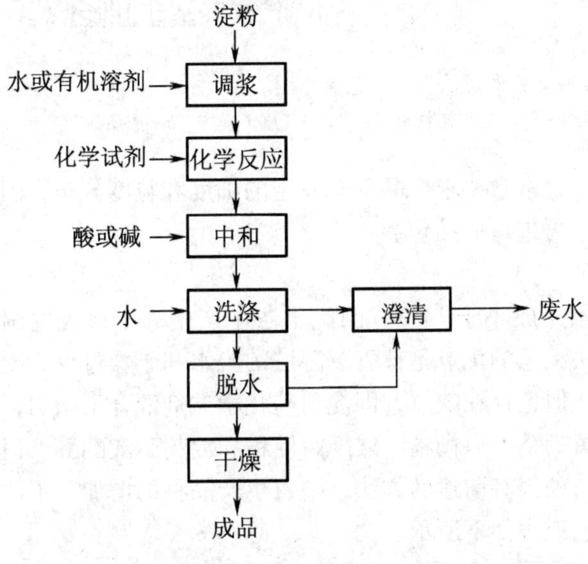

湿法工艺的理想原料是由淀粉生产装置直接用管道输送来的精制淀粉乳，这样节省成本又方便。湿法工艺中最关键的工序是变性反应，其影响因素较多，原料、浓度、物料配比、反应温度、时间都会影响反应的进行，进而影响到最终产品的质量及应用性能。特别是产品质量的稳定及应用性能的可重复性尤为重要，它直接影响产品使用的效果。变性反应发生在反应器中，通常中小型反应器为搪瓷反应釜，大小约 $10m^3$，采用夹套加热和冷却。大型反应器为玻璃钢罐或钢衬玻璃钢罐，容积可达 $70m^3$。由于罐容较大，加上玻璃钢导热性能较差，故常采用外循环加热，将反应物泵入换热器，与热水或冷水进行换热，以维持一定的反应温度。在反应进行中，因有热产生，需适当降温，以保证反应温度维持在一定水平。不同种类淀粉，糊化温度不同，所需控制的反应温度也不一样。玉米淀粉应在 45～55℃，薯类和蜡质玉米淀粉在 35℃左右。不同品种的变性淀粉，其反应时间差别很大，反应时间一般为 24～48h，有的甚至更长。反应一般都在常压下进行，若采用有机溶剂时，反应过程需按防爆要求进行。

反应结束后的变性淀粉中，尚含有未反应的化学试剂和除变性淀粉以外的其它生成物，需要进行洗涤。洗涤设备采用旋流器进行逆流洗涤，设备与生产原淀粉中的基本相同。洗涤以后的变性淀粉乳的浓度 34%～38%，需经脱水后才能干燥。湿变性淀粉干燥，多采用气流干燥，可以直接得到粒度均匀的粉状产品。气流干燥具有热效率高、干燥速度快、设备造价低等优点，图 9－3 为变性淀粉的湿法生产工艺流程图。

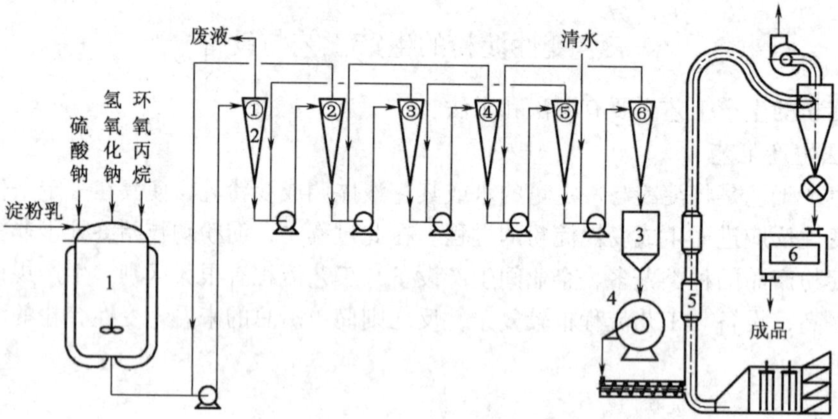

图 9－2　变性淀粉的湿法生产工艺流程图

1—反应罐　2—旋流器　3—贮罐　4—卧式刮刀卸料离心机　5—气流干燥器　6—成品筛

变性淀粉由于品种和应用场合不同，常常要求产品具有一定的细度和粒度分布，因此需要对产品进行粉碎和筛分。合格的产品再进行成品包装。

2. 干法生产工艺

在干法生产工艺中，原淀粉含水量一般小于 14%，因此干法生产中一个最大的困难是淀粉和化学试剂的均匀混合问题。干法工艺的优点是节省了湿法的脱水和干燥过程，既节约能源，又降低了生产成本，且无污染。但也存在缺点，即淀粉与化学试剂混合不均匀，反应不充分，只能生产少数几种产品，如黄糊精、白糊精、酸降解淀粉和淀粉磷酸酯等。但这些产品的产量大，应用范围广，所以是一种很有前途的方法，随着生产品种的增加，干法工艺将越来越受人们的重视。干法生产工艺流程如下所示：

原淀粉与化学试剂→混合→预干燥→反应→调湿→筛分→称重、包装→成品

干法生产中，由于系统中所含水分少，淀粉呈干的状态，化学试剂与淀粉极难混合均匀。因此，混合是干法生产的关键工序。通常采用专门的混合器（如双螺旋混合器、锥形混合器）将淀粉与化学试剂在干的状态下充分混合，然后再导入反应器进行变性反应。由于反应温度较高，若与化学试剂混合后淀粉含水量过大，直接升温会引起淀粉糊化。因此，反应前要进行预干燥，将湿淀粉干燥至含水量 14% 以下。干燥方法有两种，一种是采用气

流干燥器干燥，再将干燥后的淀粉送入反应器；另一种是不设专门干燥器，通过控制反应器的温度，在真空条件下，于反应器内完成预干燥。反应温度一般为140～180℃，反应器用蒸汽或导热油进行加热。导热油加热，其系统为常压，不因温度变化而变化，但需设置专门的导热油炉、热油泵等设备；蒸汽加热比较简单，不需专门设置独立系统，但加热温度越高，其蒸汽压力越大，对反应器的要求也越高。一般超过150℃时多采用导热油加热。较大一点的反应器除设加热或冷却的夹套外，其搅拌叶都是空心的，可以通入热或冷的介质。干法反应时间通常为1～4h。反应结束后物料水分会降至1%以下，通过对产品增湿可使淀粉水分恢复至平衡水分，这项工作可由增湿器完成。

第二节　预糊化淀粉（α化淀粉）

淀粉使用多是利用其淀粉糊的某些性能，为避免使用时需加热的麻烦，工业上生产出了预糊化淀粉，它是一种已经糊化的干燥淀粉产品。它与原淀粉的明显区别是能够在冷水中溶解，即在冷水中可形成具有一定黏度的淀粉糊，使用起来非常方便。

一、基本原理

原淀粉具有晶体结构，其颗粒在冷水中不能溶解膨胀，对淀粉酶不敏感。将原淀粉在一定量的水存在下进行加热，达到一定温度后，规律排列的微晶束结构被破坏，分子间氢键断开，水分子进入其间，此时迅速使其干燥脱水，即形成预糊化淀粉。

二、生产工艺

1. 常用方法

（1）热滚筒干燥法　又称热滚法。它是将已预热的精制淀粉乳喷洒在加热的滚筒表面，使淀粉乳充分糊化，然后快速干燥而获得成品的一种方法，是传统生产预糊化淀粉的主要方法。其原料也可是经化学法或酶法变性的淀粉。

（2）喷雾干燥法　它是将一定浓度的淀粉乳进行高温高压处理，然后用喷雾干燥设备对其进行干燥而得到成品的一种方法。

（3）挤压膨化法　将调好的含水约20%的淀粉乳加入螺旋式挤压机内，通过挤压、摩擦受热产生高温高压使淀粉糊化。当淀粉由挤压机顶端几毫米细孔以爆发形式喷出时，压力骤降，水分瞬间蒸发，颗粒迅速膨胀干燥，而得到预糊化淀粉。用挤压膨化法生产预糊化淀粉，淀粉含水量少，耗能低，产品黏度比热滚筒法产品低。

（4）微波法　此法是利用微波使淀粉液糊化、干燥而得到产品。

2. 热滚筒干燥法

（1）热滚筒干燥法的工艺流程　全过程基本为机械化连续生产，工艺流程如下：

化学药剂↓　水↓　蒸汽（170～180℃）↓

原淀粉→调浆（45～50℃）→干燥→粉碎→筛分→成品

（2）滚筒干燥机　滚筒干燥法的关键设备是滚筒干燥机。它是通过转动的中空热蒸汽滚筒，以热传导方式，将附在筒体外壁的液相物料或带状物料进行干燥的一种连续操作设备。这种干燥器的主要特点是热效率高，干燥速度快，表面蒸发强度可达30～70$kg/m^2 \cdot h$。

常用的滚筒干燥器有单、双滚筒之分。

①双滚筒干燥机：两个滚筒的转动方向相反，淀粉乳液存于两个滚筒之间上方的凹槽内。两个筒体的间隙在0.5～1mm，淀粉膜厚度由两筒之间的间隙控制。滚筒直径一般为ϕ1.0m，长2.0m，每个滚筒的外上侧有刮刀。工作时旋转滚筒表面温度达160～180℃，转数为1.0～1.5r/min，淀粉乳加在两个滚筒之间，当两滚筒旋转时，分别在两个滚筒表面形成糊化淀粉膜，由各自滚筒上的刮刀刮下，然后粉碎、筛分、包装（图9-3）。

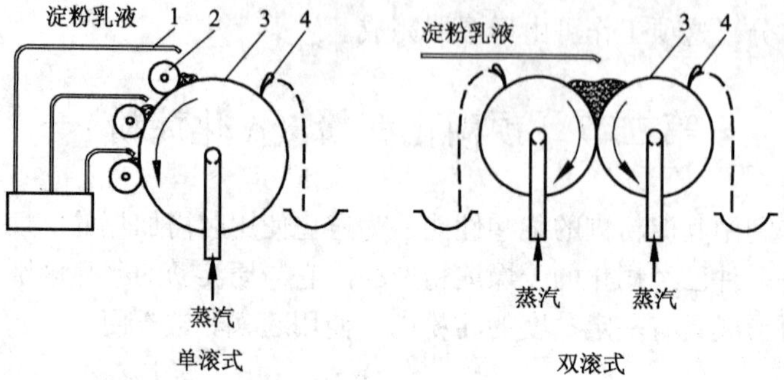

图9-3　滚筒式干燥机

1—滴管　2—操作滚筒　3—滚筒　4—刮刀

②单滚筒干燥机：结构与双滚筒干燥机相似，但只有一个大滚筒（图9-3），其表面附有一个或多个称为操纵滚的小滚筒，在每个小滚筒前上方有滴管滴下乳液。工作时用泵将淀粉乳打入预先已经加热的滚筒上，借助小滚筒将淀粉乳在大滚筒表面形成一层均匀的薄层。通过蒸汽加热使表面形成的淀粉乳薄层迅速糊化，并随着滚筒的转动，水分不断蒸发，形成了干燥的糊化淀粉膜。由于单滚筒表面附加有一个或多个小滚筒参加布膜，干燥时所形成的膜实际上是由2～3层薄膜叠加的。滚筒大小由生产需要而定，最普通的为直径2m，长5m。

3. 工艺效果的影响因素

（1）要控制好淀粉乳浓度、进料量、滚筒表面温度、布膜的厚度、膜在滚筒表面停留的时间（滚筒转速）等。

（2）淀粉原料的纯度高，其杂质越少，产品的黏弹性越好。薯类、豆类及谷类等不同生产原料其预糊化产品在透明度、黏度、弹性上有差别，可根据具体应用情况进行选择。

（3）生产用水应该纯净，否则会影响产品的黏弹性。生产食用产品，水质应达国家卫生标准。

（4）原料中可加入适量化学助剂，目的是使淀粉充分糊化，加快干燥过程，提高产品的溶解性。

三、性质与应用

1. 性质

（1）冷水可溶　无论哪种方法生产的预糊化淀粉，它们的共同特点是在冷水中溶胀、溶解，形成具有一定黏度的糊液。

（2）粒度　预糊化淀粉经磨细、过筛呈细颗粒状。因工艺不同颗粒形状存在差别，预糊化淀粉产品的粒径大小直接影响产品的黏度、溶解能力及糊的表面光洁度。粒度细的产品溶解速度快，有较低的热黏度和较高的冷黏度，表面光泽好，但复水速度太快，易凝块，故应注意粒度的大小与均匀。

（3）α 化度　α 化度是指一定数目的产品中预糊化淀粉所占的比例。它直接关系产品的性能、质量。工业生产中难免有少量颗粒未糊化或糊化不完全，一般要求产品 α 化度必须大于 80% 才可销售。

2. 应用

（1）食品工业　预糊化淀粉在使用时可省去蒸煮加热环节，并能起到增稠、改进口感的作用，所以被用于多种方便食品中。如用预糊化淀粉配制各种营养糊类、速溶汤料。在糕点制作过程中加入预糊化淀粉，可使体积蓬松，改善口感，增强持水性。

（2）饲料工业　在鳗鱼和虾颗粒饲料中用预糊化淀粉作为黏合剂。

（3）铸造工业　用预糊化淀粉做型砂黏合剂，胶黏性强，浇铸过程中不会产生气泡，制品不含砂眼，表面光滑。

（4）纺织工业　应用预糊化淀粉进行织物整理。

（5）造纸工业　用预糊化淀粉做施胶料。

（6）医药工业　用预糊化淀粉作为药片黏合剂。

第三节　酸变性淀粉

酸变性淀粉是指在糊化温度以下用稀酸处理淀粉乳，改变淀粉分子的结构与性质而得到的产品。酸变性淀粉的研究起源于 19 世纪 70 年代，并很快进入商业化生产，其产品具有低黏度、高凝胶性等特点，使用方便，应用广泛。在糊化温度以上所得的酸水解产品和酸催化的高温热解糊精产品，不属于酸变性淀粉。

一、基本原理

淀粉分子中的糖苷键可被酸水解。但由于淀粉颗粒中淀粉分子链间存在氢键，使其呈结晶性结构，酸渗入困难，其 α-1，4 糖苷键不易被水解。但颗粒中无定形区域支链淀粉部分较易被酸渗入，其糖苷键先发生水解。试验表明，酸水解过程为先快速水解无定形区域的支链淀粉分子，然后水解结晶区域的直链淀粉和支链淀粉，但水解速度较慢。经酸催化水解，淀粉分子变小，聚合度降低，还原性增加，产品黏度下降。

二、生产工艺

1. 生产工艺流程

酸变性淀粉的生产工艺流程如下：

原淀粉 + 水 → 调制淀粉乳 → 酸处理（加 HCl）→ 甩干 → 冲洗（加水）→ 甩干（回收盐酸返回酸处理）

→ 含酸改性淀粉 → 中和（加 Na_2CO_3）→ 甩干或吊滤 → 湿酸改性淀粉 → 烘干 → 成品

实例：称取10kg玉米淀粉，置于搪瓷反应罐内，搅拌下加入适量水，调成40%的淀粉乳。升温至37~38℃，加入3L 10mol/LHCl，恒温酸解反应3.5h。反应结束后，将酸变性淀粉乳泵入不锈钢甩干机中，开机甩约20min，加入4L水，再甩约5min，回收酸液供下批生产用。然后用5mol/L碳酸钠溶液中和酸变性淀粉乳至pH6，以终止淀粉的连续变性，再甩干，用水洗去中和产生的盐，洗至流出液无咸味为止，然后离心脱水，即得湿酸变性淀粉。将湿淀粉烘干至水分低于12%，即为成品。

2. 工艺条件

（1）温度　要求在糊化温度以下进行反应。温度过高会造成糊化，一般保持在40~55℃。

（2）淀粉乳浓度　酸变性淀粉原料主要是玉米淀粉，也有少数用木薯、小麦及马铃薯淀粉，淀粉乳浓度应控制在36%~40%。

（3）酸的种类及用量　工业化生产酸变性淀粉通常用稀盐酸和稀硫酸处理淀粉浆。酸的催化作用与酸用量有关，酸处理过度时，淀粉将水解成糊精和葡萄糖。

（4）反应时间　半小时到几个小时，具体反应时间需依据产品性能要求，通过测定流度①决定。

总之，淀粉种类、酸种类、浓度和用量、温度、时间对反应都有影响。表9-1列出了一定温度下改变其它工艺条件对酸变性淀粉流度的影响。一般规律是：当低酸浓度时，即使温度高，反应时间也比较长；反之，若提高酸浓度，即使温度低，作用时间也可缩短。酸用量对变性过程也起着关键作用，如浓盐酸用量为淀粉质量的1.35%时，温度50~55℃，处理时间需15h；同样的产品，浓盐酸用量为淀粉质量的13.5%，温度37~38℃，处理时间仅2~3h。

表9-1　50℃下加工所得酸变性淀粉的流度变化

淀粉和酸	酸的质量分数/%	反应时间/h	流度
玉米，硫酸	0.06	24	13.0
	0.13	24	32.0
	0.22	24	53.0
	0.29	24	64.0
	0.44	24	72.0
	0.61	24	74.0
玉米，盐酸	2.05	0.25	10.0
		0.47	20.0
		0.67	30.0
		0.87	40.0
		1.13	50.0
		1.50	60.0
		2.25	70.0
马铃薯，盐酸	2.05	0.67	3.0
		1.33	8.5
		2.00	15.5
		2.67	25.0
		3.33	37.0
		4.00	52.8

① 流度是黏度的倒数，表示流体的流动性质，流度大，流动性好。

三、性质与应用

1. 性质

（1）颗粒　酸变性淀粉仍保持了原淀粉颗粒的形状。显微镜下观察，被作用的淀粉粒上有许多小孔，但仍保持着双折射现象，说明酸处理主要破坏了颗粒内非结晶区。

（2）冷热糊黏度比　酸变性淀粉具有较低的热糊黏度和较高的冷糊黏度，常用热黏度和冷黏度的比值表示其胶凝性质。比值大，即胶凝性强，冷却易形成高强度的凝胶。改变酸变性条件能得到流度相同而胶凝性不同的产品。

不同品种的淀粉经酸处理所得的变性淀粉产品的性质存在差异。玉米、小麦等谷类酸变性淀粉热糊透明，凝沉性强，冷却后生成不透明、强度高的凝胶；蜡质玉米淀粉由支链淀粉组成，不含直链淀粉，经酸变性后，热糊透明度高，凝沉性较弱，冷却不形成凝胶。

（3）薄膜强度　酸变性淀粉热糊黏度比原淀粉低得多，可配制高浓度糊液，因含水分少，易干燥，可快速成膜。特别适用于需要成膜性及黏附性好的地方，如经纱上浆、纸袋黏合等。

2. 应用

（1）食品工业　酸变性淀粉黏度低，凝沉性强，是制造软糖的一种重要凝胶剂。用酸变性淀粉制造的奶糖质量好，不粘牙，不粘纸，耐咀嚼且富有弹性。国内外多数糖果厂都应用酸变性淀粉，在高压蒸煮下制备淀粉软糖。另外，还可用于制作各种果冻或儿童胶冻食品。

（2）造纸工业　可用作纸张的施胶料，以改善纸的耐磨性、耐油墨性、印刷性等。

（3）纺织工业　可作为经纱上浆剂，增强纱布强度和降低纺织过程的摩擦阻力。用于精整工序可提高产品的挺度。

第四节　氧化淀粉

淀粉经氧化剂处理后形成的变性淀粉称为氧化淀粉。与原淀粉比较，氧化淀粉的颜色更白，糊黏度较低且稳定性高，加之生产工艺简单，生产成本低廉，成为目前产量最大的变性淀粉品种。漂白淀粉也是受氧化剂作用而产生的，但与氧化淀粉比较两者有一定区别。氧化剂用量前者少，后者多。氧化剂如高锰酸钾、过氧化氢、次氯酸钠都可用于生产漂白淀粉，因用量太少，淀粉结构没有发生明显变化，所以漂白淀粉不属氧化淀粉。

一、基本原理

制备氧化淀粉的氧化剂可分为酸性介质氧化剂、碱性介质氧化剂、中性介质氧化剂等，种类繁多。考虑到经济实用，工业上大批量生产是以次氯酸钠为主，此外常用的还有过氧化氢和高锰酸钾。下面主要介绍次氯酸钠氧化淀粉。

次氯酸钠属一般氧化剂，组成淀粉分子的脱水葡萄糖单位上的不同醇羟基都能被氧化。氧化方式包括：①直链淀粉与支链淀粉 C_1 碳原子的还原端醛基氧化成羧基；②C_6 原子上的伯醇羟基被氧化成醛基，最后氧化成羧基；③C_2 和 C_3 碳原子上的仲醇羟基氧化成羰基，最后氧化成羧基，C_2 和 C_3 间键开裂。

这几种氧化反应是复杂的，没有一定的相互关系和规律性。C_1 羟基和 C_4 羟基的反应只分别发生在还原端及非还原端，羟基数量相对要少，只能起次要作用；而 C_2、C_3、C_6 上的羟基数量多，主要是这些羟基的氧化反应改变了淀粉性质。

C_6 部位的氧化反应机理如下面反应式所表示，在次氯酸钠作用下，C_6 上的伯醇基（$—CH_2OH$）先氧化成醛基（—CHO），再氧化成羧基（—COOH）。

$$NaClO \longrightarrow NaCl + [O]$$

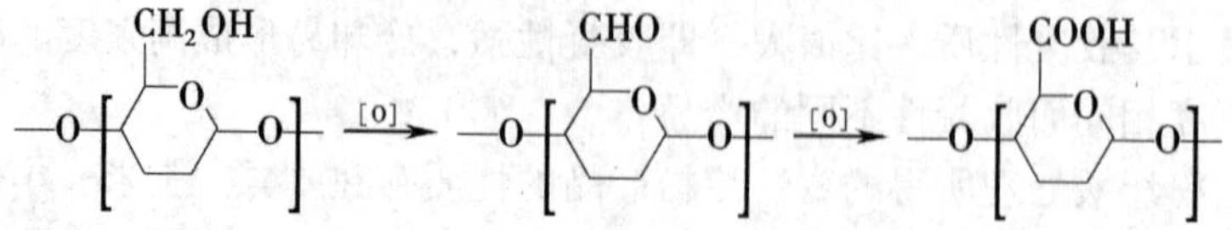

通过氧化反应淀粉分子中出现了羰基和羧基，其生成量和相对比例因反应条件而定。用次氯酸钠氧化淀粉时其用量变化对羧基和羰基生成有直接影响（表9－2）。随着次氯酸钠用量的增加，两者的生成量都增加，但羧基生成量增加远超过羰基。低次氯酸钠用量，羰基生成量高于羧基，随氧化程度增高，羧基生成量高于羰基。反应 pH 与氧化淀粉羧基和羰基含量的关系表明（表9－3），较低 pH 有利羰基生成，但含量随 pH 升高而迅速减少；而羧基则随 pH 升高而增加，在 pH9 时达到最高值，然后下降。研究表明，氧化过程中的 pH 处于弱碱条件时，最有利于反应的进行。

表9－2　次氯酸钠用量对氧化淀粉羧基和羰基生成的影响

次氯酸钠液用量/%	0.2	0.5	0.7	1.0	2.0	3.0	4.0	5.0	6.0	7.0	8.0	9.0
羧基/%	0.07	0.14	0.16	0.36	0.72	1.10	1.70	2.20	2.70	3.00	3.50	4.30
羰基/%	0.14	0.18	0.18	0.18	0.24	0.24	0.30	0.60	0.61	0.60	0.73	1.0
羰基/羧基	2.20	1.30	1.10	0.50	0.33	0.22	0.14	0.27	0.23	0.20	0.21	0.23

表9－3　pH与氧化玉米淀粉羧基和羰基含量的关系

反应 pH	7.0	8.0	9.0	10.0	11.0
羧基含量/%	0.72	0.77	0.81	0.75	0.70
羰基含量/%	0.26	0.14	0.11	0.065	0.045

不同品种淀粉氧化速度有所差异，这种差异与淀粉的颗粒大小、形状、物理结构、直支链比例与含量以及聚合度有关。氧化作用使淀粉分子链中糖苷键发生裂解，生成水溶性小分子物质，它们在过滤和水洗过程中易损失掉，使产率降低。故随氧化程度增高，产品产率逐渐降低。

二、生产工艺

次氯酸钠氧化淀粉的生产采用湿法生产工艺，其工艺流程如下：

碱 NaClO
↓ ↓
淀粉乳→[氧化反应]→[中和]→[洗涤]→[过滤]→[气流干燥]→[筛分包装]→成品

将淀粉在反应罐中调成浓度为40%～45%的淀粉乳，在不断搅拌下加入2%氢氧化钠溶液，调节 pH 至 8～10，温度调至 30～50℃，加入有效氯浓度为 5%～10% 的次氯酸钠溶液。因为次氯酸钠溶液中有效氯含量变化比较大，所以每次使用前都必须进行测定。由于反应后有酸性物质生成，pH 不断下降，需不断滴加稀 NaOH 溶液，使 pH 保持稳定。另外，在氧化过程中不断有热量放出，因此反应罐必须配备冷却装置，使反应温度保持在规定范围内。当反应达到所要求的程度时，先降低 pH 至 6.0～6.5，用 20% 的 $NaHSO_3$ 除掉反应物中多余的氯，经过滤和离心机分离，再水洗除去可溶性副产品、盐及降解物。将产品在 50～52℃ 下干燥，便可制得氧化淀粉。调节反应时间、温度、pH、淀粉乳浓度、氧化剂添加量与速度，可以生产出不同性能的氧化淀粉。

三、性质与应用

1. 性质

（1）颗粒特征　氧化淀粉的颜色比原淀粉白，主要是因为用次氯酸盐氧化淀粉时，会发生漂白作用。氧化剂增加了淀粉中麸质、叶黄素等杂质的水溶性，使其在过滤水洗过程中除去。淀粉白度随处理强度增加而增加。但氧化淀粉的白度极不稳定，对许多因素都十分敏感。例如温度、湿度和贮藏时间等。氧化淀粉在高温下可变成黄褐色，糊化过程若加碱会变黄，贮存期过长也易变黄，故氧化淀粉的贮存期不应超过 6 个月。氧化淀粉的颗粒结构仍保持有偏光十字，表明氧化反应主要发生在颗粒的无定形区。但其电镜观察表明，随氧化程度加大，颗粒有裂纹、穴洞出现，这是由于氧化作用集中在个别区域并产生水溶物所致，氧化反应以并行方式发生在颗粒内部和外部表面。

（2）糊化特性　氧化淀粉的糊化温度低于其原淀粉，其糊化温度随次氯酸钠用量增加而下降。淀粉糊黏度低，不易凝沉，稳定性高。凝沉性减弱是由于羧基较大，进入淀粉分子后，起到了空间位阻的作用，抑制了直链淀粉分子间氢键的再结合作用。

（3）呈阴离子性质　氧化淀粉具有羧基，带有负电荷，容易吸附带阳电荷的染料。但这不是氧化淀粉所独有的特性，所有阴离子取代基的淀粉衍生物（如羧甲基淀粉、磷酸酯淀粉）均能染上色。

（4）羰基、羧基含量　氧化作用过程中，羧基及羰基的进入量、糖苷键切断量等取决于氧化程度。一般说来，随次氯酸盐处理程度增加，分子质量、聚合度、黏度降低，而羧基或羰基含量增加。多数商业用次氯酸盐氧化淀粉的羧基量在 1.1% 以上。

（5）薄膜性能　氧化淀粉能形成强韧、清晰、连续的薄膜。比酸解淀粉或原淀粉的薄膜更均匀，也更易溶于水。

2. 应用

（1）造纸工业　次氯酸钠氧化淀粉 80% 以上用于造纸工业。主要用作纸张表面施胶剂，表面施胶主要是利用氧化淀粉适宜的黏度范围和优异的稳定性。经过施胶后，能在纸表面封闭微孔，黏结松散的表面纤维组织，增强纸张表面强度，改善纸张印刷和书写的表面性能。

（2）纺织工业　次氯酸盐氧化淀粉可用于经纱上浆、精整和印染过程中。氧化淀粉在高固形物含量下，仍保持着良好的流动性和黏着性，能使它更多地附着在纱线上，给纤维提供较强的耐磨性，而且氧化淀粉容易退浆。在精整工序中，氧化淀粉与填料（白土）混合以后，能够填平织物的缝隙，加强挺度，改善手感和悬垂性。在印染过程中，次氯酸盐氧化淀粉由于成膜性好，透明度高，所以能保持住染料原色。

（3）食品工业　氧化淀粉能代替阿拉伯胶和琼脂制造胶冻和软糖类食品。低黏度氧化淀粉可做稠度填充料，其良好的成型性可代替阿拉伯胶生产糖果等，产品的存放期比添加酸变性淀粉的产品大大延长。氧化淀粉也可用于炸鸡、炸鱼等食品的敷面料，对食品有良好的黏合力并可得到酥脆的表层。

（4）建筑工业　用作绝缘板、墙壁纸和隔音板原材料的黏合剂。

第五节　交联淀粉

交联淀粉是用多元官能团化合物作用于淀粉，使两个或两个以上的淀粉分子间交联在一起而形成的淀粉衍生物。交联淀粉具有高稳定性，不同交联度的产品具有不同的糊化特性。交联变性也是生产复合变性淀粉的一种重要方式。

一、基本原理

使淀粉分子间发生交联反应的试剂叫交联剂，其种类很多，分子结构中含双官能团和多官能团。工业生产中常用的交联剂有：环氧氯丙烷、三氯氧化磷和三偏磷酸钠等。前者具有两个官能团，后两者具有三个官能团。淀粉经交联剂处理后发生交联反应，促使一个淀粉分子与另一个分子间搭成键桥，产生交联结构。由于淀粉分子具有众多的醇羟基，除分子与分子之间的交联反应外，起反应的两个不同羟基也有的是来自同一个淀粉分子，没有起到不同淀粉分子间的交联反应。反应试剂也可能只与一个羟基起了反应，没有在不同淀粉分子之间形成交联键。这两种情况都有发生，但整个反应过程趋向分子间交联。

淀粉分子之间形成交联键后，增大了分子，分子间结合力增强，颗粒结构更致密，故糊化温度升高，糊的稳定性加强。很低程度的交联反应，如在淀粉乳中加入干淀粉重量的0.005%~0.1%的交联剂，就能对淀粉颗粒的膨胀、糊化产生很大的抑制作用，交联剂因此有时被称为“膨化抑制剂”。交联分子数量增高到一定程度后，在沸水中加热淀粉颗粒也不会产生膨胀糊化。

1. 三氯氧磷交联剂

三氯氧磷（$POCl_3$）又称磷酰氯，在pH8~12条件下，与淀粉反应，可得淀粉磷酸二酯。

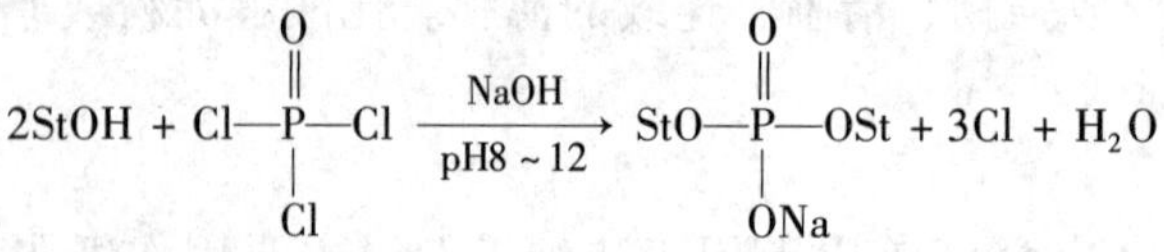

2. 三偏磷酸钠交联剂

三偏磷酸钠与淀粉在pH9~11.5的条件下反应，可生成淀粉磷酸二酯。

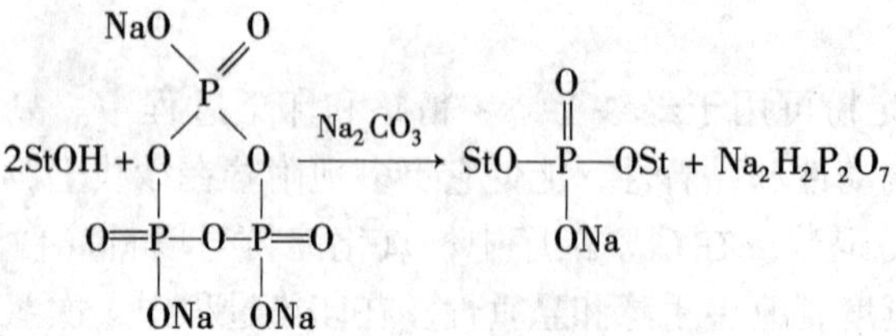

3. 环氧氯丙烷交联剂

环氧氯丙烷分子中有极为活泼的环氧基和氯基，具有极强的交联作用，与淀粉反应生成的交联淀粉称为双淀粉甘油醚。

$$2StOH + \underset{\text{(环氧，O 桥连 } CH_2 \text{ 与 } CH)}{CH_2—CH—CH_2Cl} \xrightarrow{OH^-} St—O—CH_2—\overset{\displaystyle OH \atop |}{CH}—CH_2—O—St + HCl$$

从上面反应式中可以看出环氧氯丙烷在碱性条件下，环状结构被断开后，与两个淀粉分子形成羟丙基淀粉醚的结构。

二、生 产 工 艺

在碱性淀粉乳中添加一定比例的交联剂，温度保持在20～50℃，到所需时间以后，对反应产物进行过滤、水洗和干燥，这是生产交联淀粉的常用方法。

1. 三氯氧磷交联淀粉的制取

配制淀粉乳浓度30%～40%，用NaOH溶液调pH为11，在持续搅拌的条件下，加热到反应温度，加入0.005%～0.25%的$POCl_3$，反应一定时间。反应结束后，用2% HCl溶液调淀粉乳的pH至5～6.5，停止反应，过滤，水洗，干燥后即得成品。用三氯氧磷对淀粉进行交联时，加入0.1%～10%（按干淀粉量计）的中性碱金属（如：NaCl或Na_2SO_4），可使反应均匀、彻底。原理在于这些盐类能加速水解交联剂，增强交联剂对淀粉颗粒的渗透能力，同时这些盐类还影响淀粉颗粒内部的水环境，改变水与淀粉间的交错结构，有利于反应的进行。

2. 三偏磷酸钠交联淀粉的制取

将180g玉米淀粉（含水10%）分散到325mL水（内含3.3g三偏磷酸钠）中，用碳酸钠将pH调至10.2，加热至50℃，反应80min，过滤、水洗，将pH调至6.7，干燥。此交联反应受pH影响很大，降低pH对交联反应有很强的抑制作用。pH11时，反应5min黏度达到最高值，反应2h即可达高度交联；在pH8时，需要24h黏度才可达最高值，反应时间延长也达不到高度交联的程度。

另外，还有一些用三偏磷酸钠生产复合变性淀粉的方法。如在淀粉乳中加入淀粉量0.18%的三偏磷酸钠，在pH10～12发生一次交联，然后中和到pH5～6.5，过滤，水洗，再加水调成40%左右的淀粉乳，加入0.5%氯化钠和0.15%的三偏磷酸钠，在pH7.8～8.1下进行滚筒加热，使之糊化，在糊化过程中又发生交联反应，终产品具有冷水可溶性和高稳定性。

3. 环氧氯丙烷交联淀粉的制取

将100g绝干玉米淀粉，加入到150mL碱性硫酸钠溶液（每100mL溶液含0.66g氢氧化钠和16.66g无水硫酸钠）中，搅拌下混合成悬浮液。硫酸钠的作用是抑制淀粉颗粒的膨胀。溶解需要量（20～900mg）的环氧氯丙烷于50mL碱性硫酸钠溶液中，在5min内滴入淀粉乳中，在25℃下反应18h，用稀酸中和至pH6，过滤，洗涤，干燥得成品。

应用不同交联剂，反应速度存在很大差别，以三氯氧磷的反应速度最快，三偏磷酸钠的反应速度较慢，环氧氯丙烷的反应速度更慢。在较高碱性和较高温度下起反应，环氧氯丙烷的反应速度可加快。

三、性质与应用

1. 性质

交联淀粉产品性能主要表现在糊化特性、黏度和抗剪切力等方面。

（1）颗粒　交联淀粉颗粒外形与原淀粉相同。由于淀粉分子通过交联键更紧密地结合在一起，使淀粉颗粒内的小分子更难溶解出来，水分子也更难进入颗粒内部与淀粉分子结合。故淀粉经交联后溶解度减小，颗粒膨胀受到抑制。

（2）糊化特性　从图9－4可见，低交联度的淀粉，糊化温度和最高黏度比原淀粉都高，继续受热则黏度继续增高，冷却后黏度更高；中交联度淀粉（1/440葡萄糖残基），糊化温度稍增高，继续受热，温度稍上升但不出现黏度峰值，冷却过程，黏度继续增高；高交联度淀粉（1/100葡萄糖残基），受热不膨胀，不糊化，无黏度。交联对淀粉糊黏度产生的影响在蜡质玉米淀粉、薯类淀粉中表现得更为显著。

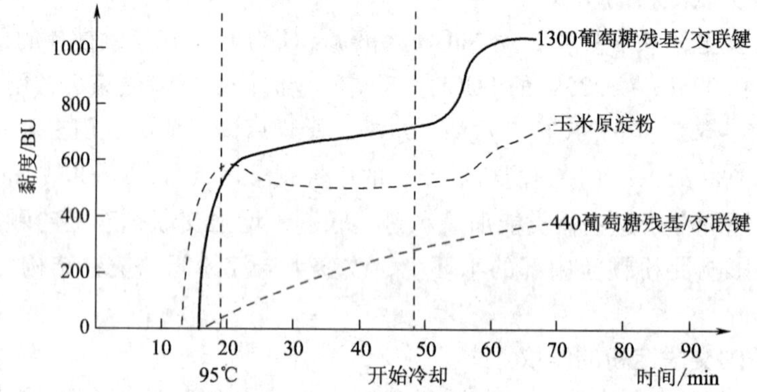

图9－4　交联对玉米淀粉黏度的影响

（3）稳定性　交联淀粉糊的黏度对热、酸和剪切力影响有高度的稳定性，其稳定性随交联化学键不同而有差异。环氧氯丙烷交联为醚键，化学稳定性高，所得交联淀粉抗酸、抗碱、抗剪切力强，对酶作用的稳定性高；三氯氧磷和三偏磷酸钠交联为无机酯键，对酸的作用稳定性高，对碱作用的稳定性低。交联淀粉还具有较高的冷冻和冻融稳定性。

原淀粉颗粒易受剪切作用，结构被破坏，其糊的黏度可明显降低。交联作用加固了淀粉颗粒的结构，增加了分子间的键合力。如图9－5所示，黏玉米淀粉糊黏度在剪切作用下降低很多，经低度交联便能提高其稳定性。

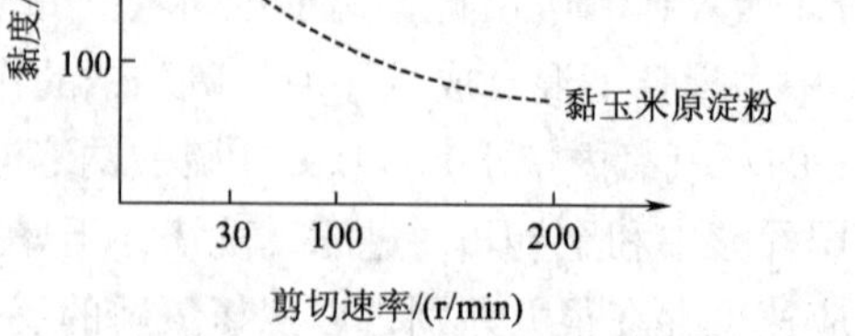

图9－5　不同剪切速率对原淀粉及交联淀粉黏度的影响

2. 应用

(1) 食品工业　常使用交联的磷酸酯、醋酸酯和羟烷基淀粉，即复合变性产品。罐头食品的高温加热杀菌要求淀粉糊的热稳定性高，交联淀粉可满足这一要求。采用溶胀速度缓慢的交联淀粉可使罐头食品初黏度低，传热快，温度上升快，有利于瞬间杀菌；用交联淀粉作色拉调味汁增稠剂，可在酸性环境和高度剪切力的情况下，保持调味汁所需要的黏度；交联淀粉还适于冷冻食品，可提高其冻融稳定性；蜡质玉米制得的交联淀粉能够增加糕点的体积，提高柔软性和耐藏性。

(2) 医疗业　交联淀粉可用作外科手术橡胶手套的滑润剂。它对身体无害无毒，高温灭菌时不糊化，不与手套粘连，含羧甲基或羟烷基的交联淀粉醚适于在人体卫生制品中作水的吸附剂。

(3) 纺织工业　交联淀粉可用在碱性织物印花浆中，使浆呈高黏度。

(4) 其它行业　交联淀粉可用作印刷油墨、煤坯黏合剂等。高交联度淀粉还用于生产耐火材料及微胶囊中。交联淀粉还可用在瓦楞纸板黏合剂中，使之在强碱性条件下具有高黏度。

第六节　酯 化 淀 粉

淀粉分子的醇羟基被无机酸及有机酸酯化而得到的淀粉衍生物称为酯化淀粉。酯化淀粉又可分为淀粉无机酸酯和淀粉有机酸酯两大类。前者主要品种有淀粉磷酸酯、淀粉硝酸酯、淀粉黄原酸酯等；后者主要品种有淀粉醋酸酯、淀粉烯基琥珀酸酯等。酯化淀粉具有高黏度、高稳定性及阴离子特性，生产成本低廉，应用广泛。

一、淀粉磷酸酯

淀粉易与磷酸盐反应生成磷酸酯淀粉，即使很低的取代度也能明显改变原淀粉的性质。磷酸为三价酸，能与淀粉分子中的三个羟基起反应生成淀粉磷酸一酯、淀粉磷酸二酯和淀粉磷酸三酯，其结构如下所示。淀粉磷酸一酯又称淀粉磷酸单酯，是工业上应用最广泛的磷酸酯淀粉。磷酸与来自不同淀粉分子的两个羟基起酯化反应为淀粉磷酸二酯，属于交联淀粉。二酯的交联反应也同时有少量淀粉磷酸一酯和淀粉磷酸三酯反应并行发生。

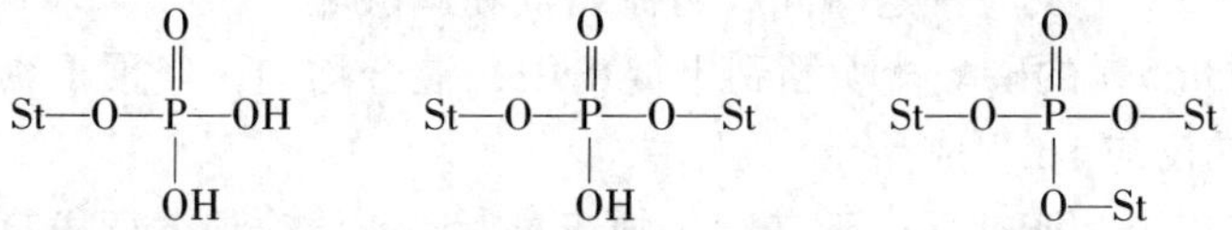

淀粉磷酸一酯　　淀粉磷酸二酯　　淀粉磷酸三酯

原淀粉颗粒中含有少量磷，虽然取代度很低，对淀粉的胶体性质也会有一定的影响，马铃薯淀粉在这一方面尤为明显。马铃薯淀粉中磷的含量为0.07%～0.09%，相当于每212～273葡萄糖单位含有一个正磷酸基。

1. 基本原理和生产工艺

淀粉磷酸化的过程是一个酯化反应的过程。酯是酸分子中可解离的氢离子被羟基取代而成的化合物。酯化过程是可逆的，在酯化反应中淀粉磷酸酯易水解产生醇和酸，所以生产要在加热或催化条件下进行。另外，制取淀粉磷酸酯时的反应条件会显著影响产品的性质，如反应温度、时间、pH、原淀粉和磷酸盐的品种及添加量不同，将会生成具有不同特性和用途的系列产品。

（1）淀粉磷酸一酯　生产淀粉磷酸一酯所采用的磷酸化试剂有：正磷酸盐、三聚磷酸盐、尿素磷酸盐和有机磷酸化试剂等。下面就不同磷酸化试剂的反应过程分别叙述如下。

①正磷酸盐：正磷酸盐主要指 Na_2HPO_4 和 NaH_2PO_4，反应式如下：

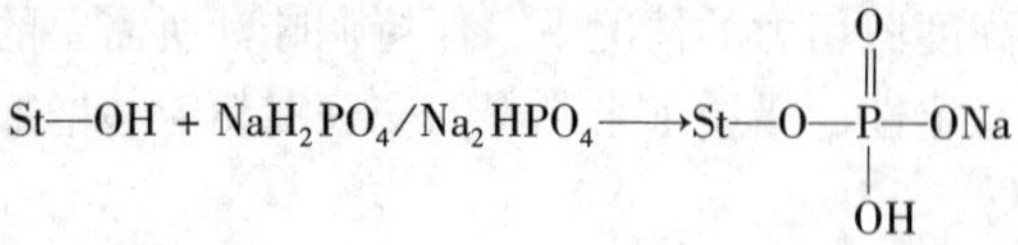

生产工艺分浸泡法和干法。

浸泡法生产工艺流程如下：

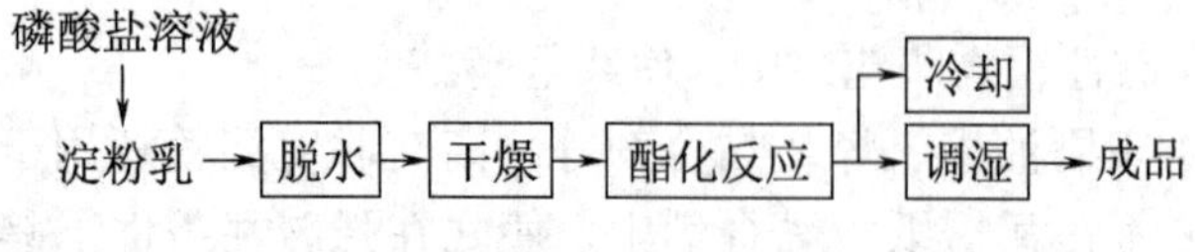

将淀粉和正磷酸盐（Na_2HPO_4 和 NaH_2PO_4 混合物）混合搅拌，调成浆状，水分含量约40%。在搅拌下调节 pH5.5～6.0，控制温度为50～60℃，浸渍10～30min后过滤。滤饼采用空气干燥或在40～45℃下将水分含量预干燥至5%～10%。在140～160℃温度下在干法反应器中加热0.5～4h或更长一些时间，然后冷却，经粉碎即得单酯型磷酸淀粉。例如，将180份玉米淀粉加到含有34.5份 NaH_2PO_4 和96份 Na_2HPO_4 的190份水中，调pH至5.5，45℃搅拌10～30min，过滤、干燥至含水5.7%，于150℃加热4h，得含磷1.63%产品。

浸泡法反应的优点是试剂对淀粉渗透、混合均匀度较高，反应充分；缺点是会产生三废问题，而且滤饼湿度大，需干燥而使反应时间加长。

干法的工艺流程如下：

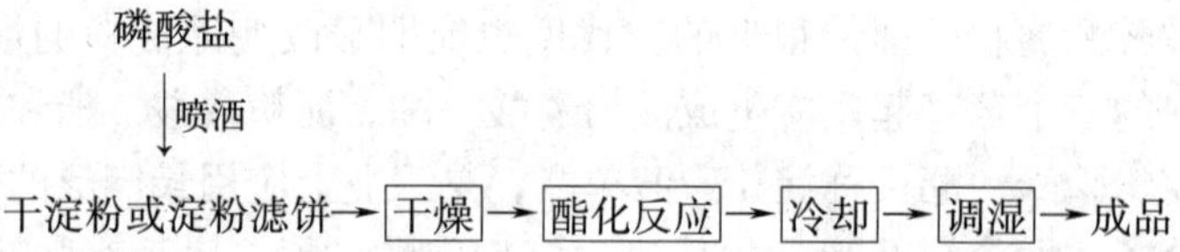

用饱和的正磷酸盐溶液，喷洒到干淀粉或淀粉滤饼上，同时要搅拌均匀，预干燥至含水量5%～10%后，在140～160℃下反应一定时间，可制得淀粉磷酸酯。

例如，将相当于淀粉质量5%的磷酸盐喷洒到干淀粉中，混合均匀，经预干燥至含水量小于10%，在140～160℃热反应1h得成品。

干法反应优点是工艺流程短，能耗低，无三废；缺点是对喷雾混合设备要求高，生产中粉尘大，易爆炸，产品均匀度不如湿法。

②三聚磷酸钠：采用三聚磷酸钠（STP）作磷酸化剂对淀粉进行磷酸化的反应式如下：

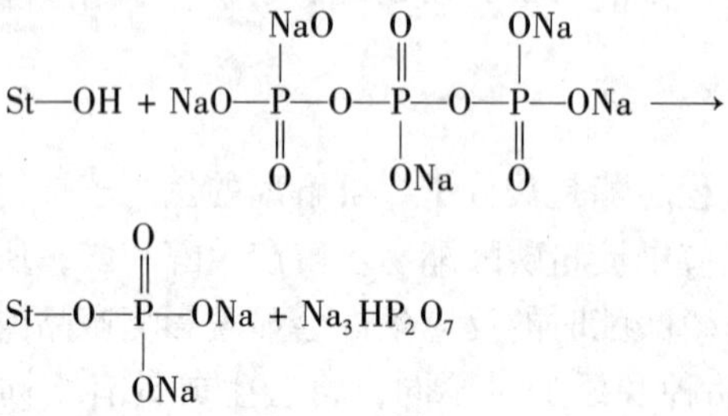

同正磷酸盐一样，也可用干法和浸泡法将淀粉与 STP 反应生成淀粉磷酸酯。采用干法时，淀粉与 STP 反应温度为 100 ~ 120℃。STP 与淀粉混合的 pH 为 8.5 ~ 9.0，反应期间要降低到 7.0，副产品焦磷酸钠也可与淀粉起酯化反应。

③无机磷酸盐和尿素：尿素和磷酸盐结合使用与淀粉反应有一特定的效果。使用较低的反应温度、较短的反应时间及较少的磷酸盐用量即可制得稳定的淀粉产品。这种产品比上述方法制得的淀粉磷酸酯有更高的黏度和更浅的色泽。尿素起交联作用和取代基作用，使降解产物减少，交联后分子质量增加，阻止有色物质的生成。一般尿素的加入量为淀粉质量的 2% ~ 5%。如采用 2% ~ 5% 尿素（对淀粉），不同数量的正磷酸盐，在 pH4 ~ 8，140 ~ 160℃下加热数小时，可获得含 1% ~ 5% 的结合磷的产品。应用三聚磷酸钠和尿素，用量分别为玉米淀粉的 2% ~ 3%，在 140 ~ 150℃，加热 20 ~ 30min，产品含磷量约达 0.3%，产品糊化温度降低，糊黏度有所增加。

（2）淀粉磷酸二酯　淀粉磷酸二酯是由一个淀粉分子中的两个醇羟基同一个正磷酸分子酯化，或者两个淀粉分子中的各一个羟基同一个正磷酸分子酯化的生成物。淀粉磷酸二酯可用湿法生产。用三氯氧磷和三偏磷酸盐为交联剂，生产淀粉磷酸二酯的方法已在交联淀粉中介绍，在此不再赘述。

2. 性质

（1）黏度　糊黏度比原淀粉高。提高取代度会使糊化温度降低，取代度达到 0.05 以上时，产品有冷水膨胀性，其糊液透明，表现出高分子电解质所特有的高黏度和结构特性。

（2）稳定性　淀粉磷酸单酯的糊液能和动物胶、植物胶、聚乙烯醇及聚丙烯酯相混，一般取代度为 0.02 ~ 0.10 的淀粉磷酸单酯会表现出较好的分散稳定性，常作为食品工业的乳化剂。淀粉磷酸酯的凝沉性减弱，冻融稳定性好。淀粉磷酸双酯对高温、剪切力、pH 等表现出更大的稳定性，所以常作为增稠剂和稳定剂。

（3）阴离子性质　淀粉磷酸酯能被正电荷染料着色（如甲基蓝）；能与钙、镁、铅、钛等离子形成沉淀。

3. 应用

淀粉磷酸酯具有黏度大，耐老化，冻融稳定性及良好的分散性、乳化性等特点，因而广泛应用于造纸工业、食品工业、纺织工业等领域。

（1）造纸工业　可用作湿部添加剂，能够改善纸张的强度，提高填料的留着率。低黏度尿素磷酸酯淀粉作为涂布黏合剂用于高级涂布纸生产，制成的纸具有良好的耐水性能。含氮磷酸酯淀粉因有较高黏度还可作为层间增强剂使用。代替水玻璃用作瓦楞纸黏合剂，由于黏度高，不反碱，用量小，成本低而受到欢迎。

（2）食品工业　可作乳化剂、增稠剂和稳定剂，适于不同食品加工中应用。淀粉磷酸酯可作水果布丁的添加剂，改变食品的稠度结构；它还是良好的乳化剂，可与醋、酱油、植物油、果汁、肉汁、菜汁等形成稳定乳化分散液，在制作色拉调味品时，它是最好的乳化剂；常用于保存冷冻食品，在反复冻融过程中仍能具良好的保型作用。

（3）纺织工业　用于上浆、印染和织物整理。用做印染增稠剂，可以改善印染的均匀性和渗透性。

（4）废水处理　淀粉磷酸酯还是较好的沉降剂，适用于工厂废水处理。

二、淀粉醋酸酯

在碱性条件下，淀粉与醋酸酐等酯化剂反应，生成带有乙酰基的淀粉衍生物，即为淀粉醋酸酯，又称乙酰化淀粉或醋酸淀粉。在工业上一般使用的都是低取代度的产品（DS 在 0.2 以下）。高取代度的淀粉醋酸酯（DS 在 2 ~ 3）性质与醋酸纤维素相似，但因强度及价格方面的问题，尚未大规模生产。

1. 基本原理

淀粉分子中的葡萄糖单位的 C_2、C_3 和 C_6 上具有羟基，在碱性条件下，能被多种乙酰基取代，生成低取代度淀粉醋酸酯。所用的酯化剂有醋酸、醋酸酐、醋酸乙烯酯、醋酐 - 醋酸混合液等，一般以醋酸酐居多。

（1）醋酸酐作酯化剂　工业生产低取代度产品是用淀粉乳在碱性条件下，与醋酸酐试剂的反应，表示如下：

$$St—OH + (CH_3CO)_2O + NaOH \longrightarrow St—OCOCH_3 + CH_3COONa + H_2O$$

在反应过程中，醋酸酐和生成的淀粉醋酸酯受碱的作用，发生水解反应，这是不利的副反应，选择合理的生产条件尽量抑制下列反应发生：

$$(CH_3CO)_2O + H_2O \xrightarrow{NaOH} 2CH_3COONa$$

$$St—OCOCH_3 + H_2O \xrightarrow{NaOH} St—OH + CH_3COONa$$

（2）醋酸乙烯酯作酯化剂　通过碱性催化酯基转移反应，醋酸乙烯酯能作用于淀粉，易于生成淀粉醋酸酯衍生物，为工业常用方法。在反应中，除生成淀粉醋酸酯外，还会生成乙烯醇（CH_2—CHOH），并立即重排成乙醛。

$$St—OH + CH_2 = CHO\overset{\overset{O}{\|}}{C}—CH_3 \xrightarrow{Na_2CO_3} St—OCOCH_3 + CH_3CHO$$

在反应过程中，醋酸乙烯酯和生成的淀粉醋酸酯都会受到碱性催化作用发生水解反应，这是不利的副反应，应尽量抑制其反应发生。

$$CH_2 = CHO\overset{\overset{O}{\|}}{C}CH_3 + H_2O \xrightarrow{NaOH} CH_3COONa + CH_3CHO$$

2. 生产工艺

（1）以醋酸酐为酯化剂制取低取代淀粉醋酸酯　将淀粉用水调成 40% 淀粉乳，用 3% 氢氧化钠调节 pH 到 8.0，缓慢加入需要量的醋酸酐，为了防止酯水解副反应，反应在室温（25 ~ 30℃）下进行。在加入醋酸酐的同时，要不断加入 3% 氢氧化钠以保持 pH8.0 ~ 8.4，因反应条件而不同，工业生产反应时间一般控制在 2 ~ 4h。反应时间过长，在碱性条件下，淀粉醋酸酯可水解脱酯。反应结束后用 0.5mol/L 盐酸调节 pH 至 5.5 ~ 7.0，然后离心、洗涤、干燥，制得成品。反应温度与 pH 相关，如是 25 ~ 30℃，适宜的 pH 为 8 ~ 8.4；如是 38℃，适宜的 pH 为 7；如是 20℃以下，适宜的 pH 可在 8.4 以上。

（2）以醋酸乙烯酯作酯化剂制取低取代淀粉醋酸酯　将淀粉分散在含有碳酸钠的水中，然后加入需要量的醋酸乙烯酯，溶液 pH 调节至 7.5 ~ 10，在 24℃反应 1h，过滤、水洗、烘干，即得醋酸酯淀粉和乙醛副产品。乙醛可在 pH2.5 ~ 3.5 时交联乙酰化淀粉。

例如，混合 10g 玉米淀粉（水分含量 12%）于 150mL 水中，含 0.057mol 碳酸钠，38℃，加入醋酸乙烯酯 10g，保持搅拌反应 1h，在反应过程中 pH 由 10 降至 8.6，用稀硫酸调至 pH6~7，过滤、水洗、干燥得成品，产品含乙酰基3.6%。

3. 性质

（1）颗粒　低取代度淀粉醋酸酯颗粒形状与原淀粉无差别。乙酰基为非离子，淀粉醋酸酯易被碱作用而脱去乙酰基，所得的再生淀粉与原淀粉颗粒形状和性质完全相同。

（2）稳定性　由于低取代度淀粉醋酸酯在分子中引入少量的乙酰基，阻止或减少了直链分子氢键的缔合，使形成的糊液有非常好的稳定性。图9-6为乙酰含量1.8%的玉米淀粉醋酸酯与原淀粉黏度曲线比较，结果表明：糊化温度比原淀粉下降6℃，最高热黏度峰值温度比原淀粉低10℃，随着乙酰化程度增大，糊化温度与最高热黏度的峰值温度差进一步扩大。而在冷却过程中，醋酸酯玉米淀粉的黏度比原玉米淀粉黏度上升得慢，且黏度较低，这些特点说明醋酸酯淀粉是有较好的黏度稳定性。

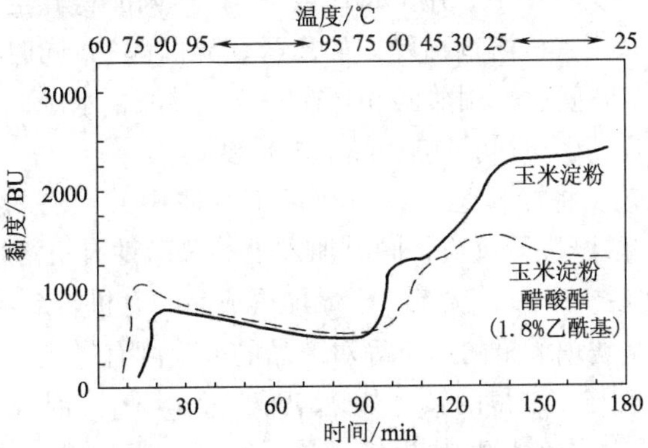

图9-6　玉米淀粉黏度曲线比较

（3）薄膜特性　乙酰化反应增加了淀粉颗粒的溶胀和分散性，提高了糊液的透明度，显著改善了成膜性能，形成的薄膜柔软、光亮、耐磨。

4. 用途

（1）食品工业　主要作为增稠剂使用，具有黏度高、透明度高、凝沉性弱、储存稳定等优点。在实际应用中，常进行复合变性，如交联、烷基化、预糊化等。交联乙酰化淀粉能经受住低 pH、高剪切力、高温与低温的处理，可用于罐头、冷冻、焙烤和干制食品中。羟丙基淀粉醋酸酯可作口香糖的基质。

（2）造纸工业　主要是用作表面施胶，能够改善纸张的可印刷性，使纸具有较低而均匀的孔隙性，增加表面强度、耐磨性、保油性。用作胶纸带胶黏剂，胶膜光亮、柔软。

（3）纺织工业　因成膜性好，可用于经纱上浆。还可与热固性树脂混合使用于织物整理，能降低成本，增加织物的重量和改进手感。

三、淀粉烯基琥珀酸酯

淀粉烯基琥珀酸酯（丁二酸酯）是淀粉与烯基丁二酸酐在弱碱性条件下的反应产物，烯基为5~8个碳原子的烃链。它的主要用途是乳化和增稠，也可用作微胶囊的壁材。FDA允许使用于食品的淀粉烯基琥珀酸酯为辛烯基琥珀酸淀粉酯。

1. 基本原理

在碱催化剂的作用下，淀粉与烯基琥珀酸酐反应生成淀粉烯基琥珀酸酯，其反应方程式如下：

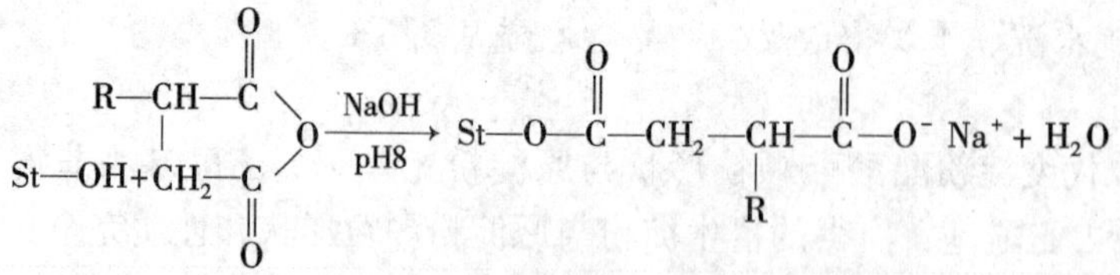

R 为二甲基或二亚甲基；R′为 5 ~ 8 个碳原子的烷基或烯基。

烯基琥珀酸酐与淀粉进行酯化反应时，酸酐的环被打开，其中一端以酯键与淀粉分子的羟基结合，另一端则产生一个羧基。整个反应体系的 pH 随反应的进行而下降，反应中需用碱性试剂进行中和，维持反应体系的微碱化，使反应向酯化反应的方向进行。

2. 生产工艺

制备淀粉烯基琥珀酸酯的工艺有三种：湿法、有机溶剂法和干法。

（1）湿法工艺　在一定温度下，用 NaOH 或 Na_2CO_3 调淀粉乳至 pH8 ~ 10。向淀粉乳中加入烯基琥珀酸酐（可先用有机溶剂稀释，如乙醇、异丙醇），同时用碱控制体系的 pH 在微碱性条件下。反应一定时间后，用酸调 pH 至 6 ~ 7，过滤，水洗，干燥即得成品。烯基琥珀酸酐的用量、反应 pH、反应时间影响产品的取代度。

（2）有机溶剂法工艺　将淀粉悬浮在有机溶剂介质中（或有机溶剂的水溶液，如苯、丙酮），再加入烯基琥珀酸酐进行反应，同时加入吡啶等碱性有机溶剂或无机碱溶液维持反应的 pH，反应一段时间后，中和、洗涤、干燥即得成品。有机溶剂与水的比例、反应温度、碱用量、反应时间及烯基琥珀酸酐的用量等对产品的取代度有影响。

（3）干法工艺　淀粉与一定量的碱（如 Na_3PO_4，Na_2CO_3）混合，然后喷入用有机溶剂事先稀释的烯基琥珀酸酐，混匀后加热反应。另一种方法是先将淀粉悬浮于 0.7% ~1% 的 NaOH 溶液中，过滤，待淀粉干至所需要的水分，喷入烯基琥珀酸酐，混匀后进行加热反应。淀粉的含水量、碱用量及碱化时间、烯基琥珀酸酐的稀释倍数、反应温度、反应时间及烯基琥珀酸酐的用量等影响产品的取代度。

3. 性质

（1）淀粉烯基琥珀酸酯会引起黏度升高及糊化温度的降低。

（2）淀粉烯基琥珀酸酯不易回生形成凝胶，抗老化、稳定性高。

（3）淀粉烯基琥珀酸酯能增强乳化稳定性。

4. 应用

（1）淀粉辛烯基琥珀酸酯在无醇饮料中可以稳定香料香味。

（2）低黏度的淀粉辛烯基琥珀酸酯可用于微胶囊壁材。

（3）辛烯基琥珀酸淀粉酯若加入肉浆中，可以明显地增强肉浆的持水性和黏性。

（4）在焙烤食品中应用辛烯基琥珀酸淀粉酯，与糊精蛋白粉等混合包裹在食品外部，黏附力强且口感极脆。

第七节　醚化淀粉

醚化淀粉是淀粉分子的羟基与烃化合物中的羟基通过氧原子连接起来的淀粉衍生物。它有许多品种，其中工业化生产的主要有三种类型，即羧甲基淀粉、羟烷基淀粉和阳离子淀粉。对淀粉进行醚化变性，可提高黏度的稳定性，特别是在高 pH 条件下，醚化淀粉较前面提到的氧化淀粉和酯化淀粉性能更为稳定，所以应用范围较为广泛。

一、羧甲基淀粉

羧甲基淀粉（CMS）是一种阴离子淀粉醚，通常是以钠盐形式制取。首次制成羧甲基淀粉是在1924年，1940年已工业化生产，由于CMS黏度高、糊液透明，流动性、溶解性及稳定性好，分子中的羧基具有螯合、离子交换等性质，故有多方面的用途。

1. 基本原理

淀粉与一氯醋酸在NaOH存在下起醚化反应，葡萄糖单位中醇羟基被羧甲基取代，其反应式为：

$$St—OH + NaOH \longrightarrow St—O—Na + H_2O$$

$$St—ONa + ClCH_2COOH + NaOH \longrightarrow St—O—CH_2COONa + NaCl + H_2O$$

所得产物为羧甲基钠盐，故作羧甲基淀粉钠，习惯上称为羧甲基淀粉。羧甲基取代反应优先发生在葡萄糖单位的 C_2 和 C_3 原子上。

除主反应外，在含水介质中，一氯醋酸还可与NaOH发生下列副反应：

$$ClCH_2COOH + NaOH \longrightarrow HOCH_2COOH + NaCl$$

一般在含水介质中反应制得低取代度的产品，而高取代度的产品是在非水介质中制取的。

2. 生产工艺

（1）水媒法　羧甲基淀粉在取代度约0.1或以下时不溶于冷水，水媒法工艺一般适用于低DS≤0.07的产品生产，但工业上一般要求DS为0.3左右。

工艺流程为：在反应器中加入水作分散剂，搅拌下加入淀粉，然后加入NaOH进行活化，再加入适量的一氯乙酸在低于糊化温度的条件下进入醚化反应。反应结束后，进行过滤、清洗、干燥即得CMS产品。水媒法因制得的CMS取代度很低，工业上意义不大。

（2）有机溶剂法　其工艺流程如下：

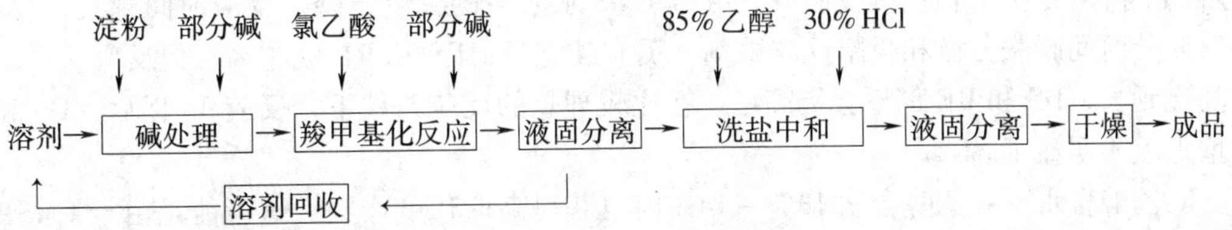

在含水介质中反应，随着反应进行，反应物越来越黏稠，给搅拌带来困难，进而给脱水、洗涤带来一系列问题。高取代度的羧甲基淀粉都在非水介质中反应，一般用能与水混溶的有机溶剂为介质，在少量水分存在的条件下进行醚化，可提高取代度和反应效率，使产品保持颗粒状态。有机溶剂的作用是保持淀粉不溶解，常用的有机溶剂为甲醇、乙醇、丙酮、异丙醇等。

例如，在反应器中加入250kg淀粉，400L乙醇（86%），开动搅拌，升温至45~50℃，然后将事先用600L乙醇（86%）与112kgNaOH配制成的溶液，连续加到淀粉乳中，再加入94.5kg氯乙酸（溶于200L86%乙醇中），反应3h，离心分离，用86%乙醇洗涤，再离心分离，烘干。与含水介质中的情况相似，反应产物的取代度与碱和氯乙酸的浓度、反应时间、反应温度等因素有关。除此之外，还与反应介质以及溶剂与水的比例有关。

有关非水介质中醚化反应工艺条件作如下讨论：

①反应介质不同对取代度的影响：如表9－4所示，相同条件下制备羧甲基淀粉，在不同溶剂时，所得到的羧甲基淀粉取代度大小顺序为：异丙醇＞乙醇＞丙酮＞甲醇＞水。实际的工业生产中多选乙醇为介质，以后的讨论中，也以乙醇为介质的基础上进行。

表9－4　不同反应介质对醚化淀粉取代度的影响

溶剂	丙酮	异丙酮	甲醇	乙醇	水
醚化淀粉取代度	0.3793	0.5897	0.2294	0.4756	0.1755

②淀粉与溶剂的比例：当淀粉与溶剂的比例从0.5增至2.5时，取代度DS迅速增加，超过2.5后，溶剂比例较高，反应物碰撞概率下降，淀粉分子、氢氧化钠和氯乙酸的反应物结合量降低，DS变小。

③碱的用量和加入方式：碱作为反应中放出酸的接受剂，同时又能促进淀粉颗粒溶胀。吸附了大量碱的淀粉颗粒，增加了醚化反应的活性。当淀粉与溶剂比例为1∶2.5，氢氧化钠增至8mol/L时，取代度（DS）和反应率（RE）明显增大，继续提高NaOH用量，DS和RE均下降。理由是NaOH在临界值前，主反应占优势，随NaOH量的增加，副反应就会逐渐占优势，而且NaOH超过一定量后还会使淀粉糊化。为了得到颗粒完整的CMS，则需在NaOH中加入Na_2SO_4或NaCl。传统方式是NaOH一次性加入，改为一次在碱化处理时加入，另一次在羧甲基化时加入，可保持系统pH的稳定性，抑制副反应，制得高取代度CMS。

④物料配比：反应物配比对产物质量指标有很大影响。DS越高，要求氯乙酸用量越多，但RE值相应也会下降。从理论上讲，制备取代度为1的CMS，则需要淀粉∶氯乙酸∶氢氧化钠的物质的量比为1∶1∶2。在实际应用中，氯乙酸用量需适当提高。

⑤反应温度和时间：反应温度包括加碱温度和醚化反应温度。试验发现两个温度的影响接近，一般都应在35～55℃，以40～50℃为最好。温度超过一定范围，淀粉分子链处于碱降解和热降解之中，颗粒过度破碎，导致CMS水溶液的黏度下降。反应时间越长，淀粉颗粒有充分时间膨胀分散和吸附反应试剂，反应越充分，DS和RE就越高。但反应达平衡后，时间再延长，DS和RE都不会提高了。在比较理想的反应条件下，反应3h以后，DS和RE的增加就不明显了。

⑥乙醇含水率：乙醇含水13%～14%时可获得高取代度产物。这可能是由于CMS是吸水的、反应是由表面向颗粒内部浸润，在反应中期时颗粒已明显吸水溶胀，若此时溶剂含水过多，则易在颗粒外表面及浅层形成较细密黏性膜，阻碍醚化剂向颗粒内部渗透。但乙醇含水过低，则极性弱，大部分NaOH处于分子状态，同样不利于醚化反应。试验证明在高于95%的乙醇中原淀粉的羧甲基化反应难以发生。

有机溶剂法的碱化、醚化过程较均匀，产品透明度高，经洗涤除杂后，可生产纯度和黏度较高的产品。产品仍具有原淀粉的颗粒形态，色泽较白，质量优于干法和水媒法。但有机溶剂法工艺设备较复杂、投资大、操作程序多，由于生产过程中耗用大量溶剂，成本较高。

在生产高取代度CMS时，如对反应控制不好，易出现糊化凝胶现象，造成反应失败，出料困难，产品报废。解决和防止的办法有：降低反应温度，延长反应时间，尤其是反应后期的温度不能提高；控制反应体系内的水分含量，应考虑原淀粉所含水分和反应过程中生成的水分；添加氯化钠或硫酸钠抑制反应体系的糊化凝胶。

（3）干法　干法是指在生产过程中不用水或使用很少量的水生产 CMS 的方法。将干淀粉、固体氢氧化钠粉末与一氯醋酸按一定比例干混并充分搅拌，反应器中升温到一定温度，反应一定时间即可得产品。

干法的优点是反应效率高，操作简单，生产成本低，生产过程无废水排放，有利于环境保护。缺点是产品中含有杂质（如盐等），反应的装置要求高，产物的反应均匀度不如湿法。

3. 性质

（1）基本特性　CMS 为白色或淡黄色粉末，无臭无味。工业上生产的具有应用价值的产品，其取代度以 0.3 左右居多。低取代度的产品仍需加热才能糊化，若取代度增加糊化温度下降；取代度在 0.15 左右可在冷水中润胀，随取代度增加，其水中溶解度也增加，较高取代度的产品，冷水可溶，溶液清晰透明；CMS 具有吸湿性，因此必须贮存在密闭容器内；不溶于乙醇、乙醚、丙酮等有机溶剂；CMS 具阴离子基，易与重金属离子或阳离子化合物形成凝胶或沉淀，这种现象一般是可逆的，并与溶液 pH 有关。

（2）黏度　CMS 水溶液具有高黏度，黏度随取代度的提高而增加。黏度与盐类的含量有关，添加盐类则黏度大大下降。盐类除去越彻底，黏度越高。

（3）稳定性　与原淀粉相比 CMS 稳定性好，适用作增稠剂和稳定剂。

（4）吸水性　CMS 可吸水膨胀，其体积为原来的几十倍甚至二三百倍；CMS 还具有良好的保水性、渗透性和乳化性。

（5）生成沉淀　与重金属离子反应可产生沉淀。

4. 应用

（1）食品工业　CMS 可作为增稠剂，如冰淇淋中加入量一般为 0.2%～0.5%；CMS 可作为稳定剂，可加入到果汁中；CMS 也可加入到奶或乳饮料中，加入量为蛋白的 10%～12%，它可保持产品的均匀稳定，防止奶蛋白的凝聚，从而提高乳品饮料的质量，并能长期、稳定地贮存，不腐败变质；CMS 用作冰淇淋稳定剂，冰粒形成快而小，组织细腻，风味好；CMS 可作为食品保鲜剂，将其稀溶液喷洒在肉类制品、蔬菜水果等食物表面，可以形成一种极薄的膜，能长时间保持食品的鲜嫩。

（2）医药工业　CMS 可用作为药片的黏合剂和崩解剂，能加速药片的崩解和有效药物的溶出。

（3）石油钻井　CMS 在油田得到广泛使用，被公认为优质的降滤失剂。

（4）纺织工业　CMS 作经纱上浆剂具有浆膜柔软，调浆方便，乳化性、渗透性好的特点，而且用冷水即可退浆；亦可作印花糊的增稠剂。

（5）造纸工业　CMS 可作为纸张增强剂及表面施胶剂，并能与 PVC 合用形成抗油性及水不溶性薄膜。

（6）日化工业　CMS 可作肥皂、家用洗涤剂的抗污垢再沉淀剂；牙膏的添加剂；化妆品中加入 CMS 可保持皮肤湿润；经交联的 CMS 可作面巾、卫生餐巾及生理吸湿剂。

（7）其它方面　CMS 可作为絮凝剂、螯合剂用于污水处理；作黏合剂用于建筑业；农业上用于种子包衣剂等。

二、羟烷基淀粉

淀粉与环氧烷反应生成的淀粉醚称作羟烷基淀粉。这类淀粉醚的特点是呈非离子状态，淀粉糊比较稳定，甚至在高 pH 条件下，醚键也不能水解。羟乙基淀粉和羟丙基淀粉是这类淀粉醚的典型产品。

1. 羟乙基淀粉

（1）基本原理　淀粉与环氧乙烷反应

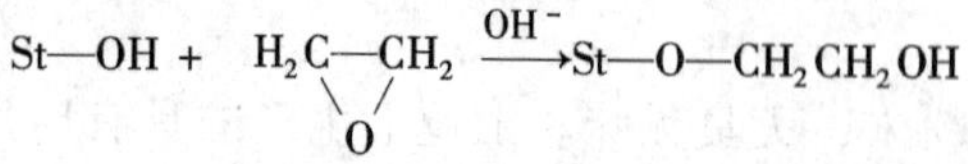

在羟乙基化反应中，环氧乙烷能与脱水葡萄糖单位中的三个羟基的任何一个起反应，还能与已取代的羟乙基起反应生成多氧乙基侧链，如下所示：

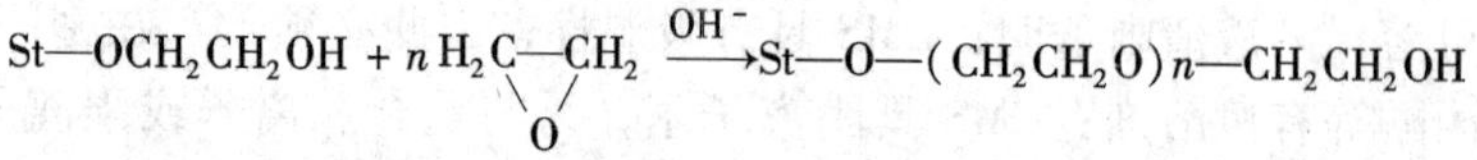

由于这种原因，一般不用取代度（DS）表示反应程度，而是用分子取代度（MS）表示，即平均每个脱水葡萄糖单位结合的环氧乙烷的分子数。每个脱水葡萄糖有 3 个羟基，DS 最高不能超过 3，但 MS 却能高过此数。

另外还存在以下副反应：

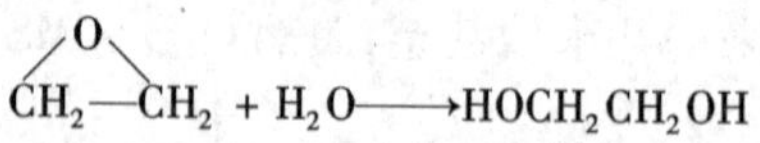

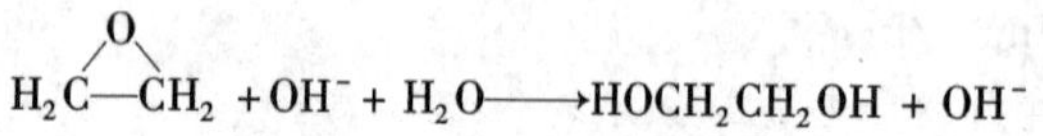

一般只有 50% ~75% 或更低的醚化剂与淀粉反应，有 25% ~50% 的醚化剂水解生成乙二醇。工业化生产的羟乙基淀粉产品 DS 为 0.2，由于醚化剂的连锁反应十分微弱，所以 DS 基本上等于 MS。

（2）生产工艺　淀粉颗粒和糊化淀粉都易与环氧乙烷起醚化反应生成部分取代的羟乙基淀粉衍生物。生产方法有湿法、有机溶剂法和干法。工业上生产低分子取代度产品（0.1MS 以下）用湿法，制备较高取代度产品，不宜用湿法工艺，而采用有机溶剂法或干法工艺。

①湿法：一种制备低分子取代度羟乙基淀粉的方法如下：淀粉乳浓度 350 ~450g/L，加入盐类（通常为硫酸钠或氯化钠）以抑制淀粉颗粒溶胀，用量为干淀粉重的 5% ~10%。加入 NaOH 为催化剂，用量为干淀粉重的 1% ~2%，先将 NaOH 配制成约 5% 水溶液，为防止局部碱液过浓，加入时应在搅拌下缓慢添加，也可在碱液中混入一定量的盐以抑制淀粉的溶胀。然后通入一个浸入器皿把相当于干淀粉质量 1.5% 的环氧乙烷加入到淀粉悬浮液中。在加入前，必须用氮气净化封闭式反应器上部空间，以免环氧乙烷与空气形成爆炸性混合物及环氧乙烷损失，这一点十分重要。反应混合物在密封反应器中，于 38℃ 下反应 24h，反应结束后，用盐酸中和到 pH5，过滤、洗涤除去盐和可溶性的副产物，至不含氯化钠为止，于室温干燥至含水量 9% ~11%，得羟乙基淀粉。

湿法反应的优点是控制反应容易，产品仍保持颗粒状，易于过滤、水洗、干燥。缺点是反应时间长、产品取代度低。

②有机溶剂法：制备较高分子取代度羟乙基淀粉需在有机溶剂中进行。虽然有机溶剂分

子中有羟基，但因淀粉分子羟基反应活性高，环氧乙烷优先与淀粉起反应。可用的有机溶剂有：甲醇、乙醇、丙酮、异丙醇、苯等。

实验室制备 0.5MS 羟乙基淀粉方法如下：在密闭容器中，将 100 份玉米淀粉（含水 10%），分散在 100 份异丙醇中，加入 3 份 NaOH（溶于 7.7 份水中），15 份环氧乙烷，44℃下反应 24h，醋酸中和，80% 乙醇洗涤到不含乙酸钠和其它有机副产物为止。

有机溶剂法的工艺虽与湿法大体相同，但溶剂昂贵、易燃、有毒，回收困难，一定程度上限制了该法的应用。

③干法：干法是制备较高取代度羟乙基淀粉的方法。淀粉颗粒和环氧乙烷进行气固反应，为了加快反应速度，首先让淀粉吸附催化剂（如 NaOH 和 NaCl），然后再在高压釜内进行醚化反应。反应完成后用有机溶剂清洗，产品仍保持颗粒状，也可用叔胺和季胺碱做催化剂。干法可以得到洁白粉状、分子取代度较高的产品，但环氧乙烷的爆炸浓度范围极宽，且在高温、高压和碱催化条件下容易发生聚合反应，难以工业化。此外，成品难于净化，给应用于食品工业带来问题。

（3）性质

①基本特性：低取代度的羟乙基淀粉的颗粒与原淀粉十分相似；糊化温度随着取代度增高而降低；亲水性比原淀粉高，透明度高，胶黏力强；由于羟乙基的引入，淀粉分子间氢键重新结合趋向被抑制，凝沉性弱，贮存稳定性高；羟乙基为非离子基，受电解质和 pH 的影响要比离子型淀粉小得多；羟乙基淀粉薄膜比原淀粉清晰，易弯曲，柔软、光滑、均匀，改善了抗油性。

②对碱稳定：羟乙基淀粉有醚键，除对酸、热和氧化剂作用稳定外，特别对碱稳定，故能在较宽 pH 范围内应用仍可保持优良品质。

③冻融稳定性：高分子取代度羟乙基淀粉的 MS 在 0.5 以上，可溶于冷水，并随取代度的增加，冻融稳定性增高。

（4）应用

①造纸工业：作为表面施胶和涂布剂，赋予纸张较好的强度、耐折性和着墨性。低分子取代度的羟乙基淀粉作为纸制品的黏合剂时可以单独使用，也可与其它化学多聚物混合使用。

②纺织工业：羟乙基淀粉浆膜强度高，柔软，糊黏度稳定，宜作经纱浆料。糊化温度低，适于低温上浆；糊液耐酸、耐碱，能与许多染料相溶，是理想的印花糊料。

③医药工业：高分子取代度羟乙基淀粉主要用于医药工业。以蜡质玉米淀粉为原料制备的羟乙基淀粉可用作代血浆，其支叉结构与身体中的糖原相似，并且在血液中不受酶分解，分子大小符合流变特性要求，不会在组织中沉着。MS 为 0.5 的羟乙基淀粉可作冷冻保存血液的血细胞保存剂，用以防止红细胞在冷冻和融解过程中发生溶血现象，能够抑制红细胞低温凝聚作用，保护细胞壁表面，且易于洗脱。

2. 羟丙基淀粉

（1）基本原理

$$\mathrm{St{-}OH + NaOH \longrightarrow St{-}O{-}Na + H_2O}$$

$$\mathrm{St\,O^- \cdot Na^+ + \underset{\diagdown O \diagup}{H_2C{-}CHCH_2} \xrightarrow{NaOH} St\;\;OCH_2\underset{\displaystyle |\atop OH}{CH}CH_3 + NaOH}$$

除上面主反应外，还有副反应，取代程度增高，环氧丙烷还与已取代的羟丙基起反应生成多氧丙基侧链。

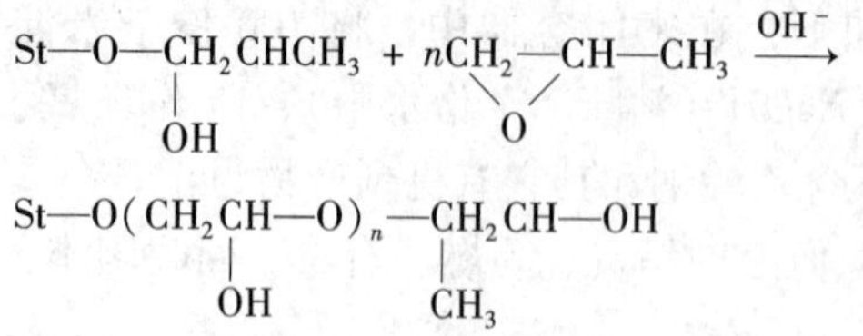

（2）生产工艺　羟丙基淀粉与羟乙基淀粉的制备方法基本相同，也分为湿法、有机溶剂法和干法，只是醚化剂为环氧丙烷。

①湿法工艺条件：催化剂 NaOH 为干淀粉质量的 0.5% ~1%，NaOH 溶液浓度为 5% ~7%；膨胀抑制剂为硫酸钠或氯化钠，加入量为干淀粉质量的 5% ~15%；环氧丙烷用量一般是干淀粉质量的 5% ~10%；反应温度 40 ~50℃，时间约需 24h。生产的羟丙基淀粉取代度在 0.1MS 或以下。因环氧丙烷与空气混合有引起爆炸的可能，与生产羟乙基淀粉一样，也需通氮气排除空气，并在密闭反应器中进行。应用于食品工业中的羟丙基淀粉，在制备时所使用的试剂和产品质量，都有严格规定。

②有机溶剂法：有机溶剂法可在高温下及较短时间内制得较高取代度的产品，需要时还可连续进行。例如，在装有回流冷凝器的反应器中，加入 16.7 份水，6 份 NaOH 和 150 份异丙醇及 100 份蜡质玉米淀粉，100 份环氧丙烷，加热至 45℃ 回流开始时，加入 0.3 份 H_2O_2，在随后的 7h 内温度逐渐升至 75℃，在此温度下回流停止，用冰醋酸中和。

③干法：高取代度的羟丙基淀粉常由干法制得。工业上是采用带搅拌、加热、加压的反应器进行。淀粉和 NaOH 在反应器中混合，混合物中水分控制在 10% ~20%，用氮气清洗反应器，并通入气态的环氧丙烷，在 85℃ 及 30kPa 下反应。反应可用磷酸钠或硫酸钠等盐类催化。

（3）性质　羟丙基淀粉在糊化温度、糊液性质、醚键特性、薄膜特性上与羟乙基淀粉相似。

羟丙基具有亲水性，能减弱淀粉颗粒内部氢键强度，使淀粉易于膨胀和糊化，所得淀粉糊透明度高，流动性好，凝沉性弱，糊的冻融稳定性高。

糊液黏度稳定是最大的特点：在室温条件下存在 120h，黏度几乎没有什么变化。冷却黏度虽也增高，但幅度不大，并经重新加热后，仍能恢复原来的热黏度和透明度。

羟丙基为非离子性，受电解质影响小，取代醚键的稳定性高，在进行复合变性的氧化、交联等化学反应过程中取代基不会脱落，能在较宽的 pH 条件下使用。

糊的成膜性好，透明、柔软、平滑、耐折性好。

（4）应用

①食品工业：羟丙基淀粉主要用于食品，用于冷冻食品和方便食品中，可使食品在低温贮藏时具有良好的保水性，使食品耐热、耐酸和抗剪切性能，并有良好的冻融稳定性及耐煮性；羟丙基淀粉也可作悬浮剂用于浓缩橙汁中，流动性好，放置也不分层或沉淀；交联羟丙基淀粉在常温下黏度低，在高温下黏度高，并且稳定，特别适于作罐头类食品中的增稠剂。

②其它行业：不像用于食品中那样普及。可用于造纸施胶和纺织上浆；用于洗涤剂中防止污物沉淀；用作建筑材料的黏合剂，涂料、化妆品的凝胶剂。

三、阳离子淀粉

阳离子淀粉是用各种含卤代基或环氧基的有机胺类化合物与淀粉分子中的羟基进行醚化反应而生成的一种含有氨基，并在氮原子上带有正电荷的淀粉醚衍生物。根据胺类化合物的结构或产品的特征，可分为伯胺型、仲胺型、叔胺型、季胺型阳离子淀粉以及其它杂类阳离子淀粉。目前，新的阳离子淀粉醚仍在继续发展，但叔胺烷基淀粉醚和季胺烷基淀粉醚是主要的商品淀粉，尤其季铵型阳离子淀粉是继叔胺型阳离子淀粉后发展起来的，各方面性能均优于叔胺型阳离子淀粉。

1. 叔胺烷基淀粉醚

(1) 基本原理　用来制造叔胺烷基淀粉的卤代胺包括二-甲基胺乙基氯、二-乙基胺乙基氯、二-甲基胺异丙基氯等。以二-乙基胺乙基氯为例，反应式如下：

$$\text{St—OH} + \text{Cl—CH}_2\text{CH}_2\text{N}(\text{C}_2\text{H}_5)_2 \xrightarrow{-\text{OH}}$$

$$\text{St—O—CH}_2\text{CH}_2\text{N}(\text{C}_2\text{H}_5)_2 \xrightarrow{\text{HCl}}$$

$$[\text{St—O—CH}_2\text{CH}_2\text{NH}(\text{C}_2\text{H}_5)_2]^+\text{Cl}^-$$

(2) 生产工艺　通常采用湿法，以水为反应介质，先将淀粉调成浓度为35%～40%的淀粉乳。由于反应是在碱性条件（pH10～11）下进行，必须在反应介质中加入10%左右的氯化钠，抑制淀粉颗粒膨胀。加入醚化剂后将反应温度控制在40～50℃。反应时间视取代度要求来确定，一般为4～24h，反应结束后，用盐酸中和至pH5.5～7.0，然后离心、洗涤、干燥。

醚化剂用量随要求的取代度、碱性高低和反应温度而不同。要严格控制反应的pH值，在反应过程中，一部分碱被消耗，必要时需添加碱来保持要求的pH。尽管制备叔胺烷基淀粉醚所用的阳离子剂成本较低，但由于叔胺烷基淀粉醚只有在酸性条件下呈强阳离子性，因而在使用上受到了一定限制。

2. 季铵烷基淀粉醚

(1) 基本原理　叔胺或叔胺盐易与环氧氯丙烷生成具有环氧结构的季铵盐，再与淀粉起醚化反应得季铵淀粉醚，反应式如下：

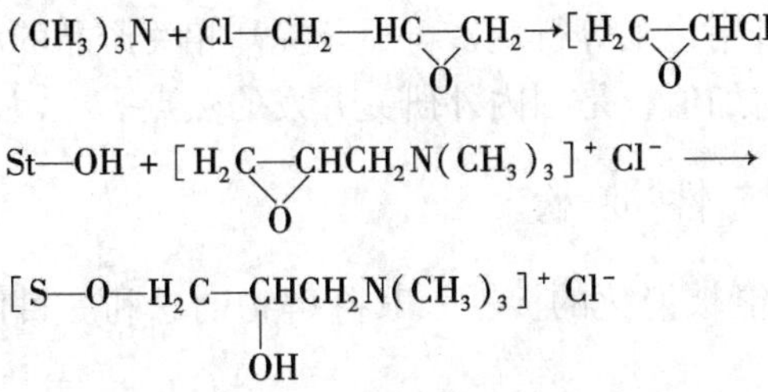

叔胺与环氧氯丙烷反应后必须用真空蒸馏法或溶剂抽提法除去剩余的环氧氯丙烷或副产物，如1，3-二氯丙醇等，以避免与淀粉发生交联反应。发生交联反应会降低阳离子淀粉的分散性和应用效果。

(2) 生产工艺　与叔胺淀粉醚相比，季铵淀粉醚的阳离子性较强，且在广泛的pH范围内均可使用，制备方法也备受重视。一般用湿法、干法和半干法制备，极少使用有机溶剂法。

①湿法：是目前使用最普遍的方法。一般制备方法为：容积250mL的密闭容器（内有

搅拌器），在水浴中保持50℃，加入133mL蒸馏水，50gNa_2SO_4和2～8gNaOH，完全溶解以后，加入81g玉米淀粉（绝干），搅拌5min，加入8.3mL的3－氯－2－羟丙基三甲基季铵氯，反应4h，取代度达0.04以上，反应效率84%。

②有机溶剂法：所用溶剂是低碳醇，此法专用于制备具有冷溶性的高取代度阳离子淀粉。

③干法：一般是将淀粉与试剂混合，60℃左右干燥至基本无水（<1%），于120～150℃反应1h得产品。反应转化率较低，只有40%～50%，但工艺简单，基本无三废，不必添加催化剂与抗胶凝剂，生产成本低。缺点是产品中含有杂质及盐类，难以保证质量。

（3）性质

①糊化温度：阳离子淀粉与原淀粉相比糊化温度大大下降。原玉米淀粉的糊化温度一般为72℃，而DS为0.025的阳离子淀粉，糊化温度为60℃；DS为0.05时，约50℃；DS为0.07时，已可以室温糊化，冷水溶解。

②稳定性：随取代度提高，糊液的黏度、透明度和稳定性明显提高。

③带正电荷：阳离子淀粉的重要特征是带正电荷，由于受静电作用的影响，阳离子淀粉对阴离子物质的吸附作用很强，且一旦吸附上，则很难脱离开来。因造纸的纤维、填料均带负电，很容易与阳离子淀粉分子吸附，这种性质在造纸上尤其有用。

（4）应用

①造纸工业：阳离子淀粉主要应用于造纸工业。所用取代度一般为0.01～0.07。阳离子淀粉利用其带正电荷和较强黏结性作造纸时的内添加剂，这一点是阴离子淀粉所无法比拟的。作为造纸湿部添加剂，起增强、助留、助滤等功效。此外还可用在纸的表面施胶和作为涂布黏合剂使用。

②其它行业：如作纺织经纱上浆剂，无机或有机悬浮物的絮凝剂，环保净水剂，石油钻井用降失水剂；羟烷基化的季铵淀粉醚与其它配料混合可制得洗发香波。

第八节　功能性变性淀粉

功能性变性淀粉主要指对人体有一定保健作用和生理作用的变性淀粉，如抗性淀粉、多孔淀粉等，主要用于食品、医疗、制药、日用化工等行业，可显著提高相关产品的品质和档次。尽管目前产量不大，但却具有较高的附加值，是国内外研究开发的热点。

一、抗性淀粉

抗性淀粉（RS）是指在人的小肠中不能被消化的淀粉及其降解物的总和。目前，国际上将抗性淀粉分为以下四类：

①RS_1型抗性淀粉（物理包埋淀粉颗粒）：指酶不能接近的淀粉，主要存在于完整或部分研磨的谷物和豆粒中，一些淀粉被蛋白质或植物细胞壁隔离，难与酶接近，抑制了相应的水解作用，因此不能被消化。但是在进一步加工粉碎、碾磨或饮食咀嚼后，可以被消化。

②RS_2型抗性淀粉（抗性淀粉颗粒）：主要存在于生马铃薯、生豌豆、绿香蕉和高直链玉米淀粉中，其颗粒具有特殊结晶结构，对酶有高抗性。

③RS_3型抗性淀粉（回生淀粉）：主要部分是回生的直链淀粉、支链淀粉，如蒸煮后冷却的马铃薯和玉米，是凝沉的淀粉。这类淀粉即使经加热处理，也难以被淀粉酶类消化，因

此可作为食品添加剂，具有商业价值。

④RS_4 型抗性淀粉（化学改性淀粉）：如经变性的乙酰化淀粉、羟丙基淀粉和交联淀粉，由于淀粉分子结构的改变以及一些化学官能团的引入可抵抗淀粉酶的消化。另外，在种植中，基因改造也可引起淀粉分子结构变化。

由于 RS_1 和 RS_2 在加热或加工过程中会损失掉大部分，国内外研究人员最感兴趣的是 RS_3 和 RS_4，可以将它们添加到食品中，提高食品的功能性。目前国外如美国和英国已有工业化生产的 RS_3 抗性淀粉。

1. RS_3 抗性淀粉生产原理

RS_3 抗性淀粉多存在于煮熟放冷的马铃薯、面包、玉米片、米饭等食品中。RS_3 型主要是由老化的直链淀粉组成，商业抗性淀粉多为此类。在制取过程中，经重复高压蒸煮和老化，淀粉结构会发生改变。一是直链淀粉再度排成新的结晶构造，此现象所需时间短，一般发生在糊化后冷却的数小时内，新形成的结晶结构可在加热至140℃以上溶解。二是支链淀粉缓慢老化，约需数天至数星期形成结晶。

2. RS_3 的制备

一般选择高直链淀粉，例如，高直链玉米淀粉200g，在烧瓶中与700mL蒸馏水混合，淀粉水溶液被加温到125℃保持1h。然后淀粉样品冷却到室箱，在冰箱中（4℃）放置一夜。经过三次高温蒸煮与冷冻的过程，产品中含有大约30%的抗性淀粉。加热冷却循环次数增加，抗性淀粉含量随之增加。高直链玉米是一种制备 RS_3 的比较理想的原料，但是这种淀粉属于专利产品而且具有较高的价格，研究者不得不把眼光投向其它原料。如小麦淀粉、普通玉米淀粉、豆类淀粉、薯类淀粉等，但这些淀粉经过湿热处理后产生抗性淀粉的数量都大大低于高直链玉米产生的含量。制备 RS_3 方法还有挤压法、超声波法、脱支法等。

影响抗性淀粉 RS_3 形成的因素有以下几个方面：

（1）直链淀粉与支链淀粉的比例　抗性淀粉 RS_3 是经过淀粉糊凝沉而来的。直链淀粉与支链淀粉的比例大小对抗性淀粉的形成有显著影响。一般来说，比值越大，抗性淀粉含量越高，这是因为直链淀粉比支链淀粉更易凝沉，直链淀粉在 RS_3 形成过程中发挥了非常重要的作用。

（2）蛋白质　有研究发现蛋白质对淀粉粒有严格的保护，只有将这些蛋白质去除后，淀粉粒才能发生凝沉。但这些研究都是对谷物中自身所含蛋白质而言的。有关外源蛋白质添加物对淀粉凝沉的影响，有研究发现，和淀粉凝沉时会在直链淀粉分子之间形成氢键一样，外加蛋白质也能与直链淀粉分子形成氢键而使淀粉分子被束缚，从而抑制了直链淀粉的凝沉，降低了食物中的抗性淀粉含量。

（3）脂质　有研究表明，在谷类食物中加入橄榄油，会使其中的抗性淀粉含量降低。脂类物质与直链淀粉分子结合成络合物后对淀粉膨胀、糊化和溶解有强抑制作用，因此对淀粉抗性产生影响。

（4）可溶性糖　可溶性糖是食品中常用的甜味剂，如葡萄糖、麦芽糖等。添加可溶性糖可降低糊化淀粉的重结晶程度，导致抗性淀粉含量降低。其抑制糊化淀粉凝沉的机理被认为是可溶性糖分子与淀粉分子链间的作用改变了淀粉凝沉的基质。

（5）温度　直链淀粉的凝沉结晶主要包括三个阶段：成核、结晶增长、结晶的形成。整个结晶过程主要取决于成核与结晶增长的速率，而这两个过程明显地受到温度的影响。低温时成核速率大，结晶增长速率小，而高温时则相反。经过充分糊化的小麦淀粉分别在0，

68，100℃的温度下冷却保藏，其产生的抗性淀粉的量随储藏温度增加而增加（4%，6%，10%）。

（6）冷热循环处理的次数　加热、冷却处理的次数对抗性淀粉形成影响很大，随着次数的增加，抗性淀粉形成量也增加。对玉米直链淀粉、大麦淀粉、扁豆淀粉、豌豆淀粉糊进行加热、冷却处理，当加热、冷却次数增至两次时，抗性淀粉的形成就明显地增加。经过三次加热、冷却处理后，玉米直链淀粉中抗性淀粉含量由9%增至19%，其原因是加热、冷却处理有助于淀粉分子的有序化和凝沉作用。

3. 抗性淀粉的功能

（1）预防肠机能失调　研究发现抗性淀粉的发酵产物以丁酸和CO_2为主，表明RS在人体内具有完全发酵和可重吸收的方式，流行病学研究表明，虽然食物中的胺类等毒素在结肠中积聚可能是结肠癌发生的一个重要原因，但淀粉消费量高（>350g/d）的人群，结肠癌的发生率显著低于淀粉消费低（<350g/d）的人群，淀粉类食物的摄入量与人类结肠癌的发生率有高度的负相关（$r=-0.76$）。研究认为不消化的RS摄入量的增多是一个重要因素。RS在结肠中发酵，其代谢产物一方面维持肠道酸性环境，另一方面促进了毒素的分解和排出，从而预防结肠癌的发生。流行病学调查表明，RS对结肠癌的预防作用大于传统膳食纤维，其机理尚不清楚，可能与丁酸的代谢有关。

（2）控制体重　RS对体重的控制作用，主要来自两方面的作用：一是RS能增加脂质排泄，减少热量摄入；二是RS本身几乎不含热量。抗性淀粉含量高的食物在小肠中部分被消化吸收，葡萄糖的利用率较低。不消化的部分可到达结肠，在结肠细菌的帮助下，一般能够全部发酵，并产生可被吸收的短链脂肪酸，如乙酸、丁酸等，继续向机体提供能量。有研究表明，RS在体内所产生的热量不及淀粉的1/10，所以认为RS在体内为低能量甚至不产生能量，是一种很有前途的减肥食品原料。

（3）预防糖尿病　血糖生成指数（GI）反映了食物最初消化和葡萄糖吸收的应答关系。食物中的血糖生成指数受食物物理特性、温度、加工工艺及烹调方式等因素的影响。据报道，RS是膳食纤维的一部分，能影响血糖生成指数和胰岛素的水平，其原因是RS在小肠中的难消化性可被用作缓释葡萄糖的载体，以控制体内葡萄糖的释放，控制餐后血糖升高和胰岛素分泌。膳食纤维作为一种极其重要的功能性食品基料已引起营养界、医学界、食品界广泛关注。但膳食纤维添加到低水分食品时，会引起其口感、品质的下降，而抗性淀粉作为一种重要的膳食纤维资源，可弥补以上膳食纤维的缺点，因此对其开发具有重要意义。

（4）促进矿物质吸收　膳食纤维摄入量过多往往伴随着植酸摄入量的相应较高，往往会降低食物中维生素、矿物质的吸收，但RS对此没有不良影响，并且RS作为肠道益生元，对保持矿物质生物活性还具有积极作用。有研究发现饮食中RS能在大肠中经微生物发酵而降低肠内pH，促进钙、镁等矿物质溶解，形成可溶性钙镁，经上皮细胞被吸收。

4. 抗性淀粉在食品工业中的应用

抗性淀粉广泛应用于食品工业中主要是基于两方面原因：一是潜在的生理功能，在这方面与膳食纤维的作用类似，二是抗性淀粉具有特殊的物理性质，与膳食纤维相比，有着更优越的加工性能。

（1）主食面包和其它焙烤食品　国外已经将抗性淀粉应用到面包、馒头、米饭、通心面、小吃、饼干等食品中。面包已成为世界性的大众化食品，销售量很大，便于强化抗性淀粉。人们一直试图将非淀粉多糖类膳食纤维添加到面包中以生产膳食纤维强化面包，但至今未取得突破。原因是添加这类膳食纤维后，面包体积变小，质地变硬，色泽，口感变差及食品风味损失等。抗性淀粉在面包和其它焙烤食品中具有独特的功能，除能够提高产品中膳食纤维（抗性淀粉）的含量，还可能改善其加工工艺和制品质量。

（2）饼干和糕点　饼干和糕点糖油含量较多，水分含量相对低，更显得添加抗性淀粉的重要，加之饼干加工对面粉筋力要求较低，也便于较大比例地添加抗性淀粉，因此有利于制作以抗性淀粉为主的多种保健饼干，有利于开发低脂、低糖和低热量的食品。

（3）面条　在面条中的应用也十分广泛。同样，RS 的色泽为自然白色，避免了传统纤维可能导致的粗糙口感和黄色或棕色的外观，抗性淀粉还可以让通心粉和面条增加耐煮性，帮助维持韧性的结构，煮后面条不会粘在一起。除了添加 RS，一些传统食品如绿豆粉丝含有较高的直链淀粉和抗性淀粉，则可以通过改善工艺如进行冷热重复处理，进一步提高 RS 含量和加工特性及食品品质。

（4）饮料　抗性淀粉在饮料中具有独特表现，且在大部分液体食品应用中不会影响感官指标。由于 RS 具有较好的黏度稳定性、很好的流变特性及低持水性，在液体、固体饮料中可以作为食品增稠剂使用。在黏稠不透明的饮料中可用 RS 来增加饮料的不透明度及悬浮度，也不会掩盖饮料风味。由于它可磨得很细，添加到饮料中后，只要充分分散，则不会形成沉淀，也不会有沙粒感。

（5）作为益生元用于其它食品中　除了能够在上述食品中发挥作用外，RS 还被应用在谷物饮料、酸奶及一些乳制品中作为益生元。应用在酸奶等发酵食品中，不仅是双歧杆菌、乳酸杆菌等益生菌繁殖的良好基质，而且它能防止菌体的死亡。研究表明，添加 RS 的酸奶，乳酸杆菌的数量明显高于对照。不同系列的 RS 产品可以选择性地促进目标益生菌的生长，提高活力，延长货架寿命。结合有益菌和益生元的综合效果来制备促进健康的功能食品，RS 作为功能因子添加到乳制品饮料中有巨大的潜力。

抗性淀粉是一种极其重要的膳食纤维资源，具有重要的生理功能和优良的食品加工性能。国外不少研究者针对不同种类的抗性淀粉，采取不同的制备方法，获得了高含量的抗性淀粉产品，已适合工业化的生产。

二、多孔淀粉

多孔淀粉又称微孔淀粉，是指用物理、机械或生物方法在低于淀粉糊化温度下水解各种淀粉粒而形成的一种表面多孔、内部中空的新型变性淀粉。其小孔直径为 0.1μm 左右，小孔由表面向中心深入，孔容积占颗粒体积的 50% 左右，并维持一定的强度。多孔淀粉颗粒的孔洞具有较大的比表面积，因而可用于有机吸附及缓释载体。20 多年来人们对多孔淀粉的制备、性质和应用做了大量的研究工作。多孔淀粉的优良特性引起了国内外学者的广泛关注。

多孔淀粉实际上并不是一个全新的物质，而是一种在自然界中一直存在着的物质，只不过一直以来没有将它作为一种专门的物质进行研究或讨论。有些天然淀粉颗粒的表面本身就有小孔，这些孔是天然存在的，而不是由加工过程中人为因素造成的，但有孔的淀粉颗粒只占小部分，而且孔数较少，孔径也不大，如玉米淀粉的孔径约 0.1μm。为增加淀粉颗粒比表面积，只有用人工的办法增加孔数、孔径和孔深。

1982 年有研究发现不同来源的 α－淀粉酶和糖化酶水解多种生淀粉时，有的颗粒能形成多孔，也有的颗粒表面只是变得较为粗糙。1985 年日本分离得到黑曲霉淀粉酶，该酶具有较强的生玉米淀粉水解能力，水解残留物呈多孔结构。1998 年日本研究人员首次全面介绍了制备多孔淀粉的工艺方法。目前国外已有工业化生产的多孔淀粉问世。

1. 基本原理

有研究表明，淀粉酶与淀粉粒表面结合，作用于无定形区，破坏颗粒内维系空间螺旋结构的氢键，α－淀粉酶的随机内切作用为糖化酶提供了新的非还原末端，这两种酶的协同作用提高了水解速度，并沿着螺旋方向逐渐向颗粒内部推进，然后在颗粒中心附近相互融合，形成空洞结构，但仍保持颗粒基本形状。

2. 制备方法

制备多孔淀粉主要有三种方法：物理方法（超声波照射、喷雾）、机械方法（机械撞击）、生化方法（酸水解、酶水解）。在上述几种方法中，超声波照射、机械撞击方法的生产成本较高，酸水解法在糊化温度下反应速率较慢，降解不一，随机性强，不易形成孔状，限制了酸法的应用，最有实用价值的是酶水解法。酶水解法一般工艺流程是：

淀粉→糊化温度下一部分酶解→过滤→洗涤→干燥→多孔淀粉成品

酶法制备多孔淀粉首先要找到相互匹配的淀粉酶和原淀粉才能形成多孔淀粉。由于酶解反应是酶和底物在一定条件下的作用过程。

影响多孔淀粉酶解的主要因素：①酶：包括淀粉酶的品种、来源、浓度等；②底物：包括原淀粉的种类、来源、粒度等；③反应条件：包括时间、温度、pH、搅拌程度及反应介质等。

（1）淀粉酶的选择　在玉米淀粉和小麦淀粉中加入等量的 α－淀粉酶和糖化酶并在 pH5.0、25℃条件下处理 8h，其酶解制得多孔淀粉的孔径比单独使用一种酶的都大。制备多孔淀粉时 α－淀粉酶和葡萄糖淀粉酶，两者的比例为 1:（1～4）时形成多孔淀粉的吸水率、吸油率和淀粉颗粒的微观形态结构最佳。复合酶协同制取多孔淀粉的效果优于单独使用某一种酶。

（2）淀粉的选择　不同品种的淀粉对酶的敏感性差异较大，甚至在同一淀粉粒的不同区域也存在区别。淀粉酶水解生淀粉一般会受淀粉植物来源和酶来源的影响，谷类淀粉的水解要比块根类淀粉容易。

实验证明，淀粉经过预处理后，能显著提高其对淀粉酶的敏感性。脱除淀粉粒中蛋白质和脂质，可以增加淀粉酶接近淀粉粒的机会，提高酶解速度，有利于多孔淀粉的形成。

目前，制备多孔淀粉的生淀粉原料主要有玉米淀粉、甘薯淀粉、马铃薯淀粉等。

（3）酶解条件的选择　酶法制备多孔淀粉，既要使淀粉粒表面布满小孔，又要保持颗粒的完整性。影响淀粉酶解的因素主要有淀粉酶用量、作用时间、温度、pH 等。吸油率、吸水率是制备多孔淀粉的重要控制指标，它们能直接反映出多孔淀粉的吸附性能。通常多孔淀粉的制备条件为：反应温度控制在 50℃以下，反应时间为 8～24h，酶液的添加量为 0.5%～1.0%。

3. 多孔淀粉的性质

（1）多孔淀粉具有较大的比表面积，可以吸附更多的目的物质。吸水率、吸油率明显高于普通玉米淀粉，这说明了经酶解处理后的淀粉在其表面形成了较多的孔洞。

（2）多孔淀粉的堆积密度小于玉米淀粉的堆积密度。这是由于原淀粉经酶解后形成更多的孔洞，从而造成淀粉颗粒的质量减少的缘故。

（3）多孔淀粉的溶解率和膨胀率明显大于玉米淀粉。这是因为淀粉颗粒在酶解过程中，结构受到一定程度破坏，水分子易进入多孔淀粉颗粒内部，从而使溶解率和膨胀率均有提高。

（4）多孔淀粉糊化温度下降，热糊黏度降低，冻融稳定性下降。

4. 多孔淀粉的应用

多孔淀粉作为一种高效、无毒、安全的吸附剂被广泛地应用于食品、医药卫生、农业、造纸、印刷、化妆品、洗涤剂、胶黏剂等行业。用多孔淀粉吸附目的物质后，可在特定条件、特定场合下应用物理或化学方法来释放目的物质从而达到缓释作用。吸附工艺如下：

当被吸附物质是液体或可溶于液体时，将此液体或溶液喷雾到多孔淀粉上。当被吸附物质难溶于水时，可将其直接与多孔淀粉高速混合，并通过机械力作用（如球磨、锤磨等方式）将其挤入多孔淀粉中。另外，采用多孔淀粉吸附目的物质后作微胶囊芯材，然后用壁材包埋，用于解决微胶囊中颗粒度不均一的问题，达到缓释效果。吸附目的物质主要包括以下几类：空气中易氧化、易分解或遇光易退化等不稳定物质；医药品、农药等需赋予缓释功能的物质；油脂或溶于油脂的物质粉末；需封闭的苦味、异味物质。

三、淀粉性脂肪替代物

脂肪在绝大多数食品体系中是必不可少的，它能综合提高食品风味、口感、质构及润滑感等方面的感官效果。此外，脂肪是一些脂溶性风味成分的载体，起着稳定体系的作用。从生理角度来看，脂肪是一些必需脂肪酸的来源，是脂溶性维生素的溶剂。然而，脂肪摄入过多也将引起一系列的健康问题，如肥胖症、高胆固醇等。越来越多的人想减少脂肪的摄入，但是他们又不想丧失脂肪的风味、口感等。近年来，人们开发了脂肪替代物。脂肪替代物是指具有脂肪某些令人期望的物理和感官性质的物质，在食品配方中替代脂肪时能避免由于脂肪摄入过量造成对人体的损害。

1. 基本原理

以碳水化合物为基质的脂肪替代物的特性主要由碳水化合物的结构与水分子相结合而产生的，所形成的三维网状结构的凝胶能将大量的水截留，这些被截留的水具有较好的流动性，在质感和口感上很像脂肪，特别是这类脂肪替代物具有涂抹性，呈现出脂肪的塑性，能产生奶油状的润滑感和稠度。衡量脂肪替代物性能如何，要看具体应用到产品中能否得到满意的口感和风味。

2. 脂肪替代物的制备

（1）制备原理　在高浓度醇的环境下，利用稀盐酸作用于淀粉链的非结晶区，而得到具有合适属性的淀粉片段，即微粒淀粉基脂肪替代物。采用高浓度醇为介质的目的在于在淀粉糊化温度之上反应时，可以避免糊化现象的发生。采用弱酸进行反应的目的在于使其只作用于无定形区，而不是对淀粉进行彻底水解。经过反应而得到的淀粉基脂肪替代物具有和脂肪相似的黏度、乳化性和稳定性，其易形成胶体的能力极其相似地模仿了脂肪。

（2）制备过程　先将淀粉原料用乙酸盐缓冲液配成淀粉乳，加入淀粉酶，在 30～55℃温度下反应，中和、洗涤、干燥、粉碎后得酶解淀粉；再用浓度为 65%～85% 的乙醇配制淀粉乳，分别加入一氯乙酸和氢氧化钠，在 35～58℃温度下搅拌反应 1.5～5.0h，中和、洗涤、干燥、粉碎后得醇处理淀粉；用乙酸盐缓冲液配成 15%～35% 的淀粉乳，加入耐高温

α-淀粉酶，在85~105℃温度下反应2~20min，灭酶；中和，喷雾干燥得产品。

3. 脂肪替代物的应用

淀粉为基质的脂肪替代物以两种方式添加到食品配方中。一种是以干粉形式直接与其它物料混合，然后在混合物中加水制成食品，在低脂花生酱的制作中以这种方式添加；另一种是将脂肪替代物配成溶液后，形成凝胶，以凝胶形式添加到食品配方中。

脂肪替代物应用于生产低脂食品时，常常需要改进传统食品的配方，有时要改变某些组分。这是由于考虑到淀粉为基质的脂肪替代物对食品感官特性的影响，如黏合性、硬度、干燥程度、滑腻性和均匀性等。例如，在焙烤食品中加入淀粉为基质的脂肪替代物会增加食品的黏合性和硬度，产品容易老化。一般的改进措施是加入乳化剂，从而改善食品的柔软性，减少食品的老化，增加食品的润滑性。目前，淀粉为基质的脂肪替代物在下列产品中应用比较成功。

（1）焙烤食品　以淀粉为原料制成的焙烤食品专用脂肪替代物，用于生产低脂饼干和面包等食品中，脂肪的用量可以减少50%左右。低脂食品在储藏过程中变干的缺点可以通过添加乳化剂等方法克服。

（2）肉制品　传统的肉制品脂肪含量较高，一般乳化肉含30%脂肪，汉堡包含20%~30%脂肪，热狗和肉饼一般含20%脂肪，现在通过添加淀粉为基质的脂肪替代物可以减少这类食品的脂含量。例如，在牛肉饼的制作中，添加1%淀粉为基质的脂肪替代物制成含10%脂肪的肉饼，比起含20%脂肪的传统牛肉饼更嫩。

（3）低脂甜食　在冰淇淋的制作中，添加适量麦芽糊精可以使其脂肪含量从传统的10%左右降到1%，而冰淇淋的口感、外观和质构等性能并未发生明显改变。淀粉为基质的脂肪替代物和蛋白质基替代品的混合使用可以控制冰晶的形成，取得更好效果。

（4）乳制品　以淀粉为基质的脂肪替代物在低脂奶酪、冰奶和人造黄油中的应用，可以替代30%甚至更多的脂肪而不影响产品质量。

第九节　食用变性淀粉的安全性

一、食用变性淀粉的安全控制

在前面的有关章节中已述及变性淀粉的生产要经过物理、化学或生物等处理方法。加工过程、淀粉分子的降解或在淀粉分子中引入新的基团，都有可能对淀粉的营养、卫生等产生一定的影响，尤其是食品中所用的变性淀粉对人体有无毒性的问题更为重要。

1. 变性淀粉的营养与毒理

天然淀粉在体内经复杂的酶系统作用水解成葡萄糖进入体内代谢过程，提供人们日常活动的能量。而经过物理、化学或生物方法变性的淀粉，其分子结构在不同程度上发生了变化，它是否仍像未变性淀粉一样，具有同样的消化吸收性能呢？酸解淀粉、酶解淀粉和由酸或酶水解得到的麦芽糊精，因只是大分子变小分子，在分子结构上未引入新的基团，它们具有同未变性淀粉同样的消化性，没有毒性作用。即使是氧化淀粉，当它在低度氧化情况下（有效氯量不超过淀粉干基量的5.5%），它的消化率仍与未变性淀粉相似，在人体内也无毒性。而在淀粉分子上引入新的基团的淀粉衍生物，如酯化淀粉、醚化淀粉、交联淀粉等，它们的营养、毒理是食品营养学家普遍关注的问题。

为了观察淀粉衍生物的消化性，食品营养学家进行了在体外模拟体内消化性的试验，结果发现：取代度很低的交联淀粉（用己二酸交联的，己二酸用量不高于0.12%；用磷酸酯键交联的，产品中磷不超过0.04%），其消化性、热能值与未变性的原淀粉几乎相同，无明显差别。用动物进行体内消化率试验发现，即使是淀粉醋酸酯和羟丙基淀粉，其消化率几乎与未变性的原淀粉相同。用0.2%己二酸酐与5.5%的乙酸酐处理过的淀粉，其热能值与原淀粉相似，体外消化率也呈下降趋势，但体内消化还是很容易的。因此，营养学家认为，低取代度的淀粉衍生物对淀粉体内消化性没有影响。

长时间对变性淀粉毒理研究还曾发现，变性淀粉可能引起喂养动物的肾脏疾病。病理学家描述为在肾盂腔内或是位于骨盆的矿物元素的沉积（可能是钙盐），并会引起骨盆组织的增生。这些现象后来被称之为骨盆肾钙质沉着症。

这些问题的出现，引起了很多病理学家对变性淀粉研究的重视，并分别对小鼠、仓鼠和大龄鼠从不同角度展开了研究，长时间的研究结果显示：

（1）骨盆肾钙质沉着症在试验的动物中也是经常发生的，尤其是大龄鼠更是如此，而在小龄鼠中很少发现。

（2）不仅仅是淀粉，包括乳糖、牛奶等都会使肾钙质沉着症机会增多。

（3）矿物质在食品中的含量影响肾钙质沉着症发生，高的钙磷比和足够量镁的存在，有利于抑制骨盆肾钙质沉着症的发生。

1982年，欧洲经济共同体食品科学委员会认为：B组变性淀粉（指乙酰化二淀粉磷酸酯、乙酰化二淀粉己二酸酯、淀粉醋酸酯、羟丙基二淀粉磷酸酯、磷酸化二淀粉磷酸酯、淀粉磷酸酯、淀粉磷酸二酯、羟丙基淀粉）可以食用。

联合国粮农组织和世界卫生组织专家委员会同样认为，以上提到的各种变性淀粉可以食用，无需制定ADI值。并将淀粉辛烯基琥珀酸的钠盐归纳在无需制定ADI值的变性淀粉之中。这些得到了美国（FDA）、加拿大、英国（FACC）有关法规组织的认可。但需注意的是：欧洲经济共同体食品科学委员会和英国食品添加剂与污染委员会限制在婴幼儿食品中使用这些变性淀粉的量（不超过5%），且在婴幼儿食品中不能使用羟丙基二淀粉磷酸酯和羟丙基淀粉。

国内开发变性淀粉较晚，并没有就变性淀粉的毒理问题进行过系统的动物试验，但由江南大学淀粉深加工研究课题组经中试生产出来的乙酰化二淀粉磷酸酯、羟丙基二淀粉磷酸酯、磷酸化二淀粉磷酸酯，经上海医科大学急性毒性试验发现，试验结果均呈阴性，未发现致突变作用。因此，1990年11月国家食品添加剂委员会将这3个品种变性淀粉列入了食品添加剂范畴。

自2009年6月1日起《中华人民共和国食品安全法》开始实施，其中规定国家对食品添加剂的生产实行许可制度，食用变性淀粉作为食品添加剂受到该法的约束。第一章第二条明确规定，在中华人民共和国境内从事食品添加剂的生产经营应当遵守本法。《食品添加剂使用卫生标准》GB 2760—2007中规定了允许添加到食品中的14种变性淀粉的使用原则、允许使用的变性淀粉种类、使用范围及最大使用量或残留量，为变性淀粉作为食品添加剂提供了法规依据。

2. 食用变性淀粉的生产安全控制

用于食品的变性淀粉质量直接关系到人类的健康，它必须符合有关食品添加剂法规。因此，食品用变性淀粉厂的设计和生产应注意以下几点：

（1）食品用变性淀粉生产厂应建在水和空气无污染的地区。变性淀粉生产时的化工原料必须严密保管。

（2）食品用变性淀粉生产车间设计应规范。如地面、墙壁、窗子的设计应符合生产食品原料的要求，生产设备应用耐腐、无毒的材料制作，化工辅料的添加需有防腐、防毒气措施。反应容器、输送管道、输送泵应及时清洗杀菌。个别变性淀粉生产，还需注意车间的防爆。必须保证生产车间环境与设备的设计符合食品规范要求。

（3）要保证使用的原料以及辅料符合食品法规要求。原淀粉在储藏不当，都会致使微生物滋生，使生物学指标超标。所以必须实行清洁生产，加强环境监控，随时送检抽检产品，确保卫生指标达标。

（4）必须严格按照食品添加剂法规规定使用化工原料，并使其用量在规定范围内。变性淀粉的变性程度或者说取代基团的含量会影响变性淀粉的食用安全，要防止变性过度，如醋酸酯淀粉中乙酰基含量不能大于2.5%，高于此值则是不安全的。食用安全性是建立在取代度一定范围内的，当取代度过高时，这些基团就会对人体产生毒害作用。作为食品添加剂，变性淀粉在各类食品中的使用量在《食品添加剂使用卫生标准》中做了明确规定，超过规定添加量会对人体产生危害。变性淀粉加工辅料主要为化学试剂，这些试剂应采用国家允许使用的食品级产品，并采用定点供应的方式，严格控制使用量。

（5）控制残留的化学试剂在安全范围内。变性淀粉食品安全问题的产生主要是由变性反应中化学药品添加与残留引起的，多数变性反应中使用的化学药品都是不能直接食用的，而且反应过程中产生的一些副产物有些是有毒的。应对变性淀粉产品进行严格的多级漩流洗涤处理，解决好化工原料和副产物的残留，彻底控制食用变性淀粉的化学污染。

（6）包装过程避免二次污染。包装容器的清洁安全性关系到产品的二次污染。食用变性淀粉一般是用塑料薄膜袋做内衬外加塑编或牛皮纸袋包装，作为与变性淀粉直接接触的塑料薄膜袋内的微生物学清洁度、单体残留率以及苯类物质含量直接关系到变性淀粉的食用安全。

（7）严格实行国际先进的质量管理体系，规范运作。

二、食用变性淀粉的相关规定与指标

食品常用的变性淀粉种类很多，每类根据其变性程度不同又可有各种系列产品。现将1996年第四版美国食品化学药典（FCC）准许使用的食用变性淀粉的种类及各项指标分述如下。

FCC规定食用变性淀粉的种类及指标如表9-5所示。

表9-5　FCC规定食用变性淀粉的种类及指标

变性淀粉品种	规定用化工原料及限量	限定指标	卫生指标（共性）
降解淀粉 酸解淀粉 醋解淀粉	盐酸或硫酸 α-淀粉酶	所有酶必须是安全的；可以用作食物添加剂产品，生产非甜味剂产品，其DE值小于20%	砷（以As计）≤3mg/kg 铅（以Pb计）≤1mg/kg 总的重金属含量（以Pb计）≤20mg/kg

续表

变性淀粉品种	规定用化工原料及限量	限定指标	卫生指标（共性）
碱法糊化淀粉	氢氧化钠≤1%		
酯化和醚化复合变性淀粉（羟丙基二淀粉磷酸酯）	三氯氧磷≤1% 环氧丙烷≤10%	残留的1-氯-2-丙醇≤3mg/kg	粗脂肪≤0.15% 粗蛋白≤0.5%（用高直链含量的淀粉为原料≤1%） 干燥失重： 谷类≤15% 马铃薯≤21% 籼米和木薯淀粉≤18%
氧化羟丙基淀粉	次氯酸钠：有效氯≤5.5%（淀粉干基）；过氧化氢：活性氧≤0.45%（淀粉干基）；环氧丙烷≤25%	1-氯-2-丙醇≤1mg/kg	
漂白淀粉 不使淀粉分子结构发生变化，只氧化、洗涤去除色素类杂质	过氧化氢过乙酸：活性氧≤0.45%（淀粉干基）；过硫酸铵：≤0.075%；二氧化硫：≤0.05%；次氯酸钠：有效氯≤0.82%（淀粉干基）；次氯酸钙：有效氯≤0.036%（淀粉干基）； 高锰酸钾：≤0.2% 亚氯酸钠：≤0.5%	残留的锰（以Mn计）≤50mg/kg	
氧化淀粉	次氯酸钠：有效氯≤5.5%（淀粉干基）	最大氧化度是使淀粉分子中每28个葡萄糖残基上含有一个羧基	
酯化淀粉 淀粉醋酸酯 乙酰化二淀粉己二酸钠 淀粉辛烯基琥珀酸酯 淀粉磷酸酯 二淀粉磷酸酯	乙酸酐或乙酸乙烯酯 己二酸酐≤0.12%乙酸酐 辛烯基琥珀酸酐≤3%，再用α-淀粉酶处理 辛烯基琥珀酸酐≤3% 磷酸二氢钠 三氯氧磷≤0.1%，或用三偏磷酸钠	乙酰基含量≤2.5% 残留的磷酸盐（以P计）≤0.4%	乳液pH3.0~9.0［（预糊化淀粉：3g（样品+97mL水）；其它品种：20g（样品+80mL水）］ 二氧化硫≤50mg/kg（如大于10mg/kg，应在包装的标签上注明：产品中含有二氧化硫）
磷酸化二淀粉磷酸酯 乙酸化二淀粉磷酸酯 淀粉琥珀酸酐钠	三聚磷酸钠和三偏磷酸钠 三氯氧磷≤0.1%，乙酸酐≤8%或乙酸乙酯≤7.5% 琥珀酸酐≤4%	残留的磷酸盐（以P计）≤0.4% 乙酰基含量≤2.5%	
醚化淀粉 羟丙基淀粉	环氧丙烷≤25%	1-氯-2-丙醇残留≤1mg/kg	

思考题

1. 为何要研究开发变性淀粉？有哪些主要用途？
2. 淀粉变性后会发生哪些性能上的改变？
3. 生产变性淀粉的湿法工艺流程主要包括哪些过程？与干法工艺流程的主要区别是什么？
4. 酸变性淀粉和氧化淀粉在性质上有哪些不同？解释其原因。
5. 举例说明交联淀粉的生成机理。低度和高度交联淀粉在糊化特性上有区别吗？为什么？
6. 醚化淀粉包括哪几类？与酯化淀粉比较，在形成机理和性质上有什么不同？
7. 有哪些复合变性淀粉可应用到食品生产中？举例说明其特点。
8. 什么是功能性变性淀粉？有哪些主要品种？其研究开发有何意义？

参考文献

1. 陈璥．玉米淀粉工业手册．北京：中国轻工业出版社，2009.

2. 石彦忠．淀粉制品工艺学．长春：吉林科学技术出版社，2008.

3. 杜连起．杂豆食品加工技术．北京：化学工业出版社，2010.

4. 徐忠．功能性变性淀粉．北京：中国轻工业出版社，2010.

5. [瑞典] Ann－Charlotte Eliassonb 编．食品淀粉的结构、功能及应用．赵凯等译．北京：中国轻工业出版社，2009.

6. 尤新．淀粉糖品生产与应用手册（第二版）．北京：中国轻工业出版社，2010.

7. 尤新．功能性低聚糖的生产与应用．北京：中国轻工业出版社，2004.

8. 尤新．玉米深加工技术（第二版）．北京：中国轻工业出版社，2008.

9. 金树人．糖醇生产技术与应用．北京：中国轻工业出版社，2008.

10. 刘永乐．稻谷及其制品加工技术．北京：中国轻工业出版社，2010.

11. 周显青．稻谷深加工技术．北京：化学工业出版社，2006.

12. 刘亚伟．淀粉基食品添加剂．北京：化学工业出版社，2008.

13. 黄来发．食品增稠剂．北京：中国轻工业出版社，2009.

14. 王彦波．淀粉生产与质量控制技术．北京：中国商业出版社，1998.

15. 秦波涛等．薯类综合加工及利用．北京：中国轻工业出版社，1999.

16. 张力田．淀粉糖（第二版）．北京：中国轻工业出版社，1998.

17. 王肇慈等．粮油食品品析分析（第二版）．北京：中国轻工业出版社，2000.

18. 刘亚伟．玉米淀粉生产及转化技术．北京：化学工业出版社，2003.

19. 贾树彪等．新编酒精工艺学．北京：化学工业出版社，2004.

20. 高嘉安．淀粉与淀粉制品工艺学．北京：中国农业出版社，2001.

21. [日] 二国二郎．淀粉科学手册．王薇青等译．北京：中国轻工业出版社，1992.

22. 张力田．变性淀粉（第二版）．广州：华南理工大学出版社，1999.

23. 张友松主编．变性淀粉生产与应用手册．北京：中国轻工业出版社，1999.

24. [美] R. L. 李斯特勒等著．淀粉的化学与工艺学．王文译．北京：中国食品出版社，1987.

25. 张艳萍．变性淀粉制造与应用．北京：化学工业出版社，2001.

26. 尤新．浅议玉米和淀粉深加工产品开发重点．食品科技，2002（12）．

27. Thomas D J. Starches. Paul Minn：Eagan Press，1999.

28. Starch：Structure and functionality. Cambridge：Royal Society of chemistry，1997.

29. Roels J A，et al. Starch Conversion Technology. New York：Marcel Dekker Inc，1985.

30. Radley J A，et al. Industrial uses of starch and its derivatives. London：Applied Science Pub，1976.

31. Kearsley M w，et al. Handbook of Starch Hydrolysis products and their derivatives. London：Blackie Academic&Professional，1995.

32. Frazier P J. Starch hydrelysis products: Worldwide technology production and application. New York: VCH, 1992.

33. 李纪亮. F-55高果葡糖浆厂设计和生产. 食品工业科技, 2008 (10): 170~173.

34. 宋玉然等. 分布式PLC系统在果葡糖浆生产中的应用. 信息化技术与控制, 2010 (2): 18~20.

35. 陈乐人. 优质喷射蒸煮与液化、糖化的优化. 发酵科技通讯, 2004 (4): 32~34.

36. 马丽娜. 葡萄糖淀粉酶的结构和功能研究进展. 生物技术通讯, 2005 (6): 677~680.

37. 徐良增. 淀粉蒸汽喷射液化器的设计. 粮油加工与食品机械, 2001 (2): 26~28.

38. 石桂春. 美国玉米加工业的历史与现状. 玉米科学, 2001 (9).

39. 顾正彪. 我国淀粉及其深加工工业现状和发展趋势. 粮食与饲料工业, 2002 (8).

40. 张晖等. 国外玉米深加工业现状和发展趋势. 粮食与饲料工业, 2004 (9).

41. 楚金领. 我国玉米淀粉生产形势分析. 粮油加工与食品机械, 2005 (5).

42. 于信令. 味精工业手册 (第二版). 北京: 中国轻工业出版社, 2009.

43. 孙俊良. 酶制剂生产技术. 北京: 科学出版社, 2004.

44. 周坚. 小麦制粉工艺与设备. 武汉: 湖北科学技术出版社, 1999.

45. 朱永义. 谷物加工工艺与设备. 北京: 科学出版社, 2003.

中国轻工业出版社食品教材书目

本科教材

食品工艺学（普通高等教育“十五”国家级规划教材） 48.00
食品分析（第二版）（普通高等教育“十五”国家级规划教材） 43.00
食品工程原理（普通高等教育“十五”国家级规划教材） 60.00
粮油食品加工工艺学（普通高等教育“十五”国家级规划教材） 35.00
焙烤食品工艺学（第二版）（普通高等教育“十一五”国家级规划教材） 48.00
食品生物化学（普通高等教育“十一五”国家级规划教材） 49.00
食品标准与法规（普通高等教育“十一五”国家级规划教材） 30.00
食品添加剂（普通高等教育“十一五”国家级规划教材） 35.00
园艺产品储藏加工学（第二版）（普通高等教育“十一五”国家级规划教材） 42.00
食品物性学（第二版）（普通高等教育“十一五”国家级规划教材） 33.00
粮油储藏学（普通高等教育“十一五”国家级规划教材） 40.00
食品生物技术导论（普通高等教育“十一五”国家级规划教材） 43.00
食品加工中的安全控制（第二版）（普通高等教育“十一五”国家级规划教材） 43.00
食品安全保藏学（第二版）（普通高等教育“十一五”国家级规划教材） 38.00
食品工厂设计（普通高等教育“十一五”国家级规划教材） 50.00
食品分子生物学基础（普通高等教育“十一五”国家级规划教材） 45.00
食品质量与安全实验技术（普通高等教育“十一五”国家级规划教材） 36.00
现代食品检测技术（第二版）（普通高等教育“十一五”国家级规划教材） 42.00
粮食机械原理及应用技术（普通高等教育“十一五”国家级规划教材） 44.60
食品毒理学（普通高等教育“十一五”国家级规划教材） 41.00
谷物科学原理（普通高等教育“十一五”国家级规划教材） 40.00
水产品安全性（第二版）（普通高等教育“十一五”国家级规划教材） 39.00
天然产物提取工艺学（教育部高等学校轻工与食品学科教学指导委员会推荐教材） 45.00
食品物流学（教育部高等学校轻工与食品学科教学指导委员会推荐教材） 38.00
动植物检验检疫学（教育部高等学校轻工与食品学科教学指导委员会推荐教材） 22.00
食品原料与资源学（教育部高等学校轻工与食品学科教学指导委员会推荐教材） 36.00
食品国际贸易（教育部高等学校轻工与食品学科教学指导委员会推荐教材） 34.00
畜禽副产物综合利用技术（教育部高等学校轻工与食品学科教学指导委员会推荐教材） 36.00
食品化学实验双语教程（教育部高等学校轻工与食品教学指导委员会推荐教材） 18.00
油料科学原理（教育部高等学校轻工与食品科学教学指导委员会推荐教材） 36.00
食品专业英语文选（第二版）（含光盘） 40.00
中国酒文化概论 29.00
食品工程原理学习指导 24.00
芳香植物栽培学 30.00
食品与生物试验设计与数据分析 28.00
食品质地学 32.00

食品加工与保藏实验技术 18.00
食品香精香料及加香技术 30.00
食品环境工程学 28.00
现代食品微生物学实验技术 30.00
食品加工机械与设备 55.00
功能食品教程 50.00
现代食品微生物学 55.00
动植物检验检疫学 48.00
食品原料安全控制 38.00
食品微生物学 40.00
食品环境学 35.00
食品标准与法规 36.00
食品工艺学概论 45.00
感官评定实践（影印版）（第三版） 40.00
食品工程导论（第三版） 54.00
食品化学实验指导（第二版） 19.00
食品分析实验指导 23.00
食品微生物学实验指导 25.00
食品科学导论（影印版） 43.00
食品科学导论 58.00
食品卫生原理 46.00
食品科学（第五版） 70.00
食品加工原理 30.00
食品加工原理（影印版） 37.00
食品供应链管理 26.00
企业伦理 29.00
动物性食品加工学 45.00
水产品加工学 40.00
食品风味化学 26.00
食品工程高新技术 42.00
乳品微生物学实验技术 32.00
食品感官评定 18.00
食品工艺实验与检验技术 28.00
食品酶学导论（第二版） 28.00
功能性食品学（第二版） 48.00
乳及发酵乳制品工艺学 32.00
食品分析 22.00
食品化学 44.00
食品生物化学 39.00
粮油加工概论 30.00
食品酶学 24.00
食品营养学（第二版） 35.00
食品营养与卫生 36.00
食品营养与健康 12.80
淀粉制品生产工艺学 36.00
食品工艺学（第二版） 78.00
食品专业英语文选 30.00
通风除尘与气力输送 38.00
油脂工厂设计 30.00
油脂工厂综合利用 46.00
食品安全与质量控制 30.00
食品微生物学 21.50
粮油检验与分析 35.00
食品保藏学 32.00
食品技术原理 55.00
食品卫生学 25.00
食品工厂机械与设备（含光盘） 58.00
果蔬采后生理生化实验指导 22.00
肉品科学与技术 42.00
肉与肉制品工艺学 38.00
食品安全与检测 34.00
食品化学与营养学 50.00
制冷技术与食品冷冻冷藏设施设计 35.00
蛋品加工技术 26.00
食品生物化学 29.80
食品物理化学 28.00
现代食品发酵技术 45.00
现代仪器分析技术及其在食品中的应用 42.00
食品加工技术装备（第二版） 60.00
食品病原微生物学 59.00
乳品工艺学 48.00
冷库建筑 36.00
食品科学实验技术 18.00
食品分析 23.00
食品安全性——食品安全与健康系列 35.00
食品生物技术 45.00
食品添加剂基础——食品添加剂丛书 18.00
食品安全预警理论、方法与应用——食品安全与健康系列 22.00

食品质量管理学 21.80
食品添加剂（修订版） 27.50
新编食品微生物学 38.00
软饮料工艺学 36.00
大学生饮食营养与健康 22.00
天然香料加工工艺学 20.00
化妆品工艺学 40.00
日用香精调配技术 42.00
香料分析 25.00
基于 MATLAB 的化工实验技术（汉－英） 20.00
兽医公共卫生学 70.00

高职教材

果蔬加工工艺学（普通高等教育“十五”国家级规划教材） 25.00
食品安全性与质量控制（普通高等教育“十五”国家级规划教材） 21.00
食品工厂设计（普通高等教育“十五”国家级规划教材） 22.00
食品营养（普通高等教育“十一五”国家级规划教材） 28.00
食品分析与检验（普通高等教育“十一五”国家级规划教材） 30.00
焙烤食品加工技术（普通高等教育“十一五”国家级规划教材） 22.80
食品卫生与安全管理（普通高等教育“十一五”国家级规划教材） 28.00
生物化学（普通高等教育“十一五”国家级规划教材） 29.00
生物化学实验技术（普通高等教育“十一五”国家级规划教材） 22.00
发酵食品生产技术 32.00
果蔬罐藏加工技术 30.00
化学实验技术 14.00
基础化学 27.00
水产品加工技术 38.00
现代乳制品加工技术 40.00
饮料加工技术 26.00
乳与乳制品加工技术 34.00
食品毒理学基础与实训教程 32.00
肉制品生产技术（高等职业教育项目课程教材） 38.00
乳制品加工技术 29.00
食品安全与健康 24.00
食品生物化学 26.00
食品加工技术概论 24.00
现代仪器分析 18.00
食品检验技术（微生物部分） 22.80
食品检验技术（感官评价部分） 20.00
食品检验技术（理化部分） 30.00
食品工程原理 30.00
食品机械与设备 28.50
软饮料加工技术 22.00
化验室组织与管理 16.00
肉制品加工技术 18.00
现代仪器分析 18.00
食品专业英语 25.00
食品分析操作训练 28.00
食品安全控制技术 27.00
食品企业管理体系建立与认证 35.00
食品包装技术（第二版） 43.00
粮油食品工艺学 32.00
食品添加剂（第二版） 36.00
食品分析技术 55.00
植物组织培养 28.00
乳品微生物学 36.00
软饮料工艺学 28.00
食品工业企业管理 26.00
食品生物技术 22.00
食品理化与微生物检测实验 22.00
食品微生物学 26.00
食品掺伪鉴别检验（第二版） 36.00
食品化学 25.00
食品营养与卫生学 30.00

有机化学	20.00	商品检验技术	29.00
乳与乳制品检测技术	30.00	食品生物化学	24.00
功能食品加工技术	26.00	微生物实用技能训练	18.00

中职教材

食品生物化学	30.00	食品机械与设备	52.00
分析化学及其实验技术	40.00	乳制品生产技术	25.00
食品微生物及其检验技术	34.00	乳制品加工技术	28.00
食品营养与安全	30.00	食品烘焙 MES 模块教程	42.00
食品分析技术	42.00	食品生物化学	18.00
焙烤食品加工技术	20.00	方便与休闲食品生产技术	25.00
肉类与水产食品加工技术	29.00	罐头生产技术	25.00
食品微生物学	25.00	饮料生产技术	25.00
食品分析（修订版）	27.00		

国家职业资格培训教程

食糖制造工（基础知识）	36.00	烘焙工——初级（含面包、中式糕点、西式糕点）	22.00
食糖制造工（澄清）	44.00	烘焙工——中级（含面包、中式糕点、西式糕点）	22.00
食糖制造工（分蜜与干燥）	25.00	烘焙工——高级（含面包、中式糕点、西式糕点）	22.00
食糖制造工（分析）	42.00	烘焙工——基础知识（含面包、中式糕点、西式糕点）	39.00
食糖制造工（加热蒸发）	28.00	烘焙工——技师（含面包、中式糕点、西式糕点）	30.00
食糖制造工（结晶）	59.00	烘焙工——高级技师（含面包、中式糕点、西式糕点）	31.00
食糖制造工（提汁）	75.00		
饮料制作工（初级、中级、高级、技师、高级技师）	70.00		
现代食品营养与安全（食品企业营养师培训教材）	48.00		